高等院校电子信息科学与工程类
·通信工程专业教材·

通信线路工程

傅　珂　李雪松　编著

北京邮电大学出版社
·北京·

内 容 简 介

本书系统地介绍了通信线路工程的基础知识、线路设计、施工、工程测试和维护技术以及仪器仪表的原理和使用方法。并注意吸收最新的标准规范、产品和工程技术，全面反映了通信线路工程领域的发展和最新成果。

全书共分为13章。第1章为概述内容，介绍了现代通信的历史和发展趋势，电通信到光通信的演进，通信系统组成，线路工程的范围和特点。第2～3章为电缆部分，主要介绍电缆的基本知识，重点阐述了本地网中应用的市话全塑电缆工程。第4～5章讲解光纤、光缆的结构、性能、分类及应用。第6章为测试理论部分，讲述光纤和光缆的测试内容和方法。第7章为光缆工程的设计部分，介绍光缆线路工程的设计程序、设计内容和通信线路工程的概、预算编制方法。第8～11章为施工技术部分，讲解各种敷设方式的线路施工，光缆安装接续，线路防护和工程测试及竣工验收。第12章为线路维护和故障排除部分，介绍了通信线路维护的组织、标准和故障处理程序和方法。第13章介绍通信线路工程中常用的仪器、仪表的原理和使用方法。

本书内容全面，概念清楚，重点突出，理论部分取舍合理，简明易懂，是一本工程实用性较强的书籍，可作为通信工程、网络工程等相关专业的教材，也可供从事通信工程和网络工程建设、管理、维护以及工程监理人员参考使用。

图书在版编目(CIP)数据

通信线路工程 / 傅珂，李雪松编著． -- 北京：北京邮电大学出版社，2010.5(2021.1重印)
ISBN 978-7-5635-2304-7

Ⅰ．①通… Ⅱ．①傅…②李… Ⅲ．①通信线路—通讯工程 Ⅳ．①TN913.3

中国版本图书馆CIP数据核字(2010)第082710号

书　　　名：	通信线路工程
编 著 者：	傅　珂　李雪松
责任编辑：	陈岚岚
出版发行：	北京邮电大学出版社
社　　　址：	北京市海淀区西土城路10号(邮编:100876)
发 行 部：	电话:010-62282185　传真:010-62283578
E-mail：	publish@bupt.edu.cn
经　　　销：	各地新华书店
印　　　刷：	北京九州迅驰传媒文化有限公司
开　　　本：	787 mm×1 092 mm　1/16
印　　　张：	19.5
字　　　数：	487千字
版　　　次：	2010年5月第1版　2021年1月第6次印刷

ISBN 978-7-5635-2304-7　　　　　　　　　　　　　　　　　定　价：35.00元
・如有印装质量问题,请与北京邮电大学出版社发行部联系・

前　　言

　　Internet 自 20 世纪 90 年代以来呈现爆炸式的成长,电信网的业务因此发生了深刻的变革,从传统的以话音业务为主转向以 IP 业务为代表的数据、图像和多媒体通信业务,这是电信网最为显著的变化。新的业务带来带宽的巨大需求,ATM、以太网、IP 和 MPLS 技术逐渐成为骨干网络的核心技术。这些应用和发展需要光通信技术的支持,同时也促进了光通信技术的飞速发展。

　　业务的发展离不开传输技术的进步,光纤通信系统为宽带网络提供更高速率、更高可靠性的传输链路的同时,光纤通信的容量也在不断扩大。商用时分复用(TDM)系统的速率已达 10 Gbit/s,TDM 40 Gbit/s 系统已进入现场应用。波分复用(WDM)技术不断发展,已成为网络升级、增加容量的最佳选择方案。DWDM 试验系统容量每隔几个月就被刷新一次,在 2002 年 3 月 OFC 年会上,DWDM 试验系统容量最高记录已达 10.93 Tbit/s,无线中继传输距离达数千千米。商用光纤传输系统不断部署,该类产品大多采用 160×10 Gbit/s 方案。单波长 40G 系统已经商用,单波长 100G 系统预计将在 2010 年商用,目前光网络的研究重点为光传送网(OTN)和自动交换光网络(ASON),以适应大颗粒业务(2.5G 以上)的传送需求,以及光波长业务的可监控、可管理和可运营。

　　为了适应光纤通信系统的发展,近年来光纤技术也有了长足的进展。在多模光纤上,50/125 μm 的多模光纤将成为主流应用,ITU-T 的 G.651.1(07/2007)规范定义此类光纤应能支持 1 Gbit/s Ethernet 系统长达 550 m 的应用,EIA/TIA 更将多模光纤进一步分为 OM1～OM4,配合 VCSEL 垂直腔表面体激光器,以支持 10 Gbit/s 至更高速率的 Ethernet 多模系统应用。在单模光纤上,ITU-T 对原有的 G.652、G.653、G.654 和 G.655 均作了修改。G.652 光纤除了适用于传输速率最高为 2.5 Gbit/s 的 G.652.A 外,又多了 3 种性能更高的 G.652.B、G.652.C 和 G.652.D 光纤,传输速率可达到 10 Gbit/s。新标准把非零色散位移光纤(NZ-DSF)即 G.655 光纤分为多个子类(A～E)。G.655.A 光纤用于 G.691 规定的带光放大器的波分复用系统,只能用在 C 波段且色散值范围为 0.1～6.0 ps/(nm·km)。G.655.B 类光纤适用于 G.692 规定的速率高达 10 Gbit/s(STM-64)、波道间隔不超过 100 GHz 的带光放大器的密集波分复用传输系统,可用于 C、L 两波段。目前在长途波分复用系统中 G.655 光纤成为首选的光纤,其中佼佼者如康宁公司的第三代大有效截面积光纤(LEAF)和朗讯(Lucent)公司的真波光纤,它们分别对光纤的非线性和色散特性进行优化。

　　同时,为了适应光纤通信在核心网、城域网中的 DWDM 应用,ITU-T 新增加了

G.656"用于宽带光传输的非零色散位移光纤"标准。在接入网入户光纤中的应用，ITU-T新增加了G.657"接入网中使用的弯曲损耗不敏感单模光纤"标准。

近年来我国的光纤、光缆技术也取得了较大的发展，1998年开始使用G.655光纤，2000年以后开始大量使用一级干线。大部分城市的城域网建设采用G.652.A和G.652.B类光纤，目前开始采用G.652.C/D常规单模光纤。接入网的引入光缆和室内光缆中光纤开始采用G.657光纤。随着光纤通信系统建设重点从核心网转向接入网，光缆正向着品种多样化、应用细分化、芯数密集化、缆芯干式化、结构小型化方向发展。但是接入网中的光缆工程呈现出不同于核心网的特点，本书也注意到此应用趋势，并对此作介绍。

电信网各个层面的光纤化是一个渐进的过程，传统的铜线、铜缆还将使用，通过各种DSL技术升级，还可满足一段时期内的开通宽带业务的需求。

本书旨在反映最近几年电信网技术和产品的进步，并将最新进展及相应的工程建设、维护与管理技术介绍给广大读者。全书共分13章，第1章简要介绍了通信的发展历史、电缆/光纤通信系统组成和通信线路工程的施工范围和特点；第2、3章介绍有关通信电缆的知识，重点是电缆在市话工程中的应用；第4、5章讲解光纤、光缆的结构、性能、分类和应用，有关光纤、光缆的国内外标准体系；第6章介绍了光纤的测试理论和方法；第7章详细讨论了光缆线路工程的建设程序、设计原则、设计内容、设计要点、工程设计勘察要求、工程概、预算费用的编制方法；第8～11章讨论了光缆线路施工，包括路由复测、单盘光缆检验、光缆的配盘、光缆布放安装、线路光缆的接续以及成端安装、中继段测试和工程移交等；第12章讨论了线路维护管理组织，光缆线路维护标准，光缆线路维护内容、周期及方法，详细讨论了光缆线路的障碍及处理程序、光缆线路障碍点的定位和处理方法，并给出了光缆线路障碍的处理案例；第13章介绍了光时域反射仪(OTDR)、光纤熔接机、对地绝缘测试仪和地阻测试仪等线路常用仪表的使用。

全书参考了ITU-T、IEC和TIA/EIA关于光纤、光缆的一些新的修改标准和通信线路工程的研究成果。本书的主要特点如下：一是内容全面，覆盖了通信线路工程的设计、施工与维护的各个方面；二是内容新，提供的内容大多来自最新的标准和近几年实际工程的设计资料；三是实用性强，结合编著者多年从事通信线路教学、设计施工和维护的经验，提供了很多实用案例；四是本书的基本内容已经过几年的教学实践，浅显务实。

书中第2、3章由李雪松编写，第6章由韩仲祥编写，第11章由柳海编写，其余章节由傅珂编写，并由傅珂、李雪松负责全书统稿、校对工作。由于编著者水平有限，书中错误之处在所难免，恳请广大读者批评指正。

编著者

目 录

第1章 概述 ·· 1
  1.1 通信技术发展概述 ··· 1
    1.1.1 通信发展历史 ·· 1
    1.1.2 通信电缆的发展 ·· 2
    1.1.3 从电通信到光通信 ·· 4
  1.2 光通信的发展历史 ··· 5
    1.2.1 光通信 ·· 5
    1.2.2 光通信发展史 ·· 5
    1.2.3 光纤通信系统发展 ·· 7
    1.2.4 我国光纤通信发展概况 ·· 8
  1.3 光纤通信系统基础知识 ··· 9
    1.3.1 光纤通信系统的基本构成 ·· 9
    1.3.2 光纤通信的主要特点 ·· 11
    1.3.3 光纤通信的传输窗口 ·· 13
    1.3.4 光纤通信系统的分类 ·· 13
  1.4 通线线路工程 ··· 14
    1.4.1 通信线路网分级 ·· 14
    1.4.2 通信线路工程的施工和维护范围 ·· 16
  思考与练习 ·· 16

第2章 通信电缆 ··· 17
  2.1 全塑电缆类型和结构 ··· 17
    2.1.1 全塑电缆类型 ·· 17
    2.1.2 全塑电缆结构 ·· 18
    2.1.3 全塑电缆的色谱与规格程式 ·· 23
    2.1.4 市话全塑电缆的端别 ·· 27
  2.2 通信电缆的型号及表示方法 ··· 27
  思考与练习 ·· 30

第3章 用户电缆线路工程设计与施工 ·· 31
  3.1 用户电缆线路传输设计 ··· 31
    3.1.1 用户线路网构成 ·· 31

3.1.2　电缆线路传输设计的标准 ……………………………………………………… 32
　　3.1.3　用户电缆线路环路设计基本方法 ………………………………………………… 34
3.2　用户电缆配线方式和成端 ……………………………………………………………… 36
　　3.2.1　电缆配线的基本知识 ……………………………………………………………… 36
　　3.2.2　用户电缆配线方式及选择 ………………………………………………………… 37
　　3.2.3　用户电缆成端 ……………………………………………………………………… 41
3.3　全塑电缆的接续 ………………………………………………………………………… 44
　　3.3.1　电缆芯线的编号与对号 …………………………………………………………… 44
　　3.3.2　全塑电缆常用接续方法 …………………………………………………………… 45
3.4　全塑电缆的封合 ………………………………………………………………………… 47
思考与练习 …………………………………………………………………………………… 49

第4章　光纤 …………………………………………………………………………………… 50

4.1　光纤的基本知识 ………………………………………………………………………… 50
　　4.1.1　光纤的结构 ………………………………………………………………………… 50
　　4.1.2　光纤的材料 ………………………………………………………………………… 51
　　4.1.3　光纤的制造 ………………………………………………………………………… 53
　　4.1.4　光纤的导光原理 …………………………………………………………………… 54
　　4.1.5　光纤的分类 ………………………………………………………………………… 56
4.2　光纤的几何、光学特性 ………………………………………………………………… 57
　　4.2.1　光纤的几何参数 …………………………………………………………………… 57
　　4.2.2　光纤的光学特性 …………………………………………………………………… 58
4.3　光纤的传输特性 ………………………………………………………………………… 60
　　4.3.1　衰减 ………………………………………………………………………………… 60
　　4.3.2　色散 ………………………………………………………………………………… 64
　　4.3.3　机械特性 …………………………………………………………………………… 67
　　4.3.4　温度特性 …………………………………………………………………………… 68
4.4　光纤的类型 ……………………………………………………………………………… 69
　　4.4.1　渐变型多模光纤 …………………………………………………………………… 70
　　4.4.2　常规单模光纤(G.652光纤) ……………………………………………………… 71
　　4.4.3　色散位移光纤(G.653光纤) ……………………………………………………… 73
　　4.4.4　截止波长位移单模光纤(G.654光纤) …………………………………………… 73
　　4.4.5　非零色散位移单模光纤(G.655光纤) …………………………………………… 73
　　4.4.6　非零色散宽带传送应用的单模光纤(G.656光纤) ……………………………… 74
　　4.4.7　接入网用弯曲不敏感单模光纤(G.657光纤) …………………………………… 75
　　4.4.8　色散补偿光纤 ……………………………………………………………………… 76
　　4.4.9　塑料光纤 …………………………………………………………………………… 77
思考与练习 …………………………………………………………………………………… 78

第 5 章 光缆 80

5.1 光缆概述 80
5.1.1 光缆结构设计考虑的因素 80
5.1.2 光缆的制造过程 80
5.2 光缆的结构和材料 81
5.2.1 光缆的结构 81
5.2.2 光缆的材料 86
5.2.3 光缆的端别和纤序 88
5.2.4 光缆的机械和环境性能 88
5.3 光缆的分类与型号命名 89
5.3.1 光缆的分类 89
5.3.2 光缆的型号 89
5.3.3 光缆结构举例 92
思考与练习 94

第 6 章 光纤传输参数测量 95

6.1 测量概述 95
6.1.1 测量方法的分级及要求 95
6.1.2 注入条件 96
6.2 光纤衰减特性的测量 97
6.2.1 剪断法 97
6.2.2 插入法 98
6.2.3 后向散射法（OTDR 法）.. 99
6.2.4 改进的测量方法 99
6.3 多模光纤带宽的测量 100
6.3.1 时域法 101
6.3.2 频域法 102
6.3.3 光纤带宽的现场测试 104
6.4 单模光纤色散测量 104
思考与练习 107

第 7 章 光缆线路工程设计 108

7.1 光缆线路工程设计程序 108
7.1.1 规划阶段 108
7.1.2 设计阶段 110
7.1.3 设计会审与审批 112
7.2 工程设计原则及内容 113
7.2.1 工程设计原则 113

7.2.2　设计内容 ………………………………………………………………… 113
　　7.2.3　设计文件的组成 …………………………………………………………… 113
7.3　光通信系统设计要点 ………………………………………………………………… 113
　　7.3.1　光通信系统设计的基本要求 ………………………………………………… 113
　　7.3.2　光通信系统设计的基本参数 ………………………………………………… 114
　　7.3.3　光纤、光缆的选用 …………………………………………………………… 116
　　7.3.4　传输设计 ……………………………………………………………………… 121
7.4　线路设计 ……………………………………………………………………………… 122
　　7.4.1　光缆线路路由选择 …………………………………………………………… 123
　　7.4.2　中继站站址选择原则 ………………………………………………………… 124
　　7.4.3　敷设方式及要求 ……………………………………………………………… 125
　　7.4.4　水底光缆敷设 ………………………………………………………………… 126
　　7.4.5　光缆的接续 …………………………………………………………………… 127
　　7.4.6　光缆的预留 …………………………………………………………………… 127
　　7.4.7　光缆线路的防护 ……………………………………………………………… 128
7.5　工程设计勘测 ………………………………………………………………………… 129
　　7.5.1　工程可行性研究报告和工程方案勘察 ……………………………………… 129
　　7.5.2　光缆线路勘测 ………………………………………………………………… 131
7.6　设计文件的编制 ……………………………………………………………………… 136
　　7.6.1　设计文件的内容 ……………………………………………………………… 136
　　7.6.2　编制概、预算的作用、原则及编制依据 …………………………………… 136
　　7.6.3　概、预算费用组成 …………………………………………………………… 138
　　7.6.4　概、预算的文件组成 ………………………………………………………… 139
　　7.6.5　概、预算编制程序 …………………………………………………………… 140
思考与练习 …………………………………………………………………………………… 141

第8章　光缆线路的路由复测、单盘检验和配盘 ……………………………………… 143

8.1　光缆工程的特点、施工流程和组织 ………………………………………………… 143
　　8.1.1　光缆工程的特点 ……………………………………………………………… 143
　　8.1.2　光缆工程施工流程图 ………………………………………………………… 144
　　8.1.3　施工组织方法 ………………………………………………………………… 145
8.2　光缆线路路由复测 …………………………………………………………………… 145
　　8.2.1　光缆路由复测的任务 ………………………………………………………… 145
　　8.2.2　复测的基本原则 ……………………………………………………………… 147
　　8.2.3　路由复测的方法 ……………………………………………………………… 149
8.3　光缆线路的单盘检验 ………………………………………………………………… 151
　　8.3.1　单盘检验的目的 ……………………………………………………………… 151
　　8.3.2　单盘检验的内容及方法 ……………………………………………………… 152
8.4　光缆线路中继段配盘 ………………………………………………………………… 154

8.4.1	光缆配盘的目的	154
8.4.2	光缆配盘的要求	154
8.4.3	光缆配盘方法	155

思考与练习 ……………………………………………………………………… 158

第9章 光缆线路工程施工 …………………………………………………… 159

- 9.1 光缆敷设的一般规定 …………………………………………………… 159
- 9.2 直埋光缆路由施工 ……………………………………………………… 160
  - 9.2.1 准备工作 …………………………………………………………… 160
  - 9.2.2 挖掘光缆沟槽及要求 ……………………………………………… 160
  - 9.2.3 直埋光缆的保护措施 ……………………………………………… 162
- 9.3 直埋光缆敷设 …………………………………………………………… 162
  - 9.3.1 布放光缆的准备工作 ……………………………………………… 162
  - 9.3.2 敷设光缆的方法和要求 …………………………………………… 163
  - 9.3.3 回填与路由标石 …………………………………………………… 165
- 9.4 架空光缆路由施工 ……………………………………………………… 166
- 9.5 架空光缆敷设 …………………………………………………………… 176
  - 9.5.1 支承方式 …………………………………………………………… 176
  - 9.5.2 光缆吊线的装设及要求 …………………………………………… 176
  - 9.5.3 架空光缆的架挂 …………………………………………………… 178
  - 9.5.4 预留和引上保护 …………………………………………………… 181
  - 9.5.5 自承式光缆的架空敷设 …………………………………………… 182
- 9.6 管道光缆路由施工 ……………………………………………………… 182
  - 9.6.1 通信管道的结构 …………………………………………………… 182
  - 9.6.2 管道建筑与孔内子管敷设 ………………………………………… 185
  - 9.6.3 塑料管道(硅芯管)的敷设 ………………………………………… 186
- 9.7 管道光缆敷设 …………………………………………………………… 188
  - 9.7.1 管道光缆敷设前的准备 …………………………………………… 188
  - 9.7.2 管孔的选择及清刷 ………………………………………………… 188
  - 9.7.3 管道光缆的配置 …………………………………………………… 189
  - 9.7.4 穿放光缆 …………………………………………………………… 190
  - 9.7.5 光缆在人孔内的安排 ……………………………………………… 192
- 9.8 水底光缆敷设 …………………………………………………………… 192
  - 9.8.1 适用地段 …………………………………………………………… 192
  - 9.8.2 水底光缆的选用 …………………………………………………… 192
  - 9.8.3 敷设准备 …………………………………………………………… 193
  - 9.8.4 敷设方法 …………………………………………………………… 195
  - 9.8.5 水底河床光缆沟的回填 …………………………………………… 196
  - 9.8.6 水底光缆的附属设施 ……………………………………………… 196

9.9 接入网光缆工程施工新技术 198
  9.9.1 应用于 FTTH 网络的光缆 199
  9.9.2 气吹微缆工程 201
  9.9.3 路槽缆工程 204
  9.9.4 排水管道光缆工程 205
思考与练习 205

第 10 章 光缆的接续与成端 207

10.1 光纤的固定接续 207
  10.1.1 光纤的固定接续方法 207
  10.1.2 光纤熔接接续的操作方法 209
  10.1.3 机械连接——冷接法 212
  10.1.4 光纤接续注意事项 213

10.2 光纤的连接器接续 213
  10.2.1 连接器的主要指标 214
  10.2.2 光纤(缆)活动连接器的基本结构 214
  10.2.3 常用的光纤(缆)活动连接器 216

10.3 光纤连接损耗的现场监测 218
  10.3.1 光纤连接损耗的原因 218
  10.3.2 光纤连接损耗的现场监测 219

10.4 光缆的接续 222
  10.4.1 光缆接头盒的性能要求 222
  10.4.2 光缆接续的一般步骤 223
  10.4.3 接头护套接续的种类及方法 226
  10.4.4 光缆接头监测与监测标石的连接 227
  10.4.5 光缆接头的防水处理及安装 228

10.5 光缆成端 231
  10.5.1 无人值守中继站光缆成端 231
  10.5.2 端站、有人值守中继站的光缆成端方式和技术要求 232
  10.5.3 光缆成端的注意事项 234

10.6 成端测量 234
  10.6.1 成端测量的特点和必要性 234
  10.6.2 成端测量的方法 235

思考与练习 237

第 11 章 工程竣工测试及工程验收 238

11.1 光缆工程竣工测试的内容 238
  11.1.1 光特性测试 238
  11.1.2 电特性测量 239

  11.2 电缆测试 240
    11.2.1 直流电阻测试 240
    11.2.2 绝缘电阻测试 242
    11.2.3 接地电阻测试 244
  11.3 竣工技术文件编制 246
    11.3.1 编制要求 246
    11.3.2 编制内容及装订格式 246
    11.3.3 总册部分编制方法 247
    11.3.4 竣工测试记录部分编制方法 248
    11.3.5 竣工路由图纸编制方法 248
  11.4 工程验收 249
    11.4.1 工程验收依据 249
    11.4.2 工程验收的方法、内容及步骤 249

第 12 章 光缆线路维护与故障排除 255

  12.1 光缆线路维护的基本任务与方法 255
    12.1.1 光缆线路维护工作的基本任务 255
    12.1.2 维护方法与周期 255
    12.1.3 光缆线路维护的要求 257
  12.2 光缆线路维护标准 257
    12.2.1 值勤维护指标 257
    12.2.2 光缆线路的质量标准 258
  12.3 光缆线路障碍及处理程序 259
    12.3.1 光缆线路障碍的定义 259
    12.3.2 光缆线路障碍原因分析 260
    12.3.3 光缆线路障碍处理要求 260
    12.3.4 修复程序 261
  12.4 光缆线路障碍点的定位 263
    12.4.1 光缆线路常见障碍现象及原因 263
    12.4.2 障碍测量 264
    12.4.3 光缆线路障碍点的定位 264
  12.5 障碍修理 267
    12.5.1 应急抢代通 268
    12.5.2 正式修复 272
  思考与练习 273

第 13 章 线路工程常用仪表的使用 274

  13.1 光时域反射计 274
    13.1.1 概述 274

13.1.2　MW9076 OTDR 的主要特点 … 277
　　13.1.3　MW9076 OTDR 的测量模式 … 278
　　13.1.4　MW9076 OTDR 操作使用 … 280
　　13.1.5　MW9076 OTDR 的其他功能 … 283
　　13.1.6　测定故障点误差的原因和纠正措施 … 283
　13.2　光纤熔接机 … 283
　　13.2.1　概述 … 283
　　13.2.2　TYPE-39 熔接机的特点 … 286
　　13.2.3　TYPE-39 熔接机操作应用 … 288
　　13.2.4　使用注意事项 … 293
　　13.2.5　日常维护 … 293
　13.3　电/光缆金属护套对地绝缘测试仪 … 293
　　13.3.1　基本工作原理 … 293
　　13.3.2　操作应用 … 294
　13.4　地阻测试仪 … 296
　思考与练习 … 297

参考文献 … 299

第1章 概述

1.1.1 通信发展历史

从普遍意义上讲,通信是各种形式的信息转移或传递。通常是将拟传输的信息设法加载(即调制)到某种载体(电波、光波)上,被调制的载体传输到目的地后,再将有用的信息从载体上还原出来(即解调制),达到通信的目的。基本通信系统的组成框图如图 1-1 所示。

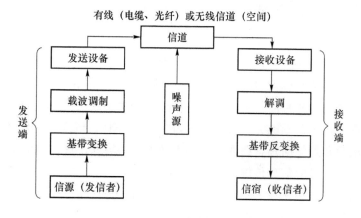

图 1-1 通信系统的组成框图

现代意义的通信是以电通信的出现为标志的,通信技术发展史上的重要事件如下。

1837 年,莫尔斯发明有线电报,至 1844 年已能传送 40 英里。1858 年,大西洋海底电缆 TAT-1 接通,第一次解决了越洋通信,但原始的电缆带宽极窄,90 个字的电报需要传送 67 分钟。1864 年,麦克斯韦提出了著名的电磁辐射方程。1876 年,贝尔发明电话,电话开始在为电报敷设的电线上传输。1887 年,德国人赫兹以实验证明了电磁波的存在。1895 年,马可尼发明了无线电报,并于 1901 年首次完成了横跨大西洋的无线电通信。1904 年,弗莱明发明了真空二极管。1907 年,李·德·福尔斯特发明了真空三极管,1918 年,FM 无线广播、超外差接收机相继问世,1925 年,开始采用了三路载波电话、多路通信。1936 年,调频无线广播开播,1937 年,PCM 原理被提出,1938 年,电视(TV)广播开播。1940—1945 年,第二次世界大战刺激了雷达和微波通信系统的发展。1948年,发明了晶体管,香农提出了信息论,通信统计理论开始建立。1950年,时分多路复用应用于电话。1956年,建设了越洋电缆。1957年,苏联发射了第一颗人造地球卫星。1960年,发明了激光,1961年,发明了集成电路,1962年,发射了第一颗同步通信卫星,PCM进入实用阶段。1960—1970年,彩电问世,阿波罗宇宙飞船登月,数字传输理论和技术得到了迅速发展,出现了高速数字计算机。1970—1980年,大规模集成电路出现和发展,国际商用卫星通信建立,程控交换机进入实用阶段,第一条光纤通信系统投入应用,微处理机在通信领域的应用迅速发展。1980年以后,用VLSI制成了长波长光纤通信系统并广泛应用,综合业务数字网(ISDN)崛起。1990年,以互联网为代表的数据通信得到爆炸式的发展。

作为现代无线通信应用发展的标志是蜂窝无线和个人通信系统的建立和发展:20世纪70年代后期为第一代无线通信系统(模拟,FDMA),80年代为第二代窄带数字系统的广泛应用(TDMA、CDMA),目前即将进入实用的第三代移动通信系统为采用智能信号处理技术的宽带数字系统(CDMA),目前第三代移动通信系统为采用智能信号处理技术的宽带数字系统(CDMA)已经进入实用,第四代移动通信系统是多功能集成的宽带移动通信系统(CDMA、OFDM、MIMO等),可提供的最大下行带宽为100 Mbit/s。第四代移动通信将以宽带(超宽带)、接入因特网、具有多种综合功能的系统形态出现,已经有多个试验网络,将在2012年前后得到大规模部署。

1.1.2 通信电缆的发展

通信线路是将信息从一个地点传送到另一个地点的传输介质。通信线路的发展,大体经历了架空明线、对称电缆、同轴电缆和光缆等主要阶段。用于传送电信号的金属导线称为通信电缆。通信线路从明线发展到电缆,再到目前广泛应用的光缆,是社会经济发展和技术进步的重要标志之一。从目前来看,有线通信线路中的"光进铜退"是一个确定不移的趋势,同时也是个过程。光缆还不能完全替代电缆,在一个时期内,电缆与光缆还将并存使用,特别是用户对称电缆和射频同轴电缆在用户接入网中应用较为广泛。通信电缆和光缆的结合可满足高质量和大容量的信息传输需求。

按照通信电缆材质和线径的不同,它可作为用户接入线路、交换机与传输设备间的中继线和短途中继线等。各种通信电缆类型和敷设方式列入表1-1、表1-2中。

表1-1 各种传输线型和敷设方式

传输线型	结构	双线					
		对称型			同轴型		
		明线	对称电缆		中	小	微
			对绞组	星绞组			
	线质	金属线					
		铁、铝、铜	铝、铜		铜		铜(超导)
	线径/mm	1.6~4.0	0.32~1.2		2.6/9.5	1.2/4.4	0.7/2.9
线路建筑方式		架空			架空、地下(直埋、管道、隧道)、水底		

表 1-2 不同传输线型及各自的占用频带

传输线型			传输的最高频率 10 kHz　100 kHz　1 MHz　10 MHz　100 MHz　1 GHz
对称型	架空明线	铁线	30 kHz
		铜线	150 kHz
	市缆(对绞)		5 MHz
	高频对称电缆(星绞组)		34 MHz
同轴型	中(2.6/9.5mm)		1 GHz
	小(1.2/4.4mm)		560 MHz
	微(0.7/2.9mm)		34 MHz
	超导(0.4/1.36mm)		大于 1 GHz

约在 19 世纪中叶,世界上出现了第一条通信电缆,是采用马来胶绝缘的多股扭合成 2 mm 线径的单芯电报电缆。外护层用铅皮包封,再缠以钢带或钢丝,以适用于陆地或水底敷设。1876 年电话问世,最初的电话是利用电报线通话的。单根导线通话噪声很大,后来为了减少噪声干扰,电话明线和电缆都改用了双线环路。为了减少通话串音,又陆续采用明线交叉,即双线相互换位置的技术;在电缆中则采取双线相互扭绞的办法。将多对由两根相同线质、相同线径、相互绝缘的芯线相互扭绞而成的芯线组合在一起,便成了电缆,叫做对称电缆。

20 世纪初,因市内电话用户增多且密集,才制造出细线径(约 0.5 mm)的铜芯纸绝缘对绞式铅包市话电缆,适用于 6 km 以下的短距离电话传输。

1920 年以后,相继出现了 1.2~1.4 mm 线径的纸绳纸带绝缘的复对绞铅包电缆,电容和衰减都比上述市话电缆要小,若接入加感线圈构成电话回路,传输距离可延伸 100 km 左右。20 世纪 60 年代实现了高频对称电缆复用到 800 kHz(180 路)的长距离传输系统。

对称电缆通常能传送频率为 4 MHz 以下的电信号,为了传送更高频率的电信号。1930 年后,出现了一种新型结构的电缆,叫做同轴电缆(Coaxial Cable)。这是由一根中心导线(内导体)和一根包围在它外面的圆管导体(外导体)组合而成的信息传输媒体。最早的是传输 L1 型 3 MHz(600 路)传输系统,发展到 20 世纪 70 年代已经建成了 60 MHz(万路)以上的传输系统,或可以同时传送几路电视节目。西欧各国过去已敷设的高频对称电缆线路较多,也有部分同轴电缆线路,而在北美境内,则采用同轴电缆干线线路。这些电缆干线网迄今仍然在世界各国有线通信系统中使用。

同轴电缆的另一个用途是城市有线电视网络(CATV),用于传输广播式的有线电视节目,同轴电缆的频带可以使用到 750 MHz,相比电话线具有带宽优势。目前的方向是将同轴电缆组成的有线电视网,引入光纤,将树形的网络结构作为星形的子网。子网内使用原来的同轴电缆接入一定数目的用户,并对单向广播传输方式进行双向传输改造,增加回传信道,以支持双向通信业务,完成电视、话音和数据业务的提供。

我国长途通信电缆线路建设开始于 20 世纪 50 年代末的高频对称电缆线路工程,1976 年我国第一条中同轴电缆线路正式投产使用,以后又陆续兴建了若干高频对称电缆线路及若干中、小同轴电缆线路,其中某些电缆线路通过挖潜改造,又进一步扩大了容量。

近年来,我国已建起了以城市为中心,光缆为中继线,电缆为用户线的较完整的城乡电话通信线路网、CATV 用户网,大、中型厂矿企业也都建有规模不等的专用通信网。

1.1.3 从电通信到光通信

作为通信系统,可传递的信息容量取决于载体可用于调制的频带宽度,而可能获得的频带宽度又受限于载体频率有多高,载体频率愈高则可利用的频带愈宽,可传递的信息容量愈大。同时从经济上看,可用带宽愈大,平均到每一线的成本愈低。统计资料表明:同样距离的长途电话费用,采用 20 MHz 微波中继系统,是采用原始的双绞线系统的八分之一。

随着社会的进步和发展,信息交换量的需求与日俱增。为增大通信容量,得到更快、更好、更节省的通信方式,人们总是不懈地追求更高的载体频率(或更短的波长)。纵观通信技术的发展过程,可以看到一个明显的特点:频率是由低频端向高频端发展的,而通信方式也从中波、短波发展到微波、毫米波及微米波。可以说通信技术的发展历史是通信容量不断增长的历史,也是不断开拓使用更高频率(或更短波长)的历史。例如,当人类掌握了数百至数千千赫的技术后,无线电及广播开始应用;数十至数百兆赫技术成熟后,电视进入千家万户;数千至数万兆赫的载波,就提供了诸如雷达、微波通信、卫星通信等强有力的通信手段。这期间平均每 20 年频率便递增一个数量级,至 20 世纪 60 年代中期,微波及毫米波技术就已完善,当时在通信中实际使用的最高载体频率是 4~6 GHz。要开发更高的载频,就势必要开拓光波。

光波与通信用的无线电波一样,也是一种电磁波,所不同的只是它的波长比无线电波的波长短得多,或者说它的频率要高得多。图 1-2 画出了光波在电磁波波谱图中的位置。根据电磁波波谱图可知,光波由紫外线、红外线和可见光构成。目前光纤通信光源使用的波长范围在近红外区内,即波长在 $0.8 \sim 1.8\ \mu m$ 之间,是一种不可见光,是一种不能引起视觉的电磁波。从图 1-2 中可知,光波的频率为 $10^{14} \sim 10^{16}$ Hz,比常用的微波高 $10^4 \sim 10^5$ 量级,因此理论上光波的通信容量也是微波通信的 $10^4 \sim 10^5$ 倍,因而具有极大的通信容量。正因为光纤具有十分诱人的前景,因此不断促使人类去探索光通信的可能性。

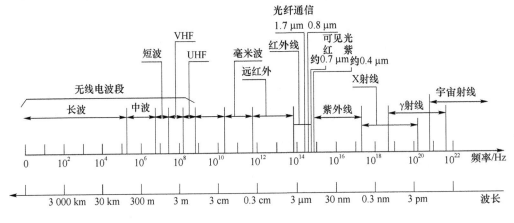

图 1-2 电磁波波谱图

1.2.1 光通信

光通信是指以光作为信息载体而实现的通信方式。按传输介质的不同,可分为大气激光通信(空间光通信)和光纤通信。大气激光通信是利用大气作为传输介质的激光通信。光纤通信是以光波作为信息载体,以光导纤维(光纤)作为传输介质的一种通信方式。

1.2.2 光通信发展史

光通信的发展史最早可追溯到"烽火台",这是一种目视光通信。可以说,我们的祖先是光通信的先驱,因为此后数千年间,远距离通信一直是用目视光通信来实现的。望远镜的出现,极大地延长了目视光通信的距离。但我们今天所指的光通信与这种视觉通信完全不同,虽然是利用光波作为载波来传递信息,但信息在接收端的还原不再依靠人的视觉。从这个概念出发,光通信的历史只能从贝尔(Bell)发明的"光电话"算起。1880年,贝尔发明了一种利用光波作为载波传输话音信息的"光电话",他用可见光在数百米的距离上进行了传输话音的"光电话"实验,可以通过空气将人的声音传出200 m远。这种被他称为"光电话"的设备(如图1-3所示)使用角度精细的镜子,将阳光反射到一个对着嘴的振动膜。在接收端,一个透镜把光线汇聚到一个硒电阻上,而这个硒电阻又连到一个电池和扬声器上,当振动膜受到声音振动时,就使反射到电阻的光强发生变化。随着光线的变化,硒电阻引起了电流的变化,从而使扬声器发出音质不错的声音。

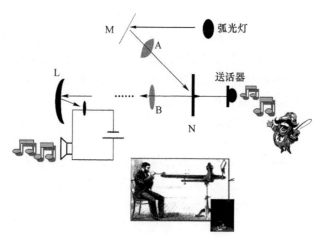

图1-3 贝尔的"光电话"

然而由于受到当时技术条件的限制,这种形式的光通信未能发展到实用阶段。究其原因有二:一是没有可靠的、高强度的光源;二是没有稳定的、低损耗的传输介质,因而难以得到高质量的光通信。在此后几十年里,由于上述两个障碍未能突破,光通信一度沉寂。

直到1960年7月8日,美国科学家梅曼(Maiman)发明了第一个红宝石激光器,才真正促成了光通信的实质性发展。紧接着，1962年霍尔（Hall）等人研制出了十分适合于光通信的半导体激光器后，光通信的研究才逐渐普遍起来，光通信中光源问题的解决为人们探索用光来传输信息的努力向前迈了一大步。

激光器是基于物质原子、分子内能的变化而构成的光波振荡器。激光器发出的激光与普通光相比，谱线窄，方向性好，亮度高，是一种频率和相位都一致的相干光，其特性与无线电波相似，是一种理想的光载波。从原理上讲，它有可能把微波通信中所应用的全套通信技术应用到激光通信上来，因此，激光器的出现，引发了世界性的大气激光通信技术研究热潮，从1961年到1970年，光通信的研究主要集中于利用大气作为传输介质的光传输实验，并陆续出现了一些实用化系统。

但是这种方式只能用在很短的距离上，并且受气候因素的影响十分严重，雨、雾、雪和空气湍流等都会造成严重的损耗。例如，雨能造成30 dB/km的损耗，浓雾甚至可以造成高达120 dB/km的损耗。计算表明，直径为5 cm的激光束，传播1 km距离，如果在其截面有千分之一度的温差，接收端束斑将会偏离5 cm，况且温差往往还不均匀、不稳定，致使终端束斑处于无规则的摆动状态，给接收造成困难。大气激光通信技术由于器件技术和系统技术的限制以及受气候变化的影响十分严重等诸多客观因素，使得它的应用受到很大的限制。要充分发挥光波作为通信介质的作用，必须寻找全新的概念，探索新的传输介质，寻找一种较为理想的光传输介质解决办法。

20世纪60年代早期，曾经有过各式各样的传光方式探索。例如，用空心光波导管、透镜或反射镜阵列等，并将这些装置埋设于地下，以保持一个稳定的通道环境，但都不能达到预期的目的，也有不少人在试探石英光纤传光的可能性，却很少有人相信它可以用在长距离通信上。因为当时作为光导纤维材料的石英玻璃损耗很大，直到60年代中期，优质光学玻璃的传输损耗仍高达1 000 dB/km，并且普遍认为很难降低。在几乎毫无希望的情况下，英国标准电信研究所的华裔科学家高锟（K. C. Kao）博士于1966年发表了一篇奠定光纤通信基础的重要论文《用于光频的介质表面波导》，他指出：光导纤维的高损耗不是其本身固有的，而是由材料中所含杂质引起的，如果降低材料中的杂质含量，便可极大地降低光纤损耗。他还预言，通过降低材料的杂质含量和改造工艺，可使光纤的损耗下降到20 dB/km，这一推断引发了世界上几个主要实验室在这一领域的研究工作。

1970年，美国康宁公司首先制成了衰减为20 dB/km（即光波沿光纤传输1 km后，光能损耗为原来的1％）的低损耗石英光纤。这是光通信发展的划时代事件，它使人们确认光导纤维完全能胜任作为光通信的传输介质，使原来处于朦胧状态的光通信形象至此豁然明朗，也就是说，确定了光通信向光纤通信方向发展的明确目标，揭开了光纤通信发展的新篇章。这也是通信技术发展史上的一次"重大变革"。

同年，贝尔实验室的林俊雄发明了可以在室温下连续工作的半导体（GaAlAs）激光器。因此，1970年被称为光纤通信的"元年"。

总之，20世纪60—70年代，在光通信发展史上出现了两个重大突破：一是在常温下连续工作的双异质结半导体激光器的出现；二是低损耗光导纤维的问世。这两种技术的结合促进了光通信的新生，使通信技术的发展跃过了300 GHz（1 GHz=10^9 Hz）至300 THz（1 THz=10^{12} Hz）这一频率跨度，而跃入了光纤通信时代。

此后数年中，光纤通信得到爆炸性的发展。至1974年，多模光纤损耗降低到了

2 dB/km，1976年又获得了1.31 μm、1.55 μm两个低损耗的长波长窗口，1980年1.55 μm窗口处的光纤损耗低至0.2 dB/km，已接近理论极限值。到20世纪80年代中期，已能获得小于0.4 dB/km(1.31 μm处)和0.25 dB/km(1.55 μm处)的低损耗商用光纤。

随着光纤损耗的降低，新的激光器件及光检测器的不断研制成功，各种实用的光纤通信系统陆续出现。1976年，在美国亚特兰大首次成功地进行了速率为44.7 Mbit/s的光纤通信系统商用试验。至20世纪80年代初，光纤通信系统已在各国大规模推广应用。发展到今天，单波长光纤通信系统的传输速率已达到40 Gbit/s，采用DWDM技术的光纤测试系统的传输速率已达到10.9 Tbit/s，短短的二十多年，光纤通信系统的传输速率提高二十多万倍，可见它的发展速度是前所未有的。今天，电话、传真、电子邮件已广泛进入社会生活的各个环节，新的需要(如家庭购物、电子理财、远程医疗、视频点播、P2P业务和IPTV等)又摆到日程上来，所有这一切，归结起来仍然是追求更高速的电子器件和更宽广的频带宽度，这将推动着光纤通信技术向前发展，并永无止境。

目前，光纤通信无可争议地成为通信网络中最为重要的基础设施，它已成为全球信息基础设施(GII)和国家高速信息公路(NII)的重要组成部分。

1.2.3 光纤通信系统发展

光纤通信是在20世纪70年代初发展起来的，是现代光学和电子学相结合的一门综合性应用技术。回顾光纤通信的发展历史，迄今为止大致经历了4个发展阶段(即四代)，第五代光纤通信系统正在形成。

① 1973—1976年的第一代光纤通信系统，其特征是：采用0.85 μm短波长多模光纤，光纤损耗为2.5～3 dB/km，传输速率为50～100 Mbit/s，中继距离为8～10 km，于1978年进入现场试用，20世纪80年代初陆续在世界先进国家推广应用，多用做市话局间中继线路。

② 1976—1982年的第二代光纤通信系统，其特征是：采用1.31 μm长波长多模或单模光纤，光纤损耗为0.55～1 dB/km，传输速率为140 Mbit/s，中继距离为20～50 km，于1982年开始陆继投入使用，一般用于中、短距离的长途通信线路，也用做大城市市话局间中继线，以实现无中继传输。

③ 1982—1988年的第三代光纤通信系统，采用1.31 μm长波长单模光纤，光纤损耗降至0.3～0.5 dB/km，实用化、大规模应用是其主要特征，传输信号为准同步数字系列(PDH)的各次群路信号，中继距离为50～100 km，于1983年以后陆续投入使用，主要用于长途干线和海底通信，是光纤通信的重点推广应用阶段。

④ 1988—1996年的第四代光纤通信系统，其主要特征是：开始采用1.55 μm波长窗口的光纤，光纤损耗进一步降至0.2 dB/km，主要用于建设同步数字系列(SDH)同步传输网络，传输速率达2.5 Gbit/s，中继距离为80～120 km，并开始采用掺铒光纤放大器(EDFA)和波分复用(WDM)器等新型器件。色散位移光纤(DSF，G.653)是应用于第四代光纤通信系统的一项重要成就。普通单模光纤的零色散点在1.31 μm附近，色散位移光纤将零色散点从1.31 μm移到1.55 μm，有效地解决了1.55 μm光通信系统的色散问题。

始于1996年的第五代光纤通信系统，其主要特征是：采用密集波分复用(DWDM)技术进行全光网络开发与应用，充分利用光纤低损耗波段潜在容量实现传输系统的急剧扩容。

到 2002 年,商用 DWDM 系统容量可达 160×10 Gbit/s(1.6 Tbit/s),实验室水平为 256×42.7 Gbit/s(10.932 Tbit/s)。采用 DWDM 技术不仅仅会带来巨大容量,可以预计,随着 DWDM 技术的推广应用,将会对现行的光纤网络带来深刻的变革,最终会成为全光网络(AON)的基石。

随着技术的发展,今后还将出现第六代、第七代光纤通信系统,包括各种更为先进的技术,如超高速光时分复用(OTM)技术、相干光通信技术、全光通信技术、光纤到家庭通信技术、光孤子传输技术等,并从实验室的研究成果逐步走向商用,应用于实际的工作和生活当中。

1.2.4 我国光纤通信发展概况

我国的光纤通信研究起步于 1974 年,到 20 世纪 70 年代末期取得阶段性成果,随后逐渐发展,不断充实,到目前已形成了相当规模,成为最大的电信产业之一。

我国自 1978 年 9 月建成第一个 8 Mbit/s、1.8 km 的室外数字光纤通信试验系统,1980 年开通第一个 8 Mbit/s、10.35 km 的现场试验系统至今,已试验成功 DWDM 160×10 Gbit/s 和 TDM 40 Gbit/s 的传输系统。

从我国光纤通信的发展历程来看,主要经历了以下几个研究发展阶段。

(1) 初级研究阶段(1974—1980 年)

这一阶段的典型研究成果包括阶跃多模光纤、室温下可连续工作的 GaAlAs 半导体激光器和 8 Mbit/s 数字光纤传输系统,并陆续建立了一些现场试验实用化系统。

(2) 实用化研究阶段(1981—1985 年)

实用化研究主要是解决早期光纤通信系统在稳定性和可靠性等方面存在的问题,重点是市话中继多模光纤传输系统。科研攻关的最高成果以 140 Mbit/s 光纤数字通信系统样机的面世为主要标志。

(3) 长途通信研究阶段(1986—1990 年)

这一阶段的攻关重点是单模光纤长途干线系统的成套技术,包括光纤、器件、系统、测试、仪表等。主要表现在 140 Mbit/s 以下准同步系列(PDH)设备陆续得到推广应用,京-汉-广等国家级光缆干线通信工程开始尝试采用国产化光纤传输设备,科研的最高成就是 565 Mbit/s 光纤数字传输系统的研制成功。

(4) 光同步数字传输网研究阶段(1991—1996 年)

这一阶段又分成两个时间段。1993 年以前主要是巩固和发展已取得的 PDH 研究成果,表现为京-汉-广国产光缆及传输设备干线工程的建成和 565 Mbit/s 光缆通信示范工程的实施。自 1993 年引进第一套 SDH 传输设备之后,研究工作很快就转入到 SDH 设备的引进、开发和国产化上来。SDH 合资企业在全国遍地开花,SDH 光缆通信工程的推广建设在国内也达到白热化程度。国内科研能力已能研制 2.5 Gbit/s 样机,各种 SDH 设备也相继投产。

(5) 光波分复用技术研究阶段(1997 年至今)

在应用领域主要是大力推广国产化 SDH 设备的应用和覆盖全国的 SDH 网络建设。1997 年底相继完成了 622 Mbit/s SDH 环网实验工程和 2.5 Gbit/s SDH 链路实验工程。国产 SDH 设备在应用中逐步走向成熟。自 1996 年 12 月,国内研制的 4×2.5 Gbit/s

WDM 无中继传输试验系统通过国家科学技术委员会鉴定之后,国内一些主要的光纤通信技术研究单位开始转向 DWDM 技术和设备的研究。1997 年 5 月完成了 4×2.5 Gbit/s WDM 双向 154 km 光传输系统试验工程,1998 年 3 月 8×2.5 Gbit/s SDH DWDM 360 km 双向传输实验系统科研样机通过鉴定验收。以此为契机,国内几个有实力的大公司很快做出反应,分别组建自己的 DWDM 技术开发机构,开始了 DWDM 商用化的研究历程。

根据信息论理论,任何一种通信系统都是由信源、信道和信宿三要素组成的。相应地,一个基本的光纤通信系统组成也可归纳为三大要素:光发射机,光纤、光缆和光接收机。

如果信号要传递的距离较长,由于光信号在光纤中存在光功率衰减和信号畸变,需要对其进行功率、波形的整形放大,引入中继设备,可以将中继设备也理解为串联在光纤线路中的光收/发设备。

本节将从这三要素出发,简要介绍学习光纤通信技术应具备的一些基本知识。

1.3.1 光纤通信系统的基本构成

一个实用的光纤通信系统,除了应具备上面所说的三大要素外,还要配置各种功能的电路、设备和辅助设施,如接口电路、复用设备、管理系统以及供电设施等,才能投入运行。还要根据用户需求、要传输的业务种类和所采用传输体制的技术水平等来确定具体的系统结构。因此,光纤通信系统结构的形式是多种多样的,但其基本结构仍然是确定的。

图 1-4 给出了光纤通信系统的基本结构,或称之为原理模型。

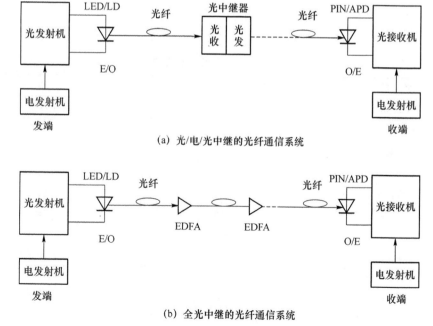

图 1-4 光纤通信系统的基本组成

图 1-4 中的结构主要有 3 部分:光发射机,光纤、光缆和光接收机。由于光纤只能传光信号不能传电信号,而目前的多数终端还是电终端。因此,实用系统在发送端必须先将来自多个用户终端的低速电信号复用成高速电信号,再将高速电信号变成光信号,即电/光变换。在接收端把光信号变为电信号,即光/电变换,再将高速的电信号解复用为低速电信号,分配至相应的用户终端,即目的地。

其电/光和光/电变换的基本方式是直接强度调制和直接检波。实现过程如下:输入的电信号既可以是模拟信号(如视频信号、电视信号),也可以是数字信号(如计算机数据、PCM 信号);调制器将输入的电信号转换成适合驱动光源器件的电流信号并用来驱动光源器件,对光源器件进行直接强度调制,完成电/光变换的功能;光源输出的光信号直接耦合到传输光纤中,经一定长度的光纤传输后送达接收端;在接收端,光电检测器对输入的光信号进行直接检波,将光信号转换成相应的电信号,再经过放大恢复等电处理过程,弥补线路传输过程中带来的信号损伤(如损耗、波形畸变),最后输出和原始输入信号相一致的电信号,从而完成整个传输过程。

直接强度调制和直接检波是指在电/光变换过程中,输出光信号功率的时间响应直接与输入电信号功率的时间响应成比例;同样地,在光/电变换过程中,输出电信号功率的时间响应也应与输入光信号功率的时间响应成比例。这种光纤通信系统称为光强度调制(IM,Intensity Modulation)光纤通信系统。目前,实用的光纤通信系统采用光强度调制的,可分为模拟光强度调制光纤通信系统和数字光强度调制光纤通信系统。

直接强度调制通过改变光源的驱动电流调制光源的发光强度,调制速度受到限制。目前在高速系统(大于 2.5 Gbit/s)中一般使用外调制,即光源发出的光,在光路上通过电光调制器(马赫曾德尔调制器,MZM)、电吸收调制器(EAM)或声光调制器来调制光强,外调制系统具有很高的响应速度。

光源将电信号转变成光信号。目前光纤通信系统中常用的光源主要有两种:发光二极管(LED)和激光器(LD),这两种器件都是用半导体材料制成的。其主要参数和性能的比较见表 1-3。

表 1-3 激光器与发光二极管的比较

项 目	LD	LED
调制速率	几吉赫兹	几十兆赫兹
输出光功率	几十毫瓦	几毫瓦
光谱宽度	窄	宽
驱动电路	复杂	简单
温度特性	差	稳定
可靠性	较低	较高
寿命	较短	较长
应用	高速、长距离	低速、短距离

光电检测器的作用是把接收到的光功率变换为电流,以便由后面的电路进行放大和处理。目前,光纤通信用的光电检测器都是由半导体化合物组成的光电二极管,主要有两种:一种是无放大能力的 PIN 光电二极管;另一种是有内部增益的 APD 雪崩光电二极管。这

两种光电检测器的简单比较见表1-4。

表1-4 PIN和APD的比较

项 目	PIN	APD
结构	简单	复杂
应用电路	简单	复杂
光电增益	无	有
寿命	较长	较短
应用	普遍	普遍

光纤是光信号传输的信道,光纤在实际应用时,必须用适当的方式将所需根数的光纤束合成缆,也就是通常看到的光缆。通常根据光信号在光纤中传输的模数不同,可将光纤分为单模光纤和多模光纤两大类型。鉴于本书第4章中将对光纤及其传输特性进行详细介绍,下面仅对这两类光纤进行简单比较,见表1-5。

表1-5 单模光纤与多模光纤的比较

项 目	单模光纤	多模光纤
芯径	细:10 μm	较粗:50~100 μm
传输带宽	很宽	较窄
与光源耦合	较难	简单
精度	较高	较低
适合场合	长距离、大容量、高速、多波长系统	中短距离、中小容量、单波长系统
应用	电信干线传输	以太网、FDDI

1.3.2 光纤通信的主要特点

(1) 通信容量大,传输距离远

由于光纤通信使用的光波具有很高的频率(约为 10^{14} Hz),因此光纤通信具有很大的通信容量。一根光纤理论上可以同时传输近100亿路电话和1 000万路电视节目。目前,实用水平为每对光纤传输480 000多路电话信号(40 Gbit/s),比3 600路中同轴电缆的通信容量大得多,现在已经达到10.932 Tbit/s(256×42.7 Gbit/s)。国内公司的成熟产品(如华为公司和中兴公司)可以提供1.6 Tbit/s(160×10 Gbit/s)的传输能力,相当于每对光纤传输1 920多万路电话信号。

由于光纤的衰减很低,所以能够实现很长的中继距离。目前,实用的光纤通信系统采用石英光纤。在1.55 μm 波长区,石英光纤的衰减系数可低于0.2 dB/km,这比目前其他通信线路的衰减系数都要低。由石英光纤组成的光纤通信系统最大中继距离可达200 km,而其他通信线路组成的通信系统中继距离(或增音距离)一般说来小得多。如果将来采用非石英系的极低衰减光纤,其理论衰减系数可下降到 $10^{-5}\sim10^{-3}$ dB/km,则光纤通信系统的中继距离可达数千甚至数万千米。这样,在任何情况下光纤通信系统都可以不设中继系统,它对降低海底通信的成本、提高可靠性及稳定性具有特别重要的意义。

(2) 抗电磁干扰，传输质量佳

任何信息传输系统都应具有一定的抗干扰能力，否则就无实用意义。通信的干扰源很多：有天然干扰源，如雷电干扰、电离层的变化及太阳的黑子活动等；有工业干扰源，如电动马达和高压电力线；还有无线电通信的相互干扰等。这些干扰的影响都是现代通信必须认真对待的问题。一般说来，现有的电通信尽管采取了各种措施，但都不能满意地解决以上各种干扰的影响。由于光纤通信使用的光载波频率很高，因此不受以上干扰的影响，这从根本上解决了电通信系统多年来困扰人们的干扰问题。

(3) 信号串扰小，保密性能好

对通信系统的另一个重要要求是保密性好。然而，随着科学技术的发展，传统的通信方式很容易被人所窃听，只要在明线或电缆线路附近（甚至几千米之外）设置一个特别的接收装置，就可以获得明线或电缆中传输的信息。因此，现有的通信系统都面临着怎样保密的问题。

光纤通信与电通信不同，光波在光纤中传输是不会跑出光纤之外的。即使在转弯处弯曲半径很小时，漏出光纤的光波也十分微弱。如果在光纤或光缆表面涂上一层消光剂，光纤中的光就完全不会泄漏出来，无辐射，难于窃听。此外，由于光纤中的光波不会泄漏出来，我们在电通信中常见的线路之间的串话现象就可以完全避免。同时，它也不会干扰其他通信设备或测试设备。

(4) 原材料来源丰富，节省了有色金属，环境保护好

现有的电话线或电缆是铜、铝、铅等金属材料制成的。但从目前地质调查情况来看，世界上铜的储藏量极其有限，美国能源部预测，按现在的开采速度，世界上的铜最多还能开采50年左右。光纤的主要原材料是石英（二氧化硅），来源丰富。日本专家预言，将日本本土挖掘10 cm，石英可供日本使用15亿年。此外，如果从上海至北京修一条中同轴电缆线路（早期使用的电缆），则需要铜800 t、铅300 t。如果用光纤代替铜、铅等有色金属，在保持同样的传输容量条件下仅需要10 kg石英。因此，光纤通信技术的推广应用将节约大量的有色金属材料，具有合理使用地球资源的战略意义。

(5) 光纤尺寸小、质量轻，便于敷设和运输

通信设备体积的大小和质量的轻重对许多领域具有特别重要的意义，特别是在军事、航空及宇宙飞船等方面的应用。光纤的芯径很细，它只有单管同轴电缆芯径的百分之一左右。光缆的直径也很小，八芯光缆横截面直径约为10 mm，而标准同轴电缆为47 mm。目前，利用光纤通信的这个特点，在市话中继线路中成功地解决了地下管道的拥挤问题，节省了地下管道的建设投资。

光缆的质量比电缆轻得多。例如，18管同轴电缆每米质量为11 kg，而同等容量的光缆仅为90 g。近年来，许多国家在飞机上使用光纤通信设备，它不仅降低了通信设备、飞机的制造成本，而且提高了通信系统的抗干扰能力、保密性及飞机设计的灵活性。如果考虑在宇宙飞船和人造卫星上使用光纤通信，则意义就更大了。

(6) 光缆适应性强，寿命长

由于光纤通信上述的许多优点，除了在公用通信和专用通信中使用外，它还在其他许多领域，如测量、传感、自动控制及医疗卫生等方面，都得到了广泛的应用。

当然，光纤通信也存在一些缺点：光纤的制造比较复杂，由于在光纤生产过程中光纤表

面存在或产生微裂纹,从而使光纤抗拉强度低;光纤的连接必须使用专门的工具和仪表;光纤和光缆结构设计、生产、运输、施工、维护中要采取一些防水措施;光分路、耦合不方便,光纤弯曲半径不能太小等。但是光纤通信的这些缺点都可以克服,在实际工程和维护工作中应尽量注意及避免这些问题的发生。

1.3.3 光纤通信的传输窗口

光纤通信与电通信的主要差异有两点:一是传输的是光波信号;二是传输光信号的介质是光纤。

我们已经知道,光波在光纤中传输时会带来一定的传输损耗。光纤每千米长度的损耗值直接关系到光纤通信系统传输距离的长短。自通信用的光纤诞生之日起,人们就致力于降低光纤传输损耗的研究工作,使光纤的传输损耗逐年下降。对光纤传输特性研究后发现,光纤对于不同波长的光波信号呈现出不同的衰减特征。于是,很自然地就会将呈低损耗的波长用于光纤通信,并将低损耗波长点称为传输窗口。

目前光纤通信采用的通信窗口如下:

① 短波长窗口,波长为 0.85 μm;

② 长波长窗口,波长为 1.31 μm 和 1.55 μm。

其中,在 0.8~0.9 μm 波段内,损耗约为 2 dB/km;在 1.31 μm 波长处损耗为 0.3 dB/km;在 1.55 μm 处,损耗可降至 0.2 dB/km,这已接近光纤的理论损耗极限值。从波分复用的技术观点出发,我们把 1 535~1 565 nm 的波长范围称为 C 波段,这是目前系统所用的波段;1 565~1 625 nm 的波长范围称为 L 波段;短于 1 535 nm 的波长范围称为 S 波段,这个波段因为全波光纤的研制成功可以扩展到 1 365 nm,目前称为 E 波段。L 波段和 S 波段又可以分别称为光通信的第 4 窗口和第 5 窗口。ITU-T G.652.C/D 全波标准单模光纤,可使用 1 265~1 625 nm 的全部波长,非常适合开通成本较低、易于扩展容量的粗波分复用系统。

1.3.4 光纤通信系统的分类

从原理上看,构成光纤通信的基本物质要素有光纤、光源和光检测器。光纤通信系统可根据所使用的光波长、传输信号形式、传输光纤类型和光接收方式的不同,分成各种类型。

1. 按传输光波长划分

根据传输的波长,可以将光纤通信系统分为短波长光纤通信系统、长波长光纤通信系统以及超长波长光纤通信系统。短波长光纤通信系统工作波长为 0.8~0.9 μm,中继距离小于或等于 10 km;长波长光纤通信系统工作波长为 1.0~1.6 μm,中继距离大于 80 km;超长波长光纤通信系统工作波长大于或等于 2 μm,中继距离大于或等于 1 000 km,采用非石英光纤。

2. 按光纤传导模式数量划分

根据光纤的传导模式数量,可以将光纤通信系统分为多模光纤通信系统和单模光纤通信系统。多模光纤通信系统是早期采用的光纤通信系统,目前主要用于计算机局域网当中。单模光纤通信系统是目前广泛应用的光纤通信系统,它具有传输衰减小、传输带宽大等特点。

3. 按调制信号形式划分

根据调制信号的类型,可以将光纤通信系统分为模拟光纤通信系统和数字光纤通信系统。模拟光纤通信系统使用的调制信号为模拟信号,它具有设备简单的特点,一般多用于视频信号的传输,在光纤 CATV 系统、视频监控图像传输系统中得到应用。数字光纤通信系统使用的调制信号为数字信号,它具有传输质量高、通信距离长等特点,几乎适用于各种信号的传输,目前已得到了广泛的应用。

4. 按传输信号的调制方式划分

根据光源的调制方式,可以将光纤通信系统分为直接调制光纤通信系统和间接调制光纤通信系统。由于直接调制光纤通信系统具有设备简单的特点,因此在目前的光纤通信中得到了广泛的应用。间接调制光纤通信系统具有调制速率高等特点,所以是一种有发展前途的光纤通信系统,在实际中已得到了部分应用,如在高速光纤通信系统中采用间接调制方式。

5. 其他划分

其他类型的光纤通信系统见表 1-6。

表 1-6 其他类型的光纤通信系统

类 别	特 点
相干光纤通信系统	光接收灵敏度高,光频率选择性好,设备复杂
光波分复用通信系统	一根光纤中传输多个单向/双向波长,超大容量,经济效益好
光频分复用通信系统	可大大增加复用光信道,各信道间干扰小,实现技术复杂
光时分复用通信系统	可实现超高速传输、技术先进
全光通信系统	传输过程无光/电转换,具有光交换功能,通信质量高
副载波复用光纤通信系统	数模混传,频带宽,成本低,对光源线性要求高
光孤子通信系统	传输速率高,中继距离长,设计复杂
量子光通信系统	量子信息论在光通信中的应用

1.4.1 通信线路网分级

我国已经制定的国内通信网的技术体制,把通信线路网划分为骨干(长途)网线路、本地通信网线路以及用户接入网线路三级。

1. 骨干网线路

本地网与本地网之间的(或者省际间的)传输线路就是所谓的"一级干线"(长途)通信线路网,也就是所谓的骨干网线路。现在的骨干网传输线路基本上都是光缆线路。所用光纤以 G.652 和 G.655 光纤为主。

2. 本地通信网线路

本地通信网(简称本地网)的覆盖范围包括城镇和乡村,在我国是依据行政或经济区域,按照大城市、省会城市、省辖市(地区级)及其分别包括的市区、郊区、乡镇以及所管辖的市、县的范围来划定的。本地网是指同一国内长途编号区范围内的网络,是由若干个汇接局、端局、设备间(远端模块)、局间中继线、用户线、用户终端等所组成的通信交换传输网。本地网的服务范围是同一国内长途编号区内的所有用户。归属本地网管辖的地域面积,小的是几百、上千平方千米,大的则是几千、上万平方千米。总之,建设本地网是为了能适应信息社会的需求,实现多种通信业务综合,并以综合业务数字网为发展方向。

本地网的网络组织打破了原市话、郊话和农话网的界限而统一长途编号,统一组网。大中城市本地网服务区域较大,覆盖市区、郊县、广大乡村以及所管辖的卫星城镇,对于大中城市这样大的本地网,为便于运行管理和规划组网,一般又分为城域网(也就是市内电话网)和郊县网(相当于过去的农话网)。

由端局(或叫分局)和汇接局两级交换传输中心组成的本地网,端局包括市区端局、郊县县城端局、卫星城镇端局、农话端局(包含农村集镇端局)。汇接局包括市内汇接局、郊区汇接局、农话汇接局。

本地网线路就是指一个本地网地区内的所有管道、架空杆路、光电缆线路等设备。承载本地网信号传输的线路又分为局间中继线和用户线。

(1) 局间中继线路

本地网内局与局之间的传输线路称为"局间中继线"。远端模块(或设备间)是数字交换设备的局外延伸,连接局至远端模块的线路,实际上是交换设备的级间选线,也被看做中继线路。现在,本地网中继线路基本都是光缆线路。

(2) 用户线路

一般用户线路(传统电话用户接入线路)是指从交换局测量室总配线架纵列起,经主干电缆、交接箱设备、配线电缆、分线盒设备、引入线或经过楼内暗配线至用户终端设备(如电话机等)的线路。

当前主干电缆和配线电缆基本都是全塑对称电缆。而用户引入线多为铜芯塑料绝缘平行线(或称塑料皮线)。这种塑料皮线一般用在引入线的架空部分。

就全国而言,骨干线路网是很复杂的。但在某一地区,即在一个本地网范围内,骨干网网络结构比本地网线路结构简单得多,详见本书第 3 章相关内容。

3. 宽带用户接入网线路

传统上,接入网线路应属于本地网线路范畴,而上面所谓的"用户线路"其实也是用户接入线路。但是随着数据业务上升、用户接入速率的不断提高,用户接入线的性能和建设得到空前的重视,它不再只是传统意义上的话音交换机的物理延伸,而变得日益重要。

就传输带宽而言,通常把骨干网传输速率在 2.5 Gbit/s 以上,接入网能够达到 1 Mbit/s 以上的网称为宽带网。宽带网分为骨干网、城域网(也可以认为是市话网)和用户接入网三层。骨干网是指城际间的高速互联传输网。城域网主要用于城市内的高速互联、信息共享和高速 Internet 访问,也是提供公共信息服务的平台。在我国,骨干网和城域网都是光缆传输网。宽带网的焦点是在所谓的"最后一公里"的用户接入线路上。

网络宽带化的主要特点是要由传统的电路交换(现在指程控交换)技术向高速的包交换技术过渡。在骨干网和城域网方面,ATM 技术、IP over SDH 技术、IP over DWDM 技术将占主导地位,而在用户接入网方面,目前宽带接入占主导地位的是铜线上的 ADSL 技术,但受限于铜线的物理特性,有限的带宽使它难以支持未来的宽带应用。近年来网络游戏、IPTV、远程教育、P2P 业务发展迅猛,带来高带宽的巨大需求。

目前业界的"光进铜退"是指用户接入网线路中,用光纤光缆替代原有的铜线,以提供宽带的接入和应用。实现光纤接入网的主流技术是网络结构采用无源光网络(PON),二层链路技术采用以太技术的 EPON。根据接入网中光纤的应用程度,EPON 应用形式包括 FTTH、FTTB+LAN、FTTO、FTTC+Cable/xDSL/LAN 等。

1.4.2 通信线路工程的施工和维护范围

电缆/光缆通信工程可以分为线路工程和设备安装工程两项。电缆线路工程以局内测量室总配线架(MDF)为线路与设备工程分界点,光缆以传输机房的光配线架(ODF)上的光适配器为分界点,光缆/电缆配线架外侧的线路和设备属于线路工程的施工和维护范围。

光缆线路工程是光缆通信工程的一个重要组成部分,它与传输设备安装工程的划分,是以光纤分配架(ODF)或光纤分配盘(ODP)为界,光纤分配架或光纤分配盘上适配器外侧为光缆线路部分,即由本局 ODF 或 ODP 架连接器或中继器上连接器至对方局 ODF 或 ODP 架连接器或中继器上连接器之间的线路和设施,如图 1-5 所示。

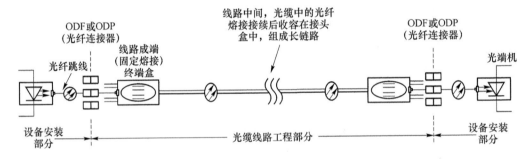

图 1-5 光缆线路工程施工范围

1-1 简述通信电缆的应用领域。
1-2 与通信电缆相比,光纤光缆具有哪些优点?
1-3 光纤通信的定义是什么?
1-4 简述光纤通信系统的组成与各部分的作用。
1-5 光纤通信系统有哪些分类方法?
1-6 简述光纤通信的优点。
1-7 画图说明光纤通信系统中传输设备与光缆线路工程的分界。

第2章 通信电缆

以铜导体作为信息传导材料的线缆,即称为电缆。虽然目前有线通信的主流传输媒介是光纤/光缆,但在今后相当长的一段时间内,铜线电缆这种传输媒介还将存在,尤其是在靠近用户的最后 1 km 范围内。因为以前敷设的大量通信电缆,还不能马上摒弃,这部分电缆还将继续运行,还将需要大量的运行维护人员;此外,宽带网络中的铜缆、CATV 中的同轴电缆等都属于通信电缆的范畴。因此,电信网在相当长的时期内将处于光缆电缆混合阶段,无论是从事通信工程设计、施工,还是从事工程监理、通信网络维护、工程概预算或其他通信技术工作,都应具备通信电缆的相关知识。

电缆线路是由电缆本身、附属设备和线路建筑物 3 部分组成。其中附属设备包括接续套管、分线箱(盒)与加感箱等装置。线路建筑物是指地下管道、人(手)孔、进线室(槽)和水线房等支托与安装电缆的建筑设施。通信电缆目前应用最多的是市话全塑电缆,以下主要介绍全塑电缆的结构及相关特性。

我们把连接电信端局和用户终端设备的线路称为用户线路,全塑电缆就是典型的用户线路电缆。全塑市内通信电缆是现在本地网中广泛使用的电缆。所谓全塑电缆,是指芯线绝缘层、缆芯包带层和护套均采用高分子聚合物——塑料——制成的电缆。因为芯线绝缘层的颜色是由规定的 10 种颜色"白、红、黑、黄、紫、蓝、橘(橙)、绿、棕、灰"组成的,所以又称之为全色谱电缆。

2.1.1 全塑电缆类型

全塑电缆分为普通型和特殊型两大类,而特殊型又包括填充型、自承式和室内电缆等。

(1) 普通型全塑电缆。这是使用最多的一种,广泛用于架空、管道、墙壁及暗管等施工,分为 HYA、HYFA、HYPA 三大类。

(2) 填充型全塑电缆。目前本地网中经常使用的是石油膏填充的全塑电缆,主要用于无须进行充气维护或对防水性能要求较高的场合。其型号分为 HYAT、HYFAT、HYPAT、HYAGT、HYAT 铠装、HYFAT 铠装、HYPAT 铠装等。

(3) 自承式全塑电缆。这是一种用于架空场合的全塑电缆,它不需要吊线即可直接架挂在电杆上("自承式"因此得名),多用于墙壁敷设。其型号有 HYAC、HYPAC。

2.1.2 全塑电缆结构

全塑电缆的结构由缆芯、屏蔽层、电缆护套及外护层三部分组成。

1. 缆芯

全塑电缆的缆芯主要由导电芯线(导线)、芯线绝缘、缆芯绝缘、缆芯扎带及包带层组成。

(1) 导线

导线是用来传输电信号的,必须具有良好的导电性、柔软性和足够的机械强度。目前,最常用的是圆形截面,材质均匀而无缺陷的光亮退火的实心铜线,也有采用半硬铝线。铜导线的电阻率,在20 ℃时,不大于$0.017\,5\,\Omega \cdot mm^2/m$。常用的导线线径:长途电线是0.9 mm 和1.2 mm 铜线,有的用1.8 mm 和2.0 mm 铝线;市话电缆是0.32、0.4、0.5、0.6、0.8 mm 的软铜线;农话电缆是采用1.2 mm 铜线或1.6 mm 的铝线(传输最高频率是123 kHz或252 kHz),以及0.7 mm 的低频对绞线。

导线线径一般有0.32、0.4、0.5、0.6、0.7、0.8 mm 等几种主要规格,还有0.63、0.65、0.9 mm等特殊规格。很多资料、线缆工具上使用美国线规(AWG)表示线径,可参阅相关介绍。

(2) 芯线绝缘层

绝缘层是为保证芯线之间和芯线与护层之间具有良好的绝缘性能,在每根导线外包裹一层不同颜色的绝缘物,一般常用实心聚乙烯、泡沫聚乙烯、泡沫/实心皮聚乙烯塑料作为芯线绝缘层。采用不同的绝缘层主要是为了改善电缆性能,以适应不同用途的需要。通常要求绝缘层有很高的稳定的介质特性,有较好的柔软性和一定的机械强度。

实心聚乙烯绝缘层结构特点是耐电压性,机械和防潮性能好,而且加工方便。实心绝缘层厚度为0.2~0.3 mm,适用于架空及地下的敷设,是使用量最多、应用范围最广的一种。

泡沫聚乙烯绝缘层中有封闭气泡形式的微型气塞,构成空气与塑料复合绝缘。这种绝缘介电常数E值很小,重量轻,高频性能优良,同时可以节省材料,与实心绝缘相比,在相同外径电缆中可提高容量20%。这种电缆目前主要用于大对数中继电缆和高频信号的传输。有时为使充石油膏电缆不增大外径而又具有与不充油电缆相同的传输效果,也采用泡沫绝缘。

泡沫/实心皮聚乙烯绝缘是一种新型的复合绝缘结构,其结构有两层,靠近导线的部分为泡沫层,泡沫层外表为实心聚乙烯皮层,厚约0.05 mm。其特点是耐压强度高,在水中绝缘芯线平均击穿电压6 kV。

(3) 绝缘芯线扭绞

全塑市内通信电缆线路为双线回路,因此必须构成线对(组),为了减少线对之间的电磁耦合,提高线对之间的抗干扰能力,便于电缆弯曲和增加电缆结构的稳定性,线对(或四线组)应当进行扭绞。芯线扭绞常用对绞组和星绞组两种。对绞组是两根不同颜色的绝缘芯线绞合成一线对,如图2-1(a)所示;星绞组是用四根绝缘芯线分别排列在正方形的对角线上,按一定的扭矩绞合成一线组,如图2-1(b)所示。

电缆芯线沿轴线旋转一周的纵向长度称为扭绞节距。要求对绞组的扭绞节距(简称扭距)在任意一段3 m 长的线对上均不超过155 mm,相邻线对的扭距均不相等,电缆制造时要适当搭配,使线对间串音最小。星绞组的扭绞节距平均长度一般不大于200 mm,星绞组内的两对线处于互为对角线的位置,由分布电容构成的电桥接近于平衡,所以串音较小。

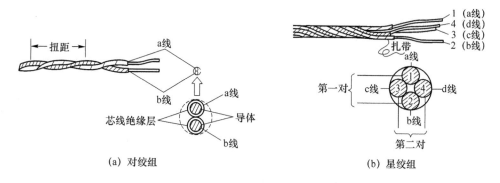

图 2-1 芯线对绞组和星绞组结构示意图

目前,我国的市话用户电缆多采用对绞组,智能大楼有线电缆多采用星绞组(即五类线)或含有对绞组和星绞组的综合型结构。

电缆芯线的扭绞的目的主要是为了减小在同一条电缆内的各对扭回路间或不同星绞组的两线对之间的串音和外界电磁场对回路的干扰;当电缆弯曲时,可以使各绝缘芯线受到相同的位移,从而保证每个回路的电特性稳定,也有利于辨别线对,查找接续芯线方便。

(4) 缆芯包带

缆芯包带采用由聚酯、聚丙烯、聚乙烯或尼龙等制成的复合材料,这种复合材料具有介电性、隔热性、非吸湿性,一般为白色,重叠包覆在缆芯外面。

(5) 缆芯

芯线扭绞成对(或组)后,再将若干对(或组)按一定规律绞合(即绞缆)成为缆芯。常用对绞式缆芯和星绞式缆芯。

① 对绞式缆芯

对绞式全塑市内通信电缆的缆芯结构,有同心式、单位式、束绞式和 SZ 绞 4 种。

(a) 同心式缆芯

同心式缆芯也称为层绞式缆芯。中心层一般为 1~3 对,然后每层大约依次增加 6 个线对,绞绕若干层,同层相邻线对扭距不同,为减少邻层线对间的串音和使线束绞绕得较为紧凑,电缆便于弯曲及芯线接续时分线方便,邻层的层绞方向相反。为了便于分层,每层稀疏地扎以扎带(由尼龙、涤纶或聚烯烃构成的丝或带)。

同心式缆芯结构稳定,但在层数较多时寻找线号不便,所以用于对数较少(800 对以下)的全塑电缆。

(b) 单位式缆芯

单位式缆芯是把 10、25(12+13)、50、100 个线对采用编组方法分成单位束,然后再将若干个单位束分层绞合而成单位式缆芯,对于大对数市内通信电缆在接续、配线和安装电话时都较方便。

根据芯线绝缘的颜色可将全塑市内通信电缆分为普通色谱单位式缆芯和全色谱单位式缆芯。

全色谱单位式缆芯的单位束可根据单位束内线对的多少,将这些单位束分为子单位(12 对和 13 对)、基本单位(10 对或 25 对,代号为 U)和超单位(50 对,代号为 S、SI 或 SJ;

100 对,代号为 SD;150 对,代号为 SC;200 对,代号为 SB)。全色谱电缆是先把单位束分为基本单位或子单位,再由基本单位或子单位绞合成超单位。

普通色谱电缆的单位束一般是 50 对或 100 对。单位式市内通信电缆的缆芯组成单位(子单位、基本单位、超单位)均用非吸湿性带色扎带疏扎加以区分,并要求颜色鲜明易辨,在规定条件下不褪色,不污染相邻芯线。组成同一基本单位的子单位,扎带颜色是相同的。

当电缆内既有 50 对又有 100 对超单位时,若用 100 对超单位序号计数,两个 50 对超单位占一个序号;而用 50 对超单位序号计数时,1 个 100 对超单位则要占用两个序号。

为了保证成品电缆具有完好的标称对数,100 对及以上的全色谱(80 对及以上的同心式电缆)单位式电缆中设置备用线对(又称为预备线对),其数量均为标称对数的 1‰,最多不超过 6 对(其中 0.32 mm 及以下线径最多不超过 10 对),备用线对作为一个预备单位或单独线对置于缆芯的间隙中。备用线对的各项特性与标称线对相同。

(c) 束绞式缆芯

束绞式缆芯是许多线对以一个方向绞合成束状结构,其特点是生产效率高,但束内线对位置不固定,相互有挤压。束绞式缆芯可作为单位式缆芯中的一个单位,也可单独使用于市内通信电缆中。

(d) SZ 绞缆芯

SZ 绞是一种专门缆芯绞合工艺,它是将被绞合的绝缘线对按顺时针及逆时针方向旋转,从而得到左向及右向的绞合,所以 SZ 绞又称为"左右绞"。左右绞的缆芯,在一定长度上,既有左向又有右向的绞合。

② 星绞电缆的缆芯

星绞电缆结构的缆芯是由若干星绞组绞合而成,也有同心式和单位式之分。星绞同心式缆芯每层由若干个星绞组构成,自中心层起顺次排列成同心圆,相邻四线组扭距不同,相邻层绞合方向相反,各层疏扎分层扎带。

星绞单位式缆芯通常以 5 个星绞组(10 对)、25 个星绞组(50 对)或 50 个星绞组(100 对)为单位分层绞合而成。

2. 屏蔽层

为了减少电缆线对受外界电磁场的干扰,电缆缆芯的外层(护套的里层)包覆金属屏蔽层,将缆芯与外界隔离。

全塑市内通信电缆的金属屏蔽层有绕包和纵包两种结构。绕包是用金属带以缆芯为轴,在缆芯外层重叠包绕 1~2 层,并纵向放置一根直径为 0.3~0.5 mm 的软铜线,作为屏蔽层接地的连接线;纵包是用金属带沿电缆轴向方向卷成管状,包在缆芯的外层。纵包屏蔽层有轧纹和不轧纹两种形式,屏蔽带重叠宽度一般不小于 6 mm。涂塑铝带的标称厚度为 0.2 mm 左右,涂塑层的标称厚度为 0.055 mm。

根据使用场合与使用要求的不同,常用的屏蔽带类型有以下几种:裸铝带;双面涂塑铝带;铜带;铜包不锈钢带;高强度改性铜带;裸铝、裸钢双层金属带;双面涂塑铝、钢双层金属带。

屏蔽层的功能:减少外电磁场对电缆芯线的干扰和影响;提供工作地线;增强电缆阻水、防潮的功能。另外,对增加电缆的机械强度也有一定的作用。

3. 电缆护套及外护层

(1) 护套

全塑市内通信电缆的护套包在屏蔽层(或缆芯包带层)的外面,其材料主要采用高分子聚合物——塑料。护套的种类有：单层护套、双层护套、综合护套、粘接护套和特殊护套等。

① 单层护套

单层护套是由低密度聚乙烯树脂加炭黑及其他助剂或普通聚氯乙烯塑料挤制而成的。这类护套的特点是加工方便、质轻柔软、容易接续等。

（a）黑色聚乙烯护套分为两类：PE-HJ 适用于一般场合；PE-HH 适用于耐火环境和对外力开裂要求苛刻的场合。黑色聚乙烯护套的防潮性能和机械强度比聚氯乙烯护套好，又能耐腐蚀，所以还广泛代替其他双护套、综合护套或粘接护套使用。

（b）单层聚氯乙烯护套是发展较早、应用较广泛的一种护套，它具有耐磨、不延燃、耐老化、柔软等特点。

② 双层护套

双层护套主要有两种：聚乙烯-聚氯乙烯双层护套和聚乙烯-黑色聚乙烯双层护套。其结构如图 2-2 所示。

双层护套的挤制，是先在屏蔽层（或缆芯包层）外挤包一层内护套，然后再挤包一层外护套。其中聚乙烯-聚氯乙烯双层护套，是由聚乙烯、聚氯乙烯两种材料制成，由于它们各具特点，相互取长补短，从而使护套性能更加完善。至于聚乙烯-黑色聚乙烯双层护套，则能提高电缆的机械强度和防潮效果。单层护套、双层护套均由单纯的高分子聚合物塑料构成，所以又称为普通塑料护套。

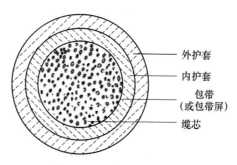

图 2-2　双层塑料护套结构

普通塑料护套的缺陷是具有一定透潮性。原因是高分子聚合物的分子比水分子大，当这类护套电缆在湿度较大的环境下使用，就会因护套内外存在水汽浓度差，使得水分子从浓度较高的一侧透过高分子聚合物向浓度较低的一侧"跃迁"，形成扩散。这种扩散不同于由于护套缺陷所造成的漏水现象。塑料护套透潮会造成电缆芯线绝缘电阻下降，衰减常数增加，甚至造成芯线短路，严重影响通信质量。因此普通塑料护套电缆，应尽量避免在潮湿环境下使用。

③ 综合护套

通常把电缆金属屏蔽层与塑料护套组合在一起，称为电缆综合护套，综合护套有下列几种。

（a）铝-聚乙烯（聚氯乙烯）护套。这种护套有两层，里面先套一层 0.15～0.2 mm 厚铝带轧纹纵包，外面再套一层黑色聚乙烯（或聚氯乙烯）护套构成。这种护套的全塑市内通信电缆，主要适用于架空安装。

（b）聚乙烯-铝-聚乙烯（聚氯乙烯）。护套这种护套主要有两种：聚乙烯-铝-聚乙烯护套和聚乙烯-铝-聚氯乙烯护套。在缆芯包层外先挤包一层聚乙烯内护套，然后再包覆一层铝带屏蔽层，最后再挤包一层黑色聚乙烯或聚氯乙烯护套。

这类护套的特点是机械强度高，芯线对屏蔽层的耐压强度高，防潮效果也较好，用途较广泛。

④ 粘接护套

为了解决塑料护套的防潮问题，将黑色聚乙烯护套和铝屏蔽层紧密地粘接构成了铝-塑粘接护套，其防潮、防电磁干扰和机械强度等方面的性能，都比上述一些塑料护套优良，其中防潮效果可提高 50～200 倍。

粘接护套的挤包过程是采用化学处理方法或直接粘合的方法,先在屏蔽铝带的两面各粘覆一层塑膜(即聚乙烯薄膜、乙烯-丙烯酸共聚物或乙烯-缩水甘油甲基丙烯酸-醋酸乙烯薄膜),制成双面涂塑铝带(又称复合带或层压带),再将双面涂塑铝带重叠纵包在缆芯包带的外面,然后在涂塑铝带的外面立即热挤包一层黑色聚乙烯护套,利用护套挤制过程的热量及附加热源,将双面涂塑铝带的纵包缝处的塑料熔合,并把双面涂塑铝带外表面的聚合物薄膜层与黑色聚乙烯护套融合为一体,形成铝-塑粘接护套(又称铝-塑综合粘接护套),其结构如图 2-3 所示。

⑤ 特殊护套(层)
- 用于改善电缆护层机械强度和屏蔽性能的裸钢、铝双层金属-聚乙烯护层,双面涂塑钢、铝双层金属-聚乙烯粘接护层;铜包钢带-聚乙烯护层,高强度改性铜带-聚乙烯护层,铜带-聚乙烯护层。
- 用于防昆虫(如白蚁、蜂等)叮咬的半硬塑料护套。
- 用于防冻裂的耐寒塑料护套。

(2) 外护层

全塑市内通信电缆的外护层,主要包括 3 层结构:内衬层、铠装层和外被层,如图 2-4 所示。

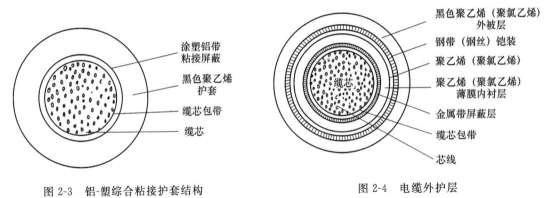

图 2-3　铝-塑综合粘接护套结构　　　图 2-4　电缆外护层

① 内衬层

内衬层是铠装层的衬垫,防止塑料护套因直接受铠装层的强大压力而受损。内衬层可在黑色聚乙烯或聚氯乙烯护套外,重叠绕包三层聚乙烯或聚氯乙烯薄膜带;也可先绕包两层聚乙烯或聚氯乙烯薄膜带,再绕包两层浸渍皱纹纸带,然后再绕包两层聚乙烯或聚氯乙烯薄膜带,作为铠装的内衬层。当电缆塑料护套较厚,具有一定的机械强度时,也可不加内衬层,在电缆护套外直接绕包铠装层。

② 铠装层

铠装层有两大类:钢带铠装、钢丝铠装。

(a) 钢带铠装是在塑料护套或内衬层外纵包一层钢带(厚 0.15～0.20 mm 的钢带或涂塑钢带),在纵包过程中浇注防腐混合物;或者绕包两层防腐钢带并浇注防腐混合物,这就是钢带铠装层。

(b) 钢丝铠装是在塑料护套或内衬层外缠细圆镀锌钢丝或粗圆镀锌钢丝铠装层,并浇注防腐混合物。钢丝铠装电缆一般敷设在水下,有单钢丝和双钢丝之分,轻型单钢丝通常用于静止水域和有岩石的沟里,粗型单钢丝用于水流不急和不受船锚伤害的水域。双层钢丝通常用于流速较大、岩底河床和有可能带锚航行的水域,为防止钢丝受摩擦损伤,可对钢丝挤制一层氯丁橡胶。双层钢丝的绞向是相反的,而双层钢带的绞向则相同。

③ 外被层

为了保护铠装层,在金属铠装层外面还要加一层(1.4~2.4 mm 厚的黑色聚乙烯或聚氯乙烯)外被层。其主要作用是增强电缆的屏蔽、防雷、防蚀性能和抗压及抗拉机械强度,加强保护缆芯。

2.1.3 全塑电缆的色谱与规格程式

电缆的缆芯色谱可分为普通色谱和全色谱两大类。

1. 普通色谱

普通色谱对绞同心式缆芯线对的颜色有蓝/白对、红/白对(分子为 a 线色谱,分母为 b 线色谱)两种,每层中有一对特殊颜色的芯线,作为该层计算线号的起始标记,这一对线称为标记(或标志)线对,作为本层最小线号,其他线对称为普通线对。如普通线对为红/白则标记线对为蓝/白对,反之如普通线对为蓝/白则标记线对为红/白对。100 对及以上的市内通信电缆设置备用线对,备用线对数为电缆对数的 1%,色谱与普通线对相同。

普通色谱对绞单位式缆芯的单位束一般是由若干个 100 对同心式缆芯组成的,其线对颜色与同心式缆芯相同。在单位式缆芯中,每一层的第一个单位称为标志单位,其余为普通单位。在标志单位中,每层的第一对线(即标记线)色谱为红/白,其余普通线对为蓝/白,在普通单位中每一层的第一对线(标志线)色谱为蓝/白,其余普通线对为红/白。为分辨单位,每个单位均疏扎白色扎带。普通色谱星绞同心式缆芯和单位式缆芯,每个四线组色谱均为红(a 线)、黄(白)、(b 线)、蓝(c 线)、绿(d 线)。

2. 全色谱

全色谱的含义是指电缆中的任何一对芯线,都可以通过各级单位的扎带颜色以及线对的颜色来识别,换句话说,给出线号就可以找出线对,拿出线对就可以说出线号。

(1) 全色谱对绞同心式缆芯

全色谱对绞同心式缆芯是由若干个规定色谱的线对按同心方式分层绞合而成。其线对色谱见表 2-1。

从表 2-1 中可看出,全色谱对绞同心式缆芯每层的第一对线为橘(黄)白,最后一对线为绿/黑,其余偶数线对为红/灰,奇数线对为蓝/棕重复循环排列构成。

表 2-1 全色谱对绞同心式缆芯市内通信全塑电缆芯线色谱

线对号			1	2	3	4	5	其他线对号		最末线对号
								偶数号	奇数号	
芯线			a,b	a,b	a,b	a,b	a,b	a,b	a,b	a,b
电缆容量和线对色谱	1 对		橘(黄)/白							
	5 对		橘(黄)/白	红/灰	蓝/棕	红/灰	绿/黑			
	5 对以上	中心层 1 对	橘(黄)/白							
		中心层 2 对	橘(黄)/白	绿/黑						
		中心层 3 对	橘(黄)/白	红/灰	绿/黑					
	其他层		橘(黄)/白	红/灰	蓝/棕	红/灰	蓝/棕	红/灰	蓝/棕	绿/黑

全色谱对绞同心式缆芯每层均疏扎特定的扎带,扎带的色谱见表2-2。

表2-2 全色谱对绞同心式缆芯扎带色谱

层的位置	中心及偶数层	奇数层
扎带颜色	蓝	橘

(2)全色谱对绞单位式缆芯

① 芯线色谱

全色谱线组合扭绞成25种不同色标的线对。

- 领示色(a线)排列顺序色谱为:白/红/黑/黄/紫。
- 循环色(b线)排列顺序色谱为:蓝/橘/绿/棕/灰。每25对线组成的一个基本单位芯线色谱,线对序号及色谱见表2-3。

表2-3 25对基本单位的对绞线色谱

线对序号		1	2	3	4	5	6	7	8	9	10	11	12	13	14	15	16	17	18	19	20	21	22	23	24	25
色谱	a线	白	白	白	白	白	红	红	红	红	红	黑	黑	黑	黑	黑	黄	黄	黄	黄	黄	紫	紫	紫	紫	紫
	b线	蓝	橘	绿	棕	灰	蓝	橘	绿	棕	灰	蓝	橘	绿	棕	灰	蓝	橘	绿	棕	灰	蓝	橘	绿	棕	灰

② 扎带色谱

每个单位的扎带采用非吸湿性有颜色材料。10个基本单位以下采用单色谱扎带。11个基本单位以上采用双色谱扎带。

(a)单色谱扎带

10个基本单位以下采用单色谱扎带。扎带色谱顺序:蓝、橘、绿、棕、灰、白、红、黑、黄、紫10种颜色。

(b)双色谱扎带

11个基本单位以上采用双色谱扎带,见表2-4。

表2-4 双色谱扎带表

序号	1	2	3	4	5	6	7	8	9	10	11	12
色谱	蓝白	橘白	绿白	棕白	灰白	蓝红	橘红	绿红	棕红	灰红	蓝黑	橘黑
序号	13	14	15	16	17	18	19	20	21	22	23	24
色谱	绿黑	棕黑	灰黑	蓝黄	橘黄	绿黄	棕黄	灰黄	蓝紫	橘紫	绿紫	棕紫

(c)红头、绿尾的电缆扎带色谱

红头、绿尾电缆扎带是100对的单位扎带色谱,100对由4个基本单位组成。4个基本单位的扎带为蓝、橘、绿、棕色。

1 200对红头、绿尾的电缆分两层,芯层由3个单位组成。第1个单位为红色扎带,第2个单位为白色扎带,第3个为绿色扎带。外层是红色扎带的为第4个单位。第5个单位至第11个为白色扎带。第12个单位为绿色扎带。1 200对单位的色谱图如图2-5(a)所示。

1 800对红头、绿尾的电缆分三层,第1个单位为红色扎带,第2个单位为第二层的红色扎带,第3个单位至第6个单位均是白色扎带,第7个单位是绿色扎带,第8个单位为外层的红色扎带,第 9 个单位至第 17 个单位均是白色扎带,第 18 个单位为绿色扎带,1 800 对单位色谱图如图 2-5(b)所示。

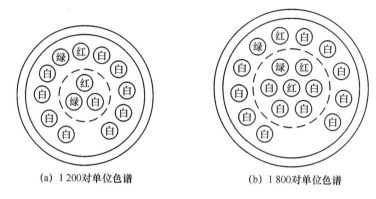

图 2-5 单位色谱图

(d) 备用线对线序及色谱

一般 100 对以上的电缆增加 1% 的备用线对,备用线的色谱见表 2-5。备用线对的位置应放在缆芯外层,单成一束。

表 2-5 备用线对线序及色谱

1	2	3	4	5	6	7	8	9	10
白红	白黑	白黄	白紫	红黑	红黄	红紫	黑黄	黑紫	黄紫

(3) 基本单位和超单位色谱

① 以 25 对线组成一个基本单位,色谱及线对编号见表 2-6。

表 2-6 基本单位色谱及线对编号

线对编号	单位号	基本单位色谱	线对编号	单位号	基本单位色谱
1~25	1	蓝白	301~325	13	绿黑
26~50	2	橘白	326~350	14	棕黑
51~75	3	绿白	351~375	15	灰黑
76~100	4	棕白	376~400	16	蓝黄
101~125	5	灰白	401~425	17	橘黄
126~150	6	蓝红	426~450	18	绿黄
151~175	7	橘红	451~475	19	棕黄
176~200	8	绿红	476~500	20	灰黄
201~225	9	棕红	501~525	21	蓝紫
226~250	10	灰红	526~550	22	橘紫
251~275	11	蓝黑	551~575	23	绿紫
276~300	12	橘黑	576~600	24	棕紫

② 以 50 对线 2 个基本单位组成一个 50 对超单位色谱及线对编号见表 2-7。

表 2-7 50 对超单位色谱及线对编号

基本单位扎带色谱 / 线对序号 / 超单位扎带色谱	色谱及线对编号		
	白	红	黑
蓝白 橘白	1～50	601～650	1 201～1 250
绿白 棕白	51～100	651～700	1 251～1 300
灰白 蓝白	101～150	701～750	1 301～1 350
橘红 绿红	151～200	751～800	1 351～1 400
棕红 灰红	201～250	801～850	1 401～1 450
…	…	…	…
蓝紫 橘紫	501～550	1 101～1 150	1 701～1 750
绿紫 棕紫	551～600	1 151～1 200	1 751～1 800

③ 以 100 对线 4 个基本单位组成一个 100 对超单位色谱及线对编号见表 2-8。

表 2-8 100 对超单位色谱及线对编号

基本单位扎带色谱 / 线对序号 / 超单位扎带色谱	色谱及线对编号				
	白	红	黑	黄	紫
蓝白 橘白 绿白 棕白	1～100	601～700	1 201～1 300	1 801～1 900	2 401～2 500
灰白 蓝红 橘红 绿红	101～200	701～800	1 301～1 400	1 901～2 000	2 501～2 600
棕红 灰红 蓝黑 橘黑	201～300	801～900	1 401～1 500	2 001～2 100	2 601～2 700
绿黑 棕黑 灰黑 蓝黄	301～400	901～1 000	1 501～1 600	2 101～2 200	2 701～2 800
橘黄 绿黄 棕黄 灰黄	401～500	1 001～1 100	1 601～1 700	2 201～2 300	2 801～2 900
蓝紫 橘紫 绿紫 棕紫	501～600	1 101～1 200	1 701～1 800	2 301～2 400	2 901～3 000

(4) 全塑电缆规格程式

全塑电缆规格程式(芯线总绞合方式)可分为基本单位、子单位、50 对超单位、100 对超单位几种。常用的由 25 对线分层绞合,芯层为 3 对,二层为 9 对,外层为 13 对。基本单位结构、线序、色谱排列如图 2-6 所示。

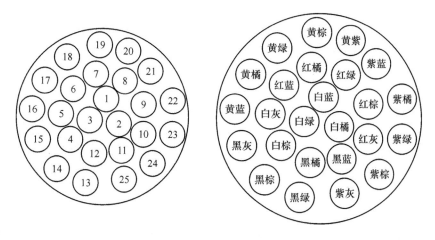

图 2-6 基本单位结构、线序、色谱排列

2.1.4 市话全塑电缆的端别

普通色谱对绞式市话电缆一般不作 A、B 端规定。为了保证在电缆布放、接续等过程中的质量,全塑全色谱市内通信电缆规定了 A、B 端。

全色谱对绞单位式全塑市话电缆 A、B 端的区分如下。

① 以星式单位扎带色谱白、红、黑、黄、紫顺时针方向排列端为 A 端,逆时针方向排列端为 B 端。

② 以基本单位扎带色谱白蓝、白橘、白绿、白棕、白灰、红蓝、红橘、红绿、红棕、红灰顺时针方向排列为 A 端,反之为 B 端。

③ 红头、绿尾色谱的电缆,红色扎带一单元为本线束层的第一单元,绿色扎带一单元为本线束层的最末单位,顺时针方向排列端为 A 端,逆时针方向排列端为 B 端。

全塑市内通信电缆 A 端用红色标志,又叫内端,伸出电缆盘外,常用红色端帽封合或用红色胶带包扎,规定 A 端面向局方。另一端为 B 端用绿色标志,常用绿色端帽封合或绿色胶带包扎,一般又叫外端,紧固在电缆盘内,绞缆方向为反时针,规定外端面向用户。

全塑通信电缆产品型号一般由 7 部分组成,其含义及编排位置如图 2-7 所示。

1	2	3	4	5	6	7
分类或用途	导体	绝缘层	内护层	派生(形状、特征)	外护层(数字表示)	传输频率

图 2-7 全塑通信电缆产品型号编排

(1) 类型
H——市内电话电缆　　　　　　　　HU——矿用电话电缆
HE——长途通信电缆　　　　　　　　HD——铁道电气化通信电缆
HO——干线同轴电缆　　　　　　　　HJ——局用电话电缆
HP——配线电话电缆　　　　　　　　HH——海底电缆
NH——同轴射频电缆　　　　　　　　SE——对称射频电缆
HB——通信线及广播线　　　　　　　HR——电话软线

(2) 导体
T——铜(省略不计入)　　　　　　　　L——铝
G——钢(铁)　　　　　　　　　　　　GL——铝包钢
HL——一般铝合金　　　　　　　　　HT——一般铜合金
J——钢铜线芯、绞合线芯

(3) 绝缘层(导线的绝缘层)
Z——纸(省略不计入)　　　　　　　　Y——聚乙烯
V——聚氯乙烯　　　　　　　　　　　YP——泡沫/实心皮聚乙烯
YF——泡沫聚乙烯　　　　　　　　　B——聚苯乙烯
F——聚四氟乙烯　　　　　　　　　　M——棉纱
N——尼龙　　　　　　　　　　　　　X——橡皮
S——丝包　　　　　　　　　　　　　Q——漆

(4) 内护层
Q——铅包　　　　　　　　　　　　　V——聚氯乙烯
L——铝管　　　　　　　　　　　　　S——钢-铝-聚乙烯
H——普通橡皮　　　　　　　　　　　A——铝-聚乙烯
Y——聚乙烯　　　　　　　　　　　　G——钢管
GW——皱纹钢管　　　　　　　　　　HD——耐寒橡皮
X——纤维　　　　　　　　　　　　　BM——棉纱编织
LW——皱纹铝管　　　　　　　　　　AG——铝塑综合层

(5) 派生(形状、特征)
Z——综合通信电缆　　　　　　　　　P——屏蔽
L——防雷(通信电缆)　　　　　　　　B——扁、平行
C——自承式(通信电缆)　　　　　　　G——高频隔离
R——软　　　　　　　　　　　　　　T——填充石油膏

(6) 外护层
1——纤维绕包　　　　　　　　　　　2——钢带铠装
3——单层细圆钢丝铠装　　　　　　　4——双层细圆钢丝铠装
5——单层粗圆钢丝铠装　　　　　　　6——双层粗圆钢丝铠装
53——外加一层钢带铠装　　　　　　12——钢带铠装一级外护层
120——裸钢带铠装一级外护层　　　　13——单层细圆钢丝铠装一级外护层
14——双层细圆钢丝铠装一级外护层　 15——单层粗圆钢丝铠装一级外护层
16——双层粗圆钢丝铠装一级外护层　 22——钢带铠装二级外护层

23——双层防腐钢带绕包铠装聚乙烯外被层
24——双层细圆钢丝铠装二级外护层
33——单层细钢丝铠装聚乙烯外被层
26——双层粗圆钢丝铠装二级外护层
553——表示外加二层钢带铠装层,专用于 PCM 系统绝缘的类型及代表符号举例如下。

- HYA 表示铜芯实心聚乙烯绝缘涂塑铝带粘接屏蔽聚乙烯护套市内通信电缆。
- HYPAC 表示铜芯泡沫/实心皮聚乙烯绝缘涂塑铝带粘接屏蔽聚乙烯护套自承式市内通信电缆。
- HYPAT23 表示铜芯泡沫/实心皮聚乙烯绝缘石油膏填充涂塑铝带粘接屏蔽聚乙烯护套双层防腐钢带绕包铠装聚乙烯外被层市内通信电缆。
- HYFAT553 表示铜芯泡沫聚乙烯绝缘石油膏填充涂塑铝带粘接屏蔽聚乙烯护套双层钢带皱纹纵包铠装聚乙烯外被层市内通信电缆。
- HPVV 表示铜芯实芯聚乙烯绝缘铝箔层聚氯乙烯护套低频通信电缆配线电缆。
- SYV-75 表示铜芯实芯聚乙烯绝缘射频同轴电缆特性阻抗 75 Ω。
- SYFV 表示铜芯泡沫聚乙烯绝缘同轴电缆。

全塑电缆选型见表 2-9。

表 2-9 全塑电缆选型表

结构	电缆类别 敷设	主干电缆 中继电缆		配线电缆				成端电缆	
		管道	直埋	管道	直埋	架空、沿墙	室内、暗管	MDF	交接箱
电缆结构	铜芯线线径/mm	0.32, 0.4, 0.5, 0.6, 0.8	0.32, 0.4, 0.5, 0.6, 0.8	0.4, 0.5, 0.6	0.4, 0.5, 0.6	0.4, 0.5, 0.6	0.4, 0.5	0.4, 0.5, 0.6	0.4, 0.5, 0.6
	芯线绝缘	实心聚烯烃泡沫聚烯烃泡沫/实心皮聚烯烃	实心聚烯烃泡沫聚烯烃泡沫/实心皮聚烯烃	实心聚烯烃泡沫/实心皮聚烯烃	实心聚烯烃泡沫/实心皮聚烯烃	实心聚烯烃泡沫/实心皮聚烯烃	宜选用聚氯乙烯	阻燃聚烯烃	实心聚烯烃泡沫/实心皮聚烯烃
	电缆护套	涂塑铝带粘接屏蔽聚乙烯	涂塑铝带粘接屏蔽聚乙烯	涂塑铝带粘接屏蔽聚乙烯	涂塑铝带粘接屏蔽聚乙烯	涂塑铝带粘接屏蔽聚乙烯	宜选用铝箔层聚氯乙烯	宜选用铝箔层聚氯乙烯	涂塑铝带粘接屏蔽聚乙烯
	电缆型号	HYA HYFA HYPA 或 HYAT HYFAT HYPAT	HYAT 铠装 HYFAT 铠装 HYPAT 铠装 或 HYA 铠装 HYFA 铠装 HYPA 铠装	HYAT HYPAT 或 HYA HYPA	HYAT 铠装 HYPAT 铠装 HYA 铠装 HYPA 铠装	HYA HYPA HYAC HYPAC	宜选用 HPVV	HYVVZ	HYA
PCH 电缆		HYAG 或 HYAGT	HYAGY 铠装 或 HYAG 铠装						

2-1　简述全塑市内通信电缆的型号。

2-2　写出下列电缆的全称：
　　　(1) HYA 100×2×0.5
　　　(2) HYFA 50×4×0.6
　　　(3) HYPA 200×2×0.4
　　　(4) HYAT53 400×2×0.4

2-3　全塑市内通信电缆芯线绝缘结构有几种？各有什么特点？

2-4　全塑市内通信电缆为什么要进行扭绞？电缆芯线的扭绞方式有几种？各有什么特点？

2-5　简述同心式缆芯和单位式缆芯的构成概况。

2-6　全塑市内通信电缆的备用线对是如何配置的？

2-7　全色谱 25 对基本单位的线对色谱是如何配置的？

2-8　简要说明你是怎样识别 HYA 100×2×0.4 电缆芯线 1～100 线序的？

2-9　全塑市内通信电缆（单位式）的 A、B 端是如何确定的？

第 3 章 用户电缆线路工程设计与施工

用户线路是连接用户话机到电话局的线路。它分布广、数量多,是电信网的重要组成部分。连接到同一电话局的所有用户线的集合构成用户线路网。用户电缆线路即从终端局到用户终端之间采用电缆介质连接的用户线路。随着光缆的大量应用及光纤接入网的使用,长途干线和市话局间中继和部分用户线路已由光缆取代,电缆线路的应用总量正在逐步减少,但由于各种用户终端的电特性,使得电缆线路在用户网中仍有较大量的存在。同时,利用铜缆实现宽带上网的 xDSL 技术,由于其接入的价格较低,且能充分利用现有的铜缆资源,成为各运营商接入网建设的重点之一。用户电缆线路的建设首先需要进行传输设计,然后是电缆线路配线方式的选择,再到具体线路的施工的顺序进行。

3.1.1 用户线路网构成

用户线路(传统电话用户接入线路)是从市话交换局测量室总配线架纵列起,经电缆进线室、管道或电缆通道、交接箱设备、配线电缆、分线盒设备、引入线或经过楼内暗配线至用户电话机的线路,如图 3-1 所示。

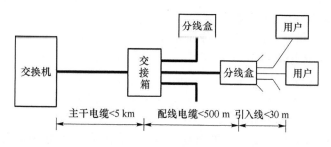

图 3-1 传统用户线路

- 主干电缆是指当采用交接配线方式时,从总配线架至交接箱的电缆。
- 交接箱设备包括交接间、交接箱,负责分配主干电缆芯线。
- 配线电缆是指从交接箱或第一个配线点至分线设备的这段电缆。
- 分线盒设备是配线电缆的终点,用于把配线电缆各芯线分配给各终端用户的设备。

● 用户引入线是从分线设备至用户电话终端的连线。

各种线路设备和线缆的取舍随着建设环境的不同而不同。用户线路的路由形式有室内、室外、地下管道、架空杆路、直埋、水底、附加桥上、墙壁等多种建设方式,必须根据不同的自然环境而加以选择。

当前主干电缆和配线电缆多采用铜芯实线电缆。电缆型式以全塑全色谱电缆为主。而用户引入线多为铜芯塑料绝缘平行线(或称塑料皮线),注意这种塑料皮线一般用在引入线的架空部分。

据统计,对于市内用户线路网,主干电缆长度通常为数千米,极少超过 10 km;配线电缆长度一般为数百米;而用户引入线一般只有数十米。可见,用户线路的主要长度是主干电缆长度。

3.1.2 电缆线路传输设计的标准

用户线路是连接话机到电话局的传输媒质。它所承担的任务是:为话机提供工作需要的直流电源;传输话机与交换机之间的信号音、控制信号和双向通话信号。因此,对用户线路的传输设计应当使其满足交换机机件动作的要求和保证通话质量的要求。

1. 话音回路的容许衰减值

用户对通信的满意程度,是衡量通信质量的唯一标准。为了使任何两个电话用户之间的通话效果令人满意,必须规定话路的各组成部分的允许衰减值。要求在任意两个地点的用户相互通话时,如果发送端的话机输出功率(P_1)为 1 mW,接收端话机灵敏度可容许收听的最低功率(P_2)是 1 μW 时,可保证收听到的话音清楚。

这样推导出的话音回路中容许衰减值为

$$\alpha = 10 \lg \left| \frac{P_1(\text{mW})}{P_2(\text{mW})} \right| \approx 30 \text{ dB} \tag{3.1}$$

根据正常人耳的听觉测定结果,话路衰减值与实际通话质量的关系见表 3-1。

表 3-1　正常人耳的听觉效果等级

话路中的传输衰减/dB	8.687	17.4	26	34.7	43.4
按话音要求的实际效果	很好	好	完全满意	不完全满意	不满意

2. 话音的传输质量评价尺度

话音传输质量是指话音信号经过传输系统再现时的良好程度。主要评定方法有:

① 话音响度参考当量法;
② 清晰度参考当量法;
③ 收听意见测试法;
④ 通话意见测试法。

其中①和②两个方法直接与基准系统有关,而③和④两个方法则是间接与基准系统有关。

通话质量是以通话的良好程度为评定尺度。用响度、清晰度和逼真度 3 个指标衡量。

传统中普遍采用话音响度参考当量作为评价方法基准。"话音响度参考当量"本身就带有主观感觉,也就是以主观感觉良好程度为基准。若将实际的被测电话系统同 NOSFER 基准系统进行对比测试,每次在 NOSFER 基准系统插入可变的衰减量,调节 NOSFER 基准系统内可变的衰减量,当被测电话系统与基准系统达到同样的响度时,则该插入的一定衰减量即为被测电话系统的参考当量。条件是被测电话系统与 NOSFER 基准系统都在相同规定的发送和接收功率。参考当量的单位为 dB。参考当量值的大小可以理解为实际电话系统容许衰减值。

3. 市话电缆的合理传输距离

(1) 传输距离的两个限制因素

通常,市话电缆的合理传输距离分别受电缆线路本身的固有衰耗受限距离和程控交换机用户电路板传输规定下的环路电阻(简称环阻)受限距离两方面的影响,其影响参数如下。

① 电缆衰耗 α_{800}(800 Hz 频率下的电缆衰耗)。按要求,用户电话机至程控电话交换机之间的市话电缆(含用户线,不含电话终端)损耗应小于 7 dB(800 Hz),不同电缆线径下的线路固有衰耗值见表 3-2。

表 3-2 各种线径电缆环阻及固定衰耗

电缆线径/mm	0.32	0.4	0.5	0.6	0.8
α_{800}/dB·km^{-1}	2.1	1.64	1.33	1.06	0.67
环阻 R_L/Ω·km^{-1}	472	190	131.6	113	73.2

② 一般程控交换机用户电路板允许的最大环路电阻为 1.8 kΩ,除去电话机电阻和用户电路板接口馈电内阻,一般要求电缆线路的环阻不得大于 1.3 kΩ。

(2) 最大传输距离的计算

根据上述传输距离的限制因素,电缆衰耗受限和电缆环阻受限下两者的最大传输距离分别可按如下方法计算。

① 电缆衰耗限制下的传输距离为

$$L_1 = \frac{7}{\alpha_{800} \times 1.01}$$

式中,α_{800} 是各种线径电缆在 800 Hz 频率时的固有衰耗;1.01 是电缆的绞合系数。

② 电缆环阻受限下的传输距离为

$$L_2 = \frac{1\,300}{R_L \times 1.01}$$

式中,R_L 是各种线径电缆的环阻;1.01 是电缆的绞合系数。

则市话电缆合理的最大传输距离为 L_1 和 L_2 相比的较小值。各种电缆线径下的最大传输距离见表 3-3。

表 3-3 各种电缆线径下的最大传输距离

电缆线径/mm	0.32	0.4	0.5	0.6	0.8
L_1	3.30	4.23	5.21	6.54	10.34
L_2	2.73	4.35	6.77	9.78	17.58
最大传输距离/km	2.73	4.23	5.21	6.54	10.34

4. 传输标准

根据原邮电部《市内电话线路工程设计规范》(YD/J8—85)标准,该标准适用于模拟电话网。市内电话全程参考当量限值及其分配如图 3-2 所示。

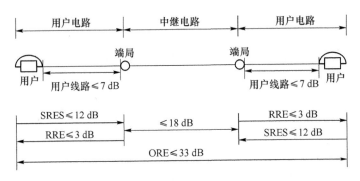

图 3-2 市内电话网全程参考当量限值及分配

① 国内任意两用户之间,最大的连接全程衰减(ORE)不大于 33 dB。
② 用户电路参考当量限值上限:送话参考当量(SRES)不得大于 12 dB;受话参考当量(RRE)不得大于 3 dB。
③ 用户电路参考当量限值下限:送话参考当量与受话参考当量之和不得小于 0 dB。
④ 多个市话分局中继电路参考当量不得大于 18 dB(包括局内衰减 2×0.5 dB)。
⑤ 用户线路(不包括电话机)允许传输衰减不得大于 7 dB。市话网少数边远地区用户线路不得大于 9 dB。

3.1.3 用户电缆线路环路设计基本方法

从市话网的结构中可以看出,整个市话线路网的线路传输设计分为用户线路环路设计和局间中继线路设计两部分(局间中继线路包括市话局间中继和长市中继线路)。由于局间中继线路大部分已由光缆代替,用户电缆线路环路设计成为了市话线路传输设计主要部分,其设计内容主要有如下两方面的内容。

① 按照局所规划,在满足传输质量标准和信号电阻限值的基础上,全面研究和设计整个市话线路网中选用的电缆线径和确定相应灵敏度等级范围的电话机(电话机现已标准化,其灵敏度无须考虑)。

② 必须同时满足送话、受话两个方向的参考当量限值。必要时,可采取一定的技术措施,以保证传输质量。

具体设计中,用户线路环路设计有环路电阻设计法和统一线径设计法两种做法,在实际工作中要根据情况加以选用。

1. 环路电阻设计法

它是以用户线路的环路电阻作为基准进行设计。基本原理是以用户环路电阻值不超过电话交换设备的信号电阻限制值为前提,尽量采用较细线径的电缆,减少用铜量,保证线路传输质量能满足呼叫信号的要求。并规定以不同的环路电阻数值,分为一般回路(0~1 300 Ω)、较长回路(1 300~2 800 Ω)和长回路(2 800~3 600 Ω)3 个档次,对上述 3 种回路,从整个市话网路全面考虑,分别输出具体规定,作为具体设计依据。同时需对不同的环路电阻的回路做出规定,要求按传输标准分别采用相应的加感、高效能电话机,增压电源或带增益的距离延伸器或者增粗线径等技术措施。

2. 统一线径设计法

统一线径设计法又称为单一线径设计法,它具有技术上较优越、经济上较合理的特点。

是当今得到普遍运用的设计方法。它是在整个市话线路网中统一采用以最经济合理的 0.4 mm 线径的电缆为基本线径的电缆。将不同的用户线路距离分成若干档次,按不同档次分别采用加感、高效能电话机、增压电源或带增益的距离延伸器等相应的线路传输技术措施来解决距离不一的问题。采用统一线径的设计方法的目的不仅可减少耗铜量,且因电缆线径品种单一,对于器材供应、工程设计、施工安装、维护运行、工程造价等工作都非常有利。

3. 电缆线径的选用范围和选择原则

我国目前使用的电缆线径标准有 0.32、0.4、0.5、0.6、0.8 mm 五种产品系列,以 0.4 mm 线径为主要选用对象,在不同情况下也可相应选用其他线径的电缆,不同线径电缆选用的原则如下。

① 在符合线路传输衰减值和环路电阻的要求下,适当考虑今后发展需要,尽量选用细线径的电缆。粗线径电缆主要在远郊区或特殊需要的情况下使用,以节省工程建设投资和减少有色金属消耗量。

② 在市话线路扩建工程中,如有新旧电缆相接时,新设电缆应尽量选用与旧电缆相同的线径。

③ 在同一条电缆线路上,如果必须采取混合线径时,应尽量把相同线径的电缆集中在一个线路段落,各段的电缆线路应按由细到粗的线径顺序,从局向外排列,不应粗细错综相间,造成多次反射,影响通信质量和不便于今后维护和测试。

④ 由于我国电话用户密度较稀,使用 0.32 mm 线径受到限制,其机械强度较差,在使用中会有多次反射,传输距离较短,不能适应今后发展需要。从统一电缆线径和减少线径品种来考虑,应尽量少用或不用。如在旧的电话局附近,因地下电缆管道的管孔极为拥塞,为了增多电缆线对时,才考虑选用 0.32 mm 线径的电缆。

4. 传输设计的计算

线路传输设计工作除进行线路传输衰减分配外,针对选用的各种线路的传输特性数据,其具体的传输设计计算工作和步骤如下。

① 在主干和配线线路初步分布方案上,按照出局方向,逐段统计不同线径的电缆长度和至局的累计距离(每个段落间应注明各段的用户数量,以便分析)。

② 计算各段线路传输衰减值和环路电阻值,计算时应将新设和现有线路一并核算。对各段线路核算时,要分别按用户线路规定的线路传输衰减、用户环回路电阻标准核算。

③ 绘制线路传输设计图纸,以便分析研究各个段落的线路是否符合传输标准。

对于城市边远地区,或距离很长的线路,如已超过线路传输衰减值,且大于 2 dB 时,为了改善或提高通话质量,可根据线路的具体条件,经过技术经济比较,采取以下技术措施进行距离补偿。

① 电缆加感(已很少采用)。

② 加大电缆线径(经常采用的方法)。由于超远距离用户数量较少,为节约管孔资源,一般不采用从交换局直接布放大线径电缆至用户,而采用混合线径配线方式,即从交换局至交接箱利用现有的主干电缆芯线(一般线径为 0.4 mm),再从交接箱布放大线径的配线电缆至用户。

③ 采用高效能电话机。

④ 采用长距离的程控交换机用户电路板。

从电信端局出来的电缆芯线如何合理分配才能使用户线路网络既灵活又经济,是建设用户线路必须要解决的问题。

电缆配线主要完成电缆出局后到各个用户单元之间的电缆连接和接续,配线设备的主要作用是完成电缆的连接、分配、组合、电缆线路的调度等。用户电缆的配线方式及选择是根据所在交接区、配线区内不同区域的用户数量而进行的电缆芯线的分配。它直接关系到线路路由建设的安装设计(如交接箱、分线盒等的安装设计)、用户电缆的设计容量和工程投资。

3.2.1 电缆配线的基本知识

在用户线路网中把任何一对入线和任何一对出线进行连接的线路设备叫分配线设备。配线设备主要有交接箱、交接间等;常用的分线设备主要有分线盒和分线箱等。

本地电话网的电缆配线区域是对用户线路的电缆进行配线。用户线路是由市话交换局测量室总配线架起,布设至用户话机止。全程包括:局内测量室总配线架—成端电缆(局内电缆)—地下管道(引上架空电缆)—交接箱—配线电缆—分线设备—引入线—用户话机。

用户电缆分主干电缆和配线电缆两个部分,再加上用户引入线,一起组成用户线路网。见图3-1。它的建造费用在市话网设备总费用上占有相当大的比重,一般在50%以上。因此研究配线设备和配线方式,对节约市话网基建费用、合理组网有着积极意义。

为了适应用户的逐渐发展和部分用户迁移的需要,在考虑电缆芯线的分配时,必须保留15%的备用线对,以便在用户要求迁移或急需装机,以及发生障碍时,能及时调度。所以电缆线对的使用率不能达到100%。通常电缆芯线的使用率,最高只能到80%~90%。要认真做好电缆的配线工作,以减轻设备费用及维护费用。

1. 主干电缆与配线电缆

从市话局至该局所属的交接箱或配线区的第一个分线设备分支点的电缆,作为主干电缆,又称馈线电缆,一般是300对以上的大对数电缆。主干电缆的敷设方式,在市内街区以地下管道式为主,此外也有直埋方式和过桥、过河的跨越方式以及少数的架空方式。其容量以满足5年左右为最佳建设周期,若要扩建,常采用叠加方式,以减少电缆线路的调整割接等工作。

配线电缆是从主干电缆的分支点或交接箱连接各分线设备的100对以下小对数电缆线路(也有用200对的),其敷设方式有架空、沿墙壁、沿管道等。据现行规定,对配线电缆的要求如下。

① 敷设的配线电缆应能工作10年左右。

② 要求适当地延缓递减对数。

③ 同一条电缆路由上不要安装多条小对数电缆。

④ 配线电缆的芯线对一般不复接。虽然复接可避免经常地拆除芯线所造成的经济损失,也能节约设计和施工劳力,减少不必要的调区改线工作。但复接线对有附加的衰减值,复接线对不适用于收容非话音业务的用户。另外,电缆复接对于电气测试和障碍查修等日

常维护工作带来极大的不便。

2. 用户分布和电缆路由选择

电缆配线设计,首先要对现有用户分布和对近期(含待装的)用户进行现场调查,调查的累计用户数就是配线点的出线位置,也是分线设备容量、电缆对数等有关配线设计内容的主要原始依据。

电缆路由就是电缆从局引出后的线路分布,表明电缆走向。一般应遵循以下几点要求。

① 所选定的电缆路由,应在用户分布密度较高的街道上,并要求短捷、安全、便于施工和维护。

② 新设路由要在不同街道上开辟,使网络覆盖逐渐完善,能提高线路的灵活性、安全性。

③ 注意要有利于城市建设要求的市容观瞻和日常维护。在主要街道上和小区内应尽量建筑地下管道或其他隐蔽方式的电缆路由。

④ 避免在腐蚀较严重的地带敷设电缆线路。如果必须敷设时,要考虑防蚀措施。

⑤ 注意合理地利用原有管线设施。

3. 交接区、配线区及其划分

为使电缆配线系统便于管理和维护,根据划分小区配线的要求,凡从主干电缆引出的每一条配线电缆,都要划分为较固定的配线服务区域,称为交接区或配线区。每一交接区或配线区的容量,一般以 100 对容量为宜(有的是 50 对、150 对,或 200 对划区)。交接区和配线区的主要区别是配线方式的不同。交接区内用户电缆分配给用户的方式采用的是交接配线;配线区内用户电缆分配给用户的方式采用的是直接配线。

4. 分线设备和交接箱

在配线区的各分线点,把配线电缆芯线按对作好成端,这种便于用户引入线连接的成端设备称为分线设备,它包括分线箱(盒)和轻便型分线盒。

分线箱是带有保安装置的电缆分线设备,其容量有 10、15、20、30、50 对等。

轻便型分线盒是不带保安装置的,仅是安装接线端子的电缆分线设备,其容量有 10、15、20、30 对等。分线箱(盒)都是固定安装在杆位或墙壁上的。

交接箱是安装在主干和配线电缆交接处的端接设备,在该箱内可以让主干和配线电缆芯线对任意连接。交接箱的容量系列有 300、600、1 200、1 800、2 400 对等。交接箱有落地式安装和架空式装置。

3.2.2 用户电缆配线方式及选择

市话电缆配线方式目前主要有直接配线、自由配线、复接配线和交接配线 4 种基本方式。市内通信线路的配线应根据用户分布、用户密度、自然环境、用户到电话局的距离等,采用不同的配线方式。

1. 直接配线

直接配线方式的基本方法是由局内总配线架经主干电缆延伸出局将电缆芯线通过分支器直接分配到分线设备上,分线设备之间及电缆芯线之间不复接,即局线与分线设备端子存在一一对应关系的配线方式。一般电缆的芯线对,从配线点(分线点)递减,不递减时也不复接,将该接头中多余的芯线切断。在电缆接头内作甩线处理(或称备用线处理)。

直接配线具有结构简单、维护方便的优点。因为具有一一对应的特点,对目前开通的宽带数据业务(如 ADSL)特别有利。缺点是灵活性差、无通融性、芯线利用率低。所以,直接配线目前广泛用于进局配线区、单位内的宅内配线电缆及交接箱后的配线电缆线路网络上。

2. 复接配线

电缆的复接配线如图 3-3 所示。为了提高电缆线对的使用率和灵活性,将电缆对数很少一部分芯线递减复接到两个或两个以上的配线区内,使它可以在两个或两个以上的地区随时接出使用。这种配线方式的备用线较多(通常为 15% 左右),但通融性大,接入新用户设备的手续也较简单。我国大部分城市均采用过这种配线方式,但目前新建线路已不大采用。

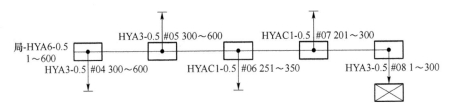

图 3-3 电缆复接配线图

图 3-3 中的 6-0.5 表示电缆的对数为 600,线径为 0.5 mm;1~600 为线序;♯04 为交接箱编号(本节其余图示与此相同)。

对于所属的各个配线区发展不平衡时,就可采用电缆复接。电缆的复接配线方式有两种:一种是全部复接,另一种是部分复接。

(1) 全部复接

全部复接是两条配线电缆的对数和起止线序完全相同,而这两条电缆的分线设备的数目和线序分配情况则可不必完全一样。这种配线方式适用于一定时期,以后发展为两个单独配线的区域。在图 3-3 中,从两个人孔♯04 和♯05 处引出来的电缆,为全部复接。

(2) 部分复接

部分复接是配线电缆的部分线序复接,一般以 25、50、100 对递进。同一地下电缆或出局主干电缆的架空配线电缆往往互相连续复接,它的通融性比全部复接更大。在图 3-3 中,人孔♯06 和♯07 为部分复接。

复接配线具有一定的灵活性,可以尽量利用主干电缆线对;能将末期的负荷(用户数)分配到尽可能均匀的地步。但是由于复接将引起复接衰耗,同时给维护工作造成不便,复接配线的芯线使用率不如交接配线的芯线使用率高。

3. 交接配线

采用交接箱通过跳线将主干电缆与配线电缆连通的方式,称为交接配线。交接配线具有良好的灵活性,是通融率最大的一种配线方法,交接箱与配线架作用相同,能使双方电缆的任何线对都能根据需要互相接通。部颁《市内通信全塑电缆线路工程设计规范》中明确规定"市内通信全塑电缆线路应以交接配线方式为主,辅以直接配线和复接配线方式",交接配线方式在我国市话线路网中已被广泛采用。

在交接配线中,主干电缆芯线一般不相互复接。经过交接箱出来的配线电缆的芯线,另行编号,成为一个独立的线序系统。

在交接配线制中,按交接方式又分为:两级电缆交接法、三级电缆交接法、缓冲交接法、环联交接法和二等交接法 5 种,下面介绍前 4 种方式及应用。

(1) 两级交接配线方式及应用

两级交接配线方式是交接配线的最基本形式,已被广泛运用于我国本地线路网中。这种交接配线是从电话局引出大对数的电缆,经过交接箱到分线设备有两级,自电话局到交接箱一段为主干电缆,自交接箱到分线设备一段为配线电缆,各自按不同的配线比例设计用线。如图 3-4 所示为等比例交接配线,如图 3-5 所示为不等比例交接配线。

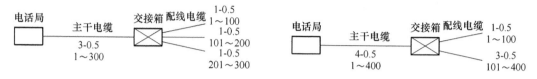

图 3-4　等比例交接配线方式　　　　　图 3-5　两级不等比例交接配线

由于用户在某具体地点出现带有偶然性以及用户的迁移等,在交接配线中,给主干电缆留有一定数量的备用线对是必要的。从电话局到交接箱这段主干电缆的备用线对一般为 7％～8％,由交接箱到分线设备这段配线电缆的备用线对一般为 15％ 左右。而其他配线方式的备用线对,从分线设备一直通到电话局内总配线架,其备用量一般为 15％ 左右。这是两级电缆交接法的最大特点。由此可直接看出它有效地提高了主干芯线的利用率。

(2) 三级电缆交接(交接间法)方式及应用

三级电缆交接方式是在两级电缆交接法的基础上,在二级电缆交接配线的某些交接箱与电话局间再加入一级大容量配线交接间的配线方法,如图 3-6 所示。从电话局到交接间的电缆称为一级主干电缆,从交接间到交接箱的电缆称为二级主干电缆,从交接箱到分线设备的电缆称为配线电缆,相当于第三级。这样配线的结果,可以使一级主干电缆的配用线对进一步地减少(一般为 3％～5％),从而比上面介绍的两级电缆交接配线还要节省主干电缆的芯线。

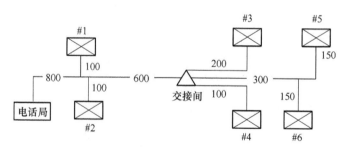

图 3-6　三级电缆交接配线图

三级电缆交接配线的优点是:能进一步减少备用线对,有更大的灵活性与稳定性,对以后在交接间范围内扩建线路非常方便。缺点是交接间建筑较复杂,费用也大,由于增加了用户线路的跳接次数,对维护工作的技术要求更高。

三级电缆交接法用于容量较大并且距局较远的线路时,具有较大的技术经济优越性。

(3) 缓冲交接方式及应用

缓冲交接方式是在两级电缆交接法的基础上,在适当地点装有附加的交接间(缓冲交接间),不同的主干线路某些交接箱的一部分线对经过缓冲交接间后进入市话局,另一部分线对则直接进入市话局的配线方法,如图 3-7 所示。缓冲交接间也可与其附近的交接箱合并设置。

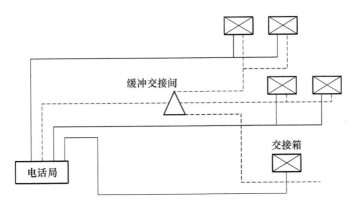

图 3-7 缓冲交接配线示意图

缓冲交接法的优点是具有与三级电缆交接法同样的减少备用线对和增加市话网灵活性。首先,由于进入交接间的对数减少,交接间的容量、费用也相应地减少。其次,当某一主干线发生障碍时,可以通过缓冲交接间接用其他主干线路线对以保证用户电话的畅通。缺点是由于电缆分散,有时会引起电缆费用的增加,线对记录更加麻烦,给维护工作也带来一定的不便。

在具有数条平行主干路由的情况下,特别是在重要用户地区,可以考虑采用缓冲交接法。由于缓冲交接法可以使少量的电缆供给较少的交接区使用,因而这种交接方式可作为对旧有交接区的一种很好的增援和扩建。

(4) 环联交接方式及应用

如图 3-8 所示,每个交接箱内除了有直接来自电话局的主干电缆线外,还有两个相邻的交接箱的联络电缆,有了联络线各交接区就好像被连成一个整体一样,所以称为环联交接法。各交接箱间联络电缆称为箱间联络电缆。

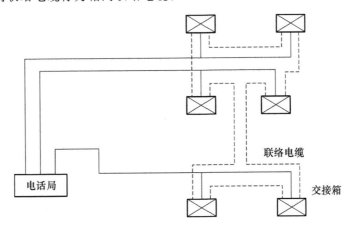

图 3-8 环联交接法配线图

环联交接法的优点是:与二级电缆交接法比较,它能进一步减少备用线对(指通局的主干电缆),增加线路的灵活性;与三级电缆交接法比较,它免除了大容量的交接间;与缓冲交接法比较,它同样具有保证用户通话安全的优点,而且它对邻近两交接区的专线联接最为方便。缺点是:由于增加了箱间的联络电缆,使基建投资增加,环联还增加了线路的跳接次数,给维护工作带来了一定的不便。环联的交接箱不宜过多,一般为 3、4 只。

环联交接法适应下述一些特殊要求。

① 在多局制市话网中为了保证局间通话的可靠性,必须对交换区分界线两边的属于不同交换区的两交接箱间实行箱间联络,这样,当分局间的中继线损坏时可以很快地恢复某些用户的通信。

② 在预知市政区域规划不确定的地区,不能确切划定交接区界限时,可采用箱间联络以适应将来的变动。

③ 为保证相邻干线间的最低需要容量的互换性及各路通话的可靠性,通常凡是不同主干路上的两交接箱间,在相距不超过 300 m 时,应采用箱间联络,其联络线对一般不少于 20 对。

④ 箱间联络可用于通融两交接箱主干电缆以达到备用线标准的一种方法。

4. 自由配线

自由配线是直接配线的另一种形式,是近几年来为推广使用全塑色谱电缆而研究出的一种新方式。如图 3-9 所示,这种配线方式的特点是电缆芯线可根据用户实际需要能随时引出,电缆芯线不复接,线序也可以不连续,轻便型分线盒可以在电缆沿线任意地点安装(含在杆档之间的钢绞线上附挂),分线盒容量与实际接入接线端子板上的芯线对数也可以不一样。这些安排与其他直接配线方式相比,突出了它的灵活性,自由度大。图 3-9(a)、(b)表示第一、二期线路工程的配线点及其线序安排。前期工程中已无用的配线点可以拆除,新的配线点就可以在第二期工程只根据实际需要设置。

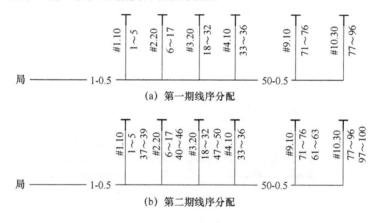

图 3-9 自由配线方式示意图

3.2.3 用户电缆成端

线路建筑完毕后必须引入局所使用户与局内电信设备相连接,才能实现通信的目的。电缆线路的进局方式,可根据电缆的敷设方式、进局电缆的条数和局所的周围环境、总配线架(MDF)的位置和局所的容量等因素来选定。一般情况下电缆入局方式采用地下入局方式。地下入局方式就是在一般情况下,电缆首先引入地下进线室,然后由地下室引入机房 MDF。

电缆进局应从不同的方向引入,对于大型局(万门局以上)应至少有两个进局方向。为了提高管道管孔的含线率,进局电缆应采用大容量电缆。

至于引入地点的选择,应当考虑到如何使电缆在建筑物内的长度尽可能短、弯曲次数少,且保证电缆便于维护。管道电缆引入进线室时,应在临近引入处前的房屋外面建造局前人孔,局前人孔与地下室之间用管群相连。

1. 电缆进线室

电缆进线室也称电缆室,是局内外设备相互衔接的地方。它的位置应建筑在测量室的下面或者附近,并要求离局前人孔较近,其规模应根据局所的终局容量而定。在建筑上要求安全坚固,具有良好的防水防火性能。为了支撑电缆,在电缆进线室还应安装铁架。同时应考虑留有安装自动充气维护设备的位置。

电缆入局以后,在电缆进线室采用分散上线方式,由电缆室铁架引上至 MDF。分散上架式的电缆室一般为狭长形,平行位于 MDF 下方。对准 MDF 的每一直列各开一个上线孔,在电缆室内分成小容量的成端电缆,每一条分别经由每一个上线孔直接引至 MDF 的相应直列上。

(1) 电缆钢架

电缆钢架的安装要求根据市话网的发展及机房终期容量而定。装设电缆钢架要求横平竖直,不得有倾斜现象,铸件坚固,铁件平直无锈蚀,间距合适。常用的万门局以下电缆钢架的安装规格如图 3-10 所示。

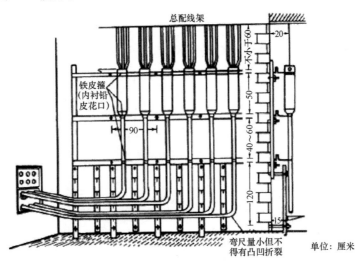

图 3-10 电缆钢架安装规格示意图

(2) 施工和维护中进局电缆应遵循的原则

① 进局电缆对数的选择应根据总配线架竖列容量而定。

② 每条进局电缆的对数不小于 MDF 的每列容量,不足时也应满足本列容量,可使空闲芯线甩置在局前人孔备用。

③ 为了提高管孔的利用率,进局电缆占用管孔应布放较大对数的电缆,支架托板位置应合理应用,电缆不得重叠交叉。

④ 进局电缆的外皮应保持完整无损,弯曲处应符合曲率半径的要求。全塑电缆应有定位措施,以防止电缆回位性变形。

⑤ 垂直电缆应采用铁箍垫以铅皮或塑料带固定于钢架上;平放电缆的铁托板上应包以铅皮或塑料垫;管口出线处在电缆上作衬垫后应堵封,以防进水;上线孔或槽道也应采取封堵措施,以防潮气侵入测量室内。

2. 市话电缆的局内成端

(1) MDF

MDF 安装在市话局测量室内,所有市内电话的外线均应接至 MDF,再由 MDF 接至相关设备。通过 MDF 可以随时调整配线和测试局内外线,并可使局内线免受外来雷电及强电流的损伤,所以 MDF 是全局通信线路的枢纽。MDF 一般由横列铁架、直列铁架、成端电缆线把、保安器弹簧排、保安器、实验弹簧排、端子板和用户跳线等部分组成。

- 横、直列铁架用于支持电缆及弹簧排等其他设备。
- 保安器弹簧排安装于铁架直列上,用于连接外线及跳线,安装保安器用。
- 保安器安装于保安器弹簧排上,由炭精避雷器和热线轴所组成。
- 试验弹簧排及端子板均安装在 MDF 的铁架横列上。在试验弹簧排上可将局内外线切断,利用横列的测试塞孔,可进行局内外线路的障碍测试,以便及时进行查修。
- 用户跳线的作用是调度和沟通局内外线路。

(2) 成端电缆的制作

局内成端电缆的选择及成端电缆双裁法把线编扎技术要求如下。

① 成端电缆应选择阻燃、全色谱、有屏蔽的电缆,一般采用 HPVV 或 PVC 全塑电缆。

② 成端电缆的量裁。如果成端电缆只有一条时可以采用单裁法,作两条或更多条时应采用双裁法。双裁法是将一条电缆从当中分裁为两条,双裁后两条电缆的线序号相反,一条从外向里编号,一条从里向外编号。

③ 编扎竖列把线根据配线架的高度采用不同程式的保安排容量。有穿线板的采用扇形编扎,采用 20 回线保安排时把线每 5 对一出线,打双扣;无穿线板的按梳形编扎,把线每 100 对一出线,打双扣,扎成"Z"形弯,用塑料扎带(尼龙扎带)扎紧。

④ 编扎成端把线必须顺直,不得有重叠扭绞现象。用蜡浸麻线扎结须紧密结实,分线及线扣要均匀整齐,线扣扎结串联成直线。然后缠扎 1~2 层聚氯乙烯带(顺压一半)作为保护层,缠扎要紧密整齐、圆滑匀称。

⑤ 布设把线时,应先在配线架的横铁板上选定把线位置。在该处缠两层塑料条,再将把线顺入直列,上下垂直、前后对齐,不得歪斜,再用蜡浸麻线将把线绑扎在横铁板上。

⑥ 芯线与端子焊接时先分清 A、B 端,不得任意颠倒,再将芯线绝缘物刮净并绕在接线端子上两圈,锡焊时要求牢固光滑。

⑦ 保安排是绕线端子的,应采用绕线枪在接线端子上密绕 6 圈半,半圈为导线带有绝缘皮的,以防绝缘皮倒缩。

⑧ 保安排是卡接端子的,采用专用工具将线对压入刀片,余长线头自动切断,用手轻拉线对,检查是否卡接牢固。

(3) 全塑电缆成端接头(详见相关国家通信标准)

① 热注塑套管法

(a) 将 HYA 电缆端头剥开 650 mm 以上并将单位芯线约 50 mm 处用 PVC 胶带扎牢。在电缆切口处安装屏蔽地线(规格根据电缆对数而定)。用自粘胶带固定小塑料管,将堵塞剂料灌注入小塑料管内,待 24 h 凝固后用 80 kPa 压力做充气试验。

(b) 在堵塞小管下边约 50 mm 处,采用热注塑方法注一个内端管,将大外套管套在 HYA 电缆上。

(c) 根据上列电缆的外径在外端盖上打孔及打毛处理,然后套在电缆上。芯线采用模块接线排压接的方法进行接续。

（d）如果外套管内容量较大，25回线模块排可加装防潮盒子，用非吸湿性扎带或PVC胶带将接线排捆扎牢固，测试检查有无坏线对。

（e）大套管与内端盖之间的接缝处打毛清洁，装好模具进行注塑，要求大外套正直。

（f）如果芯线接续模块已加装防潮盒，外端盒打毛后采用自粘胶带密封，并在外边缠两层PVC胶带保护。

（g）一般接线模块在大套管内必须注入442胶（填充电缆接头使用大442胶），灌满为止。再盖好外端盖，将大套管与内端盖之间的接缝处打毛清洁，采用自粘胶带密封，在外边缠两层PVC胶带保护。

（h）引出的屏蔽地线与地线排连接牢固。

② 热可缩套管法

（a）根据成端接续接头对数的大小可采用"O"型和片型热可缩套管，并做清洁处理。

（b）将电缆摆好位置，划线并剥去外护套，在每个单位的芯线端头约50 mm处用PVC胶带扎牢，并在电缆切口处安装屏蔽地线。芯线接续采用模块接线排。

（c）接续后进行测试，无坏线对后再用非吸湿性扎带或PVC胶带扎牢，同时恢复缆芯包带或缠两层聚脂膜带。

（d）安装铝衬，铝衬两端采用PVC胶带扎牢，要求铝衬位置端正。

（e）将热可缩外套管摆放在接头中央，根据要求在电缆接口两端用金属带保护，同时在上列电缆一端装好分歧夹。

（f）如采用片型热可缩管时，先把片型位置放好，装好金属拉链，电缆上装金属粘胶带，并在上列电缆一端装好分歧夹。

（g）采用乙烷进行热可缩套管加热烘烤，要求先烤中间后烤两端、火焰要均匀，烤至热可缩管花纹变色，两端流出热溶胶为止。

（h）片型管的金属拉链外应多烤，烤好后采用木锤轻轻击打，使金属拉链与热可缩紧压效果好。

3.3.1 电缆芯线的编号与对号

电缆芯线的编号和对号是保证电缆芯线接续质量的一项重要工作。全塑电缆一旦投入使用，使用时间可达十几年乃至几十年，为了今后维护和扩建方便，要坚持进行。

1. 电缆芯线的编号

全色谱电缆芯线顺序是由中心层起向外层顺序编号的。在电缆盘上的电缆是有方向的，一般规定A端线号是面向电缆按顺时针方向进行编号；而B端线号则按逆时针方向进行编号。敷设电缆时电缆的A端应靠近局方，对号时则从远离局方处面对电缆按色谱线序编号。全塑全色谱电缆的线序使用原则是"从远到近，从小到大"。

2. 电缆芯线的对号

电缆芯线对号的目的，主要是核对和辨别一段全塑电缆的芯线序号，防止因电缆出厂质量不良造成的错接的一种手段。全塑电缆为单位式电缆,采用的扎带和芯线是全色谱,寻找线对序号比较容易。一般一字型接续按色谱直接进行,无须事先对号。但在下列情况下一般也要对号,避免产生差错:掏线对号;查找障碍线对对号;合拢对号、引上对号、分歧电缆对号、分线设备接头对号、安装再生中继器对号;对旧电缆线号;全程接续对号;全部中继线及专线电缆对号等。对号时一般以靠近电话局或交接箱的一端为准,用放音对号器与另一端对号,使两端线序一致。

3.3.2 全塑电缆常用接续方法

1. 全塑电缆芯线接续的一般规定

① 电缆芯线接续前,应保证气闭良好,并应该核对电缆程式、对数,检查端别,如有不符合规定者应及时处理,合格后可进行电缆接续。

② 全塑电缆芯线接续必须采用压接法,不得采用扭接法。

③ 电缆芯线的直接、复接线序必须与设计要求相符,全色谱电缆必须色谱、色带对应接续。

④ 电缆芯线接续不应产生混线、断线、地气、串音及接触不良等情况,接续后应保证电缆的标称对数全部合格。

全塑电缆芯线的接续,是全塑电缆敷设施工中的一个重要部分。在质量上要求较高:必须接续可靠和长时期保持应有的性能,以保证通信畅通;要求施工有较高的效率、劳动强度低、操作简便、易于掌握;要求工料费少;适合架空、直埋或管道等各种使用场合。

目前我国最常用的电缆芯线接续法是扣式接线子和模块式(接线子)接续法。扣式接线子接续法主要用于零散芯线接续,例如,电缆芯线障碍处理以及 300 对以下的较小对数的电缆芯线接续。而模块式接续法主要用于较大对数的整条电缆芯线或整单元芯线接续。

2. 扣式接线子接续法

(1) 接线子的型号

目前,市话全塑电缆的接线子品种较多,按其接续方式、器件外形和内部结构以及特点,可分为套管型、纽扣型、槽型、销钉型、齿型和模块型等多种。接线子的型号分类必须符合邮电部标准《市内通信电缆接线子》(YD 334—87)的规定,其型号编写方法如下:

专业	主称	类型	填充	系列编号

专业:H——市内通信电缆
主称:J——接线子
类型:K——纽扣型
　　　X——销钉型(又称销套型、销子型)
　　　C——齿型
　　　M——模块型
填充:T——含防潮填充剂,如无填充则不写
系列:1、2、…、9——系列编号
接线子型式分类见表 3-4。

表 3-4　接线子型式分类

接线子名称 \ 型号　有无填充	代号	
	不含防潮填充剂	含防潮填充剂
纽扣式接线子	HJK	HJKT
销套型接线子	HJX	/
齿型接线子	HJC	/
模块型接线子	HJM	HJMT

(2) 纽扣式接线子(HJK)的结构和接续原理

纽扣式接线子外形如图 3-11 所示,它由三部分组成:纽扣身、纽扣帽、U 形卡接片,其结构(二线)如图 3-12 所示。

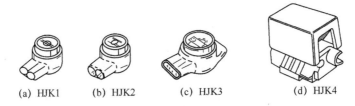

图 3-11　纽扣式接线子外形图

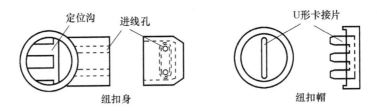

图 3-12　纽扣式接线子结构图(二线)

纽扣式接线子 U 形卡接片卡接示意图(二线)如图 3-13 所示。在塑料盖内镶嵌镀锡的铜合金 U 形卡接片,在接续时将待接芯线放入沟槽内,用专用手压钳将塑料盖压入塑料座内,芯线被压入 U 形卡接槽内。由于芯线可压入槽内比线径稍窄处,刀口可卡破芯线绝缘及氧化层,卡接片能与铜线本体接触,同时能够保持一定的接续压力,形成无空隙接续。充有硅脂的接线子,具有防潮、防氧化性能。

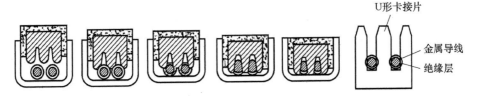

图 3-13　纽扣式接线子 U 形卡接片卡接示意图

(3) 纽扣式接线子接续操作方法和步骤

纽扣式接线子接续方法一般适用于 300 对以下电缆,或在大对数电缆中接续分歧电缆。直接口与分歧接口接续步骤如下:

① 根据电缆对数、接线子排数,电缆芯线留长应不小于接续长度的 1.5 倍。

② 剥开电缆护套后,按色谱挑出第一个超单位线束,将其他超单位线束折回电缆两侧,临时用包带捆扎,以便操作,将第一个超单位线束编好线序。

③ 把待接续单位的局方及用户侧的第一对线(四根),或三端(复接、六根)芯线在接续扭线点疏扭 4~5 个花,留长 5 cm,对齐剪去多余部分,要求四根导线平直,无钩弯。a 线与 a 线、b 线与 b 线压接。

④ 将芯线插入接线子进线孔内。直接:两根 a 线(或 b 线)插入二线接线孔内。复接:将三根 a 线(或 b 线)插入三线接线孔内。必须观察芯线是否插到底。

⑤ 芯线插好后,将接线子放置在压接钳钳口中,可先用压接钳压一下扣帽,观察接线子扣帽是否平行压入扣身并与壳体齐平,然后再一次压接到底。用力要均匀,扣帽要压实压平,如有异常,可重新压接。

⑥ 压接后用手轻拉一下芯线,防止压接时芯线跑出没有压牢。

3. 模块式接线子接续法

模块式接线子也称为模块型卡接排,简称模块或卡接排。具有接续整齐、均匀、性能稳定、操作方便和接续速度快等优点。一般模块式接线子一次接续 25 对。利用模块式接线子可进行直接、桥接和搭接。大对数电缆常用,详细接续方法见相关资料。

全塑电缆线路的外界环境复杂、多变,外界影响因素较多。既要考虑经常性因素,如夏季烈日照射、严冬的低温和冰凌、风雨和气温变化以及潮气水分带来的影响,又要考虑突发现象,如雷电、台风、地震的影响和电力烧伤、直流管线的泄漏腐蚀等影响。根据电缆线路的维护经验,电缆线路的故障大部分发生在电缆接头封合处,因此选用合适的封合材料和方式正确进行全塑电缆接头封合,对设计、施工和维护工作具有极其重要的意义。

1. 全塑电缆接头封合的技术要求

① 具有较强的机械强度,接头应能承受一定的压力和拉力。

② 具有良好的密封性,能达到气闭要求。

③ 便于施工和维护方便,操作简单。

④ 具有较长的使用寿命。

2. 全塑电缆接续套管的分类

(1) 接续套管按品种分类

① 热缩套管:利用加热使套管径向收缩,使套管与电缆塑料外护套构成密封接头。

② 注塑熔接套管:利用熔融塑料在一定压力下进行注塑,使套管与电缆塑料外护套熔接成密封接头。

③ 装配套管:不使用热源,利用密封元件装配使套管与电缆外护套构成密封接头。

(2) 接续套管按结构特征分类

① 圆管式(O 型):套管的主体部分截面为圆形或多边形的管状。圆管式套管要在电缆芯线接续前套在待接续电缆上。

② 纵包式(P 型):套管主体沿纵向有一条或两条开口。在电缆芯线接续以后,套管可

以纵包在电缆芯线接头之外,利用必要的连接件,使纵向开口连成一体,形成完整的密封套筒。

③ 罩式:套管的一端开口,另一端为圆罩形。电缆进、出口都在套管的开口端。

(3) 接续套管按是否用于电缆气压维护系统分类

① 气压维护用套管:接头套管用于额定气压为 70 kPa 的气压维护电缆中,即接续套管能长期承受 70 kPa 的内部压力。

② 非气压维护用套管:接头套管用于电缆非气压维护系统中,例如,用于不充气系统或填充电缆接头密封。正常情况下接续套管中没有恒定的高气压,但接头仍应维持密封。非气压维护用套管有加强型和普通型之分,必要时可使用加强型。

(4) 接续套管按直通或分歧分类

① 直通型:套管一端进,另一端出,两端各接入一根电缆。

② 分歧型:套管的一端或两端接入两根或更多根电缆。

当套管本身的结构既允许直通使用也允许分歧使用时,可以不加区分。

3. 全塑电缆接续套管的选用

① 热可缩套管:"O"型和片型,可用于架空、管道、直埋的填充型和非填充型电缆(自承式电缆除外),成端电缆也能采用。

② 注塑套管:"O"型只能用于聚烯烃护套充气维护的管道电缆和埋式电缆,成端电缆也能采用。

③ 玻璃钢"C"型套管:可用于非填充型不充气维护的自承式和吊挂式架空电缆。

④ 接线筒:一般用于 300 对以下的架空、墙壁、管道充气电缆。

⑤ 多用接线盒:用于非填充型不充气维护的自承式或吊挂式架空电缆。

⑥ 装配式套管(剖管):包括用于充气型架空、管道、直埋电缆的机械式套管和用于非充气型填充电缆的装配式套管。

一般选用"O"型圆筒形套管时,施工现场(如人孔内)要有置放套管的空间(电缆接续前,将套管穿入电缆的一端)。而片型及"C"型套管是包在接口外纵向封闭的套管,适合于无置放接头套筒空间的场合。

4. 全塑电缆接续套管的技术要求

① 接续套管在下列环境条件下应能维持正常工作。

- 环境温度:−30～60 ℃。
- 环境大气压力:86～106 kPa。

② 接续套管施工环境温度应在 −10～45 ℃ 范围内。

③ 接续套管的各主要部分的尺寸,应符合相应的产品标准规定。要求其表面应光洁、平整、无气泡、砂眼、裂纹。金属件表面应无毛刺和锈蚀,橡胶、塑料密封填料应无正常视力可见的杂质。

④ 接续套管无论是气压维护型或非气压维护型,其性能均应满足检验要求。

⑤ 能防潮防水。不管是架空电缆、直埋电缆,还是管道电缆,都要求接头有良好的防潮防水性能,以保证通信电缆正常的电气特性。

⑥ 要有一定的机械强度。来自外界影响破坏电缆封合处的外力有两个方面,一个是垂直或横向的外力,如挤压、碰撞、振动等,要求套管及封合处要有一定的抗压抗碰强度,另一个是纵向的外力,如电缆受到移动或推挂(如人孔或直埋电缆的接头处,需上下左右移动电

缆),带来纵向方面的力量,要求封合处在纵向方面有一定抗拉强度。

⑦ 能重开重合。可以重新打开,重新封合,并尽可能节省费用。

⑧ 要有较长的使用寿命。

5. 全塑电缆接续套管的封合方法

全塑电缆接头封合的类型有冷接法和热接法之分。冷接法主要应用于架空电缆线路和墙壁电缆线路;而热接法由于气闭性好,广泛应用于充气维护的电缆线路中。

(1) 冷接法

用于架空电缆、墙壁电缆和楼层电缆(采用带硅脂的接线子接续,防潮性能较好)等,接续套管有多用接线盒、接线筒、玻璃钢"C"型套管、装配式套管(剖管)等。前3种接续套管主要应用于架空电缆,后一种适用于填充型或充气型电缆。

(2) 热接法

热接法大体有:热缩套管封合法、注塑"O"型套管封合法和辅助"O"型套管包封法。详细的全塑电缆接头封合方法详见相关国家通信设计规范。

3-1　简述用户线路网构成及相关设备功能。
3-2　市话电缆的合理传输距离受那些因素影响?具体计算公式分别如何表示?
3-3　简述市内电话网的传输标准。
3-4　简述用户线路环路设计的基本方法、电缆选用范围和原则及传输设计计算方法。
3-5　电缆配线的概念和作用是什么?
3-6　什么是交接区和配线区?主干电缆和配线电缆的区别和概念?
3-7　电缆网有几种配线方式?试画出每种配线方式的示意图。
3-8　施工和维护中进局电缆应遵循的原则是什么?
3-9　局内成端电缆的选择及成端电缆双裁把线编扎技术的要求是什么?
3-10　有几种制作成端电缆的方法?
3-11　详述电缆芯线编号要求和电缆芯线对号的目的。
3-12　详述纽扣式接线子的接续原理。
3-13　详述纽扣式接线子的主要种类和使用场合。
3-14　简述纽扣式接线子的接线操作步骤。
3-15　简述全塑电缆接头封合的技术要求。
3-16　全塑电缆接续套管有哪些类型?
3-17　简述全塑电缆接续套管的封合方法。

第4章 光纤

光纤是光纤通信系统中光波的传输介质,因此研究光纤通信工程,首先应对光纤的结构、导光原理以及光纤的各种性能有所了解。随着光纤通信在电信网各个层面的渗透应用,为适应不同的应用目标,研究和生产了很多类型,具有不同的优化性能的光纤,本章将对光缆工程中应用的光纤的类型作重点介绍。

4.1.1 光纤的结构

通信光纤通常是由两种不同折射率的玻璃材料拉制而成,多层同心圆柱体结构。内层为折射率较高的纤芯,包围在纤芯外面的折射率较低的包层,组成光的传输媒质。其基本结构如图4-1所示。纤芯的作用是传输光信号;包层的作用是使光信号封闭在纤芯中传输。通信用光纤的标称外径(包层外径)为125 μm,多模光纤纤芯的标称直径为50 μm 或 62.5 μm,单模光纤的纤芯直径为5~10 μm,标称模场直径为9~10 μm。包层材料通常为均匀材料,折射率为常数 n_2。纤芯折射率可以是均匀的,也可以是沿半径 r 变化的 $n(r)$。为了实现光信号的传输,要求纤芯的折射率比包层的折射率稍大,这是光纤结构的关键。

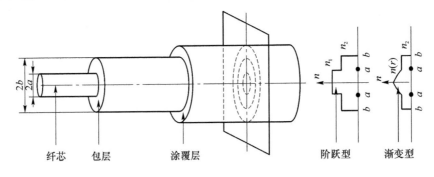

图 4-1 光纤的基本结构

图4-1所示的光纤实际上是我们平时说的裸光纤,它的强度较差,尤其是柔软性很差,为了达到实际使用的要求,在光纤制造过程中,裸光纤从高温炉拉出后2 s内要进行涂覆,在 SiO_2 玻璃材料组成的纤芯和包层外面涂覆丙烯酸酯(Acrylate)、环氧树脂等材料。经过

涂覆后的光纤才能用来制造光缆,满足通信传输线的要求。通常所说的光纤是指涂覆以后的光纤,涂覆后的光纤直径(未着色)一般为$(243\pm5)\mu m$,图 4-2 所示为经过涂覆的光纤。

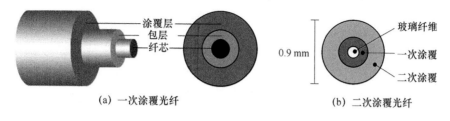

图 4-2 涂覆后的光纤

① 一次涂覆光纤。直径为 0.25 mm,紫外线固化丙烯酸树脂涂敷层的光纤。其直径非常小,增加了光缆内可容纳光纤的密度,使用非常普遍。

② 二次涂覆光纤。亦称为紧包缓冲层光纤或半紧包缓冲层光纤。光纤表面覆有热塑性树脂,直径为 0.9 mm。与 0.25 mm 的光纤相比,其具有更坚固、易操作的优点。广泛应用于机架内布线的光纤跳线及光纤数量较少的光缆。

下面以应用最为广泛的 SiO_2 玻璃光纤为例,分别讲述组成光纤各层的功能和材料特点。

1. 纤芯

纤芯位于光纤的中心,其成分是高纯度的二氧化硅(SiO_2),有时还掺有极少量的掺杂物(如 GeO_2、P_2O_5 等),以提高纤芯的折射率(n_1),而未作掺杂时的纯石英芯的目的是为了获得尽可能低的光纤损耗。纤芯的功能是提供传输光信号的通道,折射率一般是 1.463~1.467(根据光纤的种类而异)。

2. 包层

包层位于纤芯的周围,其成分也是含有极少量掺杂物的高纯度二氧化硅,而掺杂物(如 B_2O_3 或 F)的作用则是适当降低包层的折射率(n_2),使之略低于纤芯的折射率(n_1),以满足光传输的全内反射条件。包层的作用是将光封闭在纤芯内,并保护纤芯免受碰撞、污染等。包层的折射率为 1.45~1.46。

3. 涂覆层

光纤的最外层是由丙烯酸酯、硅树脂和尼龙组成的涂覆层,其作用是增加光纤的机械强度与柔韧性,以及通过着色工艺以便于识别等。绝大多数光纤的涂覆层外径控制在 250 μm,但是也有一些光纤涂覆层直径高达 1 mm。

通常,双涂覆层结构是优选的,软内涂覆层能阻止光纤受外部压力而产生的微变,而硬外涂覆层则能防止磨损以及提高机械强度。

4.1.2 光纤的材料

光纤材料决定着光纤的传输性能、机械强度、物理性能以及安装使用性能。在这些性能中,光纤的传输特性是最重要的。一般而言,要求光纤材料对光的衰减和材料色散较小,折射率径向分布控制精确、易于调整,长度方向能形成均匀的分布,还应有较好的机械强度和良好的化学稳定性,并且在经济上可行。

理论上,制作光纤可以用气体、液体和固体材料,但气体和液体材料的折射率分布及光学稳定性比固体材料差,因此实际中并不使用。实用通信中采用的光纤材料主要有石英玻璃、多组分氧化物玻璃、晶体和塑料等。

1. 玻璃光纤

目前,石英玻璃(SiO_2)是制作光纤的首选材料之一,这是由于石英玻璃具有较好的提纯工艺、制棒技术和良好的传输特性、光学特性、机械强度及化学稳定性。石英光纤一般是指由掺杂石英芯和掺杂石英包层组成的光纤。目前通信用光纤绝大多数是石英光纤。目前由石英玻璃制造的光纤在 1 310 nm 波长损耗为 0.35 dB/km 左右,在 1 550 nm 波长损耗仅为 0.20 dB/km。但是,石英玻璃光纤的制造工艺特殊,价格昂贵,机械性能差,还需要专门的接续设备,这些制约了它在接入网及局域网中的使用。

2. 非石英的玻璃光纤

以 SiO_2 材料为主的光纤,工作在 0.8～1.6 μm 的近红外波段,目前所能达到的最低理论损耗在 1 550 nm 波长处为 0.16 dB/km,已接近石英光纤理论上的最低损耗极限。如果再将工作波长加大,由于受到红外吸收的影响,衰减常数反而增大。因此,许多科学工作者一直在寻找超长波长(2 μm 以上)窗口的光纤材料。这种材料主要有两种,即非石英的玻璃材料和晶体材料,晶体光纤材料主要有 AgCl、AgBr、KBr、CsBr 以及 KRS-5 等,目前 AgCl 单晶光纤的最低损耗在 10.6 μm 波长处为 0.1 dB/km。因此,需要寻求新型基体材料的光纤,以满足超宽带宽、超低损耗、高码速通信的需要。

氟化物玻璃光纤是当前研究最多的超低损耗远红外光纤,它是以 ZrF_4-BaF_2、H_fF_4-BaF_2 两系统为基体材料的多组分玻璃光纤,其最低损耗在 2.5 μm 附近为 $1×10^{-3}$ dB/km,无中继距离可达到 $1×10^5$ km。1989 年,日本 NTT 公司研制成功的 2.5 μm 氟化物玻璃光纤损耗只有 0.01 dB/km,目前 ZrF_4 玻璃光纤在 2.3 μm 处的损耗达到 0.7 dB/km,这离氟化物玻璃光纤的理论最低损耗 $1×10^{-3}$ dB/km 相距很远,仍然有相当大的潜力可挖。能否在该领域研制出更好的光纤,对于开辟超长波长的通信窗口具有深远的意义。

硫化物玻璃光纤具有较宽的红外透明区域(1.2～12 μm),有利于多信道的复用,而且硫化物玻璃光纤具有较宽的光学间隙,自由电子跃迁造成的能量吸收较少,而且温度对损耗的影响较小,其损耗水平在 6 μm 波长处为 0.2 dB/km,是非常有前途的光纤。而且,硫化物玻璃光纤具有很大的非线性系数,用它制作的非线性器件可以有效地提高光开关的速率,开关速率可以达到数百吉比特每秒以上。

重金属氧化物玻璃光纤具有优良的化学稳定性和机械物理性能,但红外性质不如卤化物玻璃好,区域可透性差,散射也大,但若把卤化物玻璃与重金属氧化物玻璃的优点结合起来,制造成性能优良的卤-重金属氧化物玻璃光纤具有重要的意义。日本 Furukawa 公司,用 VAD 工艺制得的 GeO_2-Sb_2O_3 系统光纤,损耗在 2.05 μm 波长处达到了 13 dB/km,如果经过进一步脱 OH^{-1} 的工艺处理,可以达到 0.1 dB/km。

3. 聚合物光纤

作为一种低价材料的塑料光纤正在被广泛开发应用。塑料光纤的材料主要有:聚甲基丙烯酸甲酯(PMMA)、聚苯乙烯(PS)、聚碳酸酯(PC)、全氟聚碳酸酯(PCCAF)、非结晶树酯(ARTON)等。高分子聚合物材料具有优良的光学、机械性能,容易通过减压蒸馏的方法提纯,而且成纤能力强、价格便宜。近年来,随着氟化塑料的应用和渐变折射率(GI 型)塑料光纤的开发,在实验室内已经取得了衰减低到 50 dB/km 数量级(1 300 nm)的 GI 型塑料光纤,最大带宽也从突变折射率（SI 型）塑料光纤的 20 MHz·km 增加到（GI 型）塑料光纤的 2.0 GHz·km。GI 型塑料光纤可以以 2.5 Gbit/s 的速度将信号传输 200 m 以上距离。

汽车业界热心于将塑料光纤应用于汽车内通信、传感、控制和多媒体应用中，以取代目前应用的铜缆。汽车业界的新一代车内控制与媒体总线标准 MOST 已将塑料光纤作为传输介质，定义了两种塑料光纤应用于 MOST 系统连接，基于 PMMA 光纤以及红色 LED（650 nm），用于连接汽车内娱乐系统的光学数据总线标准，满足日益增长的汽车内数据带宽要求。MOST 总线专门用于满足严格的车载环境，这种基于塑料光纤的总线技术能够支持比其他各种总线更高的数据速率。MOST25 具有 25 Mbit/s 的传输速率，MOST50 提供 50 Mbit/s 带宽，未来带宽很快就会上升到 125 Mbit/s。

相关书籍和文献资料中常将 SiO_2 材料的光纤缩写为 GOF，而将日益得到重视的塑料光纤缩写为 POF，光学晶体光纤缩写为 PCF。

4.1.3 光纤的制造

低损耗的单模和多模石英光纤的制造大多采用"气相沉积-脱水烧结-预制棒-拉丝"工艺，光纤预制棒工艺是光纤光缆制造中最重要的环节。目前，用于制备光纤预制棒的方法主要采用以下 4 种方法：改进化学气相沉积法（MCVD）、外部气相沉积法（OVD）、气相轴向沉积法（VAD）和等离子体化学气相沉积法（PCVD）。

① 1969 年 Jone 和 Hao 采用 $SiCl_4$ 气相氧化法制成的光纤的损耗低至 10 dB/km，而且掺杂剂都是采用纯的 TiO_2、GeO_2、B_2O_3 及 P_2O_5，这是 MCVD 法的原型，后来发展成为现在的 MCVD 所采用的 $SiCl_4$、$GeCl_4$ 等液态的原材料。原料在高温下发生氧化反应生成 SiO_2、B_2O_3、GeO_2、P_2O_5 微粉，沉积在石英反应管的内壁上。在沉积过程中需要精密地控制掺杂剂的流量，从而获得所设计的折射率分布。采用 MCVD 法制备的 B/Ge 共掺杂光纤作为光纤的内包层，能够抑制包层中的模式耦合，大大降低光纤的传输损耗。MCVD 法是目前制备高质量石英光纤比较稳定可靠的方法，该法制备的单模光纤损耗可达到 $0.2\sim0.3$ dB/km，而且具有很好的重复性。

② OVD 法又为"管外气相氧化法"或"粉尘法"，其原料在氢氧焰中水解生成 SiO_2 微粉，然后经喷灯喷出，沉积在由石英、石墨或氧化铝材料制成的"母棒"外表面，经过多次沉积，去掉母棒，再将中空的预制棒在高温下脱水，烧结成透明的实心玻璃棒，即为光纤预制棒。该法的优点是沉积速度快，适合批量生产，该法要求环境清洁，严格脱水，可以制得 0.16 dB/km（1.55 μm）的单模光纤，几乎接近石英光纤在 1.55 μm 窗口的理论极限损耗 0.15 dB/km。

③ VAD 法是由日本开发出来的，其工作原理与 OVD 相同，不同之处在于它不是在母棒的外表面沉积，而是在其端部（轴向）沉积。VAD 的重要特点是可以连续生产，适合制造大型预制棒，从而可以拉制较长的连续光纤。而且，该法制备的多模光纤不会形成中心部位折射率凹陷或空眼，因此其光纤制品的带宽比 MCVD 法高一些，其单模光纤损耗目前达到 $0.22\sim0.4$ dB/km。目前，日本仍然掌握着 VAD 的最先进的核心技术，所制得的光纤预制棒 OH^{-1} 含量非常低，在 1 385 nm 附近的损耗小于 0.46 dB/km。

④ PCVD 法是由飞利浦研究实验室提出的，于 1978 年应用于批量生产。它与 MCVD 的工作原理基本相同，只是不用氢氧焰进行管外加热，而是改用微波腔体产生的等离子体加

热。PCVD 工艺的沉积温度低于 MCVD 工艺的沉积温度,因此反应管不易变形;由于气体电离不受反应管热容量的限制,所以微波加热腔体可以沿着反应管轴向作快速往复移动,目前的移动速度在 8 m/min,这允许在管内沉积数千个薄层,从而使每层的沉积厚度减小,因此折射率分布的控制更为精确,可以获得更宽的带宽。而且,PCVD 的沉积效率高,沉积速度快,有利于消除 SiO_2 层沉积过程中的微观不均匀性,从而大大降低光纤中散射造成的本征损耗,适合制备复杂折射率剖面的光纤,可以批量生产,有利于降低成本。目前,荷兰的等离子光纤公司占据世界领先水平。

制造好的预制棒,高温下呈熔融状态,经过拉丝工艺,拉制成纤细的光纤,进行丙烯酸酯涂覆,张力测试,盘绕在光纤盘上,即可用于成缆或在室内使用。

4.1.4 光纤的导光原理

光纤中光的传输过程可以用几何光学和波动理论来解释,本书不作过多理论上的讨论,仅以阶跃型光纤为例来说明光纤的导光原理。阶跃型光纤的折射率是沿径向呈台阶状分布的,沿轴向呈均匀分布。如图 4-3 所示,n_1 为纤芯折射率,n_2 为包层折射率,且 $n_1 > n_2$。

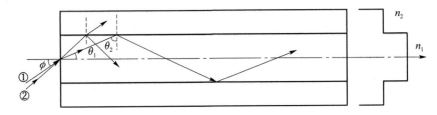

图 4-3 阶跃型光纤的导光原理

假设光纤为理想的圆柱体,光线若垂直于光纤端面入射,并与光纤的轴线平行或重合,这时 n_1 光线将沿纤芯轴线方向向前传播。若光线以某一角度入射到光纤端面时,光线进入纤芯会发生折射,当光线到达纤芯和包层交界面时,将可能发生全反射或者折射现象,如图 4-3 中光线①、②。根据分析可知,在纤芯和包层交界面上形成全反射的光线将会长距离传输,如图 4-3 中光线①。如果进入光纤的光线入射角度过大,则光线将不会在纤芯和包层交界面上形成全反射,造成所谓的折射衰减,如图 4-3 中光线②。这种光线不能在纤芯和包层交界面上形成全反射,因此不会长距离地在光纤中传输。

要使光信号能够在光纤中长距离传输,必须使进入光纤的光线在纤芯和包层交界面上形成全反射,即入射角大于临界全反射角。由 Snell 定律得到光纤的纤芯-包层之间的临界全反射角为

$$\theta_c = \arcsin \frac{n_2}{n_1} \quad (4.1)$$

因此,即要求

$$\theta_2 > \arcsin \frac{n_2}{n_1}$$

或

$$\sin \theta_2 > \frac{n_2}{n_1}$$

考虑光线在空气和光纤界面应满足折射定律：
$$n_0 \sin \phi = n_1 \sin \theta_1$$
$$= n_1 \sin(90° - \theta_2)$$
$$= n_1 \cos \theta_2$$

则
$$\sin \phi = \frac{n_1}{n_0} \sqrt{1 - \left(\frac{n_2}{n_1}\right)^2}$$

为了在纤芯中产生全反射，θ_2 必须大于 θ_c。从图 4-3 可看出，如果 θ_2 大于某值，则 θ_1 小于某值，对应于光纤端面的入射角也要小于某值，上式即为

$$\sin \phi \leqslant \frac{n_1}{n_0} \sqrt{1 - \left(\frac{n_2}{n_1}\right)^2}$$

由于 $n_0 = 1$，则

$$\sin \phi \leqslant n_1 \sqrt{1 - \left(\frac{n_2}{n_1}\right)^2} = \sqrt{n_1^2 - n_2^2} \tag{4.2}$$

因此，只有满足式(4.2)的射线，才可以在纤芯中形成导波(即满足了全反射条件)。当光线在光纤内发生全反射时，对应的最大的端面入射角(端面入射角为入射光线与光纤轴线的夹角) θ_a 称为光纤波导的孔径角。

通常我们用数值孔径(NA)来表示光纤集光的能力，NA 值为满足在光纤的纤芯和包层界面形成全反射，从而能在光纤中长距离传输的孔径角的正弦值，经推导为

$$NA = n_0 \sin \theta_a = \sqrt{n_1^2 - n_2^2} \tag{4.3}$$

如果令 $\Delta = \frac{n_1 - n_2}{n_1}$，表示光纤波导的纤芯和包层相对折射率差。当 $n_1 \approx n_2$ 时，式(4.3)可简化为

$$NA = n_1 \sqrt{2\Delta} \tag{4.4}$$

式(4.4)说明，若纤芯和包层的折射率差大(Δ 大)，NA 值就大，NA 对应的最大的入射光线在光纤端面的孔径角越大，即光纤波导的收光能力也就大。作为通信使用的多模光纤波导的 Δ 值通常约为 1%。例如，$n_1 = 1.5$，$\Delta = 0.01$，则 NA = 0.21，对应的孔径角为 12°~13°。

多模光纤(包括多模阶跃光纤和渐变光纤)的导光原理可以综述如下：当入射角小于孔径角 θ_a 的光线入射到光纤端面时，折射入纤芯的光线会周而复始地沿着光纤轴向，在芯包界面或芯包界面内发生全反射，从而使光线从光纤的一端传输到另一端。

在图 4-4 中也给出了 3 种常见光纤的传播情况(纤芯部分的线条为光的传播路径)。对于阶跃型多模光纤，光是在纤芯和包层交界面不断地全反射前进的；对于渐变型多模光纤，光是呈弧线前进的；而阶跃型单模光纤可看成光是沿着轴线前进的。

综上所述，光纤通信中使用的光纤都是圆柱形波导结构，利用纤芯、包层的折射率分布形状不同，可以构成传输性能不同的光纤。纤芯的折射率 n_1 稍大于包层的折射率 n_2($n_1 > n_2$)，使其分界面构成光波导管壁。

应当指出，把光的传输当作光线行进只是一种近似处理，得到的结果具有定性的指导意义，优点是比较直观。光波实质上是电磁波，它在光纤波导中的传输特性，只有从光的电磁

理论上解释才能给以本质上的说明。

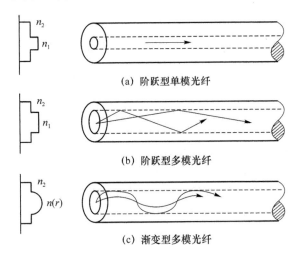

图 4-4 光在不同光纤中的传播路径

4.1.5 光纤的分类

根据光纤的构成材料、使用波长、传播模式、折射率分布、制造方法的不同,可将其分为很多类。不同的分类标准和方法,同一根光纤将会有不同的名称,分类如图 4-5 所示。下面介绍主要的分类方法,即依据制作光纤的材料、纤芯折射率分布和支持传输模式等。

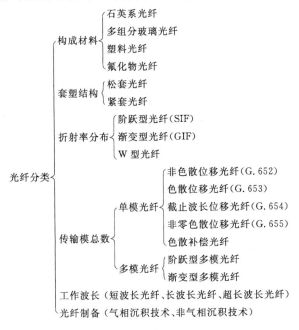

图 4-5 光纤的分类

1. 按光纤的材料分类

按照光纤的材料,可以将光纤分为石英光纤和塑料光纤等。

2. 按光纤剖面折射率分布分类

按照光纤剖面折射率分布的不同,即纤芯折射率的分布特征,可以将光纤分为阶跃型光纤和渐变型光纤。阶跃型光纤的纤芯和包层的折射率是均匀的,纤芯和包层的折射率呈现阶跃形状,如图4-4(a)、(b)所示。由于这种光纤使其中传输的光脉冲发生展宽,目前,多模光纤已经不再使用这种折射率分布形式。而单模光纤中只有一个传输模式,不存在这种由于入射角度不同带来的脉冲展宽,因此仍然使用这种折射率分布形式。

渐变型光纤纤芯的折射率分布如图4-4(c)所示。由于渐变型光纤具有透镜那样的"自聚焦"作用,对光脉冲的展宽也就比阶跃型光纤小得多,因此光信号传输距离较长。目前使用的多模光纤均为此类。

3. 按传输的模式分类

按照光纤传输的模式数量,可以将光纤分为多模光纤和单模光纤。在一定的工作波长上,当有多个模式在光纤中传输时,则这种光纤称为多模光纤。按多模光纤截面折射率的分布可分为阶跃型多模光纤和渐变型多模光纤。

模式是波动光学的概念,如果用几何光学简单、定性地解释,就是入射到光纤内部的光线的传输路径。单模光纤是只能传输一种模式的光纤,单模光纤只能传输基模(最低阶模),不存在模间时延差,具有比多模光纤大得多的带宽,这对于高码速传输是非常重要的。单模光纤纤芯的直径仅几微米,其带宽一般比渐变型多模光纤的带宽高一两个数量级。因此,它适用于大容量、长距离通信。对于多模光纤,单模光纤在后面内容中再做详尽讨论,简单地比较,单模光纤的纤芯细,一般只有几个微米,约为包层的1/10;多模光纤的纤芯较粗,为50 μm 或 62.5 μm,约为包层直径的一半。

光纤的特性较多,这里仅从工程角度介绍一些所必须了解的主要性能。描述光纤结构的参数主要有光纤的几何参数、光学参数(折射率分布、NA、截止波长等)。这些参数仅与光纤横截面的物理构成相关,与光纤的长度及传输状态无关。光纤的传输参数主要包括光纤的衰减、色散和非线性等;其他如光纤的机械和温度特性与工程施工与环境适应性相关。

4.2.1 光纤的几何参数

按照ITU-T(国际电信联盟标准组织)及IEC(国际电工委员会)的推荐,多模光纤的几何参数包括纤芯直径、包层直径、纤芯不圆度、包层不圆度、纤芯与包层的同心度等;单模光纤的几何参数包括模场直径、包层直径、包层不圆度、纤芯与包层的同心度误差(或模场与包层的同心度误差)等。ITU-T及IEC标准均对光纤物理尺寸做出了相应的规定,这些尺寸是设计、制造光纤时的重要依据。光纤的几何尺寸、光学参数除对光纤的传输性能和机械性能有影响外,对光纤的接续损耗也产生较大影响。

表4-1给出了GI多模光纤的各项结构参数,单模光纤典型结构参数见表4-2,模场直径和截止波长是单模光纤特有的结构参数,而包层直径、数值孔径NA和折射率分布等参数则与GI多模光纤一致。

表 4-1　渐变型(GI)多模光纤的结构参数

名　称	50/125 多模	62.5/125 多模
芯径 $2a$	$(50\pm3)\mu m$	$(62.5\pm3)\mu m$
包层直径 $2b$	$(125\pm2)\mu m$	$(125\pm2)\mu m$
纤芯/包层同心偏差	$\leqslant 3\mu m$	$\leqslant 6\%$
纤芯不圆度	$<6\%$	$<6\%$
包层不圆度	$<2\%$	$\leqslant 2\%$
折射率分布 $n(r)$	近似于抛物线	近似于抛物线
数值孔径	0.20 ± 0.015	0.275 ± 0.015

注：50/125 多模梯度光纤结构参数源自 ITU-T G.651.1(07/2007)。

表 4-2　单模光纤结构参数实例(G.652 光纤)

结构参数		技术指标
模场直径	标称值	$8.6\sim9.5\mu m$
	容差	$\pm 0.6\mu m$
包层直径		$(125\pm1)\mu m$
模场包层同心度误差		$0.6\mu m$
包层不圆度		1%
截止波长 λ_c (最大值)		1 260 nm

注：源自 ITU-T G.652(06/2005)。

4.2.2　光纤的光学特性

1. 折射率分布

光纤的折射率分布描述了光纤的纤芯部分的折射率分布，即光纤纤芯上的一点折射率为其距离光纤中心的半径的函数：

$$\begin{cases} n(r)=n_1\left\{1-2\Delta\left(\dfrac{r}{a}\right)^g\right\}^{\frac{1}{2}} & r<a \\ n(r)=n_2 & r\geqslant a \end{cases} \quad (4.5)$$

式中，$n(r)$ 为光纤纤芯的折射率分布；n_1 为光纤纤芯中心处的折射率；Δ 为相对折射率差，$\Delta=\dfrac{n_1^2-n_2^2}{2n_1^2}$；$a$ 为纤芯半径；r 为离开光纤芯轴的距离；g 为幂指数；n_2 为包层折射率。

值得注意的是，g 取不同的值，折射率 $n(r)$ 有不同的分布。$g=1$ 时，$n(r)$ 为三角形分布；$g=2$ 时，$n(r)$ 为抛物线分布(梯度分布)；$g=\infty$ 时，$n(r)$ 为阶跃分布，即纤芯的折射率为一常数。

单模光纤的折射率分布决定了单模光纤的截止波长、模场直径和色散。多模光纤的折射率分布对多模光纤的带宽具有决定性的影响。折射率的设计原则一般要求设计出的光纤具有高带宽、低色散、小的衰减系数，并有合理的剖面结构以减少其生产成本。

2. 数值孔径(NA)

数值孔径是多模光纤的重要参数之一，它表征了多模光纤接受光的能力，同时也反映了该光纤与光源或别的光纤耦合的难易程度。数值孔径是多模光纤的特有结构参数，ITU-T 对单模光纤没有规定数值孔径作为正式参数。

$$NA = \sqrt{n_1^2 - n_2^2} = n_1\sqrt{2\Delta} \tag{4.6}$$

式中,$\Delta = \dfrac{n_1 - n_2}{n_1}$,表示光纤波导的纤芯和包层相对折射率差:

$$\Delta = \frac{n_1^2 - n_2^2}{2n_1^2} \approx \frac{n_1 - n_2}{n_1}$$

标准多模光纤($50/125\ \mu m$)的 NA 标称值一般为 0.2,对应的孔径角约为 $11.5°$。标准单模光纤的 NA 标称值一般为 $0.1\sim0.15$,对应的孔径角约为 $5.7°\sim8.6°$。塑料光纤的数值孔径($NA=0.5$,θ_a 可达 $60°$)可以更大,以接受更多的光功率。

3. 截止波长

截止波长为单模光纤所特有的结构参数,它给出了保证单模光纤传输的光波长范围。所谓截止波长,是指高阶模 LP_{11} 的截止波长。单模光纤传输系统的工作波长必须大于截止波长,否则,光纤将工作在双模区,产生模式噪声和模式色散,从而导致传输性能恶化和带宽下降。工作波长不宜偏离截止波长太远,以免有更多的光功率分布在包层中,影响传输性能。截止波长对于光纤光缆制造厂商、光缆的用户设计以及使用光纤的传输系统均有很大意义。由于实际的截止波长与光纤长度和所处状态有关,ITU-T G.652 文件从 3 个方面提出了单模光纤的截止波长定义。

(1) 光纤截止波长 λ_c:

$$\lambda_c = \frac{2\pi}{v_c} n_1 a \sqrt{2\Delta} \tag{4.7}$$

式中,v_c 为归一化截止频率,理想阶跃光纤(即当 $g=\infty$ 时)$v_c = 2.405$,平方律光纤(即当 $g=2$ 时)$v_c = 3.518$;n_1 为纤芯折射率;a 为纤芯半径;Δ 为相对折射率差。

理论截止波长是光纤的固有参数,与光纤长度和光信号状态无关,是指理想平直的一次涂覆后的光纤的截止波长,也可认为是光纤长度为 0 时的截止波长,此截止波长没有实际意义。

(2) 成缆光纤的截止波长 λ_{cc},通常可用式(4.8)来估算:

$$\lambda_{cc} = (0.8\lambda_c + 190)\ \text{nm} \tag{4.8}$$

成缆光纤的截止频率反映了在典型敷设条件下光缆中光纤的截止波长,原 ITU-T 规定为 22 m 的光缆在进行相应弯曲之后,测得的 LP_{11} 模的截止波长。显然 $\lambda_{cc} < \lambda_c$,这样可使单模光纤工作在 v(归一化频率)小于 v_c 的区域,使得更多的光功率集中在纤芯内,光场的约束性更佳,从而改善单模光纤的抗微弯性能,使得 1 550 nm 波长的微弯损耗减少。

(3) 跳线光纤的截止波长 λ_{cj}。

一根两端都带有光纤活动连接器插头的单芯或多芯光缆称为跳线。一般的跳线,长度有 2 m、5 m、10 m、20 m 之分,其截止波长不应超过 2 m。对于跳线光纤截止波长的测量,ITU-T 规定其基准法为传输功率法,根据光纤中传输光功率随光波长变化的关系来确定截止波长;替代法为模场直径法,利用模场直径随波长变化的曲线来确定截止波长。

4. 模场直径

模场直径(MFD,Mode Field Diameter)是单模光纤特有的一个重要参数,模场直径表示基模场强空间强度分布的集中程度,衡量传输方向与光纤轴线一致的基模场强在垂直于传输方向的分布,即光波能量在纤芯和包层的分布特性。所谓模场就是指光纤中基模场

LP_{01} 模的电场强度随空间变化的分布。而模场直径就是基模近场光斑的大小,如图 4-6 所示,$E(r)$ 为基模场的电场强度,r 为光纤横截面的径向坐标。

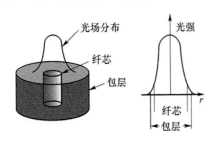

图 4-6 基模近场分布图

单模光纤之所以采用模场直径而不采用纤芯的几何尺寸作为其结构参数,是因为单模光纤中的场强并不是完全集中在纤芯中,有相当部分能量在包层中传输。另一方面,单模光纤的纤芯直径为 $8\sim 9~\mu m$,与工作波长 $1.3\sim 1.6~\mu m$ 处于同一数量级。由于光的衍射效应,要测出光纤直径纤芯的精确值是很困难的,因而单模光纤纤芯直径概念在物理上已失去了意义,而改用模场直径的概念来替代。此外,模场直径随波长变化谱还能用来确定单模光纤的截止波长和估算出光纤的色散系数,以及光纤的非线性效应。

模场直径的取值和容差范围与光纤的连接损耗、非线性特性和抗弯特性有着直接联系。因此,不管对生产还是施工,模场直径都是一个非常重要的参数。在工程中,不同类型、不同厂家同一类型的光纤进行接续时,模场直径的差异会带来大的连接损耗。而在系统设计时,模场直径对于非线性性能会有明显的影响。对于光纤的弯曲损耗性能,小的模场直径可以带来弯曲性能的改善。

耦合进光纤的光脉冲在光纤中传输,会受到光纤自身传输特性(衰减、色散、非线性效应)的影响,随着传输距离的增加,信号会有功率损耗、波形畸变和展宽等效果的积累,严重时造成接收端的判决错误。因此,研究光纤的传输特性可以理解这些问题的原因,采用相应的技术解决长距离、高速无误码的传输要求。

4.3.1 衰减

1. 衰减定义

光波在光纤中传输时光功率随着传输距离的增加会减少,这种光信号能量上的减少称为光纤的衰减(损耗)。长度为 L 的光纤在波长 λ 处的衰减(单位为 dB)定义为

$$A(\lambda) = 10\lg(P_0/P_1) \qquad (4.9)$$

式中,P_1 为传输到轴向距离 L 处的光功率;P_0 为 $L=0$ 处光纤的光功率。

2. 衰减系数

当光纤损耗在长度方向是均匀时,其损耗常用衰减系数 $\alpha(\lambda)$ 来表示:

$$\alpha(\lambda) = \frac{10}{L}\lg\left(\frac{P_0}{P_1}\right) \qquad (\text{dB/km}) \qquad (4.10)$$

式中,$\alpha(\lambda)$ 为在波长为 λ 处的光纤衰减系数,L 为光纤的长度,单位为 km。常用的石英玻璃系列单模光纤的衰减系数在 1 310 nm 波长处约为 0.35 dB/km,在 1 550 nm 波长处约为 0.20 dB/km。

3. 衰减原因

引起光纤传输损耗的原因很多,主要可从光纤的材料、结构和成纤后的使用性能两个方面考虑,现归纳于表 4-3 中。

表 4-3 光纤损耗的原因

光纤本身的损耗	吸收损耗	杂质吸收	过渡金属正离子吸收(Cu^{2+}、Fe^{2+}、Cr^{2+}、Co^{2+}、Ni^{2+}、Mn^{2+}、V^{2+}、Po^{2+})在可见光与近红外光波段吸收; OH^{-1}根负离子吸收(OH^{-1}的吸收峰在 $0.95\ \mu m$、$1.23\ \mu m$、$1.37\ \mu m$)
		固有吸收 (本征吸收)	紫外区吸收(电荷转移波段) 近红外区吸收(分子振动波段)
	散射损耗	波导结构散射 (制作不完善造成)	折射率分布不均匀引起的散射 光纤芯径不均匀引起的散射 纤芯与包层界面不平引起的散射 晶体中气泡及杂物引起的散射
		固有散射	瑞利散射 受激拉曼散射 受激布里渊散射
应用相关的损耗	辐射损耗	宏弯损耗	在敷设和安装光缆时,光纤的弯曲半径小于容许弯曲半径所产生的损耗
		微弯损耗	光纤轴向产生微米级弯曲引起的损耗
	接续损耗 (包括活动连接和固定接续)		固有因素:芯径失配、折射率分布失配、数值孔径失配、同心度不良等 外部因素:纤芯位置的横向偏差、纤芯位置的纵向偏差、光纤的轴向角偏差、光纤端面受污染

下面以石英系列光纤为例分别讨论各种原因引起的损耗情况。

(1) 吸收损耗

吸收损耗是指光波在光纤中传输时,有部分光能转换成热能而造成的损耗。光纤中产生的吸收损耗主要有:本征吸收、杂质吸收和原子缺陷吸收。

本征吸收是由石英玻璃自身材料固有的吸收而引起的,固有吸收又可分为红外吸收和紫外吸收。红外吸收是由于光通过光纤材料的构成分子 SiO_2 时形成分子共振而引起的光能吸收现象,这种吸收损耗对红外区域 $2\ \mu m$ 以上波长的光波表现特别强烈,例如 Si-O 的吸收峰分别为 $9.1\ \mu m$、$12.5\ \mu m$、$21.3\ \mu m$。紫外吸收是通过光波照射激励原子中约束的电子跃迁至高能级时吸收的能量,其吸收峰值在 $0.16\ \mu m$ 附近。尾部可拖到 $1\ \mu m$ 左右,红外吸收和紫外吸收损耗图谱如图 4-7 所示。

杂质吸收是指由光纤原料中含有的 Fe^{2+}、Cu^{2+}、Cr^{3+} 等一系列过渡金属离子和 OH^{-1} 离子在光波激励下形成离子振动,产生电子跃迁吸收

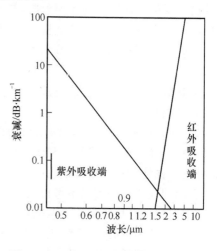

图 4-7 红外吸收损耗和紫外吸收损耗

光能而产生的损耗。尽管金属离子含量甚微,但它在可见光至红外波段内会产生很大的损耗。

对 OH^{-1} 离子所产生的光损主要有如下结论。

① 氢分子渗透入光纤后,在氢分子主要谐振频率($2.73~\mu m$)以及谐波频率上(二次 $1.39~\mu m$、三次 $0.95~\mu m$)会产生光能吸收,引起光纤附加吸收损耗。

② 氢分子扩散引起分子振动吸收的损耗是可逆的,当氢分子消失时,氢损也相应消失。

③ 石英光纤结构中出现 $Ge\text{-}OH^{-1}$、$P\text{-}OH^{-1}$ 时,将导致光纤传输损耗增加。

④ 氢(包括 OH^{-1})引起的损耗与光纤纤芯组分、温度以及光纤所处环境氢分压有关,当氢分压小于 1 kPa 大气压时,不会产生明显的氢损耗。

在此基础上人们提出了以下几点减少 H_2 对光纤影响的措施。

① 光纤尽可能不掺杂,特别是不掺磷。掺磷光纤当氢气渗入时,$1.6~\mu m$ 波长时的损耗激增。不掺杂的纯石英光纤在 500 ℃ 以下不会产生 OH^{-1}。

② 采用密封涂覆光纤有效地防止氢渗透。

③ 采用析氢小的光缆材料。采用析氢小的光缆材料后,不易发生油聚合物降解和金属电化腐蚀产生氢而使光纤得到保护。

④ 在光缆油膏中加入析氢剂,可有效地确保光缆在 25 年使用寿命期内克服氢带来的问题。

原子缺陷吸收是由于在光纤制造过程中,玻璃受到某种热激励,或在某种情况下受到强辐射,玻璃中的电子离开正常位置所损耗的能量。这种吸收可通过合适的制造工艺和不同的掺杂材料及其含量的多少来减少。

(2) 散射损耗

散射损耗是指光能以散射的形式将光能向不同方向辐射而造成的传输方向上的能量损耗。散射损耗主要是由于光纤的材料、形状、折射率指数分布等介质不均匀使光散射而引起的,主要包括瑞利散射和结构散射。

① 瑞利散射是光纤的本征散射损耗。在光纤制造过程中,从高温急剧冷却到室温时,在光纤内产生密度不均匀以及成分组成的微小不均匀(折射率起伏不平)称之为粒子。当这样的粒子受到一定波长的光照射时,若光频率与该粒子固有振动频率相同,则引起共振。粒子内的电子以该振动频率开始振动,结果该粒子向四面八方散射出光,入射光能量被吸收消失。因此,从外部观察,好像看到了光撞到粒子后向四面飞散一样。人们用发现者的名字命名该现象为瑞利散射。瑞利散射具有与光波长的 $1/\lambda^4$ 成正比的性质。使用光时域反射仪在其他参数不变的情况下改变波长,可明显观察到此性质的外观特征。瑞利散射造成的损耗是光纤损耗的主要原因之一。

② 结构散射是由光纤材料不均匀引起的。在光纤的制造过程中,光纤中出现气泡、未溶解的粒子和杂质等,或纤芯和包层的界面粗糙,这些统称为结构缺陷。结构缺陷必然引起光的散射,也称为波导散射损耗或波导不完善损耗。随着光纤制造技术的日益完善,对结构缺陷引起的损耗几乎可以不考虑。

受激拉曼散射、受激布里渊散射等非线性现象也会引起光纤产生损耗,只有当入射光功率大于一定的阈值时,才会发生以上的散射,造成光功率在方向和波长上的损失。

本征吸收损耗和瑞利散射损耗是与光纤的材料相关的,而与具体的使用、安装过程无关。杂质吸收(包括金属离子和 OH^{-1})引起的光功率衰减可以通过提纯工艺降低。而本征吸收和瑞利散射则受限于 SiO_2 材料的自身特性,这两种因素决定了光纤以 SiO_2 为主体材料的玻璃光纤衰减的极限值——光纤的本征损耗值。

(3) 辐射损耗

光纤的弯曲有两种形式:一种是曲率半径比直径大得多的弯曲,我们习惯称为宏弯;另一种是光纤的轴产生微米级的弯曲,这种高频弯曲,我们习惯称为微弯。

在光缆的生产、接续和施工过程中,不可避免地出现弯曲,它的损耗原理如图 4-8 所示。

光纤弯曲时会造成模式转换。如低阶模变为高阶模时,传输路径增加,损耗将增大;若传导模转换为辐射模,则造成辐射损耗。为了尽量减小这种损耗,施工过程中严格规定了光纤光缆的允许弯曲半径,使弯曲损耗降低到可忽略不计的程度。

微弯损耗实际是光纤芯轴的局部扭曲或表面局部折皱形成的。造成这些缺陷的因素很多。光纤成缆时,支承表面微小的不规则会引起各部分应力不均衡,形成微弯;光缆敷设过程中,各处张力难以均匀;在长期使用过程中,由于光纤受到的侧压力不均匀和套塑光纤遇到温度变化时,光纤纤芯包层和套塑的热胀系数不一致,以上这些都会产生微弯。这种损耗的减小,取决于微弯程度、光纤长度及不同模式间的光功率分配。可对光纤结构进行合理设计,如增大 Δ 值可以提高光纤的抗微弯能力,增大芯-包直径比也可提高光纤的抗微弯能力。此外,微弯损耗还与光纤外部的涂覆层和光缆缓冲层有关,损耗原理同弯曲损耗,因纤芯与包层的分界面凹凸而引起的模变换发生微弯损耗。微弯损耗原理如图 4-9 所示。

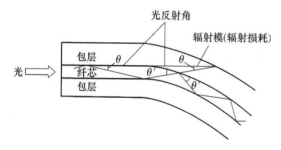

图 4-8 在波导的弯曲部分发生的模变换

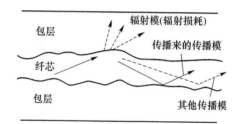

图 4-9 因纤芯与包层的分界面凹凸而引起的模变换发生的微弯损耗

以上分析了紫外吸收损耗、红外吸收损耗、杂质吸收损耗、瑞利散射损耗、波导散射损耗和弯曲损耗,而这些损耗之和即为总损耗。光纤中光功率损耗系数随波长变化而变化的曲线,叫做损耗谱曲线,如图 4-10 所示。

由图 4-10 可见,紫外吸收损耗随波长的增加而减小,对短波长区影响较大。红外吸收损耗随波长的增加而增加,对长波长区有影响,且限制光纤工作波长向 $2\ \mu m$ 以上发展。从图中还可以看到瑞利散射损耗与 λ^{-4} 成正比,随 λ 的增加迅速减小。这三者构成的光纤损耗也称为光纤本征损耗。由图还可看到波导不完善损耗的值较小,仅为 0.03 dB/km,且与波长无关。将本征损耗与波导不完善引入的损耗相加,再考虑杂质损耗,得到"一般测量得到的曲线",由于杂质离子,尤其是 OH^{-1} 的作用,使曲线出现若干损耗谐振峰,以波长 $1.38 \sim 1.4\ \mu m$ 的峰值损耗为最。图中存在 3 个低损耗窗口:$0.85\ \mu m$、$1.3\ \mu m$、$1.55\ \mu m$,对应于石英光纤已开发应用的 3 个波段。$0.8 \sim 0.9\ \mu m$ 为短波长区段,损耗约为 2 dB/km;$1.2 \sim 1.7\ \mu m$ 为长波长区段,$1.3\ \mu m$ 窗口损耗为 0.5 dB/km 以下,$1.55\ \mu m$ 窗口损耗约为 0.2 dB/km。

如果消除 OH^{-1} 在 1 383 nm 的吸收损耗峰,可得到图中"即将做到的曲线"。这种光纤

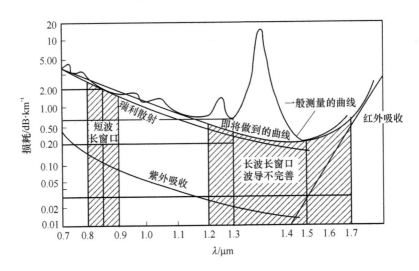

图 4-10 光纤总损耗图谱

被称为"全波光纤",可以使用 1 260～1 625 nm 所有的波长。目前新的标准单模光纤都降低了 OH^{-1} 杂质吸收,如朗讯的产品 ALL-WAVE、康宁的 SMF-28E 等。

2002 年,日本住友电工报道了它的纯 SiO_2 纤芯(PSCF,Pure Silicon Core Fibre)的低损耗光纤的衰减值为 0.148 4 dB/km,这是目前报道的关于玻璃光纤衰减的最低记录。表 4-4 介绍了降低光纤损耗的历史。

表 4-4 光纤损耗的降低

时间/年	损耗/dB·km^{-1}(波长/μm)	生产厂商
1970	20(0.63)	Corning
1974	2～3(1.06)	ATT, Bell Lab
1976	0.47(1.2)	NTT, Fujikura
1979	0.22(1.55)	NTT
1986	0.154(1.55)	Sumitomo
2002	0.148 4(1.57)	Sumitomo

4.3.2 色散

色散是指光纤对于在其中传输的光脉冲在时域的展宽作用,这种展宽作用会带来信号畸变,失去原来的形状,同时造成前后发出的脉冲相互叠加,在接收端造成判决错误,导致通信系统的误码增加,限制了系统的传输速率、中继距离和误码性能。掺铒光纤放大器(EDFA)的成功开发和应用,较好地解决了光纤通信中的损耗问题以及超高速和波分复用技术在光纤通信系统中的应用。色散已成为光纤传输理论的一个重要课题。

光纤的色散主要有模式色散、材料色散、波导色散和偏振模色散等。多模光纤色散主要包括模式色散、材料色散和波导色散等;单模光纤由于只传输一个模式,故单模光纤色散不存在模式色散,主要有材料色散、波导色散和偏振模色散。

1. 模式色散

多模光纤中的模式色散是由传播模的不同而引起传输速度的不同,进而发生波形的展宽。图 4-11 为阶跃型多模光纤的模式色散示意图。传输模式是电磁波动学的的概念，如果以几何光学做直观定性的理解，就是耦合入纤芯的光线具有不同的传输路径。图 4-11 中，实线代表与光纤轴线夹角较小的光线，称为低次模，虚线代表与光纤轴线夹角较大的光线，称为高次模。两者均满足纤芯与包层界面的全反射条件，可以在光纤中长距离传输。但由于多模阶跃光纤的纤芯折射率为常数，则高次模和低次模经过相同长度方向后，光程不同，所以到达接收端的时间不同，高次模光程长，传输时间大于低次模，同时耦合入光纤的光到达接收端时间差异，就会带来光脉冲时域内的展宽。这种展宽会限制高速脉冲在光纤中的长距离传输，也就是限制了光纤的带宽。

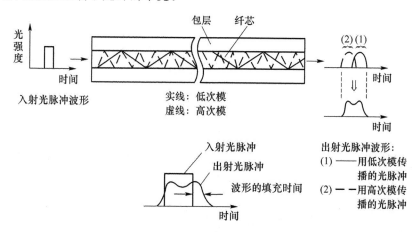

图 4-11 阶跃型光纤的模式色散

因为多模阶跃光纤的模式色散较大，因此目前已经不再使用。而另一种多模渐变光纤，由于高次模的路径虽然较长，但它的轨迹相比于低次模更多的在远离光纤轴线的纤芯部分，纤芯材料的折射率较小，因此路径长而传输速度快。通过设计纤芯的折射率分布，理论上可以使不同模式的光线，在传输一定距离后，在光纤轴线上重新汇聚，如图 4-4(c)所示，减小了模式色散，带宽比多模阶跃光纤高 1～2 数量级。因此，目前所用的多模光纤均为多模渐变光纤，如后面介绍的 50/125、62.5/125 光纤。

而对于单模光纤，因为它的纤芯直径细，在满足截止波长的条件下，不再有高次模传输，只有平行于轴线的基模，因此不存在模式色散。因此单模光纤具有更高的带宽。

2. 材料色散

材料色散是由光纤材料的折射率随所传输光的波长而变化所引起的，也称为模内色散。在折射率为 n 的物质中传播的光的速度 $c_n = c/n$（c 为光在真空中的速度）可知，不同波长的光经过光纤传输后，就导致波形展宽。因折射率与纤芯中所加的掺杂剂密切相关，所以材料色散取决于掺杂浓度。图 4-12 为材料色散示意图。

由于单模光纤只有基模传输，所以材料色散是单模光纤产生色散的主要因素。

纯石英玻璃材料色散与波长的关系，如图 4-13 所示。由该图可看出，在波长为 1.29 μm 附近有一个零色散波长 λ_0，不同的掺杂材料和掺杂浓度会使 λ_0 有所移动，但移动变化甚微，而过了 λ_0，材料色散为正值。

3. 波导色散

波导色散又称结构色散，它与光纤的几何结构、纤芯尺寸、几何形状、相对折射率等因素有关，也就是说波导色散是光纤波导结构参数的函数，在一定的波长范围内，波导色散与材

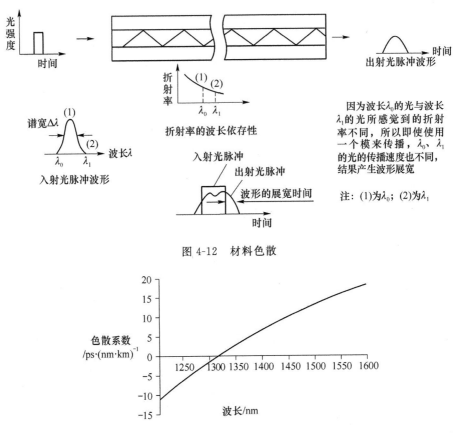

图 4-12 材料色散

图 4-13 材料色散与波长的关系

料色散相反为负值,其幅度由纤芯半径 a、相对折射率差 Δ 及剖面形状决定。通常通过采用复杂的折射率分布形状和改变剖面结构参数的方法获得适量的负波导色散来抵消石英玻璃的正色散,从而达到移动零色散波长点的位置,即使光纤的总色散在所希望的波长上实现总零色散和负色散的目的。正是通过这种方法,我们才获得色散位移光纤、非零色散位移光纤、色散平坦光纤、色散补偿光纤。

对于多模光纤来说,由于支持传输的模式很多,不同模式的传输时延,即模式色散是色散的主要原因。而对于单模光纤,由于材料色散和波导色散都与传输光的波长有关,所以总称为色度色散(CD,Chromatic Dispersion)。

表征光纤色散的主要参数有以下几个。

① 色散系数 $D(\lambda)$

色散系数指单位光源谱宽和单位长度光纤的色散,单位为 ps/(nm·km)。

② 零色散波长 λ_0

当波导色散与材料色散在某个波长处相互抵消,使总的色散为零时,该波长即为零色散波长 λ_0。

③ 零色散低斜率 S_0

在零色散波长 λ_0 处色散系数随波长的变化的斜率即为 S_0,单位为 ps/(nm²·km)。

4. 偏振模色散(PMD)

PMD 产生的原因是由于光纤结构和材料上的不对称性,或者是光纤受到外力挤压、应力等造成光纤失去对称结构。单模光纤中的光传输着两个相互正交的偏振幅：X 偏振 ($Eg=0$) 和 Y 偏振的 LP_{01} 基模，这两个模式相互独立地在光纤中传输。当光纤纤芯存在椭圆度误差、残余内应力和各种作用力（如压力、弯曲、扭转及光缆连接）时，会使光纤材料产生双折射，X 偏振和 Y 偏振具有不同的传输速度，从而导致模式之间产生差分时延，即 PMD，如图 4-14 所示。

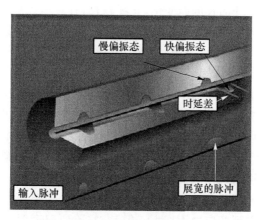

图 4-14　偏振模色散

单模光纤的色度色散是随光纤长度线性累积的。与色度色散不同的是，PMD 与光纤的非圆形对称、光纤可能承受局部的压力有关，这些非对称特性沿光纤和随时间随机变化，导致了 PMD 的统计特性。

PMD 对系统的影响虽然与色度色散导致脉冲扩展的原理不同，但对系统性能具有同样的影响。实验证明在 400 Gbit/s 的高速系统中，传输 40 km 后脉宽由最初的 0.98 ps 展宽到 2.3 ps，进行一阶和高阶色散补偿以后，脉宽仍为 1.0 ps。这说明过高的 PMD 在长距离、高比特数字系统中会导致误差及误码率的增加，而在模拟系统中，PMD 也会导致信号失真和信噪比降低。

为了降低光纤中的各种色散现象，除了使用啁啾（指信号脉冲的载波频率随时间而改变）小谱线宽度很窄的分布反馈式激光器并使系统工作于光纤色散为零的波长附近外，人们还提出如下方案来解决色散问题：如采用色散补偿（DCF）、线性啁啾光纤光栅（LCFG）、中距离光谱反转技术（MSSI）、光孤子通信色散支持传输（DST）、预啁啾技术等。目前，对 PMD 正在进行深入研究，但还没有商用的补偿 PMD 的方法。ITU-T 也正在致力于制定 PMD 的一系列标准和规范。

4.3.3　机械特性

光纤的强度主要与光纤的制造材料、工艺有关。当然，光纤在成缆以及安装使用中存在过大的残余应力，也会影响光纤的强度。要使光纤在实际的通信线路上使用，它必须具有足够的机械强度以便成缆和敷设，且要具有较强的抗疲劳能力，以延长其使用寿命。

拉力强度与静态疲劳是石英光纤的两个基本机械特性。

1. 拉力强度

光纤的拉力强度本来很大，大约是钢丝的 2 倍、铜丝和铝丝的 10 倍以上。拉丝后的裸光纤的断裂强度约为100～200 MPa，拉丝后立即进行塑料涂覆，强度可达4 000 MPa，这个值是实用材料中强度最大的钢琴丝的2倍。但是，一般光纤的表面有微裂纹。当在光纤上施加拉力时，应力将集中到微裂纹处。一旦应力超过微裂纹处的容许应力，微裂纹立即扩大，直到断裂。微裂纹越深、越尖，光纤的容许应力就越小。因此可以说，不同的微裂纹深度对应不同的容许应力，而整条光纤的拉力强度由光纤表面最深的微裂纹决定。

光纤的拉力强度依光纤的长度而变化，光纤越长，存在微裂纹的概率越大，对于同样拉力负载的断裂概率就越大。因此，在评价不同长度光纤的拉力强度时，要经过长度的换算。目前，光纤的抗拉力强度已大为提高，筛选应力最低值由0.35 GPa提高到0.69 GPa。

2. 静态疲劳

即使在断裂应力以下，施加于玻璃材料的应力也会产生时效性破坏，即离子化了的水分与表面产生反应成为弱耦合的氢氧根。这种氢氧根耦合随着施加的应力而简单地分离，于是就开始进行破坏。破坏首先使微裂纹扩大，成为更深的裂纹，最后当施加于微裂纹的应力超过断裂应力后，就发生断裂，这种现象称为疲劳现象。这种疲劳破坏可以由侵入微裂纹的水分引起的应力破坏来说明，即应力腐蚀机理。

应力腐蚀产生的主要原因是光纤周围存在水分，水分使玻璃中的SiO_2发生作用，使强度降低。腐蚀的速度随受到的应力而增大。但是，实验研究表明，应力不达到一定的水平，静态疲劳是不会发生的。因此，在施工时尽量做到光缆没有残余应力是很重要的。

4.3.4 温度特性

光纤的温度特性是指光纤的使用温度范围，光纤芯线损耗与温度的关系曲线如图4-15所示。生产光纤时，为了保护光纤表面，在光纤刚拉出时立即涂上一层保护的涂覆层，为了便于成缆时抵抗外表的侧压力，涂覆层外还要套塑。由于光纤整体结构中各种材料的膨胀系数不一致（石英玻璃的膨胀系数约为$3.4 \times 10^{-7}/℃$，涂覆层和塑料的膨胀系数约为$10^{-3}/℃$，石英和塑料涂覆层的长度变化量相差约1 000倍）。当温度变化时，涂覆和套塑后的光纤温度特性比裸光纤的特性要差。在温度降低时，由于涂覆层的收缩量比石英纤芯大，所以会使光纤受到很大的轴向压力而产生微弯曲，使光纤的损耗增大。

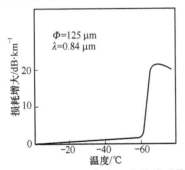

图4-15 光纤芯线损耗与温度的关系曲线

当把光纤制成光缆时，由于光缆中的加强构件具有支撑作用，阻碍了光纤套管在低温时的收缩，这样可使光纤的温度特性得到较大改善。ITU-T对光纤的温度（损耗）特性也作了规定，具体见表4-5。

表4-5 多模、单模光纤规定的温度（损耗）特性　　　　单位：dB/km

温度/℃	0级	1级	2级	3级	代号
−40～40	0.0	0.1	0.2	0.3	A
−30～50					B
−20～60					C
−5～60					D

随着光通信技术的迅猛发展和广泛应用,有力地促进了光纤技术的快速发展,出现了很多不同类型的光纤,具有不同的性能,适应不同的应用目标,如接入网应用(密集安装环境)、城域网应用(灵活开通业务)、长途干线应用(大容量、长距离、密集波分复用)。下面就常用的单模、多模光纤分别加以论述。

国际电信联盟电信标准化组织 ITU-T 对于光纤有一系列的建议,根据 ITU-T G 系列建议编号计划,光纤光缆的编号为 G.650～G.659,只有非常有限的 10 个号码。因此,在每种分类中还使用 A、B、C、D 等子类,规范细分的光纤子类。ITU-T 已经制定和不断修订的光纤标准如下:G.651.1,50/125 μm 渐变型多模光纤(2007 年);G.652 非色散位移单模光纤和光缆特性(又称为普通单模光纤或 1.31 μm 性能最佳单模光纤,2005 年、V7.0);G.653 色散位移单模光纤和光缆特性(2003 年、V5.0);G.654 截止波长位移的单模光纤和光缆特性(2006 年、V7.0);G.655 非零色散位移单模光纤和光缆特性(2006 年、V3.0);G.656 宽带光传输非零色散位移单模光纤和光缆特性(2004 年、V1.0)和 G.657 接入网用弯曲衰减不敏感单模光纤光缆特性(2006 年、V1.0)。

根据国际电工委员会(IEC,International Electrotechnical Commission)标准 IEC 60973-1-1(1995)《光纤 第 1 部分:总规范》光纤的分类方法和 IEC 60973-2(2001)《光纤 第二部分:产品规范》(V4.1),按光纤所用材料、折射率分布、零色散波长等因素,将光纤分为单模光纤和多模光纤三大类:A 类为多模光纤,B 类为单模光纤,C 类为弯曲损耗不敏感光纤。表 4-6 给出 IEC A 类多模光纤的特点和分类方法等。

表 4-6 IEC A 类多模光纤分类

类别	材料	类型	折射率分布指数 g 取值
A1	玻璃芯/玻璃包层	梯度折射率光纤	$1 \leqslant g \leqslant 3$
A2.1	同上	准阶跃折射率光纤	$3 \leqslant g < 10$
A2.2	同上	阶跃折射率光纤	$10 \leqslant g < \infty$
A3	玻璃芯/塑料包层	阶跃折射率光纤	$10 \leqslant g < \infty$
A4	塑料光纤		

IEC 和 ITU 各自都有光纤的符号,而且在技术文件中经常出现,为便于大家对经常使用的单模光纤符号的了解,现将 ITU-T 和 IEC 对各类单模光纤的符号表示列在表 4-7 中,供参考使用。以下内容将结合 ITU 和 IEC 的标准介绍。

表 4-7 ITU-T 和 IEC 对各类单模光纤的符号表示对照表

光纤名称	国际标准组织	
	ITU-T	IEC
非色散位移单模光纤	G.652.A、G.652.B	B1.1
截止波长位移单模光纤	G.654	B1.2

续表

光纤名称	国际标准组织	
	ITU-T	IEC
波长扩展的非色散位移光纤	G.652.C、G.652.D	B1.3
色散位移光纤	G.653	B2
非零色散位移光纤	G.655.C	B4-c
	G.655.D	B4-d
	G.655.E	B4-e
宽带光传输非零色散位移光纤	G.656	B5
弯曲衰减不敏感单模光纤	G.657.A、G.657.B	C1、C2、C3、C4

注：B3类色散平坦光纤被取消。

4.4.1 渐变型多模光纤

IEC将A1类多模光纤按照纤芯/包层尺寸进一步分为4种，即A1a、A1b、A1c和A1d。它们的纤芯(μm)/包层直径(μm)/数值孔径分别为 50 μm/125 μm/0.200，62.5 μm/125 μm/0.275，85 μm/125 μm/0.275(A1c类已取消)和100 μm/140 μm/0.316。但ITU-T只定义了 50 μm/125 μm 的渐变多模光纤标准——ITU-T G.651.1。

目前数据通信局域网(LAN)大量用到多模光纤，接入网的引入光缆和室内软光缆也要用到多模光纤，用得较多的是A1b。随着LAN带宽的提升，并采用CWDM(粗波分复用技术，一般4～16信道)和低价的850 nm波长垂直腔表面发射激光器(VCSEL)的新趋势，预计今后A1a类光纤应用量会超过A1b类光纤，以便支持更高速率和传输距离的网络应用。

表4-8列出了根据IEC 60973-2-10(2002)《光纤 第二部分：产品规范，A1类多模光纤的规范》规定常用的梯度折射率分布的A1类多模光纤的结构尺寸参数。

表4-8　A1类多模光纤的结构尺寸参数

光纤类型	A1a	A1b	A1d
纤芯直径/μm	50±3	62.5±3	100±5
包层直径/μm	125±2	125±2	140±4
芯/包同心度误差/μm	≤3(国标：≤1.5)	≤3(国标：≤1.5)	≤6
纤芯不圆度	≤6%	≤6%	≤6%
包层不圆度	≤2%	≤2%	≤4%
涂覆层直径(未着色)/μm	245±10	245±10	245±10
涂覆层直径(着色)/μm	250±15	250±15	250±15
筛选应力/GPa	0.69	0.69	0.69
数值孔径	0.2±0.02 或 0.23±0.02	0.275±0.015	0.26±0.03 或 0.29±0.03

ITU-T G.651.1(2007年07月)规范定义的 50 μm/125 μm 的渐变多模光纤要求能支持1 Gbit/s以太数据传输550 m，使用850 nm VCSEL激光器。TIA/EIA为适应10 Gbit/s

以太网的应用,将渐变多模光纤分为OM1~OM4,可参阅相关资料。

4.4.2 常规单模光纤(G.652光纤)

常规单模光纤也称为非色散位移光纤(NDSF),于1983年开始商用。其零色散波长在1 310 nm处,且衰减较小,约为0.36 dB/km;在波长为1 550 nm处衰减最小,约为0.25 dB/km,但有较大的正色散,大约为+18 ps/(nm·km)。工作波长既可选用1 310 nm,又可选用1 550 nm。这种光纤是使用最为广泛的光纤,它在世界各地敷设数量已高达7 000万千米之多,绝大多数光纤通信系统都采用G.652光纤,这些系统包括1 310 nm和1 550 nm窗口的高速数字系统和有线电视的模拟传输。2.5 Gbit/s以下一般为衰减限制系统,而10 Gbit/s及其以上的为色散限制系统。G.652光纤工作波长在1 550 nm时的大色散阻碍了其在高速率远距离通信中的应用。利用G.652光纤进行速率大于2.5 Gbit/s的远距离传输时,必须引入色散补偿光纤进行色散补偿,同时引入掺铒光纤放大器来补偿由于引入色散补偿光纤产生的损耗。我国已敷设的光纤、光缆绝大多数是这类光纤。

10 Gbit/s系统已成为光纤传输的主流速率,而10 Gbit/s及其以上速率的系统在光纤中的传输距离不仅受到色度色散的影响,同时还受到偏振模色散(PMD)的限制。修改的G.652建议(06/2005)严格要求光纤的PMD指标,将G.652类光纤进一步分为G.652.A、G.652.B、G.652.C和G.652.D 4个子类。在以下关于G.652光纤的子类(A、B、C、D)介绍中,主要通过明确PMD特性和水峰吸收影响的波段的衰减特性区分光纤子类和应用特性。

① G.652.A光纤:PMD小于$0.5\ ps/\sqrt{km}$,主要适用于ITU-T G.957规定的SDH传输系统和G.691(单通道STM-64、STM-256和带光放大器的其他SDH系统光接口)规定的带光放大的高至STM-16的单通道SDH传输系统,和STM-256的ITU-T G.693(局内应用的光接口)建议书中的应用。

② G.652.B光纤:PMD小于$0.2\ ps/\sqrt{km}$,主要适用于ITU-T G.957规定的SDH传输系统和G.691规定的带光放大的高至STM-64的单通道SDH传输系统及直到STM-64的ITU-T G.692(带光放大器的多通道系统光接口)带光放大的波分复用传输系统。

③ G.652.C光纤:又称为低水峰光纤,或全波光纤,PMD类似于G.652.A,但它允许在1 360~1 530 nm波长扩展区段使用,如图4-16所示。它消除了常规光纤在1 385 nm附近由于OH^{-1}根离子吸收造成的损耗峰,使光纤在1 310~1 600 nm的损耗都趋于平坦,G.652.C光纤允许G.957传输系统使用在1 360~1 530 nm之间的扩展波长范围内的部分传输,增加了可用波长范围,使可复用的波长数大大增加,是未来城域网新敷光纤的理想选择。

④ G.652.D光纤:PMD要求类似于G.652.B,衰减与G.652.C相同,允许在1 360~1 530 nm的扩展波长范围内的部分传输。

除了G.652光纤消除了1 383 nm处的水峰,打开了E波段。其他光纤(如G.655)也朝着低水峰的方向发展,如住友公司的水峰抑制PureMetro光纤、康宁的MetroCore光纤等。所以现在全波光纤的概念也不局限于G.652光纤。

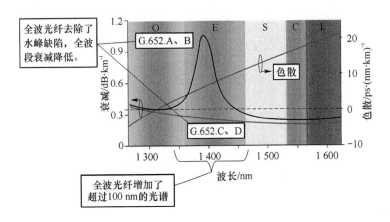

图 4-16　G.652 单模光纤特性

G.652.B、D 子类区别于 A、C 子类为更严格的 PMD 指标，B、D 类光纤≤0.2 ps/$\sqrt{\text{km}}$。而 C、D 类区别于 A、B 子类则为全波特性。上述性能的不断提高，既反应了市场单波道速率和波长复用的需要，也显示了光纤制造技术的进步。G.652 标准单模光纤是非色散位移光纤，得到大量敷设。其他新型的色散位移光纤或弯曲损耗不敏感光纤，在性能设计、工程安装时都要考虑与原有的 G.652 的兼容问题。因此，将 ITU-T G.652 单模光纤的主要参数列于表 4-9。

表 4-9　2005 年 6 月发布的 ITU-T G.652.A～D 单模光纤

主要技术性能		G.652.A	G.652.B	G.652.C	G.652.D
模场直径(1 310 nm)/μm		(8.6～9.5)±0.6			
包层直径/μm		125±1			
芯/包层同心度误差/μm		≤0.6			
包层不圆度		≤1.0%			
光缆截止波长/nm		≤1 260			
宏弯损耗 30 mm 半径、100 圈/dB		1 550 nm≤0.1		1 625 nm≤0.1	
衰减系数 /dB·km^{-1}	1 310 nm	≤0.5		≤0.4	
	1 310～1 625 nm			≤0.4	≤0.4
	(1 383±3) nm			≤0.4	≤0.4
	1 550 nm	≤0.4	≤0.35	≤0.3	≤0.3
	1 625 nm		≤0.4		
色散特性	零色散波长/nm	1 300～1 324			
	零色散斜率/ps·(nm^2·km)$^{-1}$	≤0.092			
PMD$_Q$ 值光缆 20 段，概率 Q=0.01% /ps·km$^{-\frac{1}{2}}$		≤0.50	≤0.20	≤0.50	≤0.20
筛选应力/GPa		≥0.69(相当于光纤应变 1.0%)			

4.4.3 色散位移光纤(G.653光纤)

G.653光纤称为色散位移光纤(DSF,Dispersion Shifted Fiber),于1985年商用。

色散位移光纤是在G.652单模光纤的基础上,通过改变光纤的结构参数、折射率分布形状来加大波导色散,从而将最小零色散点从1310 nm移到1550 nm,实现1550 nm处最低衰减和零色散波长一致,并且在掺铒光纤放大器(EDFA,Erbium Doped Fiber Amplifier)工作波长区域内。这种光纤非常适合于长距离、单信道、高速光纤通信系统,如可在这种光纤上直接开通20 Gbit/s系统,而不需要采取任何色散补偿措施。这种光纤在有些国家,特别在日本被推广使用,我国京九等几条干线上也有所采用。

但是,该光纤在通道进行波分复用信号传输时,在1550 nm附近低色散区存在有害的四波混频等光纤非线性效应,阻碍光纤放大器在1550 nm窗口的应用,正是这个原因,色散位移光纤正在由非零色散位移光纤所取代。

4.4.4 截止波长位移单模光纤(G.654光纤)

G.654截止波长位移光纤又称为1550 nm最低衰减单模光纤,在1550 nm波长工作窗口具有极小的衰减(0.18 dB/km)。获得G.654光纤低衰减光纤的方法是:①选用纯石英玻璃作为纤芯和掺氟的凹陷包层;②以长截止波长来减小光纤对弯曲附加损耗的敏感。与G.652光纤比较,这种光纤的优点是在1550 nm工作波长处衰减系数极小,其弯曲性能好。另外,该光纤的最大特点是工作波长为1310 nm的系统将处于多模工作状态。这种光纤主要应用在传输距离很长,且不能插入有源器件的无中继海底光纤通信系统中。G.654光纤的缺点是制造困难,价格昂贵,因此很少使用。

4.4.5 非零色散位移单模光纤(G.655光纤)

G.655光纤又称非零色散位移光纤(NZ-DSF,Non Zero Dispersion Shifted Fiber),是在1994年专门为新一代光放大密集波分复用传输系统设计和制造的新型光纤,属于色散位移光纤,不过在1550 nm处色散不是零值(按ITU-T G.655规定,在波长1530～1565 nm范围内对应的色散值为0.1～6.0 ps/(nm·km)),用以平衡四波混频等非线性效应。由于这种光纤利用较低的色散抑制了四波混频等非线性效应,使其能用于高速率(10 Gbit/s)、大容量、密集波分复用的长距离光纤通信系统中。

G.655建议2003年版本将G.655类光纤可进一步分为G.655.A和G.655.B两个子类。G.655.A光纤主要适用于ITU-T G.691规定的带光放大器的单通道SDH系统和通道速率为STM-64、通道间隔不小于200 GHz的G.692带光放大器的波分复用传输系统。G.655.B光纤主要适用于通道间隔不大于100 GHz的G.692密集波分复用传输系统。G.655.A光纤只能使用在C波段,G.655.B光纤可以使用在C波段,也可以使用在L波段。G.655.A光纤和G.655.B光纤的另一个重要差别是在C波段的色散值不同,G.655.A光纤的色散值为0.1～6.0 ps/(nm·km),G.655.B光纤的色散值为1.0～10.0 ps/(nm·km)。在ITU-T G.655建议书(03/2006)中进一步将其分为A、B、C、D、E五个子类,G.655光纤的主要技术参数见表4-10。D、E似为主要应用和发展的规格。D、E子类除模场直径偏差、芯/包同心度误差、包层不圆度、宏弯损耗均比 A、B、C 子类要求更高外，色散特性要求的工作波长范围和色散值都做出详细规定，工作波长范围扩展到 1 460～1 625 nm，色散值在较宽波长范围内更加趋向平坦，见表 4-10 注 1～4。

G.655 光纤的商品光纤种类很多，例如，大有效面积的如康宁的 LEAF(Large Effective Area Fiber)光纤，中、低色散低斜率的如 Lucent(现在的 OFS)的真波(True wave)光纤等。其中，大有效面积光纤大大增加了光纤的模场直径，光纤有效面积从 55 μm^2 增加到 72 μm^2，在相同的入纤功率时，减小了光纤的非线性效应。真波光纤的优点是：消除了常规光纤在 1 385 nm 附近由于 OH^{-1} 根离子吸收造成的损耗峰，使光纤在 1 310～1 600 nm 的损耗都趋于平坦；低色散斜率光纤的优点是色散斜率小，仅为 0.045 ps/(nm·km)，大大低于普通的色散斜率，因而可以用一个色散补偿模块补偿整个频带内的色散。

表 4-10 2006 年 3 月发布的 ITU-T G.655.A～E 非零色散位移单模光纤

主要技术性能		G.655.A	G.655.B	G.655.C	G.655.D	G.655.E
模场直径(1 310 nm)/μm		(8～11)±0.7	(8～11)±0.7	(8～11)±0.7	(8～11)±0.6	(8～11)±0.6
包层直径/μm		125.0±1				
芯/包层同心度误差/μm		≤0.8	≤0.8	≤0.8	≤0.6	≤0.6
包层不圆度		≤2.0%	≤2.0%	≤2.0%	≤1.0%	≤1.0%
光缆截止波长/nm		≤1 450				
宏弯损耗 30 mm 半径、100 圈/dB		1 550 nm≤0.50	1 625 nm≤0.50	1 625 nm≤0.50	1 625 nm≤0.10	1 625 nm≤0.10
衰减系数 /dB·km^{-1}	1 550 nm	≤0.35				
	1 625 nm		≤0.40	≤0.40	≤0.40	≤0.40
色散特性	λ_{min} 和 λ_{max}/nm	1 530 和 1 565	考虑中	考虑中	1 460 和 1 625	1 460 和 1 625
	最小色散值 /ps·$(nm·km)^{-1}$	0.1	考虑中	考虑中	注 1	注 2
	最大色散值 /ps·$(nm·km)^{-1}$	6.0	考虑中	考虑中	注 3	注 4
	符号	正或负				正
PMD_Q 值光缆 20 段，概率 $Q=0.01\%$ /ps·$km^{-\frac{1}{2}}$		≤0.50	≤0.50	≤0.20	≤0.20	≤0.20
筛选应力/GPa		≥0.69(相当于光纤应变 1.0%)				

注 1：(1 460～1 550 nm) $\frac{7.00}{90}(\lambda-1\,460)-4.20$；(1 550～1 625 nm) $\frac{2.97}{75}(\lambda-1\,550)+2.80$。

注 2：(1 460～1 550 nm) $\frac{5.42}{90}(\lambda-1\,460)+0.64$；(1 550～1 625 nm) $\frac{3.30}{75}(\lambda-1\,550)+6.06$。

注 3：(1 460～1 550 nm) $\frac{2.91}{90}(\lambda-1\,460)+3.29$；(1 550～1 625 nm) $\frac{5.06}{75}(\lambda-1\,550)+6.20$。

注 4：(1 460～1 550 nm) $\frac{4.65}{90}(\lambda-1\,460)+4.66$；(1 550～1 625 nm) $\frac{4.12}{75}(\lambda-1\,550)+9.31$。

4.4.6 非零色散宽带传送应用的单模光纤(G.656 光纤)

G.656 非零色散宽带传送应用的单模光纤是对 G.655 非零色散位移光纤进一步改进

的光纤,由 ITU-T 第 15 研究组在 2001—2004 年研究期研究制定的 V1.0 第一版本,经 2005—2008 年研究期的修订,形成 11/2006 的 V2.0 版本。这个版本中对原来的光纤色散规定"在 1 460～1 625 nm 波长范围的色散变化维持在一个较小的范围,即 2～14 ps/(nm·km)"进行了修改,其最小色散值在 1 460～1 550 nm 波长区域内为 1.00～3.60 ps/(nm·km),在 1 550～1 625 nm 波长区域内为 3.60～4.58 ps/(nm·km);其最大色散值在 1 460～1 550 nm 波长区域内 4.60～9.28 ps/(nm·km),在 1 550～1 625 nm 波长区域内为 9.28～14 ps/(nm·km)。这种光纤非常适合于 S+C+L 三个波段的使用。其在 S+C+L 三个波段的衰减和色散曲线如图 4-17 所示。

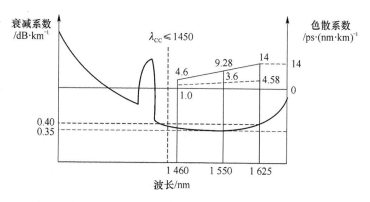

图 4-17 G.656 非零色散宽带传送应用的单模光纤的特性

G.656 光纤的特性能支持 ITU-T 建议 G.691、G.692、G.693、G.695 和 G.959.1 等接口的传输系统的应用。

关于 G.692 的多通道的应用,取决于通道波长和特定光纤的色散特性,最大的总发射功率被限定,典型的最小通道间隔限定在不大于 100 GHz。PMD 的要求允许 10 Gbit/s 系统传输长度为 400 km,而且支持 G.959.1 接口的 40 Gbit/s 传输系统的应用。

4.4.7 接入网用弯曲不敏感单模光纤(G.657 光纤)

随着接入网中的光纤化实施,由于接入的安装环境狭窄,施工困难,需要弯曲性能良好的光纤光缆,因此,ITU-T 第 15 研究组研究制定 G.657 接入网用弯曲不敏感单模光纤标准,ITU-T 于 2006 年 12 月发布 G.657-12/2006《接入网用弯曲不敏感单模光纤光缆特性》最新标准。G.657 光纤是在 G.652 光纤的基础上开发的一个光纤品种,这类光纤最主要的特性是具有优异的耐弯曲特性。其弯曲半径可实现常规单模光纤的 1/4～1/2,G.657 光纤分为 A、B 两个子类,其中 G.657.A 光纤的性能可与 G.652.D 兼容,甚至可认为是 G.652.D 的子集,改善了光纤的弯曲性能。G.657.B 则主要提高弯曲性能,可以实现 7.5 mm 弯曲半径附加损耗小于 0.5 dB。

其主要产品有康宁公司的 Clearcurve 光纤、OFS 的 AllWave FLEX fiber 等。ITU-G.657 接入网用弯曲不敏感单模光纤光缆的特性见表 4-11。

表 4-11 ITU-G.657 接入网用弯曲不敏感单模光纤光缆的特性

主要技术性能指标		G.657.A		G.657.B		
模场直径/μm		\(8.6~9.5)±0.4		(6.3~9.5)±0.4		
包层直径/μm		125±0.7				
芯/包同心度误差/μm		≤0.5				
包层不圆度		≤1.0%				
光缆截止波长/nm		≤1 260				
宏弯损耗	弯曲半径/mm	15	10	15	10	7.5
宏弯损耗	弯曲圈数/圈	10	1	10	1	1
宏弯损耗	1 550 nm 最大损耗/dB	0.25	0.75	0.03	0.1	0.5
宏弯损耗	1 625 nm 最大损耗/dB	1.0	1.5	0.1	0.2	1.0
筛选应力/GPa		≥0.69				
色散特性	λ_{0min}/nm	1 300		1 300		
色散特性	λ_{0max}/nm	1 324		1 420		
色散特性	零色散低斜率 S_{0max}/ps·(nm²·km)⁻¹	0.092		0.10		
光缆特性						
衰减系数 /dB·km⁻¹	1 310 nm			≤0.50		
衰减系数 /dB·km⁻¹	1 310~1 625 nm	≤0.40				
衰减系数 /dB·km⁻¹	(1 383±3)nm	≤0.40				
衰减系数 /dB·km⁻¹	1 550 nm	≤0.30		≤0.30		
衰减系数 /dB·km⁻¹	1 625 nm			≤0.40		
PMD_Q /ps·km$^{-\frac{1}{2}}$	M=20 段,Q=0.01%	≤0.20		待定		

4.4.8 色散补偿光纤

随着光纤放大器的应用,衰减对光纤通信系统距离的限制已不是主要问题,色散却严重地阻碍了 G.652 单模光纤在 1 550 nm 波长处的升级扩容。如果在国内外已大量敷设的常规单模光纤 G.652 上开设速率为 10 Gbit/s 的高速系统或在 G.655 光纤上开设速率 10 Gbit/s 以上(如 40 Gbit/s)的高速系统,就必须认真考虑色散的限制了。为解决这些问题,人们研究出了色散补偿光纤(DCF,Dispersion Compensation Fiber)。

针对色散的物理机理,人们研究了各种色散补偿技术,如线性色散调节技术(包括色散补偿光纤法、预啁啾法、啁啾光纤光栅法、色散支持法、频谱法等)和非线性色散调节技术(如自相位调制技术、中间频谱反转技术等),这里重点讨论色散补偿光纤。色散补偿光纤利用负色散来补偿在常规光纤中传播时所产生的正色散,是当前比较常用的一种方案。负色散光纤作为色散补偿光纤,其基本原理是精心设计光纤的芯径及折射率分布,利用光纤的波导色散效应,使其零色散波长大于 1 550 nm,即在 1 550 nm 工作点上产生较大的负色散。当它和常规光纤级联使用时,两者会互相抵消。

当 1 310 nm 单模光纤系统升级扩容至 1 550 nm 波长工作区时,其总色散呈正色散值,通过在该系统中串入一段负色散光纤,即可抵消几十千米常规单模光纤在 1 550 nm 处的正色散,从而实现高速率、远距离、大容量的传输。为了获得显著的补偿效果,DCF 与 G.652 光纤长度的选择应符合下式要求:

$$D_{(bs)}L + D_{c(bs)}L_c = 0$$

式中,$D_{(bs)}$ 和 $D_{c(bs)}$ 分别为 G.652 光纤和 DCF 在工作波长 bs 的色散系数,L 和 L_c 分别为 G.652 光纤和 DCF 的长度。至于色散补偿光纤加入给系统带来的衰减,可由光纤放大器给予补偿。

4.4.9 塑料光纤

塑料光纤发明于 20 世纪 60 年代,被广泛用于传感器、照明和装饰等方面,但在电信领域中一直没有得到广泛的应用。近年来,随着含氟塑料的应用和渐变折射率(GI 型)的开发,塑料光纤在电信行业中逐步得到应用。

塑料光纤按折射率剖面结构可分为两种:阶跃折射率多模塑料光纤(SI-POF)和梯度折射率塑料光纤(GI-POF)。塑料光纤(POF)是一种多模光纤,在 IEC 中定为 A4 光纤,可用于 FTTD(即光纤到办公桌)中。采用全氟化聚合物 CYTOP 制造的 GI 光纤,其衰减可达每 100 m 1.5~2.5 dB,传输速率可达 3 Gbit/s,带宽大于 200 MHz·km,可用于短距离光通信和室内传输线(含家庭和办公自动化)当中。预计在光纤到户(FTTH)最后一段(10 m 或 300 m)之后,这类 GI-POF 光纤将得到应用。

针对两种塑料光纤的折射率剖面结构特点的差异,有两种不同的制造方法:挤压法和界面凝胶法。

制造 SI-POF 采用挤压法。该方法是将经减压蒸馏提纯的聚合物单体(如甲基丙烯酸甲酯等)、聚合引发剂和链转移剂在一容器中制成单体混合液后,用液氮冷却该容器,然后将该容器置于真空中以消除溶解于混合液中的空气,接着再将该容器放入电烘箱中加热至 135 ℃,持续放置 12 小时使单体混合液聚合,随后再逐渐将烘箱温度升至 180 ℃,并在 180 ℃温度下保温 12 小时,以使单体混合液完全聚合成纤芯聚合物。

拉丝时,将盛有纤芯聚合物的容器的温度升高至拉丝温度并用干燥的氮气从容器的上端对已熔融的纤芯聚合物加压,光纤芯子将会从容器底部的一小孔中挤出,在挤出纤芯的同时,用包层聚合物材料将纤芯包覆,形成具有芯/包层的 SI-POF。

制造 GI-POF 采用的是界面凝胶法。该方法也是将经减压蒸馏提纯的两种折射率不同的聚合物单体(高折射率单体作为掺杂剂)的溶液、聚合引发剂和链转移剂混合液(作为纤芯)倒入一根作为包层的空心聚合物管中,再将盛有芯混合液的管子放入一温控烘箱中,在 70 ℃下聚合 48 小时。

聚合过程中,包层聚合物管内壁逐渐被芯混合液溶胀,进而在层聚合物管内壁形成凝胶相。在凝胶相中分子运动速度减慢,聚合反应由于"凝胶作用"而加速,使得聚合在包层聚合物管内壁的凝胶相不断形成,芯聚合物逐渐增厚至包层聚合物管的中心,最后制得一根折射率分布呈梯度的塑胶光纤预制棒,再经拉丝工艺就可制成 GI-POF。

为满足各种短距离通信的需要,现已研制出 5 种塑料光纤,其组成、特点、用途见表

4-12，塑料光纤的主要性能见表 4-13。

表 4-12 各种塑料光纤的组成、特点及用途

光纤种类	纤芯组成	特点	用途
小数值孔径塑料光纤	PMMA	数值孔径为 0.5 时，带宽为 7.5 MHz·km；数值孔径为 0.3 时，带宽为 12 MHz·km	装饰和传感器；156 Mbit/s，100 m 和 250 Mbit/s，50 m 短距离通信
梯度折射率分布塑料光纤	PMMA	折射率呈梯度分布，该纤的衰减系数为 0.15 dB/m，带宽为 1.25 GHz·km	吉比特短距离通信
改进的聚碳酸酯塑料光纤	PC	工作波长为 780 nm，光纤既耐高温又防潮，且价格低廉，性能稳定	汽车中通信
正缅氨酸环塑料光纤	非晶态正缅氨酸环树脂	该光纤 150 ℃时不会发生皱缩，传输衰减系数为 0.8 dB/m	汽车中通信
硅树脂塑料光纤	硅树脂	该纤具有极优的耐热，防潮性能	汽车中通信

表 4-13 塑料光纤的主要性能

参数	低数值孔径塑料光纤	梯度塑料光纤	改进的 PC 塑料光纤	梯度全氟塑料光纤
衰减系数	0.2 dB/m	0.5 dB/m	0.3 dB/m	0.05 dB/m
带宽	20 MHz·km	1.25 GHz·km	20 MHz·km	2 GHz·km
传输速率	155 Mbit/s	1.25 Gbit/s	155 Mbit/s	1.25 Gbit/s
传输距离	100 m	100 m	100 m	200 m
光源	660 nm LED	660 nm LED	780 nm LED	1 300 nm LD
耐热温度	85 ℃	85 ℃	125 ℃	
光纤价格	低	中	中	高
链路投资	中	大	少	大
主要应用	LAN	LAN	汽车通信	汽车通信

4-1 光纤是由哪几部分组成？各部分有何作用？

4-2 简述多模光纤（包括多模阶跃光纤和渐变光纤）的导光原理。

4-3 推导阶跃型多模光纤数值孔径 $NA = n_1 \sqrt{2\Delta}$。

4-4 阶跃折射率光纤和渐变折射率光纤的折射率 $n(r)$ 是如何定义的？

4-5 光纤衰减的原因有哪些？什么叫全波光纤？

4-6 光纤的衰减系数是如何定义的？

4-7 光纤色散的原因有哪些？单模光纤和多模光纤的色散因素有什么区别？

4-8 单模光纤的色度色散意义是什么？

4-9 色散位移光纤的制造目的和制造原理是什么？

4-10 简述 G.652、G.653、G.654 和 G.655 的特点。

4-11 说明标准单模光纤 G.652 的 A、B、C、D 的特点。

4-12 计算 G.655.D 光纤在 C 波段(1 535~1 565 nm)的最大和最小色散值。

4-13 为什么需要色散补偿？简述色散补偿光纤的工作原理。

4-14 多模阶跃光纤，在 1 310 nm 波长纤芯折射率为 1.46，折射率差 $\Delta=1\%$，计算其数值孔径 NA，对应的孔径角。

第5章 光缆

虽然经过一次涂覆和二次涂覆的光纤具有一定的抗张强度,但还是比较脆弱,经不起弯折、扭曲和侧压力的作用,因而只能用于实验室或机房中。为了能使光纤用于多种环境条件下,又便于敷设施工,必须将光纤和其他元件组合构成一体,这种组合体就是光缆。

本章介绍光缆的结构、光缆的机械和环境特性及光缆的分类和型号。

5.1.1 光缆结构设计考虑的因素

在设计光缆结构时,需要考虑由应力引起的光纤损耗的增加,光缆承受的敷设张力、压力和中继器的供电方式,传输线路的维护、监测等因素。首先,光纤如果受到侧压力,损耗就会增加。因此,在设计光缆结构时,不能增加光纤受到的侧压力。其次,在敷设光缆时,为使光纤不产生断裂,就有必要尽量控制光缆伸长,控制加到缆芯中光纤上的张力。为此,光缆内部必须设有由金属线/加强纤维塑料/Kevlar(芳族聚酸胺纤维或称芳纶)或者这几种材料配合使用构成的加强元件。此外,还要从中继器的供电方式、传输线路的维护、监测等出发,来决定缆芯结构、芯线集合方法及光缆结构。这样光缆结构就要按作用于纤芯的侧压力、张力达到最小程度的原则来设计。如果作用的时间长、张力小也会引起静态疲劳。所以,张力引起的光纤断裂是影响可靠性的重要因素。与陆地上使用的光缆比较,海底光缆在敷设和起缆时,受到的张力更大,在这些严酷的条件下,必须保证其可靠性。

5.1.2 光缆的制造过程

图 5-1 表示一般光缆的制造过程。为了进一步保护光纤,提高光纤的强度,成缆前,将带有涂覆层的光纤再套上一层塑料,通常称为套塑,套塑后的光纤称为光纤芯线。把必要的芯线数根集合起来形成缆芯,最后通过挤外护套而制成光缆。从上述光缆的制造过程可见,从光纤素线到制成光缆需要经过3道主要工序:第一道为塑料涂覆工序,对较脆弱的光纤素线进行二次保护,制成紧套或松套光纤,以利于处理和识别;第二道工序是集合工序,首先将零散的光纤以适

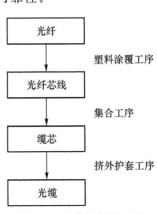

图 5-1 光缆的制造过程

当的数量和最佳的形式构成基本缆芯组件,再将若干组件组成缆芯;第三道工序是挤外护套工序,通过这一工序,最终制成光缆。

5.2.1 光缆的结构

光缆一般是由缆芯、加强元件、填充物和护层等几部分组成的,另外根据需要还有防水层、缓冲层、绝缘金属导线等构件。

1. 缆芯

缆芯的作用是妥善安置光纤,使光纤在一定外力作用下仍能保持优良的传输性能。套塑后的光纤芯线以不同的形式组合在一起构成缆芯,多芯光缆一般是由紧结构或松结构为单位组成单元式结构,或者在松结构的一个套管(松套管)中或一个骨架槽中放入多根光纤与中央加强元件绞合而成的。

当前缆芯的基本结构大体可分为层绞式、骨架式、束管式和带状式 4 种,我国及欧亚各国用得最多的有传统的层绞式和中心束管式两种,随着大芯数光缆的需求,由于带状光缆可以容放较多的光纤,因此也得到越来越多的应用。目前几种常用光缆的结构如图 5-2 所示。

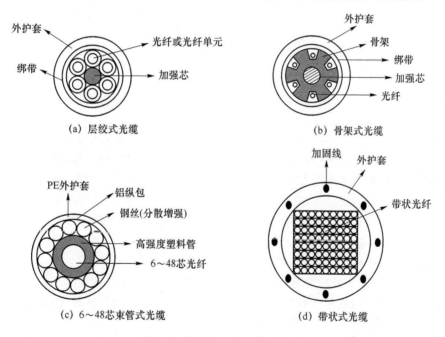

图 5-2 光缆的典型结构示意图

(1) 层绞式结构

层绞式光缆类似于传统的电缆结构,故又称之为古典光缆,这种结构在世界各国应用广泛。层绞式结构制造较容易,开始时有紧套光纤也有松套光纤。随着光纤数的增多,出现单元式绞合,即一个松套管就是一个单元,其内可有多根光纤,目前多为直径 $250\,\mu m$ 一次涂覆光纤。生产时先集合成单元,挤制松套管,再将松套管扭绞在中心加强件周围(习惯称为加强芯),用包带方法固定,然后绞合护层成缆。目前,松套式一管多纤的结构得到了大量的使用。

(2) 骨架式结构

骨架式光缆的光纤置放于塑料骨架的槽中,槽的横截面可以是 V 形、U 形或其他合理的形状,槽纵向呈螺旋形或正弦(SZ)形。早期一个空槽只放置一根光纤,可以是一次涂覆光纤也可以是紧套光纤。目前的趋势是放置一次涂覆光纤,且一个槽可放置 5~10 根光纤。为了识别纤序,要用色谱标志。也有放置光纤带的,即在一个槽内放置若干个光纤带从而构成大容量的光缆。槽的数目可根据光纤数设计(如 6~8 槽,多至 18 槽),一条光缆可容纳数十根到上千根光纤。如果是放置一次涂覆光纤,槽内应填充油膏以保护光纤,这时槽的作用类似于松套管。这种结构简单,对光纤保护较好,耐压、抗弯性能较好,节省了松套管材料和相应的工序。但也对放置光纤入槽工艺提出了更高的要求,因为仅经过一次涂覆的光纤在成缆过程中稍一受力就容易损伤,影响成品合格率。

(3) 束管式结构

束管式(中心束管式)结构近年来得到较快发展。它相当于把松套管扩大为整个缆芯,成为一管腔,将光纤集中松放在其中。管内填充有油膏,改善了光纤在光缆内受压、受拉、受弯曲时的受力状态,每根光纤都有很大的活动空间。相应的加强元件由缆芯中央移到缆芯外部的护层中,所以缆芯可以做得较细,同时将抗拉功能与护套功能结合起来,达到一材两用的设计目的。光纤束中的光纤采用有色谱标志的一次涂覆光纤,松放或由数根至数十根为一束并采用有颜色的扎丝带捆扎成束。一个加强中心管内可放置许多个这样的纤束,总的光纤数可达近百根。这种光缆把光学的、环境的优点结合在一个新的小型尺寸中,并且大大地减少了安装时间。这种光缆结构具有体积小、质量轻、制造容易、成本低的优点。中心束管式结构光缆中的光纤位于缆的中心,对光纤的保护相对是最好的。

(4) 带状式结构

带状式结构光缆是先将经过一次涂覆的光纤放入塑料带内做成光纤带,然后将几层光纤带放在一起构成光缆芯。它的优点是可容纳大量的光纤(一般在 100 芯以上),满足作为用户接入光缆的需要;同时每个单元的接续可以一次完成,以适应大量光纤接续、安装的需要。实际上,光纤带如果集中放在一个松套管内,并将其放在缆中心,挤外护层,结构即为带状中心束管式。如果在多个松套中放置光纤带,再将这些松套管与中央加强件扭绞在一起,即为带状层绞式。当然,也可以将光纤带放置在塑料骨架的槽中,就为带状 SZ 骨架光缆。

以上介绍了通信光缆的缆芯基本结构单元。在实际应用时,当使用光纤数要求不是很多时,可直接用缆芯基本结构单元作为缆芯构成光缆;当使用光纤数要求很多时,可用多个上述的缆芯基本结构单位(大中心束管式结构除外)来构成所需的光缆。

缆芯内包括光纤、光纤的套管或骨架及加强元件(必要时还有铜线),在缆芯内还需填充油膏。加强元件的作用是承受光缆敷设时的拉力,以增加光缆的机械强度;铜线多用于远距离供电回路,向无电力的中继站提供电源;油膏具有可靠的防潮性能,防止潮气在缆芯中的扩散。光纤(所用材料)属非电磁材料,光纤通信回路传输的是光波,所以光纤无须考虑雷电和强电线路所产生的电磁影响。但是当缆芯中含有铜线或者钢质加强元件时,这条光缆就不再是无金属型缆芯和非铜线型光纤,也就失去了光缆抗御电磁影响的优良特性,并且需采取与电缆线路基本相同的防雷电和防强电影响措施,这样就失去了光缆的优越性。特别是缆芯内加铜线,影响尤其严重。因此,在雷电和强电影响严重的地区,应将金属加强元件改用 FRP(玻璃纤维增强塑料)或 Kevlar 等介质材料;缆芯内不加铜线,中继站采用太阳能电池、蓄电池组和本地电网相结合的就地供电方式,使缆芯成为无金属缆芯。

2. 加强元件

加强元件用来增强光缆的抗拉强度,提高光缆的机械性能。光缆与电缆结构上最大的不同点在于:由于光纤对任何拉伸、压缩、侧压等的承受能力很差,因而必须为光缆设置加强元件。光缆加强元件的配置方式一般分"中心加强元件"方式和"外周加强元件"方式。在机械特性方面,光缆中的加强元件应具备下列条件:

① 高杨氏模量;
② 屈服应力大于给定光缆的最大应力;
③ 单位长度的重量较小;
④ 挠曲性能好。

根据以上条件的要求,光缆中的加强元件一般多采用镀锌钢丝、钢丝绳、不锈钢丝和带有紧套聚乙烯垫层的镀锌钢丝绳。为了防止强电和雷击的影响,也可采用纺纶丝或玻璃增强塑料(FRP)。目前使用的纺纶丝束有国产的芳纶 14 或美国产的 Kevlar-49。

加强元件一般位于光缆的中心,因而也称为中心加强元件。加强元件外面通常要挤包或绕包一层塑料,以保证与光纤接触的表面光滑并具有一定的弹性。"中心加强元件"可以是单根高强度钢线,也可以是多股钢绞线。后者粗一点,但柔韧性好一些,便于施工。除了加强芯,一些厂家在护层中增加一层 Kevlar 材料,以分担光缆部分纵向拉力(不承受光缆横向压力),这样金属加强芯可适当变细。非金属加强芯材料为 FRP,其抗雷电及强电影响性能优越,抗拉强度比高强度钢丝差一些。因此,要达到同样拉力强度,加强芯截面积就要大一点。

大束管式结构光缆的加强元件从缆芯移到管外。钢丝纵向稀疏绕包或者 Kevlar 层承受纵向拉力,又有一定的抗侧压性能。

3. 护层结构

如同电缆护层一样,光缆护层也是由护套和外护层构成的多层组合体。护层的作用是进一步保护光纤,使光纤能适应于各种场合敷设(如架空、管道、直埋、室内、过河、跨海等)。对于采用外周加强元件的光缆结构,护层还需提供足够的抗拉、抗压、抗弯曲等机械特性方面的能力。

除此之外,护层必须提供防潮、防水性能,因为水和潮气进入光缆内会产生许多问题,甚至使通信中断,这在第 1 章有关光纤通信的缺点中已经提到。因此,为了保持光纤的特性不致劣化,在光纤和光缆结构设计、生产、运输、施工和维护中都采取了一系列的防水措施。

在结构上,光缆的护层结构与电缆的护层基本一致,光缆的护层也是由护套和外护层构成的多层组合体。不同的护层结构适用于不同的敷设方式。护层需提供足够的抗拉、抗压、抗弯曲等机械特性方面的能力;除此之外,护层必须提供防潮、防水性能。

光缆的护层分为外护层和护套两部分。护套用来防止钢带、加强元件等金属构件直接与缆芯接触而造成损伤;外护层则用于进一步增强光缆的保护作用。

目前,常用的光缆护层材料有聚乙烯(PE)、铝箔-聚乙烯粘接护层(PAP)、双面涂塑皱纹钢带(PSP)等。架空、管道光缆使用 PAP 护套比例较大,直埋光缆用 PSP 比例较大。

PAP 护层的铝箔厚度为 0.15～0.20 mm,双面涂覆聚乙烯,涂覆厚度为 0.03～0.05 mm。包带时 PAP 带纵向热熔搭接,搭接宽度一般不小于 4～6 mm 或 PAP 带宽的 20%。搭接质量是防潮的关键,因此工艺检验时要对其剥离强度进行抽样测试。PAP 护层除了有良好的防潮、防水性能外,也有一定的机械强度。它的制作工艺简单,费用不高,在架空、管道光缆中应用较广。

PSP 护层是在一层 0.15 mm 厚的钢带两面涂覆乙烯丙烯酸共聚物(FAA)而构成的(涂覆厚度为 0.06 mm)。PSP 产品标志色为暗绿色。轧纹后,PSP 带纵向粘接性搭接在一起(也有部分产品只进行非粘接性搭接)。PSP 护层的主要优点是防潮性能良好;机械性能优越,其钢带拉力强度为 330 MPa,硬度洛氏 81°,韧度 T3 级;轧纹后提高了光缆抗侧压能力和韧性,容易弯曲,并可防止光缆在坡地、弯曲布放时缆芯滑动;有好的防蚀性能;防鼠咬。PSP 的防雷能力优于钢丝和纵焊钢带护层,这是因为 PSP 纵向搭接,搭接处粘接物 EAA 为绝缘物,切断了雷击电流产生的环流,从而阻止由此产生的击穿和压扁钢带的力的形成。

多数光缆外护套均为 PE、聚氯乙烯(PVC)材料。在室内应用时,根据阻燃要求,应使用低烟无卤外护套(LSZH)材料,美国和加拿大则通过燃烧测试对室内光缆的燃烧和产生烟雾等性能进行材料要求测试。

在防潮层问题上,一般非金属护套不能完全防潮。如果要求护套防潮或防水,则应采用金属护层。但是,现在有些厂家用吸水材料制成的带子代替 PAP 等防潮层。当浸水时,它会边吸水、膨胀,边凝固胶化,把光缆内的空隙堵住,形成止水的隔离层,从而防止外界水分纵向扩散。还有一些厂家鉴于 PSP 本身有良好的防潮性能,倾向用这种护层结构后,缆芯外不再用 PAP,并且缆芯要充油,防潮和防机械损伤均由 PSP 承担,使光缆费用降低、减小体积和减轻质量。

目前常用的光缆护层结构有如图 5-3 所示的 6 种。

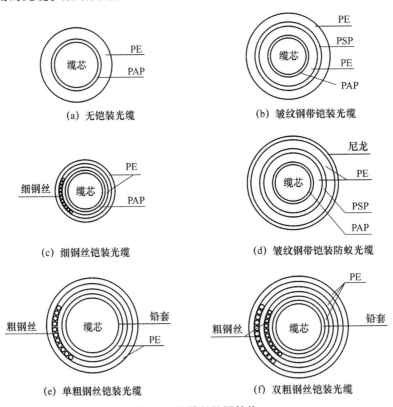

图 5-3 光缆的护层结构

① 第1种：无铠装光缆。在缆芯外面纵包一层双面涂塑的 PAP 带作为缆芯的防潮层，然后再包封上一层 PE 外护套。也有用吸水材料制成的带子代替 PAP 带作为缆芯的防潮层，并且用 FRP 和 Kevlar 作为加强元件材料，构成无金属光缆。

② 第2种：皱纹钢带铠装光缆。在缆芯的外面，依次为 PAP 防潮层、PE 内护层、PSP 铠装（0.15～0.20 mm 的 PSP 为纵包搭接，用于侧压力要求较低的光缆，0.3～0.4 mm 的 PSP 为纵包焊接，用于侧压力要求较高的光缆），在 PSP 之外再包封上一层 PE 外护套。

③ 第3种：细钢丝铠装光缆。在缆芯的外面，依次为 PAP 防潮层、PE 内护层、细钢丝铠装、PE 外护套。

④ 第4种：皱纹钢带铠装防蚁光缆。即在上述皱纹钢带铠装光缆的 PE 外护套之外，再包封一层尼龙外护套。

⑤ 第5种：单粗钢丝铠装光缆。在缆芯的外面，依次为铅护套（或 PAP、PSP）、PE 内护层、粗钢丝铠装、PE 外护套。

⑥ 第6种：双粗钢丝铠装光缆。在缆芯的外面，依次为铅护套（或 PAP、PSP）、PE 内护层、粗钢丝铠装、PE 内护层、钢丝铠装、PE 外护套。

上述光缆的护层材料及其一般规格列于表 5-1 中。

表 5-1　光缆的护层材料

护层名称	护层材料	一般规格
防潮层	双面涂塑铝带（PAP）	铝带厚：0.2 mm 涂塑层：0.05 mm
内护层	聚乙烯（PE）	厚度：1.0～1.5 mm
钢带铠装	双面涂塑皱纹钢带（PSP）	钢带厚：0.15～0.2 mm（搭接） 0.30～0.40 mm（焊接）
钢丝铠装	镀锌钢丝	钢丝直径：2.0 mm
钢线铠装	镀锌钢线	钢线直径：4.0 mm
外护套	聚乙烯（PE）	厚度：1.5～2.3 mm
防蚁层	尼龙	厚度：0.7 mm

4. 填充结构

为了提高光缆的防潮性能，在光缆缆芯的空隙中注满填充物（油膏）以有效防止潮气进入光缆。用于填充的复合物应在 60 ℃ 下不从光缆中流出，在光缆允许的最低工作温度下不使光缆的低温弯曲特性恶化。

综上所述，整个光缆的结构都是为保护光纤不受外力的损坏，不使光纤的传输特性恶化，保证光缆有足够的使用寿命等，因而光缆设有多重护层。一般直埋光缆从外到内有 PE 外护套-金属护层-PE 内护套-防水填充料-光纤松套管-油膏-光纤。可见若要危及光纤则要突破几道"防线"。当塑料外护套被破坏后，即使金属护层被腐蚀，里面还有内 PE 护层以及防水性能较好的混合填充料；即使天长日久 PE 被透过，或防水填充料由于渗水受物理、化学作用而失去防水性能，对光纤来说还有最后两道防线：油膏（有防水性能）和高分子塑料管（也有较好的防水性能）。

尽管光缆结构如此严密，在局部损伤塑料外护套时，虽不至于像电缆那样由于腐蚀而迅速带来严重后果,但是如果在施工过程和维护过程中不严格守住第一道"防线",不提出保护外 PE 护套指标的话,则可能接着会突破第二道"防线",最后也就将出现全线崩溃的局面。许多工程实践已证明,如不顾光缆外 PE 护套的完整性,第一道"防线"人为地被破坏,接着金属护套将会因受潮进水而出现千疮百孔的腐蚀穿孔状况,即第二道"防线"也会轻易地突破。金属护套被破坏掉之后,将会减弱甚至丧失光缆的机械保护作用,光缆将会受到各种机械作用或白蚁、鼠类的直接危害,内 PE 护层也将受到破坏,甚至直接侵入内部破坏光纤。另一方面,内部的有机混合填充料将会遭受到物理的、化学的、生物的作用而变性、损坏,逐渐失去防水、防潮性能,继而影响光纤本身。因此,保证塑料外护套完整性的重要意义是显而易见的。ITU-T 建议用测量光缆对地绝缘电阻的办法,检验光缆塑料外护套的完整性,而且还应制订相应的标准。

5.2.2 光缆的材料

光缆材料的正确选择直接关系到光缆的拉伸应变性能、渗水性能、温度循环特性等机械和环境性能。选择不相匹配的材料会产生析氢,引起传输损耗的增加。对所选材料应依据国家标准,参照国际标准,以便于在光缆生产中控制质量。为了在工程施工及维护中对光缆材料有一粗略的了解,下面就对光缆材料作一简要介绍。

构成光缆的材料有很多种,除光纤外,构成光缆的材料主要可分为下面三大类。

① 高分子材料:聚对苯二甲酸丁二醇酯(PBT)松套管材料、护套材料、绝缘材料、填充油膏、阻水带、热熔胶、聚酯带。

② 复合材料:钢塑复合带、铝塑复合带。

③ 金属材料:钢丝、钢绞线。

1. 高分子材料

(1) PBT 松套管材料

工业用松套管材料一般为 PBT,即聚对苯二甲酸丁二醇酯。目前市场上有多种 PBT,它们有各自的特点,均适合光缆工业的要求。一般来说,我们要求 PBT 有良好的耐轴向拉力、耐径向侧动和耐冲击力,并与光纤填充油膏和光缆填充油膏具有较好的相容性,以对光纤作最好的保护。

(2) 护套材料

作为光缆的护套材料主要有不同密度的聚乙烯护套料和阻燃护套料两类。

聚乙烯是乙烯聚合而成的高分子材料,其特点表现在:分子结构紧密,分子链间空隙极小,渗透性和吸水性小,具有极高的抗潮性能和较高的绝缘性能;电气性能和化学性能很稳定;有一定的机械强度;价格便宜,易于加工。因此,PE 很适合于作为光缆的外护套来保护内部的光缆各部件。不同密度的黑色聚乙烯护套料是由不同密度的聚乙烯树脂与抗氧剂、增塑剂、炭黑、加工改性剂以一定比例均匀混炼造粒制成的,由于其分子结构不同,因而它们所具有的性能也有所不同。一般要求护套材料具有较好的韧性抗拉强度,良好的环境应力开裂、拉伸强度和断裂伸长率等性能。炭黑的主要作用是抵御紫外线对材料的侵蚀。

阻燃护套料按其是否含卤可分为两类:含卤阻燃料和无卤阻燃料。要求光缆护套具有能长期保护缆芯、耐热、耐火、耐熔剂、无毒、低烟等性能。

含卤阻燃护套以聚氯乙烯(PVC)为基础树脂,与增塑剂和稳定剂以一定比例混合塑化造粒而成,具有良好的阻燃效果,但在燃烧时会产生大量有腐蚀性和毒性的氯化氢气体和烟雾。尽管如此,由于其特有的柔顺性和延伸性,含卤阻燃料仍被暂时用以制作单芯光缆护套和五号缆护套(国家标准)。

无卤阻燃料是以聚乙烯(PE)为基础树脂,再加有协同效应的无机阻燃剂与其他助剂加工制成的,是一种无毒、低烟的洁净阻燃材料。

光缆作为传输信道,应用于各种室内场所、智能大厦、综合布线系统及各种局域网中,为了人员及楼宇的安全,都应考虑光缆线路的阻燃问题。

(3) 高密度聚乙烯绝缘材料(HDPE)

HDPE 绝缘材料是由 HDPE 基础树脂、金属钝化剂、抗氧剂、改性剂等以一定比例加工而成的,是一种乳白色的粒料,主要用来制作光缆和电缆中的骨架、填充绳和芯线的绝缘层材料,具有较高的机械强度、耐热应力开裂性、耐环境应力开裂性,并与光缆油膏有较好的相容性。

(4) 填充油膏

填充油膏可分为两类:用在松套管中填充的油膏为纤膏,用在光缆其余部分填充的油膏为缆膏。

纤膏是由天然油或合成油、无机填料、偶联剂、增粘剂、抗氧剂等以一定比例制成的一种白色半透明膏状物。缆膏是由矿物油、丙烯酸钠高分子吸水树脂、偶联剂、抗氧剂、增粘剂等制成的一种黄色半透明膏状物。

填充油膏的作用主要是阻止水分进入光缆。水分进入光缆可使光纤微裂纹增大,并与金属材料之间进行化学反应产生氢损导致传输损耗增大。有一些油膏本身与光缆金属材料发生化学反应产生氢,因此在选用油膏配方时必须将油膏的析氢值控制在一定的范围之内。另外,油膏还应具有良好的温度特性,避免在低温时使光纤产生径向应力,引起光纤微弯,增加低温损耗。

但这些油脂性物质在现场光纤接续前要清洁干净,费时且操作烦琐,因此在 FTTH 工程中新型的光缆不再使用填充油膏,而使用超强吸水带代替油膏,这种光缆称为干芯或半干芯光缆,在此不做介绍。

(5) 热熔胶

光缆用热熔胶是由具有高弹性、高抗张强度和高伸长率的热塑性橡胶为基础与混合粘树脂、调节剂、稳定剂经一定工艺制成的一种棕色透明状的弹性块状胶体,主要用于光缆铠装层复合带的搭接缝粘接,可以防止光缆径向和纵向渗水。热熔胶还可代替缆用填充油膏和干性阻水带,阻止水对光缆的渗入。热熔胶必须具有强的粘接力,且粘接力应具有分布均匀,固化速度快,热稳定性、气化性能好,与其他材料相容性好等特点。

(6) 聚酯带(PET)

聚酯带,化学名称为聚对苯二甲酸乙二醇酯,主要用于光缆的包扎。要求聚酯带有好的耐热性、化学稳定性和抗张强度,并有收缩率小、尺寸稳定性好、低温柔韧性好、击穿电压高、绝缘性能好等特点;要求外观必须平整、光滑、洁净、无颗粒气泡、无皱折、无破损等。

(7) 阻水带

阻水带是用粘接剂将吸水树脂粘附在两层聚酯纤维无纺布中构成的带状材料,当渗入光缆内部的水与阻水带中的吸水树脂相接触时,吸水树脂就迅速吸收渗入水,其自身体积快速膨胀,充满光缆的空隙,阻止水分在光缆纵向和径向流动。

阻水带要求具有良好的阻水性、化学稳定性,一定时间内的吸水膨胀度高,吸水速率快及热稳定性良好等性能。光缆中填充的缆膏和纤膏,能防止水分在缆内的浸透和扩散。

2. 复合材料

在光缆线路中应用的复合材料主要有钢塑复合带和铝塑复合带两种。复合材料主要用于光缆铠装,可以隔潮还可以保护缆芯免受机械损伤。复合材料可以明显地提高光缆的侧压力、耐冲击力,并可对光缆进行电磁屏蔽。

复合材料应注意金属复合带中钢带/铝箔与塑膜的剥离强度、复合带间的热封强度、铠装搭接缝的粘接强度等,还应注意复合带的耐水、耐油以及与填充油膏的相容性,以免发生化学反应产生氢,造成氢损。

3. 金属材料

光缆中的金属材料指钢丝或钢绞线,主要用于改善光缆的机械强度。钢丝主要有镀锌高碳钢丝、镀磷高碳钢丝和镀锌低碳钢丝3种。由于镀锌钢丝容易产生析氢现象,在海底光缆通信系统中已不予采用。

5.2.3 光缆的端别和纤序

光缆一般要求按端别次序敷设,因此应掌握光缆端别的识别。与电缆一样,光缆也分A端和B端。各厂家所生产的光缆,光纤与导电线组(对)的线序与组(对)序采用全色谱来识别,也可以采用领示色谱来识别。具体色谱排列及加标志颜色的部位,一般由生产厂家在光缆产品说明中规定。用于识别的色标应鲜明,在安装或运行中遇到高、低温度时不应褪色,不应迁染相邻的其他光缆元件上。

(1) A、B 端的识别

面对光缆的横截面,由领示光纤(或导电线或填充绳),以红-绿(或蓝-黄)顺时针为 A 端;逆时针为 B 端。

(2) 十二色全色谱

见表 5-2。

表 5-2 十二色全色谱

光纤序号	1	2	3	4	5	6	7	8	9	10	11	12
色谱	蓝	橙	绿	棕	灰	白	红	黑	黄	紫	粉红	淡蓝

(3) 端别敷设要求

一般光缆线路中,要求北为 A 端,南为 B 端,东为 A 端,西为 B 端;可按设计要求,以上游局、站为 A 端,下游局、站为 B 端。

(4) 纤序正确的识别

对于层绞结构的光缆,按端别要求敷设后,在光缆接续时,为了正确的接续缆内光纤,应先根据领示套管或领示填充绳,确认光纤松套管。然后每个套管中的若干光纤以扎带(套管内光纤数目>12)或色谱来区别。

对于中心束管式光缆,不必区分端别。如果中心束管内光纤少于12根,则以色谱来区别光纤;如果中心束管内光纤多于12根,应先以扎绳区别光纤束,每个光纤束内的光纤以色谱来区别。

5.2.4 光缆的机械和环境性能

光缆的性能主要由其中的光纤的传输性能、光缆的机械性能和环境性能构成。光缆的传输性能主要由光缆中的光纤决定,光缆的环境性能对光纤的传输也将产生一定的影响。光缆的机械性能、环境性能决定光缆的使用寿命。有关光缆的机械环境性能要求和测试方法请参阅 IEC 60794—1999 相关内容。

5.3.1 光缆的分类

光缆的种类很多,其分类方法也很多,一般根据光缆的结构、敷设方式、成缆光纤的种类、维护方式、护层材料和使用范围来划分,归纳于表 5-3。

表 5-3 光缆的种类

分类方法	光缆种类
光纤传输模式	单模光缆、多模光缆(阶跃型多模光缆、渐变型多模光缆)
光纤状态	紧结构光缆、松结构光缆、半松半紧结构光缆
缆芯结构	层绞式光缆、骨架式光缆、束管式光缆、带式光缆
外护套结构	无铠装光缆、钢带铠装光缆、钢丝铠装光缆
光缆材料有无金属	金属光缆、全介质光缆
光纤芯数	单芯光缆、多芯(带式)光缆
敷设方式	架空光缆、管道光缆、直埋光缆、水底光缆、海底光缆
使用环境	室外应用(OSP,Outside Plant)、室内应用(Indoor)、室内外两用(Outdoor/Indoor)
维护方式	充气、充油(Gel-filled)、干芯(Gel-free)
特殊使用环境	高压输电线采用的光缆、室内垂直布线光缆、应急光缆、野战光缆

5.3.2 光缆的型号

光缆的种类较多,同其他产品一样,有具体的型号和规格。根据 YD/T 908—2000《光缆型号命名办法》的规定,目前光缆的型号是由型式和规格两部分构成,型式和规格两部分之间用空格分开。

1. 型式代号

光缆的型式由分类、加强构件、结构特征、护套和外护层 5 个部分组成,如图 5-4 所示。其中结构特征指缆芯结构和光缆派生结构特征。

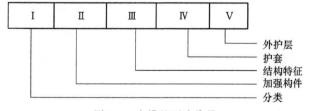

图 5-4 光缆的型式代号

下面对各部分代号所表示的内容做详细说明。

(1) 光缆分类代号所表示的内容如下。

GY——通信用室(野)外光缆

GM——通信用移动式光缆

GJ——通信用室(局)内光缆

GS——通信用设备内光缆

GH——通信用海底光缆

GT——通信用特殊光缆

(2) 加强构件的代号及其意义如下。

无符号——金属加强构件

F——非金属构件

(3) 缆芯和光缆的派生结构特征代号及其意义如下[①]。

D——光纤带结构

    (无符号)——光纤松套被覆结构

J——光纤紧套被覆结构

    (无符号)——层绞结构

G——骨架槽结构

X——缆中心管(被覆)结构

T——油膏填充式结构

    (无符号)——干式阻水结构

R——充气式结构

C——自承式结构

B——扁平形状

E——椭圆形状

Z——阻燃

(4) 护套的代号及其意义如下。

Y——聚乙烯护套

V——聚氯乙烯护套

U——聚氨酯护套

A——铝-聚乙烯粘结护套(简称 A 护套)

S——钢-聚乙烯综合护套(简称 S 护套)

W——夹带平行钢丝的钢-聚乙烯粘结护套(简称 W 护套)

L——铝护套

G——钢护套

Q——铅护套

(5) 外护层的代号。

外护层是指铠装层及铠装层外边的外被层的某些部分或全部,其代号用两组数字表示,

[①] 注:当光缆型式有多个结构特征需要注明时,可用组合代号表示;组合代号按相应的各代号自上而下的顺序排列。

第一组表示铠装层,可以是一位或两位数字;第二组表示外被层或外套,它应是一位数字。外护层的代号及其意义见表 5-4。

表 5-4 外护层的代号及意义

第一组代号	铠装层	第二组代号	外被层或外套
0	无铠装层	—	—
1	—	1	纤维外被
2	绕包双钢带	2	聚氯乙烯套
3	单细圆钢丝	3	聚乙烯套
4	单粗圆钢丝	4	聚乙烯套加覆尼龙套
5	皱纹钢带	5	聚乙烯保护管
33	双细圆钢丝		
44	双粗圆钢丝		

2. 规格代号

光缆的规格是由光纤和导电芯线的相关规格组成,光纤的规格与导电芯线的规格之间用"+"隔开。新规范中这部分与 YD/T 908—1997《光缆型号命名办法》有较大不同。

(1) 光纤规格的构成

光纤的规格由光纤数和光纤类别组成。光纤的类别应采用光纤产品的分类代号表示,即用大写 A 表示多模光纤,大写 B 表示单模光纤,再以数字和小写字母表示不同种类型光纤。多模光纤见表 5-5,单模光纤见表 5-6[①]。

表 5-5 多模光纤

分类代号	特 性	纤芯直径/μm	包层直径/μm	材 料
A1a	渐变折射率	50	125	二氧化硅
A1b	渐变折射率	62.5	125	二氧化硅
A1c	渐变折射率	85	125	二氧化硅
A1d	渐变折射率	100	140	二氧化硅
A2a	突变折射率	100	140	二氧化硅
A2b	突变折射率	200	240	二氧化硅
A2c	突变折射率	200	280	二氧化硅
A3a	突变折射率	200	300	二氧化硅芯塑料包层
A3b	突变折射率	200	380	二氧化硅芯塑料包层
A3c	突变折射率	200	230	二氧化硅芯塑料包层
A4a	突变折射率	980~990	1000	塑料
A4b	突变折射率	730~740	750	塑料
A4c	突变折射率	480~490	500	塑料

注:"A1a"可简化为"A1"。

---

① 注:如果同一根光缆中含有两种或两种以上规格(光纤数和类别)的光纤时,中间应用"+"号联接。

表 5-6　单模光纤

分类代号	名　称	材　料
B1.1	非色散位移光纤	二氧化硅
B1.2	截止波长位移光纤	
B2	色散位移光纤	
B3	色散平坦光纤	
B4	非零色散位移光纤	

注:"B1.1"可简化为"B1"

(2) 导电芯线的规格

导电芯线规格的构成应符合 YD/T 322 中的第 3.1.6 条关于铜导电芯线规格构成的规定。

例如,2×1×0.9,表示 2 根线径为 0.9 mm 的铜导线单线;3×2×0.5,表示 3 根线径为 0.5 mm 的铜导线线对;4×2.6/9.5,表示 4 根内导体直径为 2.6 mm、外导体内径为 9.5 mm 的同轴对。

3. 光缆型号命名举例

例 5-1　金属加强构件、松套层绞填充式、铝-聚乙烯粘接护套、皱纹钢带铠装、聚乙烯护层的通信用室外光缆,包含 12 根 50/125 μm 的二氧化硅系多模渐变光纤和 5 根用于远供及监测的铜线径为 0.9 mm 四线组,此光缆的型号应表示为:

$$GYTA53\text{-}12A1+5\times4\times0.9$$

例 5-2　金属加强构件、骨架填充式、铝-聚乙烯粘接护套通信用室外光缆,包含 24 根"非色散位移型"类单模光纤,光缆的型号应表示为:

$$GYGTA\text{-}24B1$$

5.3.3　光缆结构举例

下面列举层绞式光缆、中心束管式光缆和骨架结构光缆中某些代表性的光缆截面,以帮助大家掌握光缆的结构和型号命名方法。

1. 层绞式

中心加强构件、松套管扭绞在加强件上,有铝-聚乙烯粘接护套、钢-聚乙烯粘接护套和全介质光缆等结构。图 5-5～图 5-8 列举了 GYTA、GYTA33、GYTA53、GYTY53 等几种。

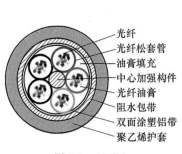

图 5-5　GYTA

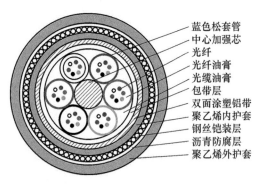

图 5-6　GYTA33

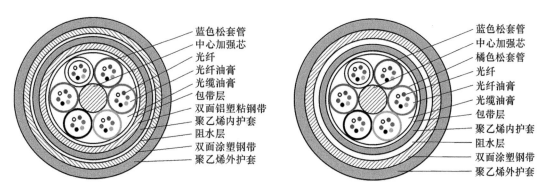

图 5-7 GYTA53   图 5-8 GYTY53

2. 中心束管式

中心束管式光缆的光纤位于缆中央,缆芯就是一个松套管,加强构件被放置在外围护层中。这种结构对光纤的保护作用最好,但成缆工艺相对复杂,且光缆内部纤芯余长及其一致性控制也相对困难。图 5-9、图 5-10 为 GYXTW 和 GYXTW53 的结构。

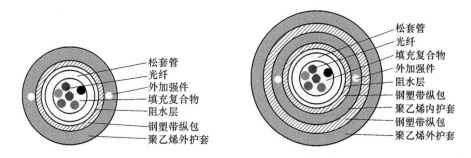

图 5-9 GYXTW   图 5-10 GYXTW53

3. 带状光缆

带状光缆的光纤单元是以光纤带集合成的,带状光纤单元可以以层绞式结构成缆,如图 5-11、图 5-12 所示,也可以安置在中心束管光缆的缆芯,如图 5-13 所示,也可以放置于骨架光缆内。

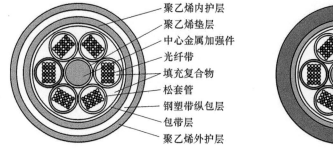 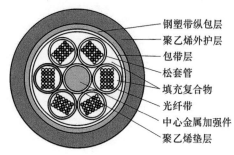

图 5-11 GYDTY53   图 5-12 GYDTS

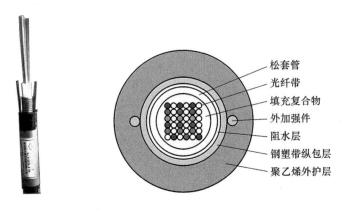

图 5-13 GYDXTW

当然以上只是一些常用光缆的结构,这些光缆结构可以通过不同的护层和铠装派生出新的光缆而应用于特定的环境,如防火、防蚁和防鼠等。

5-1 光缆按照缆芯结构分为哪几类?各有何特点?
5-2 光缆护层的作用是什么?
5-3 光缆受潮、进水有哪些危害?
5-4 光缆在结构上是如何防潮、防水的?
5-5 说明层绞式光缆敷设时的端别要求。如何识别其中的光纤?
5-6 光缆的型号由哪几部分构成?
5-7 加强件的作用是什么?常见的加强件结构、布放位置有哪几种?
5-8 根据型号说明以下光缆的结构:GYXTW、GYTA、GYTY53、GYTZS、GYTY53+333、GYDGTY53。

第6章 光纤传输参数测量

光纤、光缆的许多特性与线路工程设计密切相关,对光纤和光缆进行测量可提供设计光纤通信系统所需的数据。其中,损耗和带宽是系统设计时特别需要的特性参数;光缆的敷设、维修关心的是光缆中光纤的特性和光缆的机械、环境性能,这些性能指标是线路施工与维护人员必须掌握的内容。因此,对光纤和光缆进行测量还可为光缆的敷设与维修提供帮助。

光纤测量的主要参数包括以下内容。

① 结构参数:几何、光学参数,如折射率分布、NA(数值孔径)、截止波长、模场直径等。

② 传输特性:损耗、带宽和色散。

本章主要介绍与工程相关的光纤传输特性的测量,包括光纤的衰减、多模光纤的带宽和单模光纤的色散测量。

为了确保产品质量,统一规格,统一测量方法与要求,IEC 的标准 IEC 60973、60974 和 61280-4-1 对光纤的特性和测量方法进行了规定,ITU-T 的 G.650、G.650.1/2/3 建议对单模光纤、光缆特性指标和测量方法作了推荐,包括光纤的线性特性、统计和非线性的特性以及成缆光纤的性能参数。对于单模光纤,部分测量方法还在研究之中。目前我国已经对光纤特性等测量方法规定了统一的标准。

6.1.1 测量方法的分级及要求

1. 测量方法的分级

测量方法一般分为两级:基准测试方法(RTM,Reference Test Method)和代用测试方法(ATM,Alternative Test Method)。二者都可用于产品的检验和工程测量。如果测量结果出现差异,应以 RTM 为准。

2. 测量要求

为确保数据的准确性,测量应符合下列要求。

① 测量设备、仪表应经过计量检验,保证有良好的使用状态、必要的精确度和稳定度。

② 应在以下环境条件下测量:温度为 15～35 ℃,相对湿度为 45%～75%,气压为 36～106 kPa。

③ 被测光纤端面制备应符合要求,端面必须平整、光滑、干净并与轴线垂直。

④ 被测光纤应消除振动和灰尘影响,测试期间光纤弯曲半径应足够大,光源侧光纤应保持稳定不变换。

6.1.2 注入条件

无论是多模光纤还是单模光纤,测量特性参数时,都必须将光耦合或注入到光纤。光纤注入端附近,因传导模、包层模和辐射模并存,使得模式分布不均匀,从而造成测量不准确且无重复性。为此,必须采用适当的光注入系统,保证注入光满足一定的注入条件。对于多模光纤,注入光必须达到"稳态模分布",才能使光纤的衰减和带宽重现确定值。单模光纤应能激励起基模并无高次模传播的注入条件,并在测量期间保持稳定。

1. 多模光纤注入条件

多模光纤建立近似稳态模分布注入条件的激励方法有满注入和限制注入。满注入就是要激励起所有传导模,因此也称为全激励注入。限制注入就是限制激励起的传导模,抑制掉一部分高次传导模。测量光纤的不同特性参数时,必须采用不同的注入方式。例如测量光纤损耗特性时必须采用限制注入方式。多模光纤无论是满注入还是限制注入,一般采用以下两种方式。

(1) 稳态模式分布模拟装置

利用模耦合机理,可以制造稳态模式分布模拟装置,其原理框图如图 6-1 所示,该装置由扰模器、滤模器和包层模消除器三部分组成。

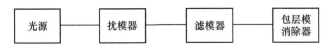

图 6-1 稳态模分布模拟装置

扰模器(Scrambler)是一种根据模耦合原理,采用强烈几何扰动加速多模光纤中各模式迅速达到稳态分布的器件。这种器件种类很多,图 6-2 给出了常用的几种结构。需要说明的是,图中的一些尺寸仅是例子,在实际应用中,具体数据还要通过实验确定。

滤模器(Mode Filter)是一种用来选择保证建立稳态模式分布所需要的模,同时又能够抑制其他模的器件。该器件可以采用芯轴环绕形式,将被测光纤低张力地绕在一根 20 mm 长的芯轴上,如图 6-3 所示。芯轴的直径和所绕的圈数由实验确定,通常应以被测光纤中的瞬态模被滤除从而达到稳态分布为标准。

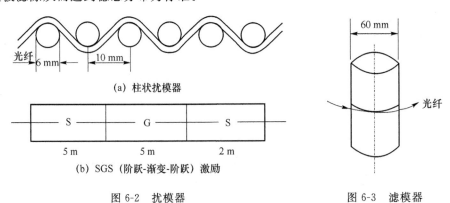

图 6-2 扰模器   图 6-3 滤模器

包层模消除器(Cladding Stripper)是一种用来消除包层模的器件。当光纤一次涂覆材料的折射率比石英包层折射率低时,光纤耦合过程中激起的辐射模会在包层-涂覆层界面产生全反射,从而形成包层模。消除包层模的办法较简单,只需将光纤的涂覆层去掉后,浸在折射率稍大于包层折射率的匹配液(如甘油、四氯化碳等)中即可。具有高折射率涂覆层的光纤不会形成包层模,不需要使用包层模消除器。

应当说明的是,稳态模式分布模拟装置并不意味着这种装置一定由以上3种器件组成,有时,一种器件就能实现扰模、滤模和包层模消除3种功能。

(2) 具有足够长度的注入光纤系统(假光纤激励法)

多模光纤的长度足够时(一般为1~2 km),高次模经引导光纤传输达1 km后,模式分布已不再变化,可满足注入条件,因此可以利用足够长的光纤作注入系统,将测试光纤接续在引导光纤之后。此外,还可采用一定的光学透镜系统实现注入条件,此方法一般不常采用,这里不再多述。

通过上述任一种激励方式,光纤是否建立了稳态模分布,国标(GB 8401)提出了一个参考标准。对波长为 0.85 μm、理论数值孔径为 0.2、标准几何尺寸为 50 μm/125 μm 的低损耗梯度型多模光纤,注入光在光纤中传输 2 m 后满足下述特性之一,即达到稳定模式分布的注入条件:

① 短光纤(2 m 距离)出射端远场光强分布的半幅值孔径角 1/2 的数值孔径为 0.11+0.02;

② 短光纤(2 m 距离)出射端近场光强分布的半幅值全宽为 (26 ± 2) μm。

2. 单模光纤的注入条件

单模光纤只传播基模,不存在稳态模分布问题,因此单模光纤的注入条件一般只需在光源注入端将光纤打一个圈或用 1~2 m 单模光纤激励起基模。为了提高测试精度,也可在模激励器后加一滤模器和包层模剥除器。

值得注意的是,随着 ITU-T G.657 弯曲损耗不敏感单模光纤的应用,芯轴环绕结构的滤模器或者将光纤绕成小半径的圈,即使弯曲半径较小,也很难滤除掉其中传输的高次模。康宁公司在其 Corning® ClearCurve™ G.657 单模光纤测量条件中,建议用一段长度为 2 m 的标准单模光纤 SMF-28e® 作为模滤除器,将 SMF-28e® 绕 2 个半径 80 mm 的圈,再与 ClearCurve™ 熔接,以选择基模,从而获得 Corning® ClearCurve™ 准确的测量结果。

光纤衰减是表示光信号在光纤中传输时能量损失的一个重要的传输参数。该参数对光纤质量评价和光信号再生中继距离起决定性作用。ITU-T 建议 G.650.1 规定光纤衰减的基准测量方法是剪断法。单模光纤第一替代法是后向散射法,第二替代法是插入损耗法。多模光纤第一替代法是插入损耗法,第二替代法是后向散射法。本节阐述光纤衰减的测量方法,并讨论了一种改进的测量方法,可以通过光源、光功率计和 OTDR 的配合使用,得到更准确的测量值。

6.2.1 剪断法

剪断法是根据光纤衰减定义建立的测试方法。在稳态注入条件下,首先测量整根光纤的输出光功率 $P_2(\lambda)$,如图 6-4(a)所示。然后,保持注入条件不变,在离注入端约 2 m 处剪断光纤,测量此段光纤输出的光功率 $P_1(\lambda)$,如图 6-4(b)所示。由于 2 m 光纤的衰减很小,可以忽略不计,因此 $P_1(\lambda)$ 就是被测光纤的始端注入光功率,被测光纤的衰减可按下式计算:

$$A(\lambda)=10\lg\frac{P_1}{P_2}\ \mathrm{dB} \tag{6.1}$$

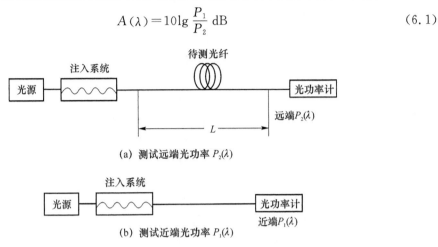

图 6-4 剪断法测试光纤衰减装置图

从 2 m 处剪断光纤测量此段光纤光功率时,可在 2 m 处端头制作一活动连接头。接上光功率计,测量此段光纤的光功率。受操作人员水平或连接器件质量的影响,不同的光功率计在不同的插拔条件下获得的光功率并不稳定,差值可达几分贝,这样势必影响测试精度。因此,在两次光功率测试过程中,光功率计前端的活动连接器应保持不动。此时为了测得 2 m 左右短光纤接收的光功率,光源端输出尾纤与光功率计尾纤应用接头连接,如图 6-5 所示。由于在光源与光功率计之间增加了一个接头,同样增大了 $P_1(\lambda)$ 的不准确性,从而影响了光纤衰减的测量精度。

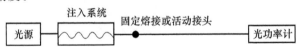

图 6-5 剪断法测试光纤衰减中 $P_1(\lambda)$ 的装置图

6.2.2 插入法

插入法与剪断法的不同之处在于:插入法用带活动接头的连接软线代替短光纤进行参考测量。插入法测量过程如下。

首先将注入系统的光纤与接收系统的光纤相连,测出光功率 $P_1(\lambda)$,如图 6-6(a)所示。然后将待测光纤连到注入系统和接收系统之间,测出光功率 $P_2(\lambda)$,如图 6-6(b)所示。

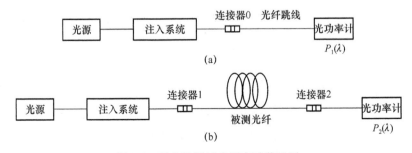

图 6-6 插入法测试光纤衰减装置图

被测光纤段的总衰减 $A(\lambda)$ 可由下式计算：

$$A(\lambda) = 10\lg \frac{P_1}{P_2} + c_0 - c_1 - c_2 \quad \text{dB} \qquad (6.2)$$

其中，c_0、c_1、c_2 是连接器 0、连接器 1、连接器 2 的标称平均损耗值（dB）。不同的活动连接器，标称平均损耗值不同。然而，采用插入法测试光纤衰减在实际测量过程中，会因活动连接器的重复性问题而带来误差，因此，c_0、c_1、c_2 光功率的衰减值并非标称值，计算得到的 $A(\lambda)$ 也并非真正的光纤链路损耗。因活动连接器重复性问题带来的测量误差可按下式计算：

$$\Delta c = (c_0' - c_0) + (c_1' - c_1) + (c_2' - c_2) \qquad (6.3)$$

式中，c_0'、c_1'、c_2' 分别为实际测试时连接器 0、连接器 1、连接器 2 活动连接器的真实衰减值。此方法同样受操作水平和连接器质量的影响，即使进行多次重复测试取平均值，最大误差也可达几分贝。

6.2.3 后向散射法（OTDR 法）

后向散射法是通过光时域反射仪（OTDR，Optical Time Domain Reflectometer）不剪断光纤来测量光纤衰减的方法，此法测试重复性和精确度比剪断法差。采用后向散射法测试某段光纤衰减，通常应对光纤分别进行双方向测试，然后取平均值作为被测光纤的衰减，如图 6-7 所示。工程中通常采用 OTDR 法对光纤接头损耗进行测试评估，对施工完成的链路进行测试。

图 6-7 后向散射法测试光纤衰减装置图

后向散射法可以测量光纤的全程总衰减，也可以用来检查中继段光纤全程的光学连续性，测量光纤任何两点间的衰减和光纤接头损耗及光纤故障点定位。后向散射法是光缆施工和维护中经常使用的一种测试手段，但后向散射法测试光纤衰减也有不足之处，主要是测量结果受光纤均匀性和光纤反射系数影响，还与操作者对 OTDR 的游标的正确定位密切相关，请参阅 13.1.6 节仪表使用章节。

6.2.4 改进的测量方法

这种新方法可从测试方法设计上消除测量误差，测试步骤如下。

① 首先用 OTDR 双向测量并取平均值，获得接头 1 的损耗 α_1，如图 6-8 所示。

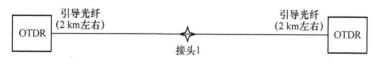

图 6-8 步骤 1

② 拆除 OTDR，接上光源、光功率计，测出此光纤链路的光功率 P_0-P_1，如图 6-9 所示。P_0 为假定光纤入端光功率。

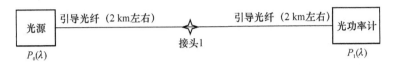

图 6-9　步骤 2

③ 计算两段引导纤（不含接头 1）的光纤链路损耗，其值为 $(P_0-P_1)-\alpha_1$。

④ 保持光源、光功率计不动（减少多次插拔带来的随机误差），拆除接头 1，在两段引导纤之间引入被测光纤，可测得整段光纤的光功率之差 P_0-P_2，如图 6-10 所示。

图 6-10　步骤 4

⑤ 拆除光源、光功率计，重新接上 OTDR，如图 6-11 所示。

图 6-11　步骤 5

利用 OTDR 双向测量并取平均，测得接头 2、接头 3 的损耗值为 α_2、α_3。三段光纤（两段引导纤、一段被测光纤，不包括接头 2、接头 3 的）损耗为 $(P_0-P_2)-\alpha_2-\alpha_3$。

⑥ 按下式计算被测光纤全程衰减 α：

$$\begin{aligned}\alpha &= [(P_0-P_2)-\alpha_2-\alpha_3]-[(P_0-P_1)-\alpha_1] \\ &= P_1-P_2+\alpha_1-\alpha_2-\alpha_3\end{aligned} \quad (6.4)$$

式中，接头 1、接头 2 和接头 3 可以是固定熔接或活动连接。为了获得更高的测量精度，接头 1、接头 2、接头 3 宜采用损耗值较小的固定熔接。可以看出，P_1、P_2、α_1、α_2、α_3 均为精确测试值，消除了插拔活动连接器、剪断法中增加一个接头和 2～3 m 短光纤以及插入法中采用取标称值而带来的误差，提高了测试光纤衰减的精确度。

根据光源调制的不同，测量多模光纤带宽的方法有时域法和频域法两种。前者是测脉冲响应经过数学换算得出光纤带宽值；后者也称为扫频法，适合于中继站间测试且精确度较高。时域法和频域法都是国内外公认较好的带宽测试方法，可以任意选用。

6.3.1 时域法

1. 测量原理

时域法采用很窄的电脉冲调制光源,从而产生很窄的光脉冲。当满足注入条件时,将此窄光脉冲耦合到被测多模光纤中。由于光纤的模间和模内存在时延,使得输出光脉冲产生变形,计算展宽即可得到多模光纤的带宽。这种方法又称为脉冲变形法。

假设输入光纤和从光纤输出的光脉冲波形都近似为高斯分布,如图 6-12 所示。图(a)是输入的光波功率 $P_{in}(t)$ 的波形图,其幅度从最大值 A_1 降到 $A_1/2$ 时的宽度为 $\Delta\tau_1$。图(b)是光纤的输出光功率 $P_{out}(t)$ 的波形图,其幅度降为一半时的宽度为 $\Delta\tau_2$。可以证明,脉冲通过光纤后的展宽 $\Delta\tau$ 与其输入、输出波形宽度 $\Delta\tau_1$、$\Delta\tau_2$ 的关系为

$$\Delta\tau = \sqrt{\Delta\tau_2^2 - \Delta\tau_1^2} \tag{6.5}$$

将测出的 $\Delta\tau_1$、$\Delta\tau_2$ 代入式(6.5),即可算出脉冲展宽 $\Delta\tau$。

求出 $\Delta\tau$ 以后,再根据脉冲展宽 $\Delta\tau$ 和相应的带宽 B 之间的换算公式可求出带宽 B 值:

$$B = \frac{0.44}{\Delta\tau} \tag{6.6}$$

将 $\Delta\tau$ 代入式(6.6)中即可求出光纤每千米带宽。若 $\Delta\tau$ 的单位用 ns,则 B 的单位是 MHz。

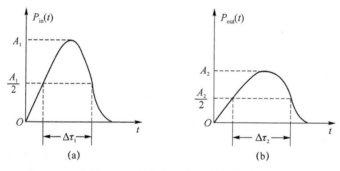

图 6-12 输入和输出光功率波形

2. 测量装置原理框图

用时域法测量光纤中脉冲展宽(进而计算出光纤带宽)的装置原理框图如图 6-13 所示。脉冲信号发生器调制激光器,在满注入条件下,光源输出的光脉冲注入被测光纤。由于光纤的色散作用,光脉冲信号经光纤传输后被展宽,展宽后的光脉冲信号被光电检测器接收,送入取样示波器,显示 $P_{out}(t)$ 的波形。

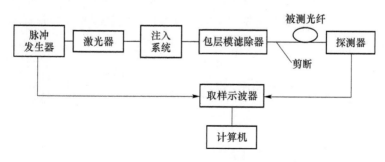

图 6-13 时域法测光纤带宽的原理图

保持光源和注入条件不变,在离发送端 2～3 m 处剪断光纤,在剪断处测量此段光纤的输出波形并送入取样示波器,显示光纤输入的光波功率 $P_{in}(t)$ 的波形。从显示的脉冲波形上可分别测得 $P_{in}(t)$ 的宽度 $\Delta\tau_1$ 和 $P_{out}(t)$ 的宽度 $\Delta\tau_2$。这样,就可将 $\Delta\tau_1$、$\Delta\tau_2$ 代入式(6.5)和式(6.6),最终算出带宽 B 值。

当然,如有条件,也可将测量结果送入计算机,经快速傅里叶变换得到频响曲线,从而得出带宽。

6.3.2 频域法

1. 测量原理

采用频域测量法时,用频率连续变化的正弦信号调制激光器来研究光纤对不同频率调制的光信号的传输能力。具体地说,就是先测出光纤传输已调制光波的频率响应特性,然后,按一般方法求出光纤的带宽。

假设,$P_{in}(f)$ 为输入被测光纤的光功率与调制频率之间的关系;$P_{out}(f)$ 为被测光纤输出的光功率与调制频率 f 间的关系,则被测光纤的频率响应特性 $H(f)$ 为

$$H(f)=\frac{P_{out}(f)}{P_{in}(f)} \quad (6.7)$$

若以半功率点来确定光纤的带宽 f_c,则

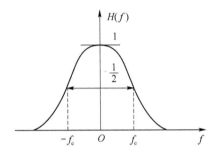

图 6-14 光纤的基带频响曲线

$$10\lg H(f_c)=10\lg\frac{P_{out}(f_c)}{P_{in}(f_c)}$$
$$=10\lg\frac{1}{2}=-3\text{ dB} \quad (6.8)$$

f_c 称为光纤的 3 dB 光带宽,也可按下式从光电检测器的电流与调制频率的关系确定带宽:

$$20\lg\frac{I_{out}(f_c)}{I_{in}(f_c)}=20\lg\frac{1}{2}=-6\text{ dB} \quad (6.9)$$

f_c 又称为 6 dB 电带宽。光纤的基带频响曲线如图 6-14 所示。

2. 测量系统原理图及测试方法

用频域法测量光纤带宽的系统原理框图如图 6-15 所示。测试时,用频率连续可调的正弦波调制光源,满足注入条件时,正弦调制光注入被测光纤,经光纤传输后,在终端检测输出光频域函数 $P_2(\omega)$,利用式(6.7)可求出基带频响 $H(\omega)=P_2(\omega)/P_1(\omega)$,再根据基带频响的幅频特性确定被测光纤的带宽 B_{TL}。

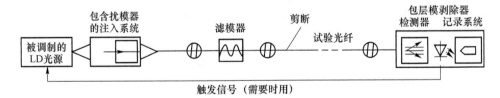

图 6-15 频域法测试光纤带宽的原理系统框图

剪断法光纤带宽扫频测试系统如图 6-16 所示,具体测试方法如下。

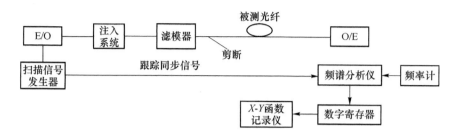

图 6-16 剪断法光纤带宽测试系统

① 测试前,先用短光纤连接"E/O"与"O/E",调节发射功率,使接收设备工作在线性范围内。

② 接入被测光纤进行同步扫描,扫频范围应超过光纤的带宽范围。终端接收后经频谱仪分析,分贝数存储在数字寄存器中。也就是说,测试时,在光纤的输入端送入光正弦信号,在光纤输出端由选频表读取经检测器变换的电信号幅值。在保持送入信号幅值不变的情况下,改变信号频率,记录光频域函数 $P_2(\omega)$,并以分贝形式存储于数字寄存器中。

③ 保持注入条件不变,在距注入端约 2 m 处剪断光纤,对此段短光纤进行同样的扫频,经接收频谱分析送入寄存器,结果寄存器输出,经 X-Y 函数记录仪绘出基带频响的幅频曲线,如图 6-17 所示。

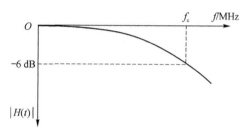

图 6-17 基带频响特性曲线

④ 曲线的 -6 dB(电的)点对应的频率即为测得的光纤带宽 B_{TL} 值(频率计用来校准扫频频率和对记录仪扫频曲线 X 轴定标)。

3. 插入法

无论采用时域法还是频域法,剪断法均属于基准测试法,这是因为剪断法消除了系统响应对测量结果的影响,从而使测试结果准确可靠。剪断法也是一种破坏性的测试方法,无法在实际工程中得到应用,为了消除这个缺点,工程上常用插入法来替代剪断法。由于输入耦合系数对带宽影响不大,稳定性较高的系统不必每次都剪断光纤,可用一根短光纤的测量结果作为参考基准。此时,必须保证短光纤的结构参数与被测光纤一致,而且保证接头质量良好,才能使测量结果准确。插入法光纤带宽扫频测试系统如图 6-18 所示。

扫频信号发生器输出频率连续可调的正弦波电信号,该信号对激光器的光信号进行强度调制。然后,已调光信号经光开关送出两路信号:一路信号经短光纤后通过光电检测器送入频谱分析仪,用短光纤的输出信号代替被测光纤的输入信号(由于光纤短,经传输后信号变化很小,故可认为就是输入信号);另一路光信号经光开关送入被测光纤,连续的正弦波调制光信号经光纤传播,携带了被测光纤对不同调制频率光信号的"反应",经光电检测器送入频谱分析仪。频谱分析仪得到被测光纤的输入和输出光信号,由此,可得到被测光纤的频率响应,从而测出光纤的带宽。

在图 6-18 中,优质光开关用于被测光纤与短光纤(约 2 m)间的切换插入;高精度标准衰减器用来校准扫频曲线相对衰减变化量并对记录曲线的 Y 坐标定标;梳状波发生器输出的梳状频标信号用于校准扫频频率并对记录曲线的 X 坐标定标。

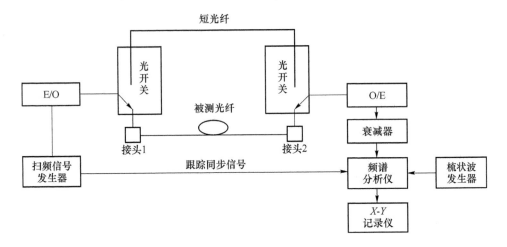

图 6-18　插入法光纤带宽扫频测试系统

同理,若将插入法测量系统与时域法测量原理相结合,也可得到非破坏性的时域法测试系统。在该系统中分别测长、短光纤的幅时特性,用计算机进行快速傅里叶变换,可分别计算出长光纤测量信号和短光纤参考信号的幅频函数,然后相除,便可得出所测光纤的幅频响应。幅频曲线上 $-6\,\mathrm{dB}$ 点对应的频率就是光纤带宽。

在同样入射条件下,频域法和时域法的测量结果很接近。频域法有以下几个优点:

① 由于采用扫频法,接收放大器的带宽很窄,这样就提高了接收信噪比,从而使整个系统有更大的动态范围;

② 可以直接得到幅频特性,简化了数据处理过程;

③ 不需要将高速脉冲源的同步信号直接送到取样示波器,也不需要直接发送同步信号的仪器(即扫频信号发生器和频谱分析仪可以在两个不同的地方)。

6.3.3　光纤带宽的现场测试

光纤带宽是光缆线路最重要的传输特性之一。为了保证工程质量,施工前要进行单盘光缆的验收测试,检验光纤的带宽是否符合规定的技术要求。光缆线路中继段全程敷设安装完毕后,要进行中继段总带宽的测试,检查是否满足系统设计的要求。因此,现场带宽测试和衰减测试都是十分重要的测试工作。

单盘光缆的带宽测试方法与上述带宽测试方法一样,只是在现场测试时,无论采用频域法还是时域法,均应采用非破坏性的插入法。

由于中继段线路较长,所以中继段光缆线路总带宽的测试设备必须有足够的测试动态范围。目前时域法的测试动态范围比频域法小,所以中继段光纤线路总带宽一般都采用频域法测试。

单模光纤色散测量有三类方法:相移法(正弦信号调制)、脉冲时延法(脉冲调制)和干涉法。其中相移法和脉冲时延法也分别称为频域法和时域法。ITU-T 规定相移法为基准测试法,后两种为替代法。在实际测量中,相移法要求的测试设备较简单,而且正弦信号可采用窄带滤波放大,有利于提高信噪比,测量精度高,因而被广泛采用。

1. 相移法

光纤是一种色散介质,不同波长的光波通过相同长度光纤的时间稍有差别,也即具有不同的群速度。不同波长的光用正弦信号调制并经过光纤时,正弦信号的相位将因时延不同而呈现不同的移动。通过测量一定波长的光通过光纤后产生的相移差,得到传输时延$\tau(\lambda)$,进而获得光纤在一定波长区域的色散系数,称为相移法。

相移测试系统工作原理如图 6-19 所示,该系统的光源用正弦信号调制。设载于光波 λ 的正弦信号初始相位为 $\varphi_0(\lambda)$,经过长度为 L 的单模光纤传输后相位为

$$\varphi(\lambda) = \varphi_0(\lambda) + \omega\tau(\lambda) \tag{6.10}$$

式中,$\omega = 2\pi f$ 是正弦信号的角频率,$\tau(\lambda)$ 是经过长度为 L 的光纤传输后的时延。由式(6.10)可得:

$$\tau(\lambda) = \frac{\varphi(\lambda) - \varphi_0(\lambda)}{\omega} \tag{6.11}$$

只要知道了 $\varphi(\lambda)$ 和 $\varphi_0(\lambda)$,就可以求出 $\tau(\lambda)$。

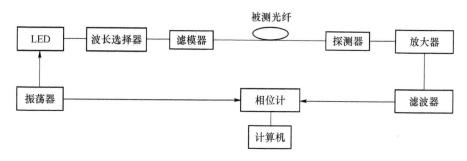

图 6-19 相移法测试系统原理图

测量时,首先用波长选择器选出波长为 λ_1 的光信号,经过光纤传输后被探测器接收并转变为正弦波电信号,该信号经放大和窄带滤波后送入相位计,与同一振荡源输出的参考信号相比,得出 λ_1 的相移 $\varphi(\lambda_1) - \varphi_0(\lambda_1)$。根据式(6.11)可以求得时延 $\tau(\lambda_1)$,然后用相同的方法测量出若干波长的时延 $\tau(\lambda_i), i=1,2,3,\cdots$。最后根据下式可得到色散系数:

$$D(\lambda) = \left[\frac{\mathrm{d}\tau(\lambda)}{\mathrm{d}\lambda}\right]\frac{1}{L} \quad \text{ps/(nm·km)} \tag{6.12}$$

即对曲线 $\tau(\lambda)$ 按波长求导并除以长度便可得到光纤的色散系数。在实际测量中为了消除各种偶然误差,一般都是测量一组 $\tau_i - \lambda_i$ 值,然后根据不同的光纤采用不同的拟合公式进行曲线拟合,求出拟合公式中的有关系数,进而计算出该光纤的色散系数。

此外,用一组波长不同的半导体激光器代替 LED 和波长选择器,也可组成相移测试系统。这种测试系统的优点是测试动态范围大,而且光路部分较为简单;不足之处是需要采用数只波长不同的半导体激光器,这些激光器挑选困难,使用寿命也比 LED 要短,而且更换也不太方便。

2. 脉冲时延法

测定不同波长的窄光脉冲经光纤传输后的时延差,可直接由定义式得出光纤的色散系数,这种方法称为脉冲时延法。这种方法使用的设备较昂贵,ITU-T 建议作为代用法。

相移法属于频域测量,而脉冲时延法则属时域测量。脉冲时延测量系统的工作原理图

如图 6-20 所示。

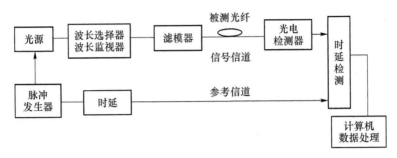

图 6-20 脉冲时延法原理图

脉冲时延法的关键是极窄光脉冲的产生、探测和测量。为此,要求具有产生很窄脉冲的电脉冲发生器、高速响应探测器和高速取样示波器。可见,这种方法对各组成部分的要求非常高。例如,被测光纤的长度为 10 km,色散系数大约是 2 ps/(nm·km),如果选用中心波长相差 10 nm 的两个波长进行测量,则示波器上的时延差约为

$$\Delta\tau = 10 \text{ km} \times 10 \text{ nm} \times 2 \text{ ps/(nm·km)} = 200 \text{ ps}$$

要使测量结果比较精确,对上例中这样短的时间间隔,光脉冲的宽度应小于 100 ps,探测器的响应时间应小于 50 ps,取样示波器的带宽应在 10 GHz 以上。

由上面例子可以看出,当光纤的色散系数很小或光纤长度不大时,由此估算出的 $\Delta\tau$ 就很小。也就是说,要准确估算出 $\Delta\tau$,需进一步提高时间的分辨率。这就给探测和取样示波器提出了更为苛刻的要求。因此,这种测试系统适用于长距离(如光纤链路和中继段)总色散的测量。

当然,在实际测量系统中,为了提高测量精度,避免偶然误差,一般都测量一组 τ_i-λ_i 的值,然后根据光纤类别采用不同的相对时延拟合公式求出零色散波长 λ_0 和零色散斜率 S_0 的值,即色散斜率 $S(\lambda)=dD/d\lambda$ 在零色散波长 λ_0 处的值,单位为 ps/(nm^2·km),最后按照相应的色散公式计算出各波长处的色散系数 D,这些处理与相移法完全一样。

这种测试系统所用的光源为半导体激光器件。根据所需的波长测量范围,可选用数只波长不同的半导体激光器,也可采用宽谱的拉曼光纤激光器,利用单色仪选取不同的工作波长。

3. 干涉法

用干涉法测单模光纤色散是一种很巧妙的方法,已被 ITU-T 确认为单模光纤色散测量的第一替代方法。这种方法的优点是只需对几米长的光纤进行测量。如果整根光纤的色散是均匀的,则短光纤的测试结果可代表整根光纤;如果被测光纤的色散沿轴向不均匀,则可以对短光纤的两端分别测试,两次测试结果的平均值就是整根光纤的色散值。由于光学干涉法测量很精密,因此它还可以用来分析和考察温度变化及微弯损耗对色散的影响。

干涉法实际上就是采用迈克尔逊干涉仪的原理进行测量的,测试系统原理图如图 6-21 所示。

与一般的光纤测试系统一样,干涉法要求光源的位置、强度和波长要稳定。光源发出的光经波长选择器后,成为单色光射到分束器 1 后,被分成两束相干光。两束光分别耦合到参考光纤和被测光纤中,在两光纤的另一端射出后,再经过分束器 2 合并在一起送入探测器。精确调整参考光纤的出射面与第二分束器的距离 x,可使进入探测器中的两束光相位一致,两束光干涉加强,在锁相放大器中显示出极大值。

对于不同的波长 λ,记录下干涉曲线峰值所对应的值 x_i,就可按下式计算被测光纤对该

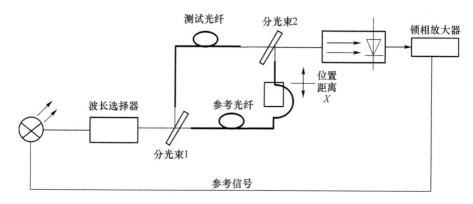

图 6-21 干涉法测试原理图

波长的群时延：

$$\tau(\lambda_i) = \frac{1}{L}(\tau_{0i} + \frac{x_i}{c}) \tag{6.13}$$

式中，L 是被测光纤的长度；τ_{0i} 是参考光纤对 λ_i 的时延，可由系统校正时给出；c 是真空中的光速。

不断改变波长，求出干涉曲线极大值对应的 x 值，并由式(6.13)计算其时延，求出一组 τ_i-λ_i 值后，根据被测光纤的不同，用不同的相对时延拟合公式。求出 λ_0 和 S_0 后，再按照相应的色散公式就可计算出该光纤在各波长处的色散系数。

光纤的几何、光学参数决定光纤的传输性能，但这些参数与工程没有直接关系，施工和安装后不会发生变化，工程中不需测试这些参数，在此不做介绍。关于光纤的偏振模色散测量，参考 ITU-T G.650.2 建议《单模光纤和光缆的统计和非线性相关属性的定义和测试方法》。

6-1 光纤、光缆测量方法的分级是如何确定的？
6-2 简述光纤、光缆测量中的测量要求。
6-3 画图说明光纤衰减特性测量中剪断法的方法和步骤。
6-4 画图说明光纤衰减特性测量中插入法的方法和步骤。
6-5 比较说明为什么光纤衰减测量方法中剪断法的准确度要高于插入法。
6-6 OTDR 法测量光纤衰减为什么要进行双向测量？
6-7 画图说明并分析改进型 OTDR 能精确测量光纤衰减的原因。
6-8 多模光纤带宽测量时域法中，如何计算光纤的带宽？
6-9 多模光纤带宽测量频域法中，通过光电检测器光生电流计算光纤带宽，为什么要取 $-6\,\text{dB}$ 电带宽？
6-10 多模光纤带宽测量时域法和频域法中，剪断法和插入法的意义是什么？
6-11 单模光纤色散系数相移法中，如何通过相位移动计算光纤的色散系数？
6-12 干涉法测量单模光纤色散时，如何计算色散系数？

第7章 光缆线路工程设计

光缆线路工程设计,是根据通信网发展的需要准确反映该光缆线路工程在通信网中的地位和作用,是由工程设计技术人员应用相关的科学技术成果和长期积累的实践经验,按照建设项目的需要,利用查勘、测量所取得的基础资料和现行的技术标准以及现阶段提供的材料等,进行系统综合设计的过程。同时也是综合技术先进性、可行性以及经济效益和社会效益,全面、合理、准确地指导工程建设、施工的过程。一个设计方案质量的高低,完全取决于各种技术的准确运用及对现场情况的准确处理。

光缆通信工程从项目提出到最终建成投产,通常经过规划、设计、建设准备和计划安排、施工(包括设备安装与线路施工)以及竣工投产 5 个阶段。设计工作是在规划阶段完成的设计任务书的基础上,通过理解设计任务,进行现场勘测,最终形成科学、合理、准确的设计方案。对于一般的建设项目,通常依据以下的程序进行:
① 研究和理解设计任务;
② 工程技术人员的现场勘察;
③ 初步设计;
④ 施工图设计;
⑤ 设计文件的会审;
⑥ 对施工现场的技术指导及对客户的回访。

本节讲解光缆线路工程的设计程序、设计阶段的划分和每个阶段应完成的主要内容。为便于从工程建设的连续性理解设计工作,首先介绍项目规划阶段的工作。

7.1.1 规划阶段

规划阶段的主要任务是拟定项目建议书,再进行可行性研究,最后下达设计任务书。

1. 项目建议书

项目建议书的提出是工程建设程序中最初阶段的工作,是投资决策前拟定项目的轮廓设想,它包括如下主要内容:
① 项目提出的背景,建设的必要性和主要依据,引进的光缆通信线路工程,还应介绍国内外主要产品的对比情况和引进的理由,以及几个国家同类新产品的技术、经济分析比较;

② 建设规模、地点；
③ 工程投资估算和资金来源；
④ 工程进度和经济、社会效益估计。
项目建议书可根据项目规模、性质，报送相关计划主管部门审批。

2. 可行性研究报告

项目建议书经审批后，即可根据审批结果进行可行性研究和组织专家对该项目进行评估。

可行性研究是对建设项目的技术可行性和投资必要性进行论证，而专家评估则是对可行性研究的内容进一步作技术、经济等方面的评估，并提出具体的具有建设性的意见和建议，所形成的专家评估意见将作为主管部门进行决策的依据之一。因此，对于大中型项目、关键工程或采用新技术的试验工程和技术引进项目，组织好专家评估是很有必要的。可行性研究报告的具体内容如下：

① 总论应包括项目提出的背景、必要性、可行性研究的依据和范围，对建设必要性、规模和效益等评价的简要结论；
② 需求预测和拟建规模应包括通信需求的预测，建设规模和建设项目的构成范围；
③ 拟建方案论证应包括干线主要路由及局站设置方案论证，通路组织方案论证，设备选型方案论证，新建项目与原有通信设施的配合，原有设施的利用、挖潜和技术改造方案的论证；
④ 建设可行性条件应包括协作条件、供货情况、设备来源、资金来源；
⑤ 工程量、设备器材和投资估算及技术经济分析，包括所荐方案的主要工程量，设备、器材的估算，投资估算，技术经济分析；
⑥ 项目建成后的维护组织、劳动定员和人员培训的建议和估算；
⑦ 对工程建设有关的配套建设项目安排的建议；
⑧ 对建设进度安排的建议；
⑨ 其他与建设项目有关的问题及其注意事项；
⑩ 附录包括主要文件名称与摘录，业务预测和财务评价计算书，重要技术方案的技术计算书，工程建设方案（路由及设站）总示意图，工程近远期通路组织图，主要过河线、市区进线，重要技术方案示意图。

3. 设计任务书

通信工程建设项目设计任务是以设计任务书的形式下达的。设计任务书是确定建设方案的基本文件，也是进行工程设计的主要依据。它应根据可行性研究推荐的最佳方案编写，报请有关部门批准生效后下达给设计单位。

通信线路工程项目的设计任务书主要应包括以下内容：
① 建设目的、依据和建设规模；
② 预期增加的通信能力，如线路和设备的传输容量；
③ 线路走向、终端局、各中间站的配置及配套情况；
④ 与全网的关系及对今后扩容改造的预计。

当建设项目完成了上述的规划阶段后，即可进入设计阶段。

7.1.2 设计阶段

光缆线路工程设计,应根据工程规模、技术复杂程度以及工程技术成熟水平,按不同阶段设计和编制设计文件。大型、特殊工程项目或对于技术上比较复杂而缺少设计经验的项目,国家、军队重点工程项目,如一级干线等,应进行三阶段设计,即初步设计、技术设计和施工图设计。对于一般的大中型建设项目,如二级干线等,均按二阶段设计进行,即初步设计和施工图设计。对于技术已很成熟,新技术含量较少的工程,如短距离市话局中继光缆、本地网的扩建、改建工程等,只按一阶段设计(即施工图设计)进行。

下面叙述各阶段设计的主要内容和要求。

1. 三阶段设计

(1) 初步设计

初步设计是根据已批准的可行性报告、设计任务书、初步设计勘测资料和有关的设计规范进行的。在初步设计阶段若发现建设条件变化,应重新论证设计任务书。有必要修改原设计任务书的部分内容时,应向原批准单位报批,经批准后方能做相应的改变。

初步设计文件一旦得以批准,即确定了该建设项目,同时也确定了该项目的投资规模,同时,初步设计文件将作为技术设计的依据。

对于光缆数字通信工程,初步设计文件一般分册编制,其中包括初步设计说明和初步设计概算与图纸等内容。光缆部分初步设计说明的内容与主要要求见表7-1。初步设计概算与图纸的内容与主要要求见表7-2。

表7-1 初步设计说明的内容与主要要求

内 容	主要要求
概述	(1)设计依据;(2)设计内容与范围;(3)设计分工;(4)主要工作量;(5)线路技术经济指标;(6)维护机构人员、车辆配备原则
对所选路由的论述	(1)沿线自然条件的简述;(2)干线路由方案及选定的理由
主要设计标准和技术措施	(1)光缆结构、型号和光、电参数;(2)单盘光缆的主要光、电参数;(3)光缆接续及接头保护;(4)光缆的敷设方法和埋深;(5)光缆的防护要求;(6)地下光中继站的建筑方式
需要说明的其他有关问题	—

表7-2 初步设计概算与图纸的内容与主要要求

内 容	主要要求
概算说明	(1)概算依据;(2)有关费率及费用的取定;(3)有关问题的说明
概算表	(1)概算总表;(2)建筑安装的安装工程概算表;(3)主要设备及材料表;(4)维护仪表、机具及工具表;(5)无人光中继站主要材料表;(6)次要材料表;(7)其他有关工程费用概算表
图纸	(1)光缆数字通信工程路由图;(2)线路传输系统配置图;(3)进局管道光缆线路路由图;(4)水底光缆路由图;(5)光缆剖面图

(2) 技术设计

技术设计是根据已批准的初步设计进行的,当技术设计及修正总概算批准后,即可作为编制施工图设计文件的依据。光缆线路工程技术设计说明的内容与主要要求见表7-3,技术设计概算与图纸的内容与主要要求见表7-4。

表 7-3 技术设计说明的内容与主要要求

内 容	主要要求
概述	(1)工程概况；(2)设计依据；(3)设计内容与范围及分工；(4)主要设计方案变更论述；(5)主要工程量表；(6)线路技术经济指标；(7)维护机构人员、车辆配置
选定光缆线路路由方案的论述	(1)沿线自然条件的简述；(2)干线光缆线路路由方案论述；(3)穿越河流的水底光缆线路路由；(4)市区及进局线路路由；(5)无人中继站站址
主要设计标准和技术措施	(1)光纤光缆的主要技术要求和指标；(2)各类光缆结构程式及使用场合；(3)光缆敷设方式及接续要求；(4)线路传输系统配置；(5)中继段内光缆损耗要求；(6)光缆线路防护；(7)无人地下中继站建筑标准；(8)其他特殊地段的技术保护措施
需要说明的其他有关问题	(1)与有关单位、部门的协议和需进一步落实的问题；(2)关于仪表的配置原则说明；(3)关于光缆数量调整及其他说明

表 7-4 技术设计概算与图纸的内容与主要要求

内 容	主要要求
修正概算	修正概算表格对应于初步设计光缆线路部分概算表
图纸	(1)光缆线路路由示意图；(2)光缆线路传输系统配置图；(3)进局管道光缆线路路由图；(4)水底光缆路由图；(5)光缆剖面图

(3) 施工图设计

施工图设计文件是根据批准的技术文件和施工图设计勘测资料、主要材料和设备订货情况进行编制的。批准的施工图设计文件是施工单位组织施工的依据。施工图设计时如需要修改初步设计方案，应由建设单位征得初步设计单位意见，并报有关部门批准后方能进行。光缆线路施工图设计说明及设计概算与图纸的内容与主要要求见表 7-5 和表 7-6。

表 7-5 施工图设计说明的内容与主要要求

内 容	主要要求
概 述	(1)设计依据；(2)设计内容与范围；(3)设计分工；(4)本设计变更初步设计的主要内容；(5)主要工程量表
光缆线路路由的概述	(1)光缆线路路由；(2)沿线自然与交通情况；(3)穿越障碍情况；(4)市区及管道光缆路由
敷设安装标准、技术措施和施工要求	(1)光缆结构及应用场合；(2)单盘光缆的技术要求和技术指标；(3)光纤、铜导线色标及系统组成；(4)光中继段光、电主要指标；(5)光缆敷设及安装要求；(6)光缆的防护要求和措施；(7)无人地下中继站的设置与设备安装；(8)特殊地段和地点的技术保护措施；(9)光缆进局的安装要求；(10)维护机构、人员和车辆的配置
需要说明的其他有关问题	(1)施工注意事项和有关施工的建议；(2)对外联系工作；(3)建设单位与本工程同期建设项目有关说明；(4)其他

表 7-6 技术设计概算与图纸的内容与主要要求

内 容	主要要求
设备、器材表	(1)主要材料表；(2)地下中继站土建主要材料表；(3)线路维护队(班)用房器材表；(4)水泥盖板、标石材料表；(5)维护仪表、机具工具表；(6)次要材料表；(7)线路安装、接头工具表
图纸	(1)光缆线路路由图；(2)传输系统配置图；(3)光缆缆芯及护层截面图；(4)光缆线路施工图；(5)大地电阻率及排流线布放图；(6)管道光缆路由图；(7)光缆接头及保护罩图；(8)直埋光缆埋设及接头安装方式图；(9)进局光缆安装方式图；(10)光缆进局封堵和保护；(11)光缆接头在人孔中的安装方式；(12)监测标石加工图

2. 二阶段设计

二阶段设计按初步设计和施工图设计两个阶段进行,主要内容与三阶段设计的初步设计和施工图设计的内容基本相同。

3. 一阶段设计

一阶段设计的一般内容和要求及设计概算、主要材料及图纸的内容与主要要求见表7-7和表7-8。

表7-7 一阶段设计说明的内容与主要要求

内 容	主要要求
概述	(1)设计依据;(2)工程概况;(3)设计范围;(4)工程投资额及经济分析
设计方案	(1)光缆线路路由分析;(2)系统技术指标;(3)光缆主要参数;(4)光缆线路传输损耗及分配;(5)系统构成及芯线分配;(6)光缆防护
有关问题说明	—
施工注意事项	—

表7-8 一阶段设计概算、主要材料及图纸的内容与主要要求

内 容	主要要求
概算说明	(1)概算依据;(2)有关费率及费用的取定;(3)有关问题的说明
概算及主要材料	(1)概算总额;(2)概算总表;(3)主要材料表;(4)次要材料表
图纸	(1)光缆线路路由图;(2)光缆进局管道示意图;(3)进线室光缆施工图;(4)管道光缆人孔中的安装图;(5)架空光缆接头两侧余缆收容盒(箱)加工图;(5)光缆截面图

7.1.3 设计会审与审批

工程设计文件编制完成后,必须经过会审通过,并经工程主管单位审批。会审和审批按阶段设计进行。初步设计文件根据批准的设计任务书进行审查;施工图设计文件根据批准的初步设计及其审批意见进行审查。

设计会审和审批权限是由工程项目的规模、重要性来决定的。一般大中型工程由原邮电部基建主管部门负责审批;省管建设项目由省邮电管理局基建主管部门负责审批;小型工程由归口的上级单位负责审批。设计文件的审查,是由与工程相关的部门、单位(如建设、设计、施工、器材供应、银行等)的领导及工程技术人员进行会审。对于新技术工程或技术复杂的工程,还应邀请专家参加审议。

会审重点主要是技术指标,以及工程量和概预算等方面。审查取得一致意见后,写出会审会议纪要,上报相关主管部门,待批准后,设计文件方能生效。

施工图设计会审对施工部门来说尤为重要。因此,承担工程的施工单位在会审前应组织直接参加施工的工程技术人员及负责人,对设计进行认真阅读、核对,以便在会审会上提出问题和修改意见。

7.2.1 工程设计原则

① 工程设计必须贯彻执行国家基本建设方针和通信产业政策,合理利用资源,重视环境保护;

② 工程设计必须保证通信质量,做到技术先进,经济合理,安全适用,能够满足施工、生产和使用的要求;

③ 设计中应进行多方案比较,兼顾近期与远期通信发展的需求,合理利用已有的网络设施和装备,以保证建设项目的经济效益和社会效益,不断降低工程造价和维护费用;

④ 设计中所采用的产品必须符合国家标准和行业标准,未经试验和鉴定合格的产品不得在工程中使用;

⑤ 设计工作必须执行科技进步的方针,广泛采用适合我国国情的国内外成熟的先进技术;

⑥ 军用光缆线路设计中应贯彻"平战结合,以战为主"的方针,确保军事通信网的安全和畅通。

7.2.2 设计内容

光缆线路工程设计的主要内容一般包括:

① 对近期及远期通信业务量的预测;
② 光缆线路路由的选择及确定;
③ 光缆线路敷设方式的选择;
④ 使用的光纤、光缆的选择及要求;
⑤ 光缆接续及接头保护措施;
⑥ 光缆线路的防护要求;
⑦ 局/站的选择及建筑方式;
⑧ 光缆线路成端方式及要求;
⑨ 光缆线路的传输性能指标设计;
⑩ 光缆线路施工中的注意事项。

7.2.3 设计文件的组成

设计文件是进行工程建设、指导施工的主要依据。它主要包括设计说明、工程投资概(预)算和设计图纸3部分内容。

7.3.1 光通信系统设计的基本要求

光通信系统是一种高性能的数字传输系统,系统建成后应与现有通信网联网使用,因此新建或改建系统一般应满足下列要求。
① 系统性能必须符合本地传输网及长途传输网光纤数字传输系统的技术要求。
② 系统性能应稳定可靠。
③ 通用性强,能方便地与现有系统实现接口联网使用。军事通信网除内部系统实现接口联网使用外,还应考虑与公用通信网及其他专用通信网的接口联网使用,以增加战时通信组网的灵活性。
④ 功能完善,在技术上具有一定的先进性,以满足今后发展的需要。
⑤ 结构合理,施工、安装、维护方便。
⑥ 经济性好,投资效益高。

一个通信项目的投资效益,可以用该项目的平均成本来衡量,如通信系统的平均每条电路每千米的综合造价。对于光缆线路来说,同一路由或同一条光缆中具有一定数量的能满足大容量传输技术要求的光纤,在传输技术不断发展的今天,只要在光缆的有效使用寿命期限内,是完全可以通过对传输设备的扩容来适应业务不断增长的需求的。

因此,在系统设计时不但要遵循相关的国家标准、行业标准、技术规范的要求,还应吸收ITU-T 的有关建议。此外还应考虑下述有关问题:
① 综合考虑系统的容量(传输速率)、传输距离、业务流量、投资额度、发展的可能性等相关因素,合理选择系统使用的光缆、连接器件和光电设备等,以满足对系统性能的总体要求;
② 为提高系统的可靠性和稳定性,应考虑系统具有一定数量的备用通道和合适的备用方式;
③ 充分利用本系统的监测功能,采用集中监控方式,接入全网的网管系统;
④ 具有保证系统正常工作的其他配套设施。

7.3.2 光通信系统设计的基本参数

1. 数字系统的基本速率

(1) PDH 传输体制的传输速率
- 基群:2.048 Mbit/s。
- 2 次群:8.448 Mbit/s。
- 3 次群:34.368 Mbit/s。
- 4 次群:139.264 Mbit/s。

(2) SDH 传输体制的传输速率
- STM-1:155.52 Mbit/s。
- STM-4:622.080 Mbit/s。
- STM-16:2.5 Gbit/s。
- STM-64:10 Gbit/s。

(3) DWDM 系统的基础速率
- $n \times 2.5$ Gbit/s。
- $n \times 10$ Gbit/s。

2. 数字系统的传输窗口

(1) 准同步传输系统(PDH)传输窗口

PDH 使用 1 310 nm 波长,PDH 系统没有全球统一的复用体制、速率标准,也没有统一的光接口,不同厂家的 PDH 设备在光口上的线路编码不同,线路速率也不同,光口的性能也没有统一的规定。

(2) 同步传输体系(SDH)系统光接口

SDH 采用全球统一的复用体系、速率标准和光接口特性,使用 NRZ+扰码的线路编码,使用 1 310 nm、1 550 nm 波长,使用的光纤类型包括 G.652、G.653、G.654、G.655 等单模光纤。ITU-T G.957 建议《与同步数字体系相关的设备和系统的光接口》对于同步数字体系传输系统采用的光接口代码采用以下表示方法:应用-STM 等级.后缀数。同步数字体系的光接口及其应用代码的具体选用情况见表 7-9。

表 7-9 SDH 光接口的分类及应用代码①

应用		局内通信	局间通信				
			短距离		长距离		
光源波长/nm		1 310	1 310	1 550	1 310	1 550	
光纤类型		G.652	G.652	G.652	G.652	G.652、G.654	G.653
传输距离/km		≤2	15		40	80	
STM 等级	STM-1	I-1	S-1.1	S-1.2	L-1.1	L-1.2	L-1.3
	STM-4	I-4	S-4.1	S-4.2	L-4.1	L-4.2	L-4.3
	STM-16	I-16	S-16.1	S-16.2	L-16.1	L-16.2	L-16.3
	STM-64	ITU-T G.691 定义					

注:其中,"应用"相应于目标距离:I-(局内)、S-(短途)、L-(长途)。I 表示距离不超过 2 km 的局内应用;S 表示距离在 15 km 的局间短距离应用;L 表示距离在 40~80 km 的长距离局间应用。

后缀数表示:1 表示使用常规 1 310 nm 光源,G.652 光纤;2 表示使用常规 1 550 nm 光源,G.652、G.654 光纤;3 表示使用常规 1 550 nm 光源,G.653(零色散位移)光纤;5 表示使用常规 1 550 nm 光源,G.655(非零色散位移)光纤(在应用代码中,光纤类型的设计不排除将 G.957 建议书中光参数应用到 G.655 光纤上单信道系统的可能性,则光接口应用代码后缀数为 5)。

(3) 波分复用系统光接口

波分复用系统使用多个波长,密集波分复用系统(DWDM)目前主要使用 C+L 波段,以配合 EDFA 光纤放大器的工作波段;粗波分复用系统(CWDM)的发展趋势是使用从 1 260~1 625 nm 的多个波段,特别适合选用全波光纤,分波、合波器件简单,系统成本较低。

ITU-T G.692 使用下列光接口代码定义波分复用系统的光接口性能,以保证设备的横向兼容要求。

$$nWx\text{-}y.z$$

n:使用的波长数;

W:光放段(Span)距离(L 表示长距离光放段应用;V 表示甚长距离光放段应用;U 表示超长距离光放段应用);

---

① ITU-T G.691《Optical interfaces for single channel STM-64 and other SDH systems with optical amplifiers》建议,增加了光接口的应用分类 V(较长距离应用)、U(超长距离应用);ITU-T G.693《Optical interfaces for intra-office systems》建议,对应用目标距离小于 2 km 的 S 局内接口进行了更加详细的分类,定义了这些光接口性能。

x:光放段数目(x=1,线路中不使用光放大器);

y:最大的单信道 SDH 传输速率(STM-xx);

z:使用光纤类型(2 表示 G.652 光纤;3 表示 G.653 光纤;5 表示 G.655 光纤)。

ITU-T G.692 带线路放大器的光接口应用代码见表 7-10。

表 7-10 ITU-T G.692 带线路放大器的光接口应用代码

应 用	长距离光放段应用目标距离(80 km)		甚长距离光放段应用目标距离(120 km)	
光放段数目	5	8	3	5
4-信道系统	4L5-y.z	4L8-y.z	4V3-y.z	4V5-y.z
8-信道系统	8L5-y.z	8L8-y.z	8V3-y.z	8V5-y.z
16-信道系统	16L5-y.z	16L8-y.z	16V3-y.z	16V5-y.z

注:本代码适用未来的应用;

目标距离仅作为分类,不作为规范;

y=4,16;

z=2,3,5。

7.3.3 光纤、光缆的选用

光纤是构成光传输系统的主要元素,因此在光缆工程设计中,应根据建设的工程实际情况,兼顾系统性能要求、初期投资、施工安装、技术升级及 15~20 年的维护成本,充分考虑光纤的种类、性能参数以及适用范围,慎重选择合适的光纤。以下内容分别从短距离应用(数据通信)的多模光纤系统和长距离、大容量的单模光纤系统,介绍光纤的选用。

1. 多模光纤(A1a、A1b)

光纤通信进入实用化阶段是从多模光纤的局间中继开始的。20 世纪 70 年代末以来,单模光纤新品种不断出现,光纤功能不断丰富和增强,性能价格比不断苛求,但多模光纤并没有被取代而是始终保持稳定的市场份额,和其他品种同步发展。20 世纪 90 年代中期以来世界多模光纤市场基本保持在 7%~8% 的光纤用量和 14%~15% 的销售份额,北美比这一大致平均比例偏高。其原因是多模光纤的特性正好满足了网络用纤的要求。相对于长途干线,光纤网络的特点是:传输速率相对较低;传输距离相对较短;节点多、接头多、弯路多;连接器、耦合器用量大;规模小,单位光纤长度使用光源个数多。

为适应网络通信的需要,20 世纪 70 年代末到 80 年代初,各国大力开发大芯径大数值孔径多模光纤(又称数据光纤)。当时 IEC 推荐了 4 种不同芯/包尺寸的渐变折射率多模光纤,即 A1a、A1b、A1c 和 A1d。它们的纤芯(μm)/包层直径(μm)/数值孔径分别为 50 μm/125 μm/0.200、62.5 μm/125 μm/0.275、85 μm/125 μm/0.275 和 100 μm/140 μm/0.316。总体来说,芯/包尺寸大则制作成本高、抗弯性能差,而且传输模数量增多,带宽降低。100 μm/140 μm 多模光纤除上述缺点外,其包层直径偏大,与测试仪器和连接器件不匹配,很快便不在数据传输中使用,只用于功率传输等特殊场合。85 μm/125 μm 多模光纤也因类似原因被逐渐淘汰。1999 年 10 月在日本京都召开的 IEC SC 86A GW1 专家组会议对多模光纤标准进行修改,2000 年 3 月公布的修改草案中,85 μm/125 μm 多模光纤已被取消。康宁公司 1976 年开发的 50 μm/125 μm 多模光纤和朗讯 Bell 实验室 1983 开发的 62.5 μm/125 μm 多模光纤有相同的外径和机械强度,但有不同的传输特性,一直在数据通信网络中"较量"。

62.5 μm 芯径多模光纤比 50 μm 芯径多模光纤芯径大、数值孔径高,能从 LED 光源耦合入更多的光功率,因此 62.5 μm/125 μm 多模光纤首先被美国采用为多家行业标准。如 AT&T 的室内配线系统标准、美国电子工业协会(EIA)的局域网标准、美国国家标准研究所(ANSI)的 100 Mbit/s 令牌网标准、IBM 的计算机光纤数据通信标准等。50 μm/125 μm 多模光纤主要在日本、德国作为数据通信标准使用。但由于北美光纤用量大和美国光纤制造及应用技术的先导作用,包括我国在内的多数国家均将 62.5 μm/125 μm 多模光纤作为局域网传输介质和室内配线使用。自 20 世纪 80 年代中期以来,62.5 μm/125 μm 光纤几乎成为数据通信光纤市场的主流产品。

近几年随局域网传输速率不断升级,50 μm 芯径多模光纤越来越引起人们的重视。自 1997 年开始,局域网向 1 Gbit/s 发展,50 μm/125 μm 光纤数值孔径和芯径较小,带宽比 62.5 μm/125 μm 光纤高,制作成本也可降低 1/3。因此,各国业界纷纷提出重新启用 50 μm/125 μm 多模光纤。因此,各国业界纷纷提出重新启用 50 μm/125 μm 多模光纤。经过研究和论证,国际标准化组织制订了相应标准。但考虑到过去已有相当数量的 62.5 μm/125 μm 多模光纤在局域网中安装使用,IEEE 802.3z 千兆比特以太网标准中规定 50 μm/125 μm 和 62.5 μm/125 μm 多模光纤都可以作为 1 Gbit/s 以太网的传输介质使用。但对新建网络,一般首选 50 μm/125 μm 多模光纤。50 μm/125 μm 多模光纤的重新启用,改变了 62.5 μm/125 μm 多模光纤主宰多模光纤市场的局面。

在上述背景基础上,美国康宁和朗讯等大公司向国际标准化机构提出了"新一代多模光纤"概念。新一代多模光纤的标准正由国际标准化组织/国际电工委员会(ISO/IEC)和美国电信工业联盟(TIA-TR42)研究起草。新一代多模光纤也将作为 10 Gbit/s 以太网的传输介质,被纳入 IEEE 10 Gbit/s 以太网标准。新一代多模光纤的英文缩写"NGMMF"(New Generation Multi Mode Fiber)已被国际通用,并可作为关键词在国际网站查询。新一代多模光纤是一种 50 μm/125 μm,渐变折射率分布的多模光纤。采用 50 μm 芯径是因为这种光纤中传输模的数目大约是 62.5 μm 多模光纤中传输模的 1/2.5。这可有效降低多模光纤的模色散,增加带宽。对 850 nm 波长,50 μm/125 μm 比 62.5 μm/125 μm 多模光纤带宽可增加 3 倍(500 MHz·km 比 160 MHz·km)。按 IEEE 802.3z 标准推荐,在 1 Gbit/s 速率下,62.5 μm 芯径多模光纤只能传输 270 m,而 50 μm 芯径多模光纤可传输 550 m。实际上最近的实验证实:使用 850 nm 垂直腔面发射激光器(VCSEL)作光源,在 1 Gbit/s 速率下,50 μm 芯径标准多模光纤可无误码传输 1 750 m(线路中含 5 对连接器),50 μm 芯径新一代多模光纤可无误码传输 2 000 m(线路中含 2 对连接器)。在 10 Gbit/s 下,50 μm 芯径新一代多模光纤可传输 600 m,而具有 200/500 MHz·km 过满注入带宽的标准 62.5 μm 芯径多模光纤只能传输 35 m。

同时,现在由于 LED 输出功率和发散角的改进、连接器性能的提高,尤其是使用了 VCSEL,光功率注入已不成问题。芯径和数值孔径已不再像以前那么重要,而 10 Gbit/s 的传输速率成了主要矛盾,可以提供更高带宽的 50 μm 芯径多模光纤则倍受青睐。

美国康宁公司于 2009 年 1 月 13 日发布了其最新的激光优化的多模光纤产品 ClearCurve® OM3/OM4 50 μm/125 μm 抗宏弯多模光纤,就是适应了数据网络的光纤需求,它比较于其以前的多模光纤 InfiniCor® SX+(OM3)和 InfiniCor® eSX+(OM3+/OM4),具有更好的弯曲性能和更低的模色散,代表了多模光纤系统光纤的应用方向。

2. 单模光纤

目前在我国的传输网中使用最普遍的是 G.652 和 G.655 单模光纤光缆,G.653 光纤光缆仅有极少量的使用，但是根据 ITU-T 建议单模光纤有 G.652、G.653、G.654、G.655、G.656、G.657 等系列产品，为更合理地使用光纤，表 7-11 简单地介绍了 G.652～G.657 单模光纤的特点和适用范围。

表 7-11　各种单模光纤的适用范围

光纤种类		截止波长/nm	最大 $PMD_Q/ps \cdot km^{-\frac{1}{2}}$	适用范围
G.652	A	≤1 260	0.5	工作在 O 和 C 波段，适用最高 STM-16 SDH 传输系统 ITU-T G.957 和 G.691 建议书建议的应用，以及 10 Gbit/s 达 40 km（以太网）应用，STM-256 的 ITU-T G.693建议书中的应用
	B	≤1 260	0.2	工作在 O 和 C 波段，适用最高 STM-64 SDH 传输系统 ITU-T G.957 和 G.691 建议书建议的应用，带光放大的 STM-64 的 WDM 应用（G.692），STM-256 的 ITU-T G.693建议书中的应用
	C	≤1 260	0.5	无水峰光纤或全波光纤，适用于工作在 O+E+S+C+L 波段，在 1 260～1 625 nm 波长范围内的传输，适用于单通道的高达 STM-64 的 SDH 传输系统和其他带光放的 SDH 系统，以及局内的 STM-256 系统，非常适合开通粗波分复用（CWDM）
	D	≤1 260	0.2	无水峰光纤或全波光纤，适用于工作在 O+E+S+C+L 波段，在 1 260～1 625 nm 波长范围内的传输，适用于单通道的高达 STM-64 的 SDH 传输系统和其他带光放的 SDH 系统，以及局内的 STM-256 系统，带光放大的 STM-64 的 WDM 传输系统，非常适合开通粗波分复用
G.653	A	≤1 270	0.5	主要工作在 C 波段，主要适用于单通道的 STM-64 SDH 系统和其他带光放大的 SDH 传输系统，局内的 STM-256 系统以及带光放大的 STM-64 不等通道间隔的 WDM 传输系统
	B	≤1 270	0.2	主要工作在 C 波段，主要适用于单通道的 STM-64 SDH 系统和其他带光放大的 SDH 传输系统，局内的 STM-256 系统以及带光放大的 STM-64 不等通道间隔的 WDM 传输系统，但更强调 PMD 的要求允许 STM-64 系统传输距离大于 400 km
G.654	A	≤1 530	0.5	工作在 C 波段，主要适用于单通道的 STM-64 SDH 系统和其他带光放的 SDH 传输系统，局内的 STM-256 系统以及带光放大的 STM-64 不等通道间隔的 WDM 传输系统，特别适合于长距离、大容量 WDM 系统，例如，带光放的海缆系统和无中继海缆系统
	B	≤1 530	0.2	工作在 C 波段，主要适用于单通道的 STM-64 SDH 系统和其他带光放的 SDH 传输系统，局内的 STM-256 系统以及带光放大的 STM-64 不等通道间隔的 WDM 传输系统，特别适合于长距离、大容量 WDM 系统，例如，远端泵浦放大的无中继海缆系统
	C	≤1 530	0.2	工作在 C 波段，主要适用于单通道的 STM-64 SDH 系统和其他带光放的 SDH 传输系统，局内的 STM-256 系统以及带光放大的 STM-64 不等通道间隔的 WDM 传输系统，特别适合于长距离、大容量 WDM 系统，例如，带光放的海缆系统和无中继海缆系统。最大 PMD_Q 值比 A 类小，可支持 STM-64SDH 更长距离的应用

续　表

光纤种类		截止波长/nm	最大 $PMD_Q/ps \cdot km^{-\frac{1}{2}}$	适用范围
G.655	A	≤1 450	0.5	工作在 C 波段，主要适用于单通道的 STM-64 SDH 系统和其他带光放的 SDH 传输系统，局内的 STM-256 系统以及带光放大的 STM-64 的最小通道间隔不小于 200 GHz 的长距离 WDM 传输系统
	B	≤1 450	0.5	工作在 C 波段，主要适用于单通道的 STM-64 SDH 系统和其他带光放的 SDH 传输系统，局内的 STM-256 系统以及带光放大的 STM-64 的最小通道间隔≤100 GHz 的长距离 WDM 传输系统
	C	≤1 450	0.2	工作在 C 波段，主要适用于单通道的 STM-64 SDH 系统和其他带光放的 SDH 传输系统，局内的 STM-256 系统以及带光放大的 STM-64 的最小通道间隔≤100 GHz 的长距离 WDM 传输系统，支持 STM-256 的最小通道间隔≤100 GHz 的长距离 WDM 传输系统
	D	≤1 450	0.2	工作在 S+C+L 波段，与 A、B、C 不同之处是色散，规定大于 1 530 nm 波长以上的色散为"正"。除了 G.655.C 光纤的应用范围外，在高于波长 1 470 nm 区域可以用于粗波分的应用
	E	≤1 450	0.2	工作在 S+C+L 波段，色散要求与 G.655.D 相同，但它的幅度较高，有利于最小通道间隔的系统。大于 1 460 nm 波长以上色散均为"正"的非零色散，除了 G.655.C 光纤的应用范围之外，在高于波长 1 470 nm 区域可以用于粗波分的应用
G.656		≤1 450	0.2	工作在 S+C+L+U 波段，主要适用于单通道的 STM-64 SDH 系统和其他带光放的 SDH 传输系统，局内的 STM-256 系统以及带光放大的 STM-64 的 WDM 传输系统。适用于 S+C+L 波段内的中长距离的 WDM 传输，典型的通道间隔是 100 GHz 或更小
G.657	A	≤1 260	0.2	弯曲半径可实现 G.652 光纤的弯曲半径的 1/2～1/4，光纤的性能及其应用环境与 G.652.D 型光纤相近，可以在 1 260～1 625 nm 的宽波长范围内工作
	B	≤1 260		弯曲半径可实现 G.652 光纤的弯曲半径的 1/2～1/4，更适宜于实现 FTTH 的安装，安装在室内或大楼等狭窄场所，但不强调与 G.652.D 的兼容

注：单模光纤的波段划分如下。

O 波段（原始-Original）：1 260～1 360 nm。　　C 波段（常规-Conventional）：1 530～1 565 nm。
E 波段（扩展-Extended）：1 360～1 460 nm。　　L 波段（长波-Long）：1 565～1 625 nm。
S 波段（短波-Short）：1 460～1 530 nm。　　U 波段（超长-Ultralong）：1 625～1 675 nm。

随着网络建设需求的变化，要求有不同性能的光纤光缆标准相适应，因此光纤光缆的技术不断地发展。从网络建设和发展的角度出发，应根据不同的应用场合，参照表 7-10 光纤的适用范围选择相应的光纤和相应的光缆结构。下面仅对传输网按核心网、城域网和接入网 3 层，简单介绍 3 种应用场合光纤选用应关注的方向。

(1) 核心（骨干）网络应关注 G.655.C/D/E 和 G.656 光纤

核心（骨干）网络建设应注意关注 G.655.C、G.655.D、G.655.E 和 G.656 光纤。因为

G.655 光纤的截止波长已降到 1 450 nm,满足了 ITU-T G.695 规定的 8 波粗波分利用的栅格波长范围(1 470~1 610 nm)的要求,更方便了网络安排 WDM 的选择。如果建设 40 Gbit/s 甚至 160 Gbit/s,以及传输距离增加和波分复用数较多的线路时,G.655.C、G.655.D、G.655.E 子类的光纤光缆更适合这类线路的应用,因为 G.655.C、G.655.D、G.655.E 的 PMD_Q 小于 $0.2 \text{ ps}/\sqrt{\text{km}}$。如果还希望将网络扩展使用更多的波段,增大光纤的传输容量,而这时 G.655.C 光纤的色散指标限制,将不能解决相应的噪声及干扰,可考虑采用 G.655.D、G.655.E 和 G.656 光纤,因为 G.655.D、G.655.E 在 1 460~1 625 nm 波长段的色散指标由双曲线所限制的正色散,G.656 光纤在 1 460~1 625 nm 波长段的色散指标为 1~14 ps/(nm·km)的正色散,非常适合更宽波长范围内的波分复用,以实现更窄的波长间隔,获得更多的 DWDM 的光通道。

(2) 城域(本地)网络应关注 G.652.C/D 和 G.656 光纤

城域网的建设,全波光纤 G.652.C 和 G.652.D 都是优选。由于 G.652.D 的 PMD_Q 值比 G.652.C 的 PMD_Q 值要求更严格(最大值为 $0.2 \text{ ps}/\sqrt{\text{km}}$),因此,对于 10 Gbit/s 和 40 Gbit/s 传输速率的信号允许更长的传输距离。由于城域网的业务类型和业务流量的增加,目前成为全网带宽的瓶颈。因此,城域网中不仅要求应用粗波分复用(CWDM),而且可能要求应用密集波分复用技术(DWDM),甚至扩展到 C 和 L 波段来满足快速增长的带宽需求。这时 G.656 光纤就是最佳选择,正如上面所说的"G.656 光纤在 1 460~1 625 nm 波长段的色散指标为 1~14 ps/(nm·km)的正色散,非常适合更宽波长范围内的波分复用"。

(3) 接入网应关注 G.652.C/D 和 G.657 光纤

G.652.C 和 G.652.D 光纤是无水峰光纤,也叫全波光纤,从 1 260~1 625 nm 全部波长都可以开通使用,这种光纤非常适合于 ITU-T G.957《SDH 的设备和系统的光接口》、G.959.1《光传送网物理层接口》标准规定的传输设备,可以开通直到 10 Gbit/s 的 SDH 传输系统,还可采用 CWDM 技术,适应和满足通信业务的变化。对于接入网中的多层公寓单元(MDU)和室内狭窄安装环境,弯曲不敏感的 G.657 是个很好的选择,G.657.A 与 G.652.D 光纤的性能和应用环境相类似,但它可提供更优秀的弯曲特性,值得注意的是 ITU-T G.657 规范定义的 G.657.B,它并不强制后向兼容性,只着重于弯曲性能的改进,当它与常规单模光纤混合使用时,要考虑兼容性问题,以及施工工艺等问题。

3. 光缆结构的选择

首先,用以成缆的光纤应筛选传输性能和机械强度优良的光纤,光纤应通过不小于 0.69 GPa(100 磅/英寸^2)的全长度筛选。光缆结构应使用松套填充型或其他更优良的方式,目前技术水平下,松套填充层绞型结构的光缆各项指标比较适合于长途干线使用,其他结构光缆应充分论证,并慎重使用。由于长途干线光缆通信系统一般不使用缆内金属信号或远端供电方式。长途干线光缆线路应采用无金属线对的光缆,如果有特殊需要需采用金属线对的光缆时,应按相关规范执行,充分考虑雷电和强电影响及防护措施。根据工程实地环境,在雷电或强电危害严重地段可选用非金属构件的光缆(ADSS),在蚁害严重地段可采用防蚁护套的光缆,护套料是聚酰胺或聚烯烃共聚物等。

应根据敷设地段环境,采用敷设方式和保护措施确定光缆的护层结构。原信息产业部的通信行业标准《YD 5102—2005 长途通信光缆线路工程设计规范》中建议的光缆护层结构如下。

① 直埋光缆：PE 内护层＋防潮铠装层＋PE 外护层，防潮层＋PE 内护层＋铠装层＋PE 外护层，宜选用 GYTA53、GYTA33、GYTS、GYTY53 等结构。

② 管道或采用塑料管道保护的光缆：防潮层＋PE 外护层，宜选用 GYTA、GYTS、GYTY53、GYFTY 等结构。

③ 架空光缆：防潮层＋PE 外护层，宜选用 GYTA、GYTS、GYTY53、GYFTY、ADSS、OPGW。

④ 水底光缆：防潮层＋PE 内护层＋钢丝铠装层＋PE 外护层，GYTA33、GYTA333、GYTS333、GYTS43 等结构。

⑤ 局内光缆：阻燃材料外护层。

⑥ 防蚁光缆：直埋光缆结构＋防蚁外护层。

光缆的机械性能应当符合表 7-12 规定。光缆在承受短期允许拉伸力或压扁力时，光纤附加衰减应小于 0.1 dB，应变小于 0.1%，拉伸力和压扁力解除后光纤应无明显残余附加衰减和应变，光缆也应无明显残余应变，护套应无目力可见的开裂。光缆在长期允许拉伸力和压扁力时，光纤应无明显的附加衰减和应变。

表 7-12 光缆的允许拉伸力和压扁力

光缆类型	允许拉伸力/N		每 100 mm 允许压扁力/N	
	短期	长期	短期	长期
管道或非自承式架空	1 500	600	1 000	300
直埋	3 000	1 000	3 000	1 000
特殊直埋	10 000	4 000	5 000	3 000
水下 (20 000 N)	20 000	10 000	5 000	3 000
水下 (40 000 N)	40 000	20 000	8 000	5 000

7.3.4 传输设计

光传输中继段距离由光纤衰减和色散等因素决定。不同的系统，由于各种因素的影响不同，中继段距离的设计方式也不同。在实际的工程应用中，设计方式分为两种情况，第一种情况是衰减受限系统，即中继段距离根据 S 和 R 点之间的光通道衰减决定；第二种是色散受限系统，即中继段距离根据 S 和 R 点之间的光通道色散决定。

S 参考点为光发送点，位于紧靠光发送机的连接器之后的点；R 参考点为光接收点，位于紧靠光接收机的连接器之前的点。设备 S、R 参考点及光通道如图 7-1 所示。

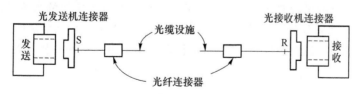

图 7-1 S、R 参考点

光同步数字传输系统的中继段长度设计应首选最坏值设计法计算，即在设计时，将所有光参数指标都按最坏值进行计算，而不是设备出厂或系统验收指标。优点是可以为工程设计人员及设备生产厂家分别提供简单的设计指导和明确的元部件指标,这样不仅能实现基本光缆段上设备的横向兼容,而且能在系统寿命终了,或所有系统和光缆富余度都用尽,且处于允许的最恶劣环境条件下仍能满足系数指标。

1. 衰减受限系统

衰减受限系统中继段距离可用下式估算:

$$L = \frac{P_S - P_R - P_P - M_c - A_c}{A_f + A_s} \tag{7.1}$$

式中,L 为衰减受限中继段长度(km);P_S 为 S 点最小平均发送光功率(dBm),已扣除设备连接器的衰减和耦合反射噪声代价,应为光发器件寿命周期内的最小平均发送光功率;P_R 为 R 点在满足一定误码率条件下的最小接收灵敏度(dBm),已扣除设备连接器的衰减;P_P 为光通道功率代价(dB),因反射、码间干扰、模分配噪声和激光器啁啾而产生的总退化,光通道功率代价不超过 1 dB,对于 L-16.2 系统,则不超过 2 dB;M_c 为光缆富余度(dB),是指光缆线路运行中的变动(维护时附加接头和光缆长度的增加),外界环境因素引起的光缆性能劣化,S 和 R 点间其他连接器(若配置时)性能劣化在设计中应保留必要的富余量,在一个中继段内,光缆富余度不应超过 5 dB,设计中按 3~5 dB 取值;A_c 为 S 点和 R 点之间其他连接器衰减之和(dB),如 ODF、水线倒换开关等,连接器衰减一般取 0.8 dB/个;A_f 为光纤平均衰减(dB/km),厂家一般提供标称波长的平均值和最大值,设计中按平均值增加 0.05~0.08 dB/km 取值;A_s 为光纤固定接头平均衰减(dB/km),与光缆质量、熔接机性能、接续操作水平等因素有关,设计中一般取 0.05 dB/km。

2. 色散受限系统

色散受限系统中继段距离可用下式估算:

$$L = 10^6 \times \varepsilon/(B \times D \times \delta_\lambda) \tag{7.2}$$

式中,L 为色散受限中继段长度比(km);当光源为多纵模激光器时 ε 取 0.15,单纵模激光器时 ε 取 0.36;B 为线路信号比特率(Mbit/s);D 为光纤色散系数[ps/(nm·km)];δ_λ 为光源的均方根谱宽(nm)。

色散受限系统中继段距离也可用下式估算:

$$L = D_{max}/D \tag{7.3}$$

式中,D_{max} 为 S 和 R 点之间允许的最大色散值(ps/nm);D 为光纤色散系数[ps/(nm·km)]。

S 和 R 点之间允许的最大色散值 D_{max} 一般由光传输设备给出,如 6 400 ps/nm 或者 12 800 ps/nm 两挡,或者通过式(7.4)估算得出:

$$D_{max} = \frac{104\,000}{B^2} (ps/nm) \tag{7.4}$$

式中,B 为传输系统的比特率(Gbit/s)。对于 STM-16 及以下速率的传输系统,一般可以不考虑色散问题,而对于 STM-16 以上速率,则需要对色散受限进行精确的设计。实际设计时,应根据衰减受限式以及色散受限式分别计算后,取其两者较小值即为最大中继段距离。

线路设计包含的内容有:光缆线路路由选择、中继站站址的选择、敷设方式的确定、各种敷设方式的施工要求、光缆线路的成端要求、光纤光缆的接续与盘留要求以及线路的防护，下面分别介绍上述问题。

7.4.1 光缆线路路由选择

1. 长途干线光缆线路路由选择

长途干线光缆线路路由选择应遵循以下原则。

① 光缆线路路由方案的选择，应以工程设计任务书和通信网路规划为依据，遵循"路由稳定可靠、走向合理、便于施工维护及抢修"的原则，进行多方案比较，必须满足通信需要，保证通信质量，使线路安全、可靠、经济、合理、便于维护和施工。在满足干线通信的要求下，选择路由还应适当考虑沿线区间的通信需要。

② 选择光缆线路路由时，应以现有的地形、地物、建筑设施和既定的建设规划为主要依据，并考虑有关部门发展规划对光缆线路的影响。

③ 光缆线路路由一般应避开干线铁路、机场、车站、码头等重要设施，且不应靠近非相关的重大军事目标（军用线路除外）。

④ 长途光缆线路的路由一般应沿公路或可通行机动车辆的大路，应顺路取直并避开公路用地、路旁设施、绿化带和规划改道地段；光缆线路路由距公路不宜小于 50 m。

⑤ 光缆线路路由应选择在地质稳固、地势较平坦的地段。光缆线路路由在平原地区，应避开湖泊、沼泽、排涝蓄洪的地带，尽量少穿越水塘、沟渠，不宜强求长距离的大直线，并考虑当地的水利和平整土地规划的影响；光缆线路应尽量少翻越山岭。需要通过山区时，宜选择在地势变化不剧烈、土石方工作量较少的地方，避开陡峭、沟堑、滑坡、泥石流以及洪水危害、水土流失的地方。

⑥ 光缆线路穿越河流时，应选择在符合敷设水底光缆要求的地方，并应兼顾大的路由走向，不宜偏离过远。对于大的河流或水运繁忙的航道，应着重保证水底光缆的安全，可局部偏离大的路由走向。

⑦ 光缆线路通过水库时，光缆线路路由应选在水库的上游。如果光缆线路必须在水库的下游通过，应考虑当水库发生突发事故危及光缆安全时的保护措施。光缆不应在水坝上或坝基下敷设。如确需在该地段通过，必须经过工程主管单位和水坝主管单位的共同批准。

⑧ 光缆线路不宜穿越大的工业基地、矿区等地带。必须通过时，应考虑地层沉陷对线路安全的影响，并采取相应的保护措施。

⑨ 光缆线路不宜穿越城镇，尽量少穿越村庄。当穿越或靠近村庄时，应适当考虑村庄建设规划的影响。

⑩ 光缆线路不宜通过森林、果园、茶林、苗圃及其他经济林场。对于地面上的建筑设施和电力、通信杆线等设施应尽量避开。

⑪ 光缆线路尽量少与其他管线交越，必须穿越时应在管线下方 0.5 m 以下加钢管保护。当敷设管线埋深大于 2 m 时，光缆也可以从其上方适当位置通过，交越处应加钢管保护。

⑫ 光缆线路不宜选择在存在鼠害、腐蚀和雷击的地段，不能避开时应考虑采取保护措施。

2. 中继光缆线路和进局（站）光缆线路路由选择

中继光缆线路和进局（站）光缆线路路由选择应遵循以下原则。

① 干线光缆通信系统的转接、分路站与市内长途局之间的中继光缆线路路由,可参照长途干线光缆线路的要求选择。市区内的光缆线路路由,应与当地城建、电信等有关部门协商确定。

② 中继光缆线路一般不宜采用架空方式。远郊的光缆线路宜采用直埋式,但如果经过技术经济比较而选用管道式结构光缆穿在硬质塑料管道中有利时,或在原路由上有计划增设光缆时,为了避免重复挖沟覆土,也可以采用备用管孔的形式。在市区,应结合城市和电信管线规划来确定采用直埋或是管道敷设,采用直埋敷设时应加强光缆防机械损伤的保护措施。

③ 光缆在市话管道中敷设时,应满足光缆的曲率半径和接头位置的要求,并应在管孔中加设子管,以便容纳更多的光缆。如需新建管道,其路由选择应与城建和电信管线网的发展规划相配合。

④ 引入有人中继站、分路站、转接站和终端局站的进局(站)光缆线路,宜通过局(站)前人孔进入进线室。局(站)前人孔与进线室间的光缆,可根据具体情况采用隧道、地沟、水泥管道、钢管、硬塑料管等敷设方式。

7.4.2 中继站站址选择原则

局(站)应选用地上型建筑方式。当环境安全和设备工作条件有特殊要求时,局(站)机房也可选用地下或半地下结构建筑方式。新建、购买或租用局(站)机房,其承重、消防、高度、面积、地平、机房环境等指标均应符合 YD/T 5003—2005《电信专用机房设计规范》和其他相关技术标准。

1. 有人中继站站址的选定

有人中继站站址的选定有以下几个原则:

① 有人中继站的设置应根据网路规划、分转电路的需要,并结合传输系统的技术要求设定;

② 有人中继站站址宜设在县及县以下城镇附近,宜选择在通信业务上有需求的城市;

③ 有人中继站站址应尽量靠近长途线路路由的走向,便于进出光缆;

④ 有人中继站与该城市的其他通信局(站)是否设计在一起,或中继连通,应按设计任务书的要求考虑;

⑤ 有人中继站站址应选择在地质稳定、坚实,有水源和电源,具有一定交通运输条件,生活比较方便的地方;

⑥ 有人中继站站址应避开外界电磁影响严重的地方、地震区、洪水威胁区、低洼沼泽区和雷击区等自然条件不利或者对维护人员健康有危害的地区。

2. 无人站站址选定

无人站的设置,应根据光纤的传输特性要求来确定。地下无人中继站站址应在光缆线路路由的走向上,允许在其两侧稍有偏离。无人站站址的选定应遵循以下原则:

① 土质稳定、地势较高或地下水位较低适应于建筑无人中继站站址的地方;

② 交通方便,有利于维护和施工;

③ 避开有塌方危险、地面下沉、流沙、低洼和水淹的地点;

④ 便于地线安装,避开电厂、变电站、高压杆塔和其他防雷接地装置;

⑤ 在中继段长度允许的情况下,无人中继站应尽量设置在城镇邮电所内。

3. 巡房设置地点

巡房设置地点应符合下面三点原则：

① 巡房设置地点应根据光缆通信系统的配置和维护方式决定；

② 巡房宜设在有(无)人中继站所在地，特别是以太阳能或其他本地电源为供电电源的无人站，巡房应与无人站建筑在一起；

③ 巡房设置的地点，应照顾生活方便，单独设置的巡房离无人站的站址不宜过远，一般要求巡房至无人站的业务通信联络线路长度不超过 500 m。

7.4.3 敷设方式及要求

长途通信光缆干线在非市区地段，敷设方式以直埋和简易塑料管道敷设为主，个别地段根据现场情况可采用架空方式。目前，长途光缆以管道敷设的光缆比例逐渐增加，包括塑料长途管道和普通水泥管道等，可以预见这一趋势将继续发展，架空光缆不适合普遍应用于长途干线。不同的敷设方式应满足下列要求。

① 采用直埋方式敷设时光缆的埋深要求视土质情况和地面建筑的不同而有所区别。

② 直埋光缆与其他建筑物及地下管线间的最小距离应符合规范的要求。

③ 布放或安装时光缆的最小弯曲半径不得小于光缆外径的 20 倍，安装固定后的弯曲半径不得小于光缆外径的 15 倍。

④ 同沟敷设的多条光缆之间的平行净间距应不小于 10 cm，且不得交叉或重叠。

⑤ 长途光缆线路在下列情况下可局部采用架空方式：

- 穿越深沟、峡谷等直埋不安全或建设费用很高的地段；
- 地面或地下障碍物较多，施工特别困难或赔偿费用很高的地段；
- 因其他建设规划的影响而非永久性地段；
- 发生明显地面下陷或沉降的地段；
- 路由上的永久性坚固桥梁如没有建专用或公用通道，但允许做吊线支撑时，可以在桥上架挂；
- 在长距离直埋地段局部架空时，可不改变光缆程式。

⑥ 下列地段不宜采用架挂：最低气温低于 -30 ℃ 的地区、经常遭受强风暴或沙暴袭击的地段。另外，还应注意以下几点：

- 架空光缆使用的吊线程式，应根据最大负荷时在允许的张力范围内且光缆因受力的延伸率不超过 0.2% 来确定吊线的程式和规格；
- 结合光缆外径选用光缆挂钩的程式。

⑦ 直埋长途通信光缆线路在进入市区、城镇时，应在已设或新设电信管道中敷设，此时应考虑管孔占用位置的合理性，且应布放在塑料子管中。

⑧ 长途光缆也可在专用的长途光缆塑料管道中敷设。长途光缆塑料管道应采用大长度、高密度聚乙烯硅芯管(HDPE)(33/40 mm)，采用气送光缆布放技术。

长途光缆塑料管道的建筑应符合规范要求，塑料管道与电力线平行时的最少隔距、塑料管道与其他地下管线的隔距、塑料管道与其他建筑设施的隔距、塑料管道的埋设深度等都应遵循原邮电部设计规范。

7.4.4 水底光缆敷设

1. 水底光缆规格选用原则

① 河床稳定、流速较小但河面宽度大于 150 m 的一般河流或季节性河流,应采用短期抗张强度为 2 000 N 的钢丝铠装光缆;

② 河床不太稳定、流速大于 3 m/s 的河流或主要通航河道等,应采用短期抗张强度为 4 000 N 的钢丝铠装光缆;

③ 河床不太稳定、冲刷严重的河流,以及特大河流应采用特殊设计的加强钢丝铠装光缆。

2. 水底光缆线路的过河位置

水底光缆线路的过河位置,应选择在河道顺直,流速不大,河面较窄,土质稳固,河床平缓,两岸坡度较小的地方。不应在以下地点敷设水底光缆:

① 河道的转弯处;
② 两条河流的汇合处;
③ 水道经常变更的地段;
④ 沙洲附近;
⑤ 产生漩涡的地段;
⑥ 河岸陡峭、常遭激烈冲刷易塌方的地段;
⑦ 险工地段;
⑧ 冰凌堵塞危害的地段;
⑨ 有拓宽和疏浚计划的地段;
⑩ 有腐蚀性污水排泄的水域;
⑪ 附近有其他水底电缆、光缆、沉船、爆炸物、沉积物等区域,同时在码头、港口、渡口、桥梁、抛锚区、避风处和水上作业区的附近,不宜敷设水底光缆,若需敷设时要远离 500 m 以外。

3. 水底光缆的最小埋设深度

① 水深小于 8 m(指枯水季节的深度)的区段,按下列情况分别确定:
- 河床不稳定或土质松软时,光缆埋入河底的深度不应小于 1.5 m;
- 河床稳定或土质坚硬时不应小于 1.2 m。

② 水深大于 8 m 的区域,一般可将光缆直接放在河底不加掩埋。

③ 在冲刷严重和极不稳定的区段,应将光缆埋设在变化幅度以下。如遇特殊困难,在河底的埋设不应小于 1.5 m,并根据需要将光缆作适当预留。

④ 有疏浚计划的区段,应将光缆埋设在计划深度以下 1.0 m 或在施工时暂按一般埋深,但需将光缆作适当预留,待疏浚时再下埋至要求深度。

⑤ 石质或风化石河床,埋深不应小于 0.5 m。

⑥ 水底光缆在岸滩比较稳定的地段,埋深不应小于 1.5 m。

⑦ 水底光缆在洪水季节会受到冲刷或土质松散不稳定的地段应适当增加埋深,光缆上岸的坡度不应大于 30°。

4. 水底光缆的敷设要求

① 水底光缆在通过有堤坝的河流时应伸出堤坝外,且不宜小于 50 m,在穿越无堤坝河流时应根据河岸的稳定程度及岸滩的冲刷情况而定,水底光缆伸出岸边不应小于 50 m。

② 河道、河堤有拓宽或整改规划的河流，经过土质松散、易受冲刷的不稳定岸滩部分时，水底光缆应有适当的预留。

③ 水底光缆穿过河堤的方式和保护措施，应确保光缆和河堤的安全。光缆穿越河堤的位置应在历年最高洪水水位以上，对于河床逐年淤高的河流，应考虑到 15~20 年的洪水水位。光缆在穿越土堤时，宜采用爬堤敷设的方式，光缆在堤顶的埋深不应小于 1.5 m，在堤坡的埋深不宜小于 1.0 m，如果堤顶兼为公路，堤顶部分应采取保护措施。若达不到埋深要求时，可采用局部垫高堤面的方式，光缆上垫土的厚度不应小于 0.8 m。河堤的复原与加固应按照河堤主管部门或单位的有关规定处理。光缆穿越较少的、不会引起灾害的防水堤时，可在堤坝基础下直埋穿越，但要经过河堤主管单位的同意。光缆不宜穿越石砌或混凝土河堤，必须穿越时应采用钢管保护，其穿越方式和加固措施应与河堤主管单位协商确定。

④ 水底光缆应按现场查勘的情况和调查的水文资料确定最佳施工季节和可行的施工方法。水底光缆的施工方式，应根据光缆规格、河宽、水深、流速、河床土质、施工技术水平和经济效果等因素，选择人工挖沟敷设、水泵冲槽或冲放器敷设等方式，对石质河床可采用爆破方式。

⑤ 光缆在河底的敷设位置，应以测量时的基线为基准向上游弧形敷设。弧形敷设的范围，应包括在洪水期间可能受到冲刷的岸滩部分，弧形顶点应设在河流的主流位置上。弧形顶点至基线的距离，应按弧形弦长的大小和河流的稳定情况确定，一般可为弦长的 10%，冲刷较大或水面较窄的河流可将比率适当放大。当布放两条及两条以上水底光缆，或者在同一水区有其他光缆、电缆、管线时，相互间应保持足够的安全距离。

⑥ 水底光缆不宜在水中接续，如不可避免则应保证接头的密封性能和机械强度达到要求。

⑦ 靠近河岸部分的水底光缆，如有易受到冲刷、塌方和船只靠岸等危害时，可选用下列保护措施：加深埋设、覆盖水泥板、采用关节形套管、砌石质护坡或堆放石笼，对石质河床的光缆沟，还应考虑防止光缆护层磨损的措施。

⑧ 水底光缆的终端一般应设置一两个"∽"弯作为光缆的预留，对于较大的河流或岸滩有冲刷的河流以及光缆终端处土质不稳定时，除设"∽"弯外，还应将水底光缆固定在锚桩上。

⑨ 水底光缆穿越通航的河流时，在过河点的河堤或河岸上应设置醒目的光缆标志牌。

另外，特大河流应设置备用水底光缆，主、备光缆间的距离不应小于 1 km，两缆间的长度应尽量相等。

7.4.5 光缆的接续

① 长途光缆的接续一般应采用可开启式密封型光缆接头盒；
② 光纤一般应采用熔接法接续；
③ 光纤的接续部位必须有加强件保护；
④ 光缆金属加强芯可不进行电气连通；
⑤ 接头盒必须有良好的防水密封性能，其机械强度和防腐性应满足工程需要；
⑥ 光纤接续平均损耗每处不大于 0.05 dB，最大损耗每处一般不大于 0.08 dB。

7.4.6 光缆的预留

为了便于光缆线路的维护使用，在设计、施工中应考虑光缆的预留。

① 直埋、管道、架空光缆的预留长度及位置应符合设计规范的有关规定；
② 水底光缆预留长度及位置应符合设计规范的有关规定。

7.4.7 光缆线路的防护

光缆线路的防护主要包括光缆线路的防雷、防强电、防白蚁、防鼠咬、防冻、防机械损伤等。本小节主要讨论光缆线路的防雷、防强电、防机械损伤、防冻等相关内容。

1. 光缆线路的防雷措施

光纤本身是不受雷电影响的，但是为防止机械损伤、加强光缆的机械强度，光缆中一般采用了金属构件（金属加强芯、金属挡潮层或金属铠装）。因此，工程设计中必须考虑光缆线路防雷、防强电的问题。

① 根据雷击的规律和敷设地段环境，避开雷击区或选择雷击活动较少的光缆路由，如光缆线路在平原地区，避开地形突变处、水系旁或矿藏区，在山区走峡谷等。

② 光缆的金属护套或铠装不进行接地处理，使之处于悬浮状态。

③ 光缆的所有金属构件在接头处不进行电气连通，局、站内的光缆金属构件全部连接到保护地。

④ 埋式光缆的防雷措施。在平均雷暴日数大于20天的地区，光缆防雷应符合下列要求：
- 大地电阻系数 ρ 小于 100 Ω·m 的地段可不设防雷线；
- 大地电阻系数 ρ 为 100～500 Ω·m 的地段，在光缆上方 30 cm 处，连续敷设一条 7/2.2 镀锌钢绞线作防雷线；
- 大地电阻系数 ρ 大于 500 Ω·m 的地段，在光缆上方 30 cm 处，平行相距 10～20 cm 连续敷设两条 7/2.2 镀锌钢绞线作防雷线；
- 防雷地线的连续布放长度应不小于 2 km，防雷线也叫"地下排流线"，具体布设方法参见相关书籍。

⑤ 架空光缆还可选用下列防雷保护措施：
- 光缆吊线每隔一定距离进行接地处理，一般可选择 300～500 m 距离，利用电杆避雷线或拉线进行接地处理，每隔 1 km 左右加装绝缘孔子进行电气断开；
- 雷害特别严重或屡遭雷击地段可装设架空地线；
- 如与架空明线合杆则应架设在架空明线回路的下方，明线目前已经基本退出电信服务，但此时可保留明线线条，且将其间隔接地，作为一种防雷措施；
- 雷害严重地段，可采用非金属加强芯光缆或采用无金属构件结构形式光缆。

2. 光缆线路防强电

① 光缆线路应尽量与高压输电线或电气化铁路馈电线保持足够的距离。

② 光缆线路与强电线路交越时，宜垂直通过，在困难情况下，交越角度应不小于45°。

③ 施工中应注意不要磨损光缆护套，确保光缆内金属护层的对地绝缘符合要求。

④ 光缆的金属护套、金属加强芯在接头处不进行电气连通，缩短光缆线路金属构件的连续长度，减少感应电压的累积。金属构件也不做接地。

⑤ 当上述措施无法满足安全要求时，可增加光缆绝缘外护层的介质强度，采用非金属加强芯或无金属构件的光缆。

⑥ 在接近交流电气化铁路的地段，当进行光缆线路施工或检修时，应将光缆的所有金属构件临时接地，以保证参加施工或检修人员的人身安全。

3. 直埋光缆防机械损伤

① 线路过铁路时应垂直顶钢管穿越，钢管应伸出路基两侧的排水沟外 1.0 m，距排水沟底不应小于 0.5 m。

② 光缆线路过公路时宜垂直穿越，光缆穿越车流量大、路面开挖受限制的公路时，应采用钢管等保护，钢管应伸出路基两侧的排水沟外 1.0 m，距排水沟底不应小于 0.5 m。若路两侧有较宽的深沟或水渠时，保护管可不伸出沟渠。

光缆穿越允许开挖的公路时，可以直埋通过，在光缆上方覆盖水泥盖板、红砖或加塑料管等保护时，保护段的长度应伸出排水沟 1.0 m。

③ 光缆穿越沟渠、水塘等，应在光缆上方盖水泥盖板或加塑料管等保护。

④ 光缆敷设在坡度大于 20°、坡长大于 30 m 的斜坡上时，应采用"∽"形敷设。光缆敷设在坡度大于 30°、坡长大于 30 m 的斜坡上时，应选用抗张强度大于 2 000 N 的钢带铠装光缆，且采用"∽"形敷设。因条件限制而不能采用"∽"形敷设时，可采用埋桩、横木等类同于传统电缆锚固定法来加固光缆。若坡上的光缆沟有受水流冲刷的可能，应采取堵截、加固或分流等措施。

⑤ 光缆穿越或沿山涧、水溪等易受冲刷的地段时，应根据具体情况设置漫水坡、挡土墙或其他保护措施。

⑥ 梯田、台田的堰坝、陡坎和护坡处的光缆沟，应因地制宜地采取措施，以防止冲坏光缆和造成水土流失。

4. 光缆线路的防冻害

在寒冷地区由于气候条件差异和季节性的气候变化，造成寒冷地区出现永久冻土层或季节性冻土层。在这些地区敷设光缆，如果埋设深度选择不当或选用光缆不当，都有可能发生季节性光缆线路故障。因此，应针对寒冷地区不同的气候特点和冻土状况采取防冻措施。

① 最低气温低于 −30 ℃ 的地区，不宜采用架空光缆敷设方式。

② 在寒冷地区使用的光纤光缆应选用温度范围为 A 级（最低限为 −40 ℃）的光纤光缆。

③ 对于季节性冻土层中敷设光缆时可采用增加埋深的措施，增加埋深是为了避开不稳定的冻土，例如，东北的北部地区是属于季节性冻土层地区，工程中可将光缆埋深增加到 1.5 m。

④ 在有永久冻土层的地区敷设光缆时应注意不扰动永久冻土。一般采用降低光缆埋深的方法，保持永冻层的稳定，例如，在青藏高原等永久冻土层地区敷设光缆时，应采取减小光缆埋深措施。

勘察与测量是工程设计中的重要工作。勘测所取得的资料是设计的重要基础资料。通过现场勘测，搜集工程设计所需要的各种业务、技术和经济以及社会等有关资料，并在全面调查研究的基础上，结合初步拟定的工程设计方案，进行认真的分析、研究和综合，为确定设计方案提供准确和必要的依据。在现场查勘工作中，如果发现与设计任务书有较大出入的问题，应上报原下达任务书的单位重新审定，并在设计中特别加以论证说明。

7.5.1 工程可行性研究报告和工程方案勘察

长途光缆线路及光缆通信系统的勘测工作一般分为初步设计查勘和施工图测量两个阶

段。但对跨省的长途干线工程,为了编制规划阶段工程建设的可行性研究报告或作为工程投标之用,首先应进行工程的可行性研究及工程方案查勘。

由设计人员、主管及相关部门的有关人员组成查勘组。勘察前在1：200 000地形图上初步拟定工程途径的大城市路由走向和重点地区的路由方案,在1：50 000地形图上拟定沿途转接站、分路站和有人站的设置方案,并对工作内容、查勘程序、工程进度进行安排。

1. 工程可行性研究报告及工程方案查勘的任务

工程可行性研究报告及工程方案查勘的任务有以下四点：

① 拟定光缆传输系统设备、线路传输系统的光缆规格型号和多路传输设备的制式；

② 拟定工程大致路由走向以及重点地段的线路路由方案；

③ 拟定终端站和沿途转接站、分路站、有人中继站的方案、建设规模及其建筑结构,提出关键性新设备的研制及与本工程互相配合的问题；

④ 初步提出本工程的技术经济指标和工程投资估算数额,论证本工程建设的可行性。

2. 可行性研究报告和方案查勘应搜集的资料

可行性研究报告和方案查勘应搜集的资料见表7-13。

表7-13 可行性研究报告和方案查勘应搜集的资料

序号	调查单位	调查搜集资料的内容
1	邮电部门	(1)现有长途干线通信网的结构、规模、容量、线路路由、局站分布及维护系统等情况,(了解)过去和现在长途业务量增长情况,(预测)未来发展的可能性；(2)省内现有长途通信网的结构、局站分布、线路情况及其发展规划
2	公路部门	(1)与工程有关的现有及规划公路的分布以及公路等级情况；(2)特殊公路和战备公路、高等级公路的情况；(3)现有公路的改道、升级及大型桥梁、隧道、涵洞建设整修计划
3	水利部门	(1)现有河流、水库的情况及建设整治计划(一般指较大河流)；(2)现有农业水利建设及其发展规划(了解到地区以上单位)；(3)拟定光缆敷设地段的新挖河道、新修水库的工程计划；(4)光缆过河位置附近现有和规划的码头、拦河坝、水闸、护堤和水下情况等
4	水文部门	(1)主要河流历年来最大洪水流量、出现时间和断面内最大流速；(2)主要河流历年来的最高洪水位；(3)主要河流洪水前后河床
5	气象部门	(1)工程沿途地区地面深度为1.2～2.0 m处的地温资料；(2)近10年的雷暴日数及雷击情况；(3)土壤冻结深度,持续时间及封冻、解冻时间
6	地质农林单位	(1)山区岩石种类、分布范围、地质结构、泥石流、山洪暴发区、滑坡地带等情况；(2)光缆线路附近地下矿藏资料；(3)地震及地质结构的变化地段及相关资料
7	石油、化工煤炭、冶金等工矿部门	(1)有关油田、矿山的分布开采(现有情况及其规划)；(2)输气输油管道的路径、内压、防蚀措施及有关设施；(3)专用铁路的情况(现有情况及其规划)
8	电力部门	(1)与光缆线路由平行接近的高压输电线路的路径、供电方式、工作电压、中性点接地方式、架空地线规格、短路电流曲线以及沿线大地导电率资料；(2)与光缆线路路由平行接近的"两线一地"制输电线路的路径、工作电压、电流、短路电流、沿线大地导电率以及有无改三相的计划等；(3)正在设计或正在架设中的高压输电线与光缆由的相互位置；(4)邻近发电厂、变电站及其他电位资料；(5)必要时应商议本工程架设电力专线等事宜
9	铁道部门	(1)与本工程光缆线路临近的现有和规划铁路的位置、主要车站、编组站的位置及建设计划；(2)与光缆线路接近的电气化铁路(包括现有与规划)的位置,电力供电站和牵引变电站的位置、供电制式、电压筹备级及钢轨的型号、断面、尺寸等；(3)牵引供电段长度、段内机车数量、机车电流、强行运行状态的牵引段长度、机车数量、机车电流、负荷曲线、短路电流、沿线大地导电率等；(4)电气化铁路对通信线路的防护措施,如吸流变压器等
10	其他有关单位	工程涉及的国家重要机密资料

3．现场查勘

现场查勘应完成以下任务：

① 将收集的资料和实地查勘获得的材料进行综合、分析、比较，研究工程建设方案的可行性，选定重点地区的路由走向方案；

② 了解工程沿线的现有通信网组成情况及其发展规划，了解沿线其他部门进网的需求；

③ 查勘终端站、转接站、分路站和有人站的站址方案，其中有人站所属的城市及具体位置待下一阶段确定；

④ 征求工程相关单位（如规划局、军事保密等单位）对光缆线路路由走向及设站方案的意见；

⑤ 与建设单位共同商定查勘的结论。

7.5.2 光缆线路勘测

1．初步设计查勘

由设计专业人员和建设单位代表组成查勘小组，查勘前首先研究设计任务书（或可行性报告）的内容与要求；收集与工程有关的文件、图纸与资料；在 1：50 000 地形图上初步标出拟定的光缆路由方案；初步拟定无人站站址的设置地点，并测量标出相关位置；制定组织分工、工作程序与工程进度安排；准备查勘工具。

初步设计查勘的主要任务如下。

① 选定光缆线路路由。选定线路与沿线城镇、公路、铁路、河流、水库、桥梁等地形地物的相对位置；选定进入城区所占用街道的位置，利用现有通信管道或需新建管道的规程；选定在特殊地段的具体位置。

② 选定终端站、转接站、有人中继站的站址。配合数字通信、电力、土建专业人员，依据设计任务书的要求选定站址，并商定有关站的总平面布置以及光缆的进线方式、走向。

③ 拟定中继段内各系统的配置方案；拟定无人站的具体位置，无人站的建筑结构和施工工艺要求；确定中继设备的供电方式和业务联络方式。

④ 拟定各段光缆规格、型号。根据地形自然条件，首先拟定光缆线路的敷设方式，由敷设方式确定各地段所使用的光缆的规格和型号。

⑤ 拟定线路上需要防护的地段及防护措施。拟定防雷、防蚀、防强电、防啮齿动物以及防机械损伤的地段和防护措施。

⑥ 拟定维护事项。拟定维护制式，如果采用充气维护制式时，要拟定制式系统和充气点的位置。拟定维护方式和维护任务的划分；拟定维护段、巡房、水线房的位置；提出维护工具、仪表及交通工具的配置；结合监控告警系统，提出维护工作的安排意见。

⑦ 对外联系。对于光缆线路穿越铁路、公路或在路肩（即路的两侧）重要河道、大堤以及光缆线路进入市区等，协同建设单位与相关主管单位协商光缆线路需穿越的地点、保护措施及进局路由，必要时发函备案。

⑧初步设计现场查勘。查勘人员按照分工进行现场查勘。这一阶段应完成以下任务：

- 核对在 1∶50 000 地形图上初步标定的光缆路由方案位置;
- 向有关单位核实收集、了解到的资料内容的可靠性,核实地形、地物、建筑设施等的实际情况,对初拟路由中地形不稳固或受其他建筑影响的地段进行修改调整,通过现场查勘比较,选择最佳路由方案;
- 会同维护技术人员在现场确定光缆线路进入市区时利用现有管道的长度,需新建管道的地段和管孔配置,计划安装制作接头的人孔位置;
- 根据现场地形,研究确定利用桥梁附挂的方式和采用架空敷设的地段;
- 确定光缆线路穿越河流、铁路、公路的具体位置,并提出相应的施工方案和保护措施;
- 拟定光缆线路的防雷、防蚀、防强电、防机械损伤的段落、地点及其防护措施;
- 查勘沿线土质种类,初估石方工程量和沟坎的数量;
- 了解沿线白蚁和啮齿动物繁殖及对埋设地下光缆的伤害情况;
- 配合光数字传输设备、电力、土建专业人员进行初步设计查勘任务中的机房选址和确定光缆的进线方式与走向;
- 同当地局(站)维护人员研究拟定初步设计中关于通信系统的配置和维护制式等有关事项。

⑨ 整理图纸资料。通过对现场查勘和先期收集的有关资料的整理、加工,形成初步设计的图纸。

- 将线路路由两侧一定范围(各 200 m)内的有关设施,如军事重地、矿区范围、水利设施、接近的输电线路、电气化铁道、公路、居民区、输油管线、输气管线,以及其他重要建筑设施(包括地下隐蔽工程)等,准确地标绘在 1∶50 000 的地形图上。
- 整理图纸时,应使用专业符号。整理提供的主要图纸见表 7-14。

表 7-14 图纸种类及内容

序号	图纸名称	主要内容
1	光缆线路路由图	在 1∶50 000 地形图绘制,查勘选定的光缆线路路由;终端站、转接站、分路站,有人及无人再生中继站的位置;其他重要设施位置,如水库、矿区、高压输电线、变电站、电气化铁道牵引站等
2	路由方案比较图	对路由中主要复杂地段绘图并提出路由方案的比较意见
3	系统配置图	概要地给出整个路由与各站的系统分布情况,无人再生中继站的电源供给方式,业务联络系统与监控中心的设置传递方式,巡房、水线房的设置,维护段的划分与主要设施等
4	市区管道系统图	利用现有管道和新建管道的路由、管段长度及规模等
5	主要河流敷设水底光缆线路平面图、截面图	按所选定水底光缆路由和河道、河床概况绘制
6	光缆进入城市规划区路由图	同序号1,用 1∶5 000 或 1∶10 000 的地图比例绘制

- 在图纸上计算下列长度(距离)以及主要工作量:用量(滚)图仪在 1∶50 000 地形图上计量以下距离长度,路由总长度;终端站、转接站、分路站,有人及无人中继站间的距离;与重大军事目标、重要建筑设施的距离;光缆线路路由沿线的不同地形、不同

土质,顺沿公路、铁道、接近的高压输电线和电气化铁道、防雷地段、防腐蚀地段、防机械损伤段落的具体长度及不同路由方案的相关长度;统计各种规格的光缆长度。

⑩ 总结汇报。查勘组全体人员对选定的路由、站址、系统配置、各项防护措施及维护设施等具体内容进行全面总结,并形成查勘报告,向建设单位汇报。对于暂时不能解决的问题以及超出设计任务书范围的问题,报请上级主管部门批示。

2. 施工图测量

施工图测量是光缆线路施工图设计阶段进行光缆线路施工安装图纸的具体测绘工作,并对初步设计审核中的修改部分进行补充勘测。通过施工图测量,使线路敷设的路由位置、安装工艺、各项防护保护措施进一步具体化,并为编制工程预算提供第一手资料。

测量之前首先要研究初步设计和审批意见,了解设计方案、设计标准和各项技术措施的确定原则,明确初步设计会审后的修改意见;了解对外调查联系工作情况和遗留给施工图测量中需要补做的工作;了解现场实际情况与原初步设计查勘时的变化情况,例如因路由变动而影响站址、水底光缆路由以及进城路由走向的变动等;确定参加测量的人数,明确人员分工,制订出日进度计划;准备测量用的工具仪器,见表 7-15。

表 7-15 测量用的仪表、工具配备

序 号	工具仪器名称	单 位	数 量	备 注
1	红白色大旗 800 mm×550 mm	面	10	
2	手旗 400 mm×275 mm	面	4	
3	大旗旗杆	根	6～10	附固定用绳、短钢钎等
4	花杆:3 m 2 m	根	3～5 8～10	
5	手斧	把	2	
6	砍刀	把	1	
7	手锯	把	1	
8	铁锹	把	1	
9	钢钎	把	1	
10	6 磅锤	把	1	
11	木钉锤	把	1	
12	钢剪钳	把	1	
13	皮尺(30～50 m)	盘	2	
14	钢卷尺(3 m)	盘	1	
15	测绳	条	5	
16	经纬仪	部	1	复测过河水底光缆线路由平面、断面图使用
17	袖珍经纬仪	部	1	
18	塔尺	个	1	
19	测远仪	个	1	
20	望远镜	个	1	
21	罗盘仪	个	1	

续表

序号	工具仪器名称	单位	数量	备注
22	量图仪	个	1	
23	土壤电阻测试仪	部	1	
24	对讲机	部	3	
25	绘图版	个	1	
26	晴雨伞	把	1	
27	绘图工具、计算器	套	1	
28	红磁漆	千克	按需	
29	标桩（木标桩 40 mm×30 mm×500 mm）	条	按需	可用竹桩代替（木标桩 40 mm×10 mm×500 mm）
30	交通工具	辆	按需	

（1）测量工作。测量人员一般分为五个组，即大旗组、测距组、测绘组、测防组及对外调查联系组，可根据需要配备一定数量的人员。测量任务的分工与测量工作的要求参照表7-16。

表7-16 测量任务的分工与工作要求

序号	任务分工	工作要求
1	大旗组：(1)负责确定光缆敷设的具体位置；(2)大旗插定后在1:50 000的地形图上标注；(3)发现新修公路、高压输电线，在1:50 000的地形图上补充输入	(1)测量时不能与初步设计路由偏离太大，当不涉及与其他建筑物的隔距要求，又不影响协议文件规定时，允许适当调整路由，使其更加合理和便于维护；(2)发现路由不妥时应当返工重测，个别特殊地段可以测量两个方案，作技术经济比较；(3)注意穿越河流、铁路、公路、输电线等的交越位置，注意与电力杆的隔距要求；(4)与重要建筑物的隔距应符合初步设计要求；(5)大旗位置选择在路由转弯点或高坡点，直线段较长时，中间增补1～2面大旗
2	测距组：(1)负责路由测量长度的准确性；(2)登记和障碍处理由技术人员承担，并对现场测距工作全面负责；(3)配合大旗组用花杆定线定位，量距离，钉标桩，登记累计距离，登记工程量和对障碍物的处理方法，确定"∽"弯预留量	保证丈量准确性的措施有：①至少每两天用钢尺核对测绳长度一次；②遇到上、下坡或沟坎或需要"∽"形上、下的地段，测绳要随地形与光缆的布放形态一致；③先由拉后链的技工，将每次新测挡距写在标桩上，并负责登记、钉标桩，测绘组的工作人员到达每一标桩点时都要进行检查，对有怀疑的可进行复量，并在工作过程中相互核对；每天工作结束时，总核对一遍，发现差错随时更正。 登记和障碍处理：①编写标桩编号，以累计距离作为标桩编号，一般只写百以下的三位数；②登记过河、沟渠、沟坎的高度、深度、长度，穿越铁路、公路的保护长度，靠近坟墓、树木、房屋、电杆等的距离，各项防护加固措施和工程量；③确定"∽"弯预留和预留量。 (3)钉标桩：①登记各测挡内的土质、距离；②每千米终点、转弯点、水线起止点、直线段每100 m钉一个标桩

续 表

序号	任务分工	工作要求
3	测绘组：(1)现场测绘图纸，经整理后作为施工图纸；(2)负责所提供图纸的完整性与准确性	(1)图纸绘制内容与要求：①直埋光缆线路施工图以路由为主，将路由长度和穿越的障碍物准确绘入图中，路由 50 m 以内的地形、地物要详绘，50 m 以外重点绘；与车站、公路、村镇等的距离也在图上标出。②光缆穿越河流、渠道、铁路、公路、沟坎等所采取的各项防护加固措施。③图框规格：285 mm×800 mm（直埋光缆路由）。④绘图比例：直埋、架空、桥上光缆施工图 1：2 000；市区管道施工图平面 1：500 或 1：1 000，断面 1：100。⑤每页中间标出指北方向。⑥进入城市规划区内光缆施工图，按 1：5 000 或 1：10 000 地形图正确放大，按比例补充绘入地形地物。 (2)与测距组共同完成的工作内容：①丈量光缆线路与孤立大树、电杆、房屋、坟墓等的距离。②测定山坡路由中坡度大于 20°的地段。③三角定标：路由转弯点、穿越河流、铁路、公路笔直线段每隔 1 km 左右。④测绘光缆穿越铁路、公路干线、堤坝的平面、断面图。⑤绘制光缆引入局（站）进线室、机房内的布缆路由及安装图。⑥绘制光缆引入无人中继站的布缆路由及安装图。⑦复测水底光缆线路平面、断面图。⑧测绘市区新建管道的平面和断面图、原有管道路由及主要人孔展开图。⑨绘制光缆附挂桥上安装图。⑩绘制架空光缆施工图，包括配杆高、定拉线程式、定杆位和拉线地锚位置，登记杆上设备安装内容
4	测防组：配合测距组，测绘组提出防雷、防蚀意见	(1)土壤 PH 值和含有机质应按初步设计查勘的抽测值进行测量。 (2)土壤电阻率的测试：①平原地区每 1 km 测 ρ_2 值一处，每 2 km 测 ρ_{10} 值一处；②山区每 1 km 测 ρ_2 和 ρ_{10} 值一处，土壤电阻率有明显变化的地段测值；需要安装防雷接地的地点测值
5	其他人员：(1)对外调查联系；(2)勘测需要冻土防蚁的地段	

施工图测量工作除了完成表 7-16 所列内容外，还应请建设单位有关人员一起深入现场进行更加详细的调查研究工作，以解决在初步设计中所遗留的问题。这些问题包括：

① 在初步设计查勘中已与有关单位谈成意向但尚未正式签订的协议；

② 邀请当地政府有关部门的领导深入现场，介绍并核查有关农田、河流、渠道等设施的整治规划，乡村公路、干道及工农副业的建设计划，以便测量时考虑避让或采取相应的保护措施；

③ 按有关政策及规定与有关单位及个人洽谈需要迁移电杆、砍伐树木、迁移坟墓、路面损坏、损伤青苗等的赔偿问题，并签订书面协议；

④ 了解并联系施工时的住宿、工具、机械和材料囤放及沿途可能提供劳力的情况。

(2)整理图纸资料包括以下工作：检查各项测绘图纸；整理登记资料、测防资料及对外调查联系工作记录，收集建设单位与外单位签订的有关路由批准或协议文件；统计各种程式的光缆长度、各类土质挖沟长度及各项防护加固措施的工程量。

(3)总结汇报。测量工作结束后，测量组应进行全面系统的总结，在路面图上对路由与各项防护加固措施应作重点描述。对于未能取得统一看法的问题，应与建设单位协商，广泛征求意见，把问题尽快解决在编制设计文件之前，以加快设计进度，提高设计质量。

设计文件是设计任务的具体化,编制过程是有关的设计规范、标准和技术的综合运用,是查勘、测量收集所获得资料的有机集合,应充分反映设计者的指导思想和设计意图,并为工程的施工、安装建设提供准确而可靠的依据。设计文件也是设计工作规范化和标准化的具体体现。因此,编制设计文件是工程设计中十分重要的一个环节。

7.6.1 设计文件的内容

设计文件的主要内容一般由以下四部分组成。

(1) 文件目录

设计文件目录是指设计文件装订成册后,为了便于文件阅读而编排的文件内容的汇总。它包括设计说明和概、预算编制说明主要内容的顺序,以及概、预算表格和所有设计图纸的装订顺序。

(2) 设计说明和概、预算编制说明

设计说明应全面反映该工程的总体概况,如工程规模、设计依据、主要工作量及投资情况、对各种可供选用方案的比较及结论、单项工程与全程全网的关系、通信系统的配置和主要设备的选型等都应通过简练、准确的文字加以说明。

(3) 概、预算表

通信建设工程概、预算的编制应按相应的设计阶段进行。当建设项目采用两阶段设计时,初步设计阶段编制概算,施工图设计阶段编制预算。采用三阶段设计的技术设计阶段应编制修正概算。采用一阶段设计时,只编制施工图预算。概、预算是确定和控制固定资产投资规模、安排投资计划、确定工程造价的主要依据,也是签定承包合同、实行投资包干及核定贷款额及结算工程价款的主要依据,同时又是筹备材料、签订订货合同和考核工程设计技术经济合理性及工程造价的主要依据。

(4) 图纸

设计文件中的图纸是设计意图的符号、图形形式的具体体现。不同的工程项目,图纸的内容及数量不尽相同。因此,要重视具体工程项目的实际情况,准确绘制相应的图纸。

设计文件除了上述的主要内容外,还应有承担该设计任务的设计单位资质证明、设计单位收费说明和设计文件分发表。

下面重点讲述概、预算表的编制。

7.6.2 编制概、预算的作用、原则及编制依据

1. 工程概、预算的作用

初步设计概算是初步设计文件的重要组成部分,它的主要作用如下:

① 是确定基本建设项目投资和编制基本建设计划的依据;

② 概算批准后,是国家控制基本建设投资,安排基本建设计划和控制施工的依据;

③ 是签订建设项目总承包合同,实行基本建设投资包干以及贷款的依据;

④ 是选择设计方案的依据;

⑤ 是考核建设项目成本和设计经济合理性的依据。

施工图预算是施工图设计文件的重要组成部分,它的主要作用如下:
① 是考核建筑安装工程成本和确定工程造价的依据;
② 按预算承包的工程,预算经审定后,是签订工程合同、实行投资包干、办理工程结算的依据;
③ 实行施工招标的工程,施工图预算是编制工程标准的依据;
④ 是银行拨款及贷款的依据;
⑤ 是施工企业进行成本核算,考核管理水平的依据。

2. 编制概、预算原则
① 通信建设工程概、预算的编制必须按照原邮电部1995(626)号文件发布的《通信建设工程概算、预算编制办法及费用定额》的有关规定编制;
② 通信建设工程概、预算各项费用的计取应严格执行邮电部1995(626)号文件发布的《通信工程概、预算定额》第一、二、三册;
③ 通信建设工程概、预算的编制应按相应的设计阶段进行;
④ 通信建设工程概、预算应按单项工程编制;
⑤ 编制概、预算时,设备、工具器材、主要材料的原价按定额管理部门发布的价格计算;如已签订订货合同,可按合同价格计算;
⑥ 一个大的建设项目若由多个单位共同设计,总体(主体)设计单位负责统一概、预算的编制原则,并汇总建设项目总概、预算,各分设计单位负责本设计单位所承担的单项工程概、预算的编制;
⑦ 建设工程的土建项目,应按各省、市、自治区计(建)委发布的有关概、预算定额及费用定额编制单项工程概、预算;
⑧ 通信工程概、预算必须由持有勘察设计证书的单位来编制,而编制人员必须持有通信工程概、预算资格证书;
⑨ 由厂家负责安装调试的通信工程设备可按本办法编制工程概、预算,但不得收取间接费和计划利润。

3. 工程概、预算的编制依据
初步设计概算的编制依据包括:
① 批准的可行性研究报告;
② 确定工程建设项目的文件和设计任务书(包括建设目的、规模、理由、投资、产品方案和原材料的来源);
③ 初步设计或扩大初步设计图纸、设备材料和有关技术文件;
④ 通信建设工程概算定额及编制说明;
⑤ 通信建设工程费用定额及有关文件;
⑥ 建设项目所在地政府颁布的土地征用和赔补费用等有关规定;
⑦ 国家及有关部门规定的设备和材料价格。
施工图预算的编制依据包括:
① 批准的初步设计或扩大初步设计概算及有关文件;
② 施工图、通用图、标准图及说明;
③ 通信建设工程预算定额及编制说明;
④ 通信建设工程费用定额及有关文件;

⑤ 建设项目所在地政府发布的有关土地征用和赔补费用等的规定;
⑥ 国家及有关部门现行的设备和材料预算价格。

7.6.3 概、预算费用组成

通信建设工程项目总费用由工程费、工程建设其他费和预备费三部分构成,如图 7-2 所示。概、预算费用的详细组成见表 7-17,施工图预算一般是按单位工程或单项工程编制的工程费用来计算的。

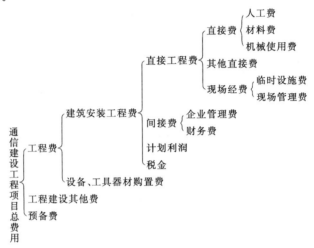

图 7-2 概、预算费用

表 7-17 概、预算费用表

项 目			具体内容
工程费	建筑安装工程费	直接工程费	定额直接费	人工费(指从事工程施工的生产人员开支的各项费用)
			材料费(含原价、包装、采购保管、运输保险、运杂费以及采购手续费)
			机械使用费(施工作业所发生的机械使用费及机械安、拆和进出场费用,如机械冲放水下光缆)
		其他直接费	冬、雨季和夜间施工增加费、工程干扰费
			特殊地区施工增加费
			工地器材搬运、生产工具用具和仪表使用费
			工程车辆使用费、工地器材搬运费
			流动施工津贴、人工差价费
			流动施工用水、电、汽费,工程点交、场地清理费
		现场经费	临时设施费(包括临时设施的搭设、维修、拆除费和摊销费)
			现场管理费(指施工企业现场为组织和管理工程施工所需的费用)
	间接费		企业管理费
			财务费用(指企业为筹集资金而发生的费用)
	计划利润		
	税金		营业税
			城市建设维护费
			教育附加费
	设备、工具器材购置费		

续 表

项 目	具体内容
工程建设其他费	土地、青苗等补偿费安置补助费和办公与生产用具费
	建设单位管理、研究试验、生产职工培训、勘察设计费、工程建设监理费、工程质量监督费
	引进技术和进口设备项目其他费
预备费	批准的概算内设计变更等增加的费用；一般自然灾害造成工程损失；验收时对隐藏工程进行必要的挖掘和修复的费用；建设期内政策性价格调整所发生的差价

7.6.4 概、预算的文件组成

通信建筑安装工程项目的设计文件按各种通信方式和专业划分为单项工程和单位工程。每个单项工程应有单独的概、预算文件，它包括：概、预算编制说明，概算总表，建筑安装工程费用概、预算表；建筑安装工程量概、预算表，器材概、预算表。

单位工程概、预算文件的组成可参照单项工程，并作为相关单项工程概、预算文件的组成部分。

建设项目的总概算文件应包括总概算编制说明、建设项目总概算表、各单项工程概算总表、工程建设其他费用概算表。跨省的光缆线路工程应按省编制概算总表及概算说明。

施工图预算应按单位工程（或单项工程）编制。预算文件包括预算说明、建筑安装工程预算表和器材预算表。

1. 说明文件

概算编制说明应包括下列内容。

① 工程概况、规模及概算总价值。

② 概算编制依据，包括设计文件、定额、价格以及对规定以外的取费标准或计算方法的说明，还应包括工程建设中有关地方规定部分和邮电部未作统一规定的费用计算依据和说明。

③ 投资分析，主要分析各项投资的比例和费用构成，分析投资情况，说明设计的经济合理性及编制中存在的问题。

④ 有关概算的一些协议文件应摘编入附录。

⑤ 其他应说明的问题。

预算编制说明应包括下列内容。

① 工程概况、规模及预算总价值。

② 预算编制依据以及取费标准或计算方法的说明，预算中有关地方规定的费用计算和调整的方法依据及说明。

③ 工程技术、经济指标分析。

④ 其他应说明的问题。

2. 概、预算表格

编制概、预算使用的表格，根据国家计委有关规定应采用统一格式。

概、预算表共 5 种 8 张，反映通信建设工程项目中的各项费用的情况。

- 表一：《概算、预算总表》，供编制建设项目总费用或单项工程费用使用。
- 表二：《建筑安装工程费用概算、预算表》，供编制建筑安装工程费使用。

- 表三甲:《建筑安装工程量概算、预算表》,供编制建筑安装工程量使用。
- 表三乙:《建筑安装工程施工机械使用费概、预算表》,供编制建筑安装工程机械台班费使用。
- 表四甲:《器材概算、预算表》,供编制设备、材料、仪表、工具、器具的概、预算和施工图材料清单使用。
- 表四乙:《引进工程器材概、预算表》,供引进工程专用。
- 表五甲:《工程建设其他费用概算、预算表》,供编制建设项目(或单项工程)的工程建设其他费使用。
- 表五乙:《引进工程其他费概、预算表》,供引进工程专用。

以下分别介绍各表的内容和填写要求,计算方法。

(1) 表一:通信安装工程概、预算总表

此表供编制通信安装工程建设项目总费用或单项工程费用时使用,主要反映建设项目或单项工程总费用,其中包括建筑安装工程费,设备、工具器材购置费,工程建设其他费,预备费四项。预备费只在编制概算时计取,在编制预算时不计取,这也是概、预算编制的最根本区别所在。如有小型土建工程项目,在预备费之后,将小型土建工程添入建筑工程一列内。

(2) 表二:通信安装工程费用预算表

此表供编制建筑安装工程费使用,它反映单项工程的建筑安装工程费用,表中各项费用的取费及费率的取定按费用定额规定计算。

(3) 表三(甲):通信安装工程量预算表

此表供汇总计算建筑安装工程量使用,反映单项工程的总工程量,是计算人工费用的基础。

(4) 表三(乙):通信安装工程施工机械使用费概、预算表

此表供编制建筑安装工程机械台班费使用,反映机械使用费的情况。

(5) 表四(甲):器材概、预算表(主材表)

此表供编制设备、材料、仪表、工具、器材的概、预算和施工图及材料清单使用,它可汇总主要材料费、需要安装的设备费、不需要安装的设备费,反映主要材料、设备的原价、预算价格。

(6) 表四(乙):引进工程器材概、预算表

此表供引进工程器材概、预算专用。

(7) 表五(甲):工程建设其他费用预算表

此表供编制建设项目(或单项工程)的工程建设所需的其他费用使用,反映国内建设项目或单项工程的其他费用情况。

(8) 表五(乙):引进工程其他费用预算表

此表供引进工程专用,反映引进工程中工程建设的其他费用情况。

7.6.5 概、预算编制程序

1. 概、预算的编制程序

① 收集资料,熟悉图纸。在编制概、预算前,应收集有关资料,如工程概况、材料和设备的价格、所用定额、有关文件等,并熟悉图纸,为准确编制概、预算表做好准备。

② 计算工程量。根据设计图纸,计算出全部工程量,并填入表三(甲)中。

③ 套用定额,选用价格。根据汇总的工程量,套用《通信建设工程预算定额》中相应的定额项目,分别计算出概、预算技工、普工总工日填入表三(甲),和主要材料用量填入表四(甲)、机械台班量填入表三(乙),并套用相应的价格。

④ 计算各项费用。根据费用定额的有关规定,计算各项费用并填入相应的表格中。

⑤ 复核。认真检查、核对。

⑥ 拟写编制说明。按编制说明内容的要求,拟写说明编制中的有关问题。

⑦ 审核出版,填写封皮,装订成册。

2. 引进设备安装工程概、预算编制

① 引进设备安装工程概、预算的编制是指引进设备的费用、安装工程费及相关的税金和费用的计算。无论从何国引进,除必须编制引进的设备价款外,一律按设备到岸价(CIF)的外币折成人民币价格,再按本办法有关条款进行概、预算的编制。

② 引进设备安装工程应由国内设备单位作为总体设计单位,并编制工程总概、预算。

③ 引进设备安装工程概、预算编制的依据为:经国家或有关部门批准的引进工程项目订货合同、细目及价格,国外有关技术经济资料及相关文件,国家及原邮电部发布的现行通信工程概、预算编制办法、定额和有关规定。

④ 引进设备安装工程概、预算应用两种货币形式表现,外币表现可用美元或引进国货币。

⑤ 引进设备安装工程概、预算除包括本办法和费用定额规定的费用外,还包括关税、增值税、工商统一费、进口调节税、海关监理费、外贸手续费、银行财务费和国家规定应计取的其他费用,其计取标准和办法按国家和相关部门有关规定办理。

3. 概、预算的审批

① 设计概算的审批。设计概算由建设单位主管部门审批,必要时可委托下一级主管部门审批;设计概算必须经过批准方可作为控制建设项目投资及编制修正概算或施工图预算的依据。设计概算不得突破批准的可行性研究报告投资额,若突破时,设计单位应申述理由,并由建设单位报原可行性研究报告批准部门审批。

② 施工图预算的审批。施工图预算应由建设单位审批;施工图预算需要修改时,应由设计单位修改,由建设单位报主管部门审批。

7-1 光缆线路工程设计的主要内容有哪些?
7-2 通信工程设计程序大致可分为哪几个阶段?
7-3 设计文件是由哪几部分组成的?
7-4 光传输中继段距离主要由哪些因素决定?
7-5 衰减受限系统中继段距离如何计算?
7-6 设置光缆富余度和设备富余度的目的是什么?
7-7 衰减受限系统、色散受限系统的含义是什么?
7-8 光纤通信系统中 S、R 点是如何定义的?

7-9 光缆线路路由的选择有哪些具体要求?

7-10 长途通信光缆干线的敷设方式如何选择?

7-11 哪些地段可采用架空方式?哪些地段不能采用架空方式?

7-12 光缆的接续主要有哪些要求?

7-13 工程设计时光缆线路的防护主要考虑哪些方面?

7-14 勘察与测量的目的是什么?

7-15 初步设计查勘的任务是什么?

7-16 施工图测量的目的是什么?

7-17 概、预算费用的组成有哪些?

7-18 预算的表格有哪些?各表格的作用是什么?

# 第8章 光缆线路的路由复测、单盘检验和配盘

光缆通信工程通常分为光缆线路施工工程和端机设备安装工程两部分。光缆线路施工工程简称为光缆工程。光缆工程有很多与电缆工程相同的地方,不少施工方法可以运用原有的工艺方法。但由于光缆的传输介质与电缆的本质区别,光纤代替金属导线以及光缆本身的特点,因而光缆工程在施工方法、标准、要求和施工工序流程等方面都有自己的特点,工程设计、施工和维护人员应充分认识这些特点,以利于多快好省地完成工程项目。

8.1.1 光缆工程的特点

光缆工程,无论是局内光缆线路、局间中继线路、省内二级长途线路,还是一级干线,均以一个中继段为独立的单元。

各单元选用的是多模或单模光纤构成的光缆,光缆敷设常采用管道、架空、直埋等方式。光缆线路具体施工方法、难度等方面有下述几个特点。

(1) 光纤连接技术要求高,要用专门的高精度机具和测量仪表。

(2) 光纤损耗小,传输距离长,中继站大大减少,使施工简化,工期缩短。

(3) 光纤抗张、抗侧压差,使光缆在张力、抗压力方面不如电缆。施工方法要得当,否则容易造成断纤或损耗增大;施工中对牵引力、侧压以及弯曲半径等要求严格。因此,在敷设前应调查地形,计算好所用的张力、光缆的弯曲等。

(4) 光缆的单盘长度远远大于电缆盘长。光缆的标准出厂盘长为2 km,长中继段的埋式光缆盘长为4 km。盘长长可以减少光纤的接头、减少故障,给传输指标、维护等都带来好处。但由于盘长长,给运输、布放等带来难度。

(5) 光缆一般具有充油和防潮层,水分或潮气对光纤的影响不像金属导线那样敏感,因而光缆一般不需要充气,这给施工、维护带来方便。但是在现场接续时,对填充的油膏处理费时、烦琐。处理不当,会造成接续损耗增大,甚至失败,污染仪表工具。

(6) 光纤接续质量受机具、仪表精度、操作人员技能高低影响较大。

(7) 光缆、光纤测试技术较为复杂。

8.1.2 光缆工程施工流程图

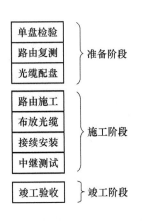

图 8-1 光缆工程施工流程图

光缆线路施工一般可以分成三个阶段:准备阶段、施工阶段和竣工阶段。其中准备阶段包括单盘检验、路由复测、光缆配盘三个环节;施工阶段包括路由施工、光缆缆线敷设布放、接续安装和中继测试四个环节。光缆工程施工的整个流程图如图 8-1 所示。

1. 准备阶段

(1) 单盘检验

光缆从出厂到工地,经过运输、储存等过程,施工前必须进行单盘检验测试。各项参数检验结果是光缆配盘的重要依据,也是保证光纤通信系统质量的第一关。

(2) 路由复测

路由复测应以工程施工图为依据。复测的内容有:核对路由的具体走向、敷设方式、环境条件以及接头的具体位置;核对施工图纸;核定光缆穿越障碍物时需采用防护措施地段的具体位置和处理措施;复测路由地面距离;为光缆配盘、光缆分屯(即为施工方便将光缆分开到不同地点屯放)以及敷设提供必要的资料。路由复测中的某些具体测定(如光缆布放时的预留长度,光缆与其他设施、树木、建筑物等最小距离要求等)的方法将在 8.2 节中介绍。

(3) 光缆配盘

光缆配盘应根据复测路由计算出的光缆敷设总长度以及光缆全程传输质量要求,选配单盘光缆,其目的是为了合理使用光缆,尽量减少光缆接头数目并降低光纤接头损耗,以便提高光缆通信工程的质量。

2. 施工阶段

(1) 路由施工

光缆敷设前必须按照施工图的要求完成路由施工工作,为布放光缆提供条件。采用不同敷设方式应有不同的路由准备工作。如采用管道敷设方式,路由准备工作有管道清理、预放铁丝或塑料导管等;采用架空敷设方式,路由准备工作有杆路建筑、光缆的支承方式选择等;采用直埋敷设方式时,准备工作有挖掘光缆沟,埋设光缆穿越铁道、公路的顶管,预埋过河、渠、塘的塑料管,跨过河堤以及一般公路的预埋钢管等工作。

(2) 敷设布缆

敷设布缆是光缆线路施工中的关键步骤,它必须根据预先确定的敷设方式,严格按有关设计施工的规定进行。具体办法参见第 9 章。

(3) 接续安装

单盘光缆因受制造、运输和施工等条件的限制,长度一般只有 2~4 km。为了获得足够的长度,就必须进行光缆接续。光缆的接续不仅包括光纤的接续、加强芯的连接,而且还包括铝护层和铜导线的接续等。光缆接续完毕,还需要将接头置入光缆接头盒中保护起来。光缆接头盒是个密闭体,具有密封防水性能,必要时可以充气或填充油膏。

光缆接续是光缆线路施工中非常重要的一个环节,其中光纤的接续尤为重要,因此,施工时一定要按规范操作,并且要检测每个光纤接头的损耗是否满足指标要求。具体方法参见第 10 章。

(4) 中继测试

中继测试又称全程测试、中继段测试。光缆线路敷设施工完成一个中继段后,作为工程质量检验,必须进行中继测试。它主要包括光纤特性测试和光缆电气性能测试。具体内容见第 11 章。

3. 竣工阶段

竣工阶段的主要工作就是竣工验收。此项工作包括检查工程是否完成设计要求的全部工程量;质量是否符合设计要求;竣工资料是否齐全等。实际上,验收工作在施工过程中也是不可缺少的,具体方法参见第 11 章。施工过程中的验收称为随工验收,它与竣工验收一样是保证工程质量的监督手段。

8.1.3 施工组织方法

常用的施工方法有分组分段作业法和分组流水作业法等。各种作业法都适用于直埋敷设、架空敷设、管道敷设和水底敷设。这两种作业法在光缆路由勘测和光缆接续中的应用也比较广泛。

1. 分组分段作业法

这种作业法由一个或几个工程小组分段负责线路全部建筑工作。这样,不仅减少了流动性,而且人员较少,食宿、管理比较方便,段与段之间工作配合衔接关系少,不易发生阻工、窝工现象,但每个小组都必须具有较全面的技术能力和设备、仪表。这种方法一般适用于工程环境比较复杂、工程量相对集中、交通不便的地区。

2. 分组流水作业法

这种作业法按施工程序和施工计划分别由各作业组担任某项工作,互相配合,协调地依次推进。长距离施工时,应由一地开始一直做到工程终点,这样可按人员技术熟练程度及工作繁简情况,适当分配安排工作,以提高工程进度。如果工作线过长,组织不当,前后不易紧密配合,则容易发生阻工、窝工和器材不到位等现象,同时工作流动性大,工时利用率低,人员集中,食宿不易安排,因此,施工前必须做好周密细致的组织工作。此种方法仅适用于长距离光缆线路施工。

当然,施工组织方法还有许多,采用何种组织方法,必须根据施工条件和线路敷设情况而定,基本原则是要有利于发挥人员、设备的最佳效能,确保工程的速度和质量。

8.2.1 光缆路由复测的任务

光缆线路路由复测,是光缆线路工程开工后的首要任务。路由复测是以施工图设计方案为依据,对沿线进行测量、复核,以确定光缆敷设的具体路由。丈量地面的实际距离,为光缆的配盘、敷设和保护地段等提供必要的数据。路由选择原则见第 7 章线路设计部分内容。

光缆线路路由复测的主要任务如下。

(1) 根据设计方案核定光缆路由的具体走向、敷设方式、环境条件以及接头、中继站的具体位置,即按照施工图核对光缆的路由走向、敷设位置及接续地点的可靠性和准确性,同时还应复查接续地点周围是否安全、可靠,便于施工和维护。

(2) 核对施工图纸,做到图实相符。施工环境发生变化必须对原施工图进行小范围修改时,应由施工单位提出具体意见,经建设单位同意后确定;变动范围较大时,如改变敷设方式、改变路由等,则应实地勘察,做出比较方案并经设计单位同意,方能报请原批准单位批准。

(3) 核定光缆穿越障碍物及需要采取防护措施地段的具体位置和处理措施,例如,穿越铁路、公路、河流、湖泊及大型水渠、地下管线等障碍物和应采取光缆防护措施的地段长度,都应仔细核对。

(4) 复测路由的地面距离,核定中继段距离。中继段距离包括直埋、管道、架空、水线等段落和进局距离。复测中继段距离时,应根据地形起伏丈量,核算包括接头重叠长度和各种必要的预留长度在内的敷设总长度,并根据不同的敷设方式按下式计算:

$$L_{总}=L_{直}+L_{管}+L_{架}+L_{水} \tag{8.1}$$

式中,$L_{总}$ 为中继段光缆敷设总长度,单位为 m;$L_{直}$ 为中继段内直埋光缆长度,单位为 m;$L_{管}$ 为中继段内管道光缆的长度,单位为 m;$L_{架}$ 为中继段内架空光缆的长度,单位为 m;$L_{水}$ 为中继段内水底光缆的长度,单位为 m。

$$L_{直}=L_{直丈}+L_{直预} \tag{8.2}$$

式中,$L_{直丈}$ 为地面丈量长度,单位为 m;$L_{直预}$ 为直埋敷设各种预留长度,单位为 m。

$$L_{管}=L_{管丈}+L_{管预} \tag{8.3}$$

式中,$L_{管丈}$ 为管道丈量长度,单位为 m;$L_{管预}$ 为管道敷设各种预留长度,单位为 m。

$$L_{架}=L_{架丈}+L_{架预} \tag{8.4}$$

式中,$L_{架丈}$ 为架空杆路丈量长度,单位为 m;$L_{架预}$ 为架空架设各种预留长度,单位为 m。

$$L_{水}=(L_1+L_2+L_3+L_4+L_5+L_6)\cdot(1+\alpha) \tag{8.5}$$

式中,L_1 为水底光缆两终端间的直线丈量长度,单位为 m;L_2 为终端固定、过堤、"∽"形敷设、岸滩接头等项增加的长度,单位为 m;L_3 为两终端间各种预留增加的长度,单位为 m;L_4 为布放平面弧度增加的长度,单位为 m;L_5 为水中立面弧度增加的长度,应根据河床和光缆布放的断面计算确定,单位为 m;L_6 为施工余量,单位为 m;α 为自然弯曲增长率。

以上各式中的预留长度如表 8-1、表 8-2 所示。

表 8-1 光缆布放预留长度表

敷设方式	自然弯曲增加长度/m·km^{-1}	人孔内弯曲增加长度/米每人孔	杆上预留长度	接头两侧预留长度/m	设备每侧预留长度/m	备注
直埋	7			一般为 6~8	一般为 10~20	(1) 其他预留按设计要求; (2) 管道或直埋作架空引上时,其地上部分每处增加 6~8 m
管道	5	0.5~1				
架空	5		按验收规范规定			

表 8-2 水底光缆布放预留长度表

L_2	按设计要求				
L_3	按设计要求				
L_4	F/L	6/100	8/100	10/100	13/100	15/100
	增加	0.01L	0.017L	0.027L	0.045L	0.06L
L_5	应根据河床和光缆布放的断面计算确定				
L_6	采用拖轮人工布放可为水面宽度的8%~10%;抛锚布放可为水面宽度的3%~5%,人工抬放一般不计				
α	根据地形起伏情况取1%~1.5%				

注:L 为布放平面弧度的弦长,单位为 m;如图 8-2 所示,F 为弧线的顶点至弦的垂直高度,单位为 m;F/L 为高弦比。

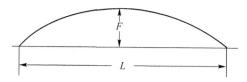

图 8-2 水底光缆布放高弦比示意图

(5) 为光缆配盘、分屯以及敷设提供必要的资料。通过路由复测可以为光缆配盘、敷设提供下列资料:经复测核实的施工图(包括具体的敷设路由和各接续段的长度),障碍物的位置及机械敷设时安装导引装置的位置,光缆接头点地形、交通等条件的资料。

8.2.2 复测的基本原则

(1) 光缆路由复测以工程施工图设计为准。

(2) 按照施工图纸核对路由走向、光缆敷设位置及接头环境是否安全并便于施工维护。若环境变化必须对施工图进行修改时,属小范围修改由施工单位提出具体意见和方案,经建设单位同意确定;属较大范围变更时,如改变敷设方式、改变路由等,应进行实地勘察,做出比较方案,并经设计单位同意,方可变更。

(3) 光缆穿越障碍物需要采取的保护措施、地段和长度,应在路由复测时仔细核对,做到图实相符。

(4) 复测中继段距离时,应根据地形起伏进行丈量。

(5) 路由复测时,光缆与其他设施、树木、建筑物的间隔要求,分别如表 8-3、表 8-4 及表 8-5 的规定。

表 8-3 架空光缆与其他建筑设施最小水平净距离

单位:m

设施名称	最小净距/m
消火栓	1.0
铁道	地面杆高4/3
人行道(边石)	0.5
市区树木	1.5
郊区、农村树木	2.0
电力线、铁塔、高耸建筑物	20
低压电力杆、广播杆、通信杆	地面杆高4/3
采石场	300(距爆破点)
易燃、易爆物品存放点	45.0

表 8-4　架空光缆与其他建筑、树木间最小垂直净距

单位:m

名称		平行时		交越时	
街道		4.5	备注	5.5	备注
胡同		4.0	最低缆线到地面	5.0	最低缆线到地面
铁路		3.0	最低缆线到地面	6.5	最低缆线到地面
公路		3.0	最低缆线到地面	5.5	最低缆线到地面
土路		3.0	最低缆线到地面	4.5	最低缆线到地面
房屋建筑				距脊 0.6 距顶 1.5	最低缆线到屋脊或平顶
河流				1.0	最低缆线距最高水位时距船的最高桅杆顶
市区树木				1.5	最低缆线到树枝顶
郊区树木				1.5	最低缆线到树枝顶
通信线路				0.6	一方最低缆线到另一方最高缆线
电力线	1 kV 以下			1.25	一方最低缆线到另一方最高缆线
	1~10 kV			2.0	一般电力线在上,光缆线在下
	20~110 kV			3.0	必须电力线在上,光缆线在下
	154~220 kV			4.0	必须电力线在上,光缆线在下

表 8-5　直埋光缆与其他建筑设施及地下管线间的最小净距

单位:m

建筑设施名称		最小净距	
		平行时	交越时
市话管道边线		0.8	0.3
非同沟直埋通信电缆		0.5	0.5
直埋电力电缆	35 kV 以下	0.5	0.5
	35 kV 以上	2.0	0.5
给水管	管径小于 30 cm	0.5	0.5
	管径为 30~50 cm	1.0	0.5
	管孔 50 cm 以上	1.5	0.5
高压石油、天然气管		10.0	0.5
热力管、下水管		1.0	0.5
排水沟		0.8	0.5
煤气管	压力 0.3 MPa	1.0	0.5
	压力 3.8 MPa	2.0	0.5
房屋建筑红线(或基础)		1.0	
树木		0.75	
		2.0	

续表

建筑设施名称	最小净距	
	平行时	交越时
一般的公路、土路、桥梁、砖窑	3.0	
高压电力杆路的接地装置	50.0	
易燃易爆器的堆场、存储罐和库房	35.0	
发电厂、变电站的地网边缘	200.0	
水井、坟墓	3.0	
粪池、积肥池、沼气池、氨水池等	3.0	
备注	当光缆采用钢管保护且用水泥墙防护时,与水管、煤气管、输油管线交越的净距可降至 0.15 m	

8.2.3 路由复测的方法

1. 复测准备

光缆路由复测前,必须成立复测小组,做好复测前的准备工作。复测小组应由施工单位组织,由施工、设计、建设和维护单位的人员组成。复测工作应在配盘前进行。

复测小组的人员组成和所需的机具、材料如表 8-6 和表 8-7 所示。

表 8-6 复测人员组合

工作内容	技工/人	普工/人
插大旗	1~2	1~2
看标	1	
传送标杆		1~2
拉地链	1	1~2
打标桩	1	1
绘图	1~2	
画线	1	2~3
对外联系	1	
生活管理	1	
司机	1	
组长	1	
合计	10~12	6~10

表 8-7 复测小组所需机具、材料

机具、材料名称	单位	数量	备注
大标旗 6~8 m	根	3	
花杆 2 m、3 m	根	各 3~4	
地链 100 m	条	2	
钢卷尺 30 m	盘	1	
皮尺 30 m	盘	1~2	

续　表

机具、材料名称	单　位	数　量	备　注
望远镜	架	1	
袖珍经纬仪	架	1	视需要
绘图板	块	1	
多用绘图尺	把	1~2	
测远仪	架	1	视需要
步话机	部	2~3	
接地电阻测试仪	套	1	
口哨	支	2~3	
斧子	把	1	
手锤	把	1	
手锯	把	1	
铁铲	把	1	
红漆	瓶	若干	
白石灰	千克	若干	每千米用量
木(竹)桩	片	15	
汽车	辆	1	
自行车	辆	1~2	

2. 复测步骤

(1) 定线

根据工程施工图,在起始点、三角定标桩或转角桩位置竖起大标旗,示出光缆路由的走向。大标旗间隔一般为 1~2 km,始标点至前方大标旗间插入两根以上的标杆,使始标、标杆和大标旗成一直线,以此线来丈量距离。

复测中需改变路由时,若新路由比原路由增加长度超过 100 m,连接变更路由超过 2 km 或改变水线路由等情况时,应报上级主管部门审批后方可修改。

(2) 测距

测距是路由复测中关键性的内容,必须掌握测距的基本方法,才能正确地测出地面实际距离,以确保光缆配盘的正确性和敷设工作顺利进行。

测距的一般方法是:采用经过皮尺校验的 100 m 地链(山区采用 50 m 地链)由两个拉地链的人负责丈量,后链人员持地链始端,前链人员持地链末端,前后链人员保持在始标点至大标旗的直线上,大标旗中间的标杆插在地链的始末端,沿前面大标旗方向不断推进。一般复测距离由三根标杆配合进行,当 A、B 两杆间测完第一个 100 m 后,B 杆不动取代 A 杆位置,C 杆取代 B 杆位置,测第二个 100 m,原有 A 杆往前移动变为第三个 100 m 的 B 杆位置(即 C 杆取代 A 杆),这样不断地变换标杆位置,不断向前测量。标杆与大标旗间应不断调整,使之在直线状态下完成测距工作。

(3) 打标桩

当光缆路由确定并经测量后,应在测量路由上打标桩,以便画线、挖沟和敷设光缆。一般每 100 m 打一个计数桩,每 1 000 m 打一个重点桩,穿越障碍物以及转角点亦应打上标记桩。改变光缆敷设方式、光缆程式的起讫点等重要标桩应进行三角定标。

为了便于复查和核对光缆敷设长度，标桩上应标有长度标记，如从中继站至某一标桩的距离为 8.152 km，则标桩上应写"8+152"。标桩上标有数字的一面应面向公路一侧或面向中继站前进方向的背面。

(4) 画线

当路由复测确定后即可画线。用白灰粉或石灰顺地链（或用绳子）在前后桩间拉紧画成直线。画线一般与路由复测同时进行。

一般地形采用单线画法，要求白灰均匀清晰；对于地形复杂地段，可采用双线画法，双线间隔一般为沟的宽度，即 60 cm 间隔。

转角点应画成弧线，弧形的半径应大于光缆的允许弯曲半径。半径大一些，光缆的转弯缓和一些，对稳定光纤的传输性能有利。

穿越河流、跨度较大的公路以及大坡度地段时，光缆要求作∽敷设，∽弯度大小视光缆余留量而定。一般河流两侧的∽弯余留 5 m。∽弯曲半径亦应考虑光缆的允许弯曲半径。

(5) 绘图

绘图要求核定复测的路由、中继站位置与施工图有无变动。光缆路由变动不大时，可利用施工图作部分修改；变动较大时，应重新绘图。要求绘出中继站址及光缆路由 50 m 内的地形、地物和主要建筑物；绘出"三防"设施位置、保护措施、具体长度等。市区要求按 1∶500 或 1∶1 000，郊外按 1∶2 000 的比例绘制。有特殊要求的地段，应按规定的比例绘制。水底光缆应标明光缆位置、长度、埋深、两岸登陆点、∽弯余留点、岸滩固定、保护方法、水线标志牌等。同时还应标明河流流向、河床断面和土质。平面图一般按 1∶(500～5 000)比例绘制，断面图按 1∶(50～100)比例绘制。

(6) 登记

登记工作主要包括：沿光缆路由统计各测定点累积长度，无人站位置，沿线土质及河流、渠塘、公路、铁路、树木、经济作物、通信设施和沟坎加固等的范围、长度与累积数量。

登记人员应每天与绘图人员核对，发现差错及时补测、复查，以确保统计数据的正确性。这些数据是工作量统计、材料筹供、青苗赔偿等施工重要环节的依据。

光缆在敷设之前，必须进行单盘检验和配盘工作。

光缆单盘检验工作包括：对运到施工现场的光缆或光缆盘的规格、程式和数量进行核对、清点、外观检测和主要光电特性的测量。通过检验以确认光缆的数量、质量是否达到设计文件或合同规定的有关要求。

单盘检验是一项较为复杂、细致、技术性较强的工作，对确保工程进度、施工质量、通信质量、工程经济效益、维护使用及光缆线路的使用寿命都有着重大影响。同时，检验工作对分清光缆、器材质量的责任方，维护施工企业的信誉，都有不可低估的影响。因此，必须按规范要求和设计文件或合同书规定的指标进行严格检验。即使是工期紧张，也不能草率进行，而必须以科学的态度、高度的责任心和正确的检验方法，执行有关的技术规定。

8.3.1 单盘检验的目的

实践证明，通过光缆的单盘检验可以避免在光缆工程中购进废品和次品光缆，检查光缆因运输不当而造成的潜伏性故障,为减小接头损耗和光纤的传输损耗提供必要的技术资料。

8.3.2 单盘检验的内容及方法

单盘检验包括光缆外观检查、传输特性检测和光学性能检测。

1. 外观检查

外观检查时,首先应检查光缆盘的包装是否破损,光缆盘有无变形。如有破损或变形,应做好记录,并请供货单位一起开盘检查。

开盘检查光缆外护层有无损伤,如有损伤应做好记录,并按出厂记录进行重点测试检查。

然后检查光缆的端头是否良好,充气光缆必须检查缆内气压,填充型光缆应检查填充物是否饱满,以及在高低温下是否存在滴漏和凝固现象。

最后剥开光缆端头,核对光缆的端别和种类,并在盘上用红漆标上新编盘号及光缆的端别,在外端应标出光缆的种类。光缆端别的识别方法为:面对光缆的截面,由领示色光纤按顺时针方向排列时为 A 端,反之为 B 端(领示色规定见产品说明书),铜导线组别识别与光缆端别的识别规定一致。缆内光纤的纤序依据光纤的着色识别,通常为全色谱标识,可查阅光缆说明书。

2. 传输性能的检测

传输性能检测的目的在于确保光缆传输质量和性能的可靠性,包括光纤衰减系数测试和光纤长度测量,在必要情况下,还应测试光纤其他传输特性参数。各种测试方法都应符合 ITU-T 建议的有关规定。光纤衰减系数和光纤长度一般采用光时域反射计(OTDR)测试。测衰减系数时,应加上 1 km 以上的尾纤,以清除 OTDR 的盲区。测试结果如超过标准或与出厂测试值相差太大,还应用光功率计采用剪断法测试,并加以比较,以判定是测试误差还是光纤本身的质量问题。测试光纤长度时,测试的结果应与同一光缆内几根光纤的测量长度比较,如差别较大,应从另一端测试或通光检测,以防存在断纤。

光缆中用于业务通信及远供的铜导线的电特性(如直流电阻、绝缘电阻、绝缘强度等)和金属保护层对地的绝缘特性也必须进行测试。测量方法与通信电缆的直流电特性测试相同,测得的各项指标应符合国家规定的通信电缆铜导线电气特性标准。

(1) 光缆长度检测

各个厂家的光缆标称长度与实际长度不完全一致,有的是以纤长按折算系数标出缆长,有的以缆上长度标记或缆内数码带长度标出缆长,有的干脆标光纤长度为缆长,然后括号内标上 OTDR。有的工厂按设计要求有几米至 50 米的正偏差,有的可能出现负偏差。

检查光缆长度是为了复核光缆的实际长度,确保满足布放要求。检查光缆长度的具体做法为:首先用 OTDR 仪检测每盘光缆中的 1~2 根光纤,再按光缆制造厂家提供的纤/缆换算系数将测得的光纤长度按下式换算成光缆长度:

$$L = l(1-\beta) \tag{8.6}$$

式中,L 为光缆长度;l 为测得光纤长度;β 为纤/缆换算系数。光缆长度复测的要求有下述几个方面。

- 采样率为 100%;
- 按厂家标明的光纤折射率系数用光时域反射仪(OTDR)进行测量,对于不清楚光纤折射率的光缆可自行推算出较为接近的折射率系数;

- 按厂家标明的光纤与光缆的长度换算系数计算出单盘光缆长度,对于不清楚换算系数的可自行推算出较为接近的换算系数;
- 要求厂家出厂的光缆长度只允许正偏差,发现负偏差应进行重点测量,以得出光缆的实际长度。当发现复测长度较厂家标称长度长时,应郑重核对。为不浪费光缆的避免差错,应进行必要的长度丈量和实际试放。

(2) 光纤衰减系数检测

光纤衰减系数表示每千米光纤的衰减量。施工现场测量采用非破坏的方法,可选用 ITU-T 建议的替代法——后向法(OTDR 法),在现场用 OTDR 仪检验即可确认光缆运输后光纤衰减变化情况和测量偏差是否达到设计和施工要求。也可采用插入法,当测量数据发生矛盾或超出指标时,应切断测量法实行校准。

① 后向散射法(OTDR 法)

采用后向散射技术测出光纤损耗的方法,习惯上称后向法,又称为 OTDR 法。这是一种非破坏性且具有单端(单方向)测量特点的方法,非常适合现场测量。

OTDR 测量方法如图 8-3 所示,将光纤通过裸纤连接器直接与仪表插座耦合,或用光纤耦合器与带插头的尾纤耦合,或用熔接器作临时性连接。对于单盘损耗的精确测量,采用辅助光纤可以获得满意的效果。

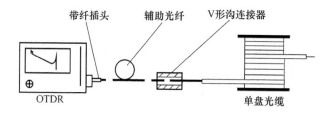

图 8-3 后向散射法(OTDR 法)

用辅助光纤测量时,应将光标线定位于合适位置,第一光标应打在"连接台阶"的后边,而不能置于辅助光纤长度的末端,第二光标应置于末端前几米处,这样可避免光纤"连接台阶"和末端反射峰影响测量的准确性,如图 8-4 所示。测出的单位长度损耗,即损耗常数。如果要求被测光纤的损耗(长度损耗),应加上第一光标前边的长度损耗。

② 切断测量法

切断测量法是 ITU 建议的基准测量方法。单盘光缆切断测量法示意如图 8-5 所示,光源采用 LED(多模用)或 LD(单模用)。

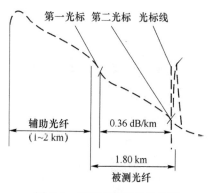

图 8-4 后向法测量时的定标

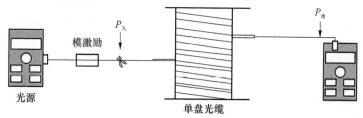

图 8-5 单盘光缆切断测量法示意图

为保证测量数据的正确性,测量精度应满足表 8-8 所列的测量偏差要求。

表 8-8 光纤衰减系数测量偏差要求

光纤类型	工作波长/μm	偏差要求/$dB \cdot km^{-1}$
多模	0.85	0.1
	1.31	0.1
单模	1.31	0.05
	1.55	0.03

(3) 光纤后向散射曲线检测

用 OTDR 仪在测量光纤衰减系数的同时,还应目测被测光纤信号的后向散射曲线。光纤信号后向散射曲线的衰减应随长度均匀分布且无明显阶跃、尖峰或断点反射等异常现象。若出现异常现象,应找出原因并确定该光缆是否可在工程中使用。

3. 光学性能检测

光学性能检测的目的在于核对单盘光缆的规格是否符合订货合同规定或设计要求。检查光缆的出厂质量合格证和出厂测试记录以及光纤的几何、光学等特性是否符合合同或设计要求,以便减小接续损耗。

光学性能检测的主要内容有:纤芯直径、包层直径、纤芯不圆度及同心度、纤芯及包层的折射率分布、光纤的数值孔径等。

单盘光缆检验完毕后,应恢复光缆端头的密封和缆盘的包装,并在盘上统一编号,注意光缆外端的端别和光缆长度。各种不同类别的光缆应分开排放,其中短段光缆应排放在同种类光缆盘的一侧,以供光缆配盘和光缆施工布放时选用。

8.4.1 光缆配盘的目的

光缆配盘是指根据路由复测计算出的光缆敷设总长度以及光纤全程传输质量要求,以中继段长度为单元,合理选择、配置单盘光缆(光缆配盘)。光缆配盘的目的是合理科学地使用光缆,节省光缆资源,减少光缆接头和降低接头损耗,提高光缆通信工程质量。

8.4.2 光缆配盘的要求

(1) 根据路由条件选配满足设计规定的不同程式、规格的光缆,配盘总长度、总衰减及总带宽(色散)等传输指标应满足系统设计要求。

(2) 尽量做到整盘配置,以减少接头数量。一个中继段内,尽量选用同一厂家的光缆,以降低连接损耗。

(3) 为了提高耦合效率并利于测量,靠近局(站)侧的单盘长度一般不小于 1 km,并应选择光纤的几何尺寸、数值孔径等偏差小、一致性较好的光缆。

(4) 光缆配盘后接头点的要求如下。

① 直埋光缆接头应尽量安排在地势平坦和地质稳固的地点,并应避开水塘、河流、沟渠

及道路等。

② 管道光缆的接头应避开交通道口。

③ 直埋与管道交界处的接头应安排在人孔内。受条件限制，人孔内无法安排时，也可安排在光缆直埋处。非铠装管道光缆伸出管道部位应采取保护措施。

④ 架空光缆接头一般应安装在杆旁 2 m 以内或杆上，并在接头两侧进行光缆盘留固定，保证接头不受力。

(5) 用于业务的铜导线，需要加感时，其加感节距平均偏差应小于 2%，个别加感节距可不大于 5%，以减少补偿电容的数量。

(6) 光缆端别的配置要求。为了便于连接、维护，光缆应按端别顺序配置，除特殊情况外，端别不得倒置。长途光缆线路应以局(站)所处地理位置规定配置光缆端别：北(东)为 A 端，南(西)为 B 端。在采用汇接中继方式的城市，市内、局间光缆线路以汇接局为 A 端，分局为 B 端。两个汇接局间以局号小的局为 A 端，局号大的局为 B 端。没有汇接局的城市，以容量较大的中心局为 A 端，对方局(分局)为 B 端。分支光缆的端别，应服从主干光缆的端别。

(7) 进行光缆配置时，在有人站、中继站、光缆接头处以及∽弯应按规定留足预留长度，为避免浪费，应合理选配单盘光缆长度，尽量节约光缆。

8.4.3 光缆配盘方法

光缆配盘以一个中继段为单元。配盘时应按下列 5 步进行。

1. 列出光缆路由长度总表

根据路由复测资料，列出各中继段地面长度，包括直埋、管道、架空、水底或丘陵山区爬坡等布放的总长度以及局(站)内的长度(局前人孔至机房光纤分配架或盘的地面长度)。光缆路由长度总表如表 8-9 所列。

表 8-9 光缆路由长度总表

中继段名称						
设计总长度/km						
复测地面长度/km	直埋					
	管道					
	架空					
	水线					
	爬坡					
	局(站)内					
	合计					

2. 列出光缆总表

将单盘检验合格的不同光缆列入总表，内容包括盘号、规格、型号及盘长等。光缆总表的格式如表 8-10 所列。

表 8-10　光缆总表

序　号	盘　号	规格、型号	盘　长	备　注

3. 初配（通常称列出中继段光缆分配表）

根据光缆路由长度总表中的不同敷设方式路由的地面长度,加余量(1%)计算出各个中继段的光缆总长度。

根据算出的各中继段光缆用量,由光缆总表选择不同规格、型号的光缆,使光缆累计长度满足中继段总长度的要求。

列出初配结果,即中继段光缆分配表。各中继段光缆分配表如表 8-11 所列。

表 8-11　各中继段光缆分配表

中继段名称	光　缆	数量/km		出厂盘号	备　注
	类别、规格、型号	计划量	实配量		

4. 中继段内光缆的配盘（通常称正式配盘）

完成中继段内光缆初配后,可按照配盘的一般要求正式配盘,从而确定接头点的位置,列出各盘光缆的布放位置。具体步骤如下:首先确定系统配置的方向,一般工程均由 A 端局(站)向 B 端局(站)配置,然后按表 8-11 将光缆分配给各中继段,并计算中继段内光缆的布放长度(敷设长度),然后进行光缆配盘。

(1) 管道光缆的配算方法

无论是市话局间中继线路,还是长途线路,几乎每项工程都采用管道布放方式。由于管道两人孔间位置已定,且各人孔间距不相等,因而管道路由的配盘计算较为复杂。要求路由地面距离丈量准确,适当选配光缆单盘长度和接头人孔的位置是配盘的重点。配置方法如下。

① 采取试凑法

抽取 A 盘光缆,由路由起点开始按配盘规定和公式(8.3)、表 8-1 计算,接近 A 盘光缆长度时,使接头点位于人孔内,除接头重叠预留外,余留 5 m 就可以保证路由长度偏差。

当 A 盘不合适(即光缆配至 B 端终点时不在人孔处,退后一个人孔又太浪费时),应算出实际路由与 A 盘的差值,选 B 盘或 C 盘试配,直至合适。

按类似方法配第二盘、第三盘,直至配完。

② 配好调整盘

管道路由较长,如大于 5 km 时,所配光缆不可能正好或接近单盘长度,很可能有一盘只用一部分。配盘时,应将这盘作为调整盘。当配盘光缆中某一盘因地面距离偏差或其他原因延长或缩短布放距离时,此调整盘就可相应调整布放距离。配置调整盘时,布放长度不应少于 500 m,以便 OTDR 仪测量。

当使用长度超过 1 km 时,调整盘可安排在靠近端局(站)的一段;若需安排在中间地段,应布放在因地形等条件限制不宜盘长过长的地段。

配盘时必须注明调整盘,并将其放在最后布放。

当光缆从两头向中间敷设时,调整盘应作为中间合拢盘。

③ 配盘时应注意光缆的外端端别

单盘光缆出厂时,各单盘的外端端别不一定一致。配盘时,应由 A 端局(站)向 B 端局(站)配置;布放时则不一定,要根据地形和出厂光缆单盘外端端别决定。配盘时,应视出厂光缆单盘外端端别的多数端别确定敷设大方向;为了便于布放,少数外端不同端别的缆盘布放时要先倒盘后布放,因此,特殊地段应尽量选择与布放方向的端别合适的光缆。

(2) 直埋光缆的配算方法

长途光缆线路大部分都采用直埋敷设方式。通常一个中继段直埋部分不少于 30 km,无人中继段直埋部分为 50～70 km。个别中继段地段中有水底敷设或管道敷设,直埋光缆将形成几个自然段,此时,应以一个自然段为配盘连续段,配算方法如下。

① 一般中继段,如一个 25 km 的直埋自然段可配 12 盘光缆,其总长度应符合表 8-1 和公式(8.2)的要求。各盘排列顺序可按光缆盘号的序号顺序排放。具体布放时,要看接头位置是否合适,布放端别是否受环境地形限制。如有问题可选择后面的单盘光缆,调整后修改配盘资料即可。

② 计划用量紧张的中继段,必须采取"定缆、定位"配置,即按上述方法排出配盘顺序后,逐条核实光缆接头位置是否合适,否则应更换单盘光缆;然后将每盘光缆布放的具体位置确定好,标好起始、终点的标号。这种方法称为"定桩配盘法",虽然要多花一些时间,工作复杂一些,但布放时不会因不适应而重新选缆。

③ 直埋光缆配盘时,应根据光缆敷设情况配好调整盘。有些工程上得快、工期紧,由一个方向向对端敷设的方法难以满足工程的要求,往往需要两至三个布放作业组同时布放,此时必须安排好调整盘,并由调整盘方向布放光缆。

④ 调整盘以一个自然段安排一盘为宜。调整盘选用非整盘敷设的一个单盘,如 2 km 盘长只需敷设 1.6 km 时,此盘可做调整盘。调整盘一般放在自然布放段的中间或两侧与其他敷设方式的光缆连接位置。

采用架空敷设方式的长途光缆线路,因杆距都是 50 m,一般情况下无须考虑配盘问题。

5. 编制中继段光缆配盘图

光缆配置结束后,应将光缆配盘结果填入"中继段光缆配盘图",同时,应按配盘图在选用的光缆盘上标明该盘光缆所在的中继段段别及配盘编号。中继段光缆配盘图如图 8-6 所示。

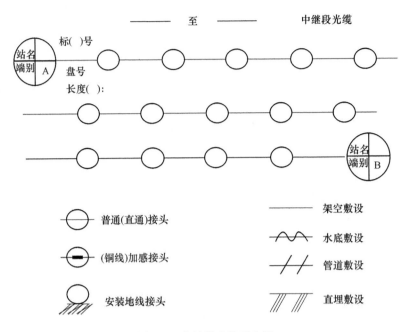

图 8-6 中继段光缆配盘图

8-1 简述光缆工程施工的流程。
8-2 简述路由复测的意义。
8-3 简述光缆单盘检验的意义。
8-4 简述单盘检验的内容和方法。
8-5 光缆长度复测的要求是什么?
8-6 说明使用OTDR进行单盘检验时的连接方法(包括辅助光纤),并画图说明OTDR光标的放置方法。
8-7 OTDR测量单盘光缆后向散射曲线,测试结果有何要求?
8-8 如何识别光缆的端别?
8-9 说明光缆配盘的目的和要求。
8-10 说明水底光缆布放预留长度的计算方法。

第9章 光缆线路工程施工

光缆线路工程是光纤通信系统的重要组成部分,光缆线路施工技术是按规范、规程要求,建成符合设计要求的传输线路,并确保通信可靠畅通的一门综合技术。光缆线路施工所涉及的主要工作包括:路由施工、光缆敷设、接续和工程测量等。本章主要介绍光缆的路由施工和光缆布放技术,按照不同的光缆敷设方式分别介绍直埋、架空、管道以及水底光缆的路由施工和敷设安装技术。作为近年来光缆工程建设的热点,适合FTTH网络特点的施工新技术,本章也将作相应介绍。

光缆经单盘检验合格后,由集中检验现场按布放计划(中继配盘)及时、安全地运到放缆作业地(分囤点)或直接运到布放现场,在路由施工完成后,即可进行光缆的敷设。

1. 按中继段光缆配盘图进行敷设

① 中继段光缆配盘图或按此图制定的敷设作业计划是光缆敷设的主要依据,一般不得任意变动,避免盲目进行;

② 敷设路由必须按路由复测划线进行,若遇特殊情况必须改动时,一般以不增加敷设长度为原则,并要征得建设单位同意;

③ 有A、B端要求的光缆要按设计要求的方向布放光缆。

2. 光缆的弯曲半径和牵引力

在光缆的布放过程中,为了保证光缆敷设的安全,光缆敷设应遵守下列规定。

① 光缆安装固定后的弯曲半径不应小于光缆外径的15倍,施工过程中不应小于20倍;

② 采用牵引方式布放光缆时,牵引力不应超过光缆最大允许张力的80%,瞬间牵引力不超过100%,并且主要牵引力应作用在加强芯上。对于层绞结构光缆,在中央加强件上做连接、牵引;对于中心束管式,在外围加强件(如护套中夹带的平行钢丝)做连接、牵引。

3. 光缆布放的牵引速度

① 机械牵引时,牵引机速度调节范围应为 0~20 m/min,且为无级调速。牵引力可以调节,当牵引力超过规定值时,应能自动告警并停止牵引。

② 人工牵引时,速度要均匀,一般控制在 10 m/min,且牵引长度不宜过长,若光缆过长,可以分几次牵引。

③ 布放光缆时,光缆必须由缆盘上方放出并保持松弛的弧形。光缆布放过程中不应出现扭转,严禁打背扣、浪涌等现象发生。

4. 施工组织与人员培训

施工过程必须严密组织并有专人指挥。要备有良好的联络手段,严禁未经培训的人员上岗,严禁在无联络工具的情况下作业。

光缆敷设是光缆线路施工中的关键步骤。光缆敷设时线路上投入的施工人员和车辆较多,且受气候影响较大。因此,在选择敷设方式、制定作业计划、劳动力安排及现场组织时,要做到妥善、仔细,对意想不到的困难,能拿出应变措施。

地下光缆工程主要分为直埋和管道工程。光缆直埋敷设是通过挖沟、开槽,将光缆直接埋入地下的敷设方式。这种方式不需要建筑杆路和地下管道,采用直埋方式可以省去许多不必要的接头。因此,目前长途干线光缆线路工程,以及市话局间中继线路在郊外的地段大多采用直埋敷设。

施工步骤:先开挖光缆沟,然后布放光缆,接续,回填,将光缆埋入沟中,埋设路由标石。

9.2.1 准备工作

直埋光缆工程施工时,首先根据施工图纸到现场进行复测,核对光缆敷设路由及埋设的具体位置,核对接头坑间距是否符合光缆配盘长度,跨越障碍物等措施是否合理等。发现问题后应及时与设计部门协商解决。复测后,根据中心桩划出光缆埋设位置的中心线或沟宽口边线。

复测划线的同时,还应了解附近地上、地下建筑物的分布情况,一般建筑应满足"直埋光缆与其他设施(建筑物)平行、交越最小净距"(见表 8-5)的要求,特殊建筑设施还应采取相应措施,确保施工和光缆的安全。

9.2.2 挖掘光缆沟槽及要求

挖沟应在勘察测量的基础上,按照路由选择进一步精选、精量,作好标记后进行。在市区地下设施较多的情况下,一般采取人工挖掘。在郊外田间地下设施较少的情况下,最好采用机械挖掘。目前国内光缆沟的挖掘方法主要靠人工,因此加强管理、统一标准就显得十分重要。

1. 挖掘光缆沟

光缆直埋敷设时,可能会受到诸多因素的影响,如地表震动、机械损伤、鼠害、冻土层深度等。光缆沟的深度应主要根据光缆在地层下所受地面活动压力和震动的影响来决定。因为活动压力是以某种角度的锥体形状向地下分布的,而离地面愈近震动愈严重,所以光缆埋设愈深,这些影响就愈小。此外,直埋光缆只有达到足够深度才能防止各种外来的机械损伤,而且在一定深度后地温稳定,减少了温度变化对光纤传输特性的影响。各种情况下光缆的埋深见表 9-1 和表 9-2。

挖光缆沟前应根据施工图纸,用白灰标出光缆路由位置的中心线,为保证光缆沟笔直,也可标双线。

表 9-1 各种地质情况光缆沟的深度

地质情况	土、半土半石质	全石质	冻土地带	时令河流或小河(设计未明确的河流)		
要求沟深/m	1.5	1.2	冻土层以下 20 cm	一般	石质	河床不稳定的河流
				2	1.2	河床变化幅度 50 cm 以下

表 9-2 特殊情况直埋光缆的埋深

埋设地段 \ 埋设深度/cm \ 埋设情况	正常情况	特殊情况	备 注
人行便道及路旁	80	不低于 60	上盖红砖保护
与电车轨道交叉	距轨底面不低于 120		用塑料管或铁管保护
与重型车道交叉	100	不低于 80	用铁管或混凝土管道保护
与一般道路交叉	80	不低于 70	
穿越农田	120	不低于 80	上盖红砖

挖掘光缆沟时,沟宽应以不塌方为宜,且要求底平、沟直,石质沟沟底应铺 10 cm 沙或细土。决定直埋式光缆挖沟宽度时,应注意既要保证人员安全又不致砸坏光缆,既方便施工又可使土石方的作业量最经济。一般沟底宽度可确定为 30 cm 左右,同沟敷设两条以上光缆时,每增加一条,沟底宽度增加 10 cm,直埋光缆沟底宽度见表 9-3。

表 9-3 直埋光缆沟底宽度

光缆条数	一条	二条	三条	四条以上
沟底宽/cm	15~20	30	45	以光缆间隔(两缆邻边)不小于 10 cm 计算

注:光缆沟上口宽度以不塌方为宜。

2. 穿越障碍物的路由施工

(1) 顶管

直埋光缆通过铁路、重要的公路等不便直接破土开挖的地段时,可采取顶管法,由一端将钢管顶过去,一般用液压机顶管机完成较好。

采用顶管法时,可用专门的顶管机,也可用千斤顶,在钢管顶端口装上顶管帽,将钢管从跨越物的一端挤至另一端,然后以此钢管作为光缆的通道。顶管前,应在跨越点挖好顶管坑,该坑的深度以光缆埋深为准,宽度以便于人员操作为限;长度应等于钢管、千斤顶或顶管机或顶管的长度之和。顶管坑的后壁必须坚实并加垫板,以防千斤顶被推垮或陷入后壁;为了使顶管方向准确,安放钢管时,必须按线路中心线放好准绳,并挂铅锤以对准方向。

钢管顶到对端后,钢管内穿入 3 根塑料子管,一为保护光缆外护套,二为以后同沟敷设光缆时做好准备。

对开挖地段应及时回填并分层夯实,水泥路面应用水泥恢复并经公路或有关部门检查合格。

(2) 预埋管

光缆穿越公路、机耕路、街道时,一般采用破路预埋管方式。用钢钎等工具开挖路面,挖出符合深度要求的光缆沟,然后埋设钢管或塑料管等为光缆穿越做好准备。

开挖路面必须注意安全,并尽量不阻断交通。一般分两次开挖,即将马路一半先开挖,放下管道、回填后再挖另一半路面。在公路上开挖时,应有安全标志以确保行人、车辆的安全。预埋管可采用对缝钢管,考虑到交通繁忙的公路、街道不宜经常破路,因此钢管内可放2~3根塑料子管。当埋管需要几根钢管接长使用时,其接口部位应采用接管箍接续,预埋对缝钢管的尺寸规格见表9-4。

表 9-4 预埋对缝钢管的尺寸规格

规 格	内径/mm	外径/mm	质量/kg·m^{-1}	长度/m	备 注
1.5″	40	48	3.84	4~9	适穿1根子管
2″	50	60	4.88	4~9	
2.5″	63	75.5	6.64	4~9	可穿放2根子管
3″	79	88.5	10.85	4~9	可穿放2~3根子管

对承受压力不大的一般公路、街道等地段,可埋设塑料管。工程中采用硬聚乙烯(HDPE)管,管的接续方法类似于钢管。塑料管的规格见表9-5。

表 9-5 预埋塑料管规格

外径/mm	内径/mm	质量/kg·m^{-1}	长度/m	备 注
76	71	1.56	4	适放2根子管
90	84	2.2	4	适放2~3根子管

3. 挖接头坑

挖掘接头坑时,要有利于排水和接续等工作的展开。接头坑的深度以光缆沟深度为准;有负荷箱时,应适当增加深度。各接头坑均应在光缆线路进行方向的同一侧,靠路边时,应靠道路的外侧。接头坑的宽度应不小于120 cm。

9.2.3 直埋光缆的保护措施

直埋光缆穿越铁路和采用顶管穿越公路时,必须采用无缝钢管或对边焊接镀锌钢管保护光缆,钢管内径不小于80 mm,钢管内穿放2~4根聚乙烯塑料子管。

- 穿越碎石或简易公路时,应采用硬塑料管直埋通过。
- 穿越沟、渠、塘时,光缆上方应覆盖钢筋混凝土平板保护光缆。
- 沿公路或在乡村附近敷设时,光缆上方应铺砖保护光缆。
- 穿越高坎、梯田时应采用石护坡保护光缆。

9.3.1 布放光缆的准备工作

布放光缆前应作如下准备:
① 准备好布放光缆用的工具、器材;
② 领取光缆配盘表,按照表列顺序将光缆运送到预定地点,并指定专人负责检查盘号;

③ 整修抬放光缆的道路,在急转弯、陡坡等危险地段应采取安全措施;

④ 清理光缆沟,在石质沟底垫 10 cm 以上的细土或沙,在陡坡地段的光缆沟内按规定铺设固定横木;

⑤ 检查光缆,发现损伤要及时上报和修复;

⑥ 组织好布放人员,并规定布放光缆的统一行动信号;

9.3.2 敷设光缆的方法和要求

直埋光缆有人工敷设和机动车牵引敷设两种方法。地形比较复杂、不利于机械作业的场合多采用人工敷设法。人工敷设时,首先将单盘光缆架在千斤顶上,然后每隔一定距离用人力将光缆抬放入沟。机动车牵引敷设法则是用机动车拖引光缆盘,将光缆自动布放在沟中或沟边,布放在沟边的光缆,要用人力移入沟中。机动车牵引敷设法节省人力,效率高,质量好,但易受地形条件限制。

1. 光缆布放要求

布放光缆时,严禁直接在地上拖拉光缆,布放速度要均匀,避免光缆过紧或急剧弯曲。光缆的弯曲半径不得小于光缆外径的 15 倍。长途光缆线路端别由两端局所处地理位置来确定。相邻两盘光缆重叠 1.5~2 m;在 30°以上斜坡地段和在非规划道路的转弯处,光缆应作"∞"形敷设,这样光缆留有足够长度,地形变动时可进行移位。光缆接头处一般应留有 2 m 重叠,接续时,根据接头坑的大小,每端适当留长约 30 cm。

2. 布放光缆的具体方法

(1) 机械牵引敷设法

机械牵引敷设采用端头牵引机、中间辅助牵引机牵引光缆。

2 km 盘长的光缆主要采用人工、中间辅助牵引机或端头牵引机等方法,将一盘长为 2 km 的光缆由中间向两侧牵引,如图 9-1 所示。

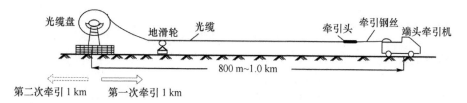

图 9-1 2 km 盘长光缆机械牵引示意图

4 km 盘长的光缆可分两次牵引,其中端头牵引机牵引 1 km,中间辅助牵引 500 m,用两部中间辅助牵引机(其中 500 m 由人工来代替)每次牵引 2 km,如图 9-2 所示。

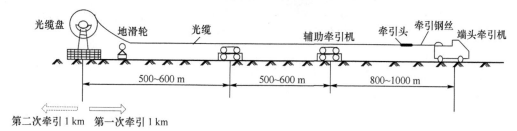

图 9-2 4 km 盘长光缆机械牵引示意图

(2) 沟上滑轮牵引法

在已挖好的光缆沟上,每隔 20 m 左右安装一个导向滑轮,在拐弯点安装转弯导向轮。敷设时,牵引绳系到光缆端头上,由机械在前方牵引或由人工边走边牵引,使光缆在导向滑轮上随滑轮不断转动,直至到达终点。

(3) 人工抬放法

人工抬放光缆是将一盘光缆分为二至三段布放,由几十到上百人每人间隔 10~15 cm 排列,光缆放于肩上边抬边走。这种方法由于可以利用当地劳力,不需要专用设备,因此被广泛采用。但这种方法必须组织好人力,由专人统一指挥。缆盘、光缆端头、拐弯等重要部位应由专业人员负责。抬放过程中注意速度均匀,避免"浪涌"和光缆拖地,严禁光缆打"背扣",防止损伤光缆。

(4) 倒"∞"抬放法

这是一种适合山区的光缆敷设方法,如图 9-3 所示。具体作法是将光缆分为若干个组堆盘成"∞"状,并用竹杆或棒等作抬架。布放时以 4~5 人为一组将"∞"状光缆像抬轿一样放于肩上慢慢向前行走,光缆由后边一个"∞"不断退下放入沟中,放完第一个"∞"后,再退下放入第二个"∞",直到放完。这种方法的最大优点是可避免光缆在地上拖擦,有效保护光缆护层,但穿越钢管、塑料管及其他障碍地段时不便采用。

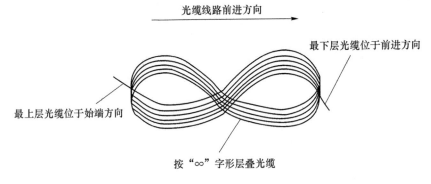

图 9-3 光缆"∞"抬放敷设法

3. 特殊地段的处理

在一些特殊地段,光缆应采取以下加固措施。

① 光缆沟的坡度较大时,应将光缆用卡子固定在预先铺设好的横木上,如图 9-4 所示。

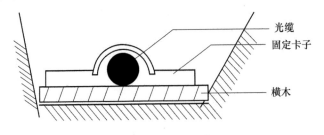

图 9-4 光缆固定示意图

坡度大于 20°时,每隔 20 m 左右设一固定卡子;坡度大于 30°时,除固定卡子外,还应将光缆沟挖成"∽"形,而且每隔 20 m 设一挡土墙;坡度大于 45°时,除以上措施外,还应选用全铠装光缆。

② 光缆穿越铁路或高等级公路时,可用千斤顶或穿孔机从路面下穿入钢管,再将光缆从钢管中穿入。路面允许破开时,可交替破开路面的一半,敷设水泥管道、硬塑料管或光缆管道。穿越简易公路或乡村大道时,可盖砖保护。

③ 光缆通过地形易变及塌方处,常采用管子包封、挡土墙等办法保护光缆。地下管线及建筑物较多的工厂、村庄、城镇地段,光缆上面约 30 cm 处应放一层红砖,保护光缆不被挖坏。

9.3.3 回填与路由标石

1. 回填

光缆布放后,经测量检查光学性能和电气特性均良好,即可回土覆盖。工程中通常将回土覆盖称回填。回填时,应先填细土,石质地段或有易腐蚀物质的地段应先铺盖 30 cm 左右的沙子或细土,再回填原土。应当注意不要把杂草、树叶等易腐蚀的物质或大石块等填入沟内。当回填原土厚 50～60 cm 时,进行第一次夯实。然后每回填土 30 cm 夯实一次。回填后,夯实的土应高出地面。有条件的地方,最好移植一些多年生草坯,以防水土流失。通过梯田时,除将原土分层夯实外,还要把掘开的棱坎垒砌好,恢复原状。石质地带不准回填大石头,特殊地段按设计要求回填。一般土路、人行道回填应高出路面 5～10 cm,郊区农田的回填应高出地面 15～20 cm,沥青及水泥路面的沟槽回填与路面齐平,经压实后,方可修复路面。光缆敷设于市区或有可能开挖的地段时,覆土填沟后,应在光缆上面 30 cm 处铺以红砖作为标志,也可保护光缆线路。

2. 光缆线路标石的设置

为标定光缆线路的走向、线路设施的具体位置、方便日常维护和故障查修,直埋光缆应在路由沿途埋设光缆标石。

标石是表明光缆的走向和特殊位置的钢筋水泥或石质标志。常用光缆的标石是用钢筋混凝土制作,其规格有两种(短标石和长标石),一般地区使用短标石,其规格尺寸应为 1 000 mm×150 mm×150 mm;土质松软及斜坡地区使用长标石,其规格尺寸应为 1 500 mm×150 mm×150 mm。按其用途的不同,光缆标石可分为普通标石、监测标石、地线标石和巡检标石 4 类。标石的一般结构如图 9-5 所示。

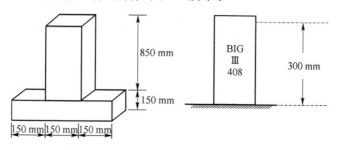

图 9-5 光缆标石的规格

(1) 标石的安装位置
- 直线段每 200 m,或寻找光缆困难的地点;
- 光缆线路的接头点、拐弯点、排流线起止点,接头标石表明光缆接头位置,转角标石标定光缆转弯后的走向;
- 同沟敷设光缆的起止点;
- 光缆的特殊预留点;

- 光缆穿越铁路、公路、沟、渠、水塘和其他障碍物的两侧；
- 光缆与其他地下管线的交越处；
- 需要监测光缆内金属护层对地绝缘及电位的位置，应设置监测标石，便于掌握光缆遭受腐蚀及光缆电气特性变化等情况；
- 安装接地体的位置应设置地线标石；
- 光缆线路每 1 000 m 应设巡检标石。

(2) 标石的埋设要求

标石的埋设应全程统一，其埋深不小于 60 cm，标石外露 30 cm，偏差不超过 ±50 mm。标石四周土壤应夯实，使标石稳固正直，倾斜不超过 ±20 mm，标石周围 300 mm 内无杂草。普通标石、巡检标石一般应埋设在光缆路由的正上方，标石上喷写编号的一侧应面向光缆线路的 A 端；接头标石应埋在光缆接头的上方；转变处的标石应埋设在光缆线路转弯交点上，标石号面向内角。

(3) 中继段标号

中继段段落为采用罗马数字（Ⅰ、Ⅱ、Ⅲ、Ⅳ、…）编号，从北京出发的线路，以北京为起点，按照各中继段的排列顺序依次编号；其他线路按照从北向南、从东向西的原则编号。

(4) 标石编号

各种标石编号如图 9-6 所示。长途光缆线路的标石编号方法是以一个中继段为单元，将各中继段从 A 端向 B 端依次编号，用罗马数字标出中继站序号，用阿拉伯数字表示标石序号，再用各种记号标画在标石上，比如接头点、监测点等，作为此标石的特种记号。每一中继段内，所有标石 A 端向 B 端依次编号，一般采用三位数码，从小到大，依次排列，中间不要空号和重号。同沟敷设两条以上光缆时，接头标石两侧应标明光缆条别。同时建议建立光缆皮长标志-路由标石皮长对照表，以利于查找维护中产生的断开故障，具体方法见第 12 章。

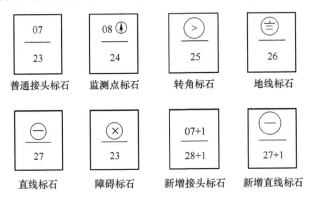

图 9-6 标石的编号方法

将光缆架设至杆上的敷设方法称为架空敷设。它主要应用于容量较小、地质不稳定，市区无法直埋且无电信管道，山区和水网条件特殊及有杆路可利用的地段。与地下直埋敷设相比，架空敷设光缆容易受外界条件（如自然气候、人为因素）的影响，但架设简单，维护方便,且建设费用较低。

在我国,架空杆路比较多,尤其是二级干线的明线线路曾经是各省内长途通信的重要部分。将这些线路改造成光缆传输线路具有建设速率快、投资低及效益好等优点。架空敷设方法在市话中继线路和一级干线光缆线路中使用的比例不大,但在特殊地形或有时需临时由架空杆路作过渡,有些工程过河也采用架空线方式。

架空光缆路由的杆路建设由以下 8 个步骤构成。

1. 核测

光缆施工前,应对原测量线路进行核测,以保证电杆和拉线在地面上的位置完全符合设计图纸的规定。测量时钉立的标桩可能在施工时遗失或被移动,因此,必须在找寻原标桩的基础上,采用同样的测量方法,分别核定每一标桩。原测量中存在的缺点和设计文件中路线标桩位置的修改,在核测过程中也必须重测。

重测的方法是:当标桩遗失或被移动时,应以两个标杆为标准决定其余杆位,或用直线上至少三点决定丢失标桩的杆位。当丢失标桩较多时,必须反复测量,找出原测杆位。经现场反复测量,有把握判定原标桩钉错位置时方可移动并加以认定。

2. 电杆的规格及选用

通常采用木杆或钢筋混凝土电杆,木杆一般均应经过注油防腐处理以延长使用年限,现今已很少采用。常用电杆上光缆距其他物体的距离如表 8-3 和表 8-4 所列。常用钢筋混凝土水泥杆规格和负荷见表 9-6、表 9-7。

表 9-6 钢筋混凝土电杆的规格与技术性能

杆长/m	梢径/cm	壁厚/cm	弯距位置 (距杆底)/m	容许弯距 ($k=2$)/t·m	杆重/kg
6.0	13	3.8	1.2	0.69	236
6.5	13	3.8	1.2	0.73	263
7.0	13	3.8	1.4	0.74	290
7.0	15	4.0	1.4	1.19	343
7.5	13	3.8	1.4	0.95	318
7.5	15	4.0	1.4	1.25	378
8.0	13	3.8	1.6	1.12	348
8.0	15	4.0	1.6	1.27	410
8.5	15	4.0	1.6	1.30	445
8.5	17	4.2	1.6	2.00	518
9.0	15	4.0	1.8	1.34	483
9.0	17	4.2	1.8	2.05	560
10.0	15	4.0	1.8	1.64	555
10.0	17	4.2	1.8	2.50	643
11.0	15	4.0	2.0	1.95	633
11.0	17	4.2	2.0	2.95	733
12.0	15	4.0	2.0	2.08	715
12.0	17	4.2	2.0	3.49	823

注:① 表中水泥杆,指原邮电部直属厂出产的信杆,编号 YD 类,锥度 1/75。容许弯距=破坏弯距/k,一般 $k=2$,配用杆 $k\leqslant1.8$,终端杆、角杆 $k\leqslant8$。

② 水泥杆的规格型号按"邮电杆长-梢径-容许弯距"顺序组成,例如:"YD8.0-15-1.27"表示邮电用,杆长 8 m,梢径 15 cm,容许弯距 1.27 t·m。

表 9-7　电信用钢筋土电杆容许负荷情况

杆高/m	电杆容许的线路负荷情况	电杆容许弯距($k \leqslant 2$)
6.0~6.5	二条电缆、一层线担、挡距 40 m	0.7~0.75
7.0	① 二条电缆、一层线担、挡距 40 m ② 三层线担、挡距 50 m	0.75~0.85
7.5	① 四条电缆、一层线担、挡距 40 m ② 二条电缆、三层线担、挡距 50 m	1.20~1.25
8.0~8.5	① 四条电缆、二层线担、挡距 40 m ② 二条电缆、三层线担、挡距 50 m ③ 四层线担、挡距 50 m	1.25~1.30
9.0	① 四条电缆、三层线担、挡距 40 m ② 四层线担、挡距 50 m	1.30~1.35

注：① 电缆每条按 HQ0.5×150 对（即电缆重量不超过 2.31 kg/km）考虑，明线按 2.0 mm 铁线考虑。
② 挡距市区按 40 m，郊区按 50 m 考虑；但中、重负荷区明线杆路按 40 m 考虑。
③ 明线杆路负荷按冰凌 10 mm、风速 10 m/s 计算；电缆杆路及电缆、明线合设杆路负荷按无冰凌时最大风速 25 m/s 计算。
④ 本表不考虑风压屏蔽系数。

电杆的选用应根据气象负荷区、杆距、杆上负荷、垂直空距及光缆程式和吊线程式等因素综合考虑。水泥杆专用铁件有夹板、U 型抱箍、撑脚抱箍、穿钉、钢担等。

3. 挖洞

(1) 电杆的埋深及杆距

电杆的埋深主要根据线路负荷、土壤性质、电杆规格等决定，一般取杆长 1/6 即可。在各种情况下，不同电杆的埋深要求见表 9-8。

表 9-8　电杆的埋深

电杆高度/m	电杆埋深/m							
	钢筋混凝土电杆				木 杆			
	松土	普通土	石质土	坚石	松土	普通土	石质土	坚石
6.0	1.4	1.2	1.1	1.0	1.3	1.1	1.0	1.0
6.5	1.4	1.2	1.1	1.0	1.3	1.1	1.0	1.0
7.0	1.6	1.4	1.2	1.1	1.5	1.3	1.1	1.1
7.5	1.6	1.4	1.2	1.1	1.5	1.3	1.1	1.1
8.0	1.8	1.6	1.4	1.2	1.7	1.5	1.3	1.1
8.5	1.8	1.6	1.4	1.2	1.7	1.5	1.3	1.1
9.0	2.0	1.8	1.5	1.3	1.9	1.7	1.4	1.2
10.0	2.0	1.8	1.5	1.3	1.9	1.7	1.4	1.2
11.0	2.1	1.9	1.6	1.4	2.0	1.8	1.5	1.3
12.0	2.1	1.9	1.6	1.4	2.0	1.8	1.5	1.3

注：① 表内所列埋深值适用于轻、中负荷区，杆路的负载较大时，电杆的埋深应增加 0.1~0.2 m。
② 高度超过 12 m 的接杆、长杆挡杆、跨越杆等的埋深应按设计要求。
③ 架空光缆的杆距：市区一般为 35~40 m，郊区一般为 40~45 m。

(2) 挖洞的方法

在一般土质地点挖洞时,应以标桩为中心,画好洞形再挖掘;在水深 30 cm 以下地区挖洞时,应排除积水后再开挖;在流沙地区挖洞时,为防止洞壁倒塌,在挖到一定深度后,应把预制的篓圈放在洞中,然后边挖边放,直到需要的深度。洞挖好后,应立即立杆。在斜坡上挖洞时,深度应从斜坡低的一面算起;岩石地区打洞应采用爆破法。

(3) 挖洞注意事项

杆洞形状应便于立杆,要求洞壁垂直,不得擅自迁移洞位。爆破时应严密组织,检查爆破区确实无人后再发出爆破信号。

4. 安装夹板

挂设光缆的吊线可按设计要求用三眼单槽夹板或三眼双槽夹板固定于电杆上,固定夹板的高低应符合表 8-4 所列的最小垂直空间距离,但也不宜太高。通常夹板离电杆顶端不小于 40~50 cm,特殊情况不小于 25 cm。吊线夹板在电杆上的高度要力求一致,遇有障碍物或下坡、上坡时可适当调整。吊线的坡度一般不应超过杆距的 1/20。装设一条吊线时,夹板一般装于电杆面向人行道的一侧;装设两条吊线时,可用长穿钉在电杆两侧装设夹板。同杆装置上、下两层及以上的吊线夹板时,夹板间的垂直距离应为 40 cm。

安装吊线夹板的方法是:吊线夹板的穿钉螺母与夹板同侧,穿钉长度与电杆直径相适应。穿钉两端紧靠电杆处应各垫以 5 cm×5 cm 的衬片。吊线夹板与衬片间还应垫装螺帽,螺帽要旋紧,以防止穿钉晃动。平行架挂两条吊线时,应选用适当长度的无头穿钉,并在电杆两侧各装设一块吊线夹板,吊线夹板线槽应在穿钉上面,唇口面向电杆。在有向杆拉力的角杆上,夹板的唇口则应背向电杆。

5. 立杆

立杆时必须严密组织,统一指挥,分工负责,密切协作,确保安全。立普通杆时,应先将电杆移放到洞沿的有利位置,然后一人将护板或能滑动的工具插入洞中,抬起杆梢使根端顶住护杆板。杆梢升到 2 m 时,用杆叉或夹杠顶住杆身,继续竖起,必要时可用绳子牵引立杆。电杆竖起后,放至洞中央并扶正。为保证杆身正直,还应站在离杆洞 7~8 m 且与线路方向垂直的位置上,观察杆上装置是否对正横线,最后用"吊垂"校正杆身。看好直、横线后,即可填土分层夯实。此时应随时注意校正杆身,最后在杆根周围培成 10~15 cm 的圆锥形土堆。竖立电杆时,应使用杆叉支撑,不得利用铁锹或其他工具;在较陡的山坡或沟旁竖立电杆时,应用绳子捆绑电杆,派人在上坡拉住或固定在可利用的地物上,以防电杆由坡上滚下;在城镇竖立电杆时,非施工人员不得进入作业区,以防发生危险;在农作物地段竖立电杆时,立杆人员应尽可能缩小作业面,以防过多损坏农作物。

6. 拉线与撑杆

(1) 拉线

架空光缆线路所用的拉线、撑木及固定横木是克服杆路上的不平衡张力、保障杆路的稳固性、增强机械强度的重要措施。拉线通常用来稳固抗风杆、防凌杆、角杆、坡度杆及长杆挡电杆、终端杆等。不便采用拉线的地方,可改用撑杆或引留撑杆来加强机械强度。

角杆拉线的拉线程式有下面 4 种。

① 角深≤12.5 m 的角杆,其拉线程式与光缆吊线的程式相同;角深>12.5 m 时,拉线程式应比光缆吊线的程式加强一挡(即当光缆吊线为 7/2.2 镀锌钢绞线时,拉线程式应采用

7/2.6 镀锌钢绞线)①。

② 抗风拉线的程式可选用 7/2.2 镀锌钢绞线,防凌杆侧方拉线亦可选用镀锌 7/2.2 钢绞线;顺方拉线至少应选用与光缆吊线相同程式的镀锌钢绞线。

③ 终端杆和线路中间杆两侧线路负荷不同时(如杆挡距离不相同或同杆多条光缆线路时),应设置顶头拉线和顺方拉线。拉线程式应与拉力较大一侧的光缆吊线程式相同。架空光缆线路均衡负载拉线程式见表 9-9。

④ 架空光缆线路角杆拉线程式见表 9-10。

表 9-9 均衡负载拉线程式

单位:mm

吊线架设形式	光缆吊线程式	拉线程式	
		终端拉线	泄力拉线
单层单条	7/2.2	7/2.2	7/2.6
	7/2.6	7/2.6	7/3.0
单层双条	7/2.2	2×7/2.2	2×7/2.2
	7/2.6	2×7/2.6	2×7/2.6

表 9-10 角杆拉线程式

单位:mm

吊线架设形式	光缆吊线程式	拉线程式	
		角深≤12.5 m	角深>12.5 m
单层单条	7/2.2	7/2.2	7/2.6
	7/2.6	7/2.6	7/3.0
单层双条	7/2.2	2×7/2.2	2×7/2.2
	7/2.6	2×7/2.6	2×7/2.6

注:角深大于 12.5 m 的角杆应尽量分作两个角杆。

架空光缆线路抗风杆及防凌杆拉线程式见表 9-11。

表 9-11 抗风杆及防凌杆拉线程式

单位:mm

光缆吊线程式	抗风杆拉线程式	防凌杆拉线程式	
		侧面拉线	顺方拉线
7/2.2	7/2.2	7/2.2	7/2.2
7/2.6	7/2.2	7/2.2	7/2.6
7/3.0	7/2.2	7/2.2	7/3.0

---

① 吊线 7/2.2 表示吊线由 7 根直径为 2.2 mm 的钢绞线绞合而成,7/2.6 等吊线规格以此类推。角深为转弯顶点杆至其相邻两杆连线的垂直距离。

(2) 拉线和地锚的装设

拉线在电杆上的装设位置应根据电杆的杆面型式和装设光缆吊线的数量来确定。图 9-7 和图 9-8 为各种条件下拉线在电杆上的装设方法,可视设计及施工条件在图(a)、(b)、(c)中选用。

注意:自缠法即将吊线或拉线在木杆或钢筋混凝土电杆自绕一圈固定的方法。

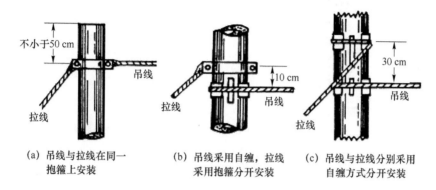

图 9-7 单条拉线装设位置

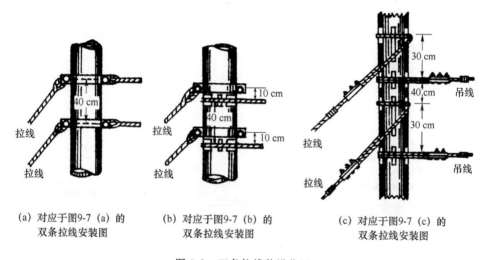

图 9-8 双条拉线装设位置

(3) 拉线与杆的结合方法

拉线与木杆和钢筋混凝土电杆的结合方法有捆扎法(即自缠法)或抱箍法。捆扎法为拉线在木杆或水泥杆自绕一圈与电杆结合的方法,抱箍法为拉线用拉线抱箍与电杆结合的方法。这两种结合方法如图 9-9 所示。

拉线上把的捆扎法有另缠法、夹板法和卡固法,如图 9-10、图 9-11、图 9-12 所示。

拉线上把另缠规格见表 9-12。

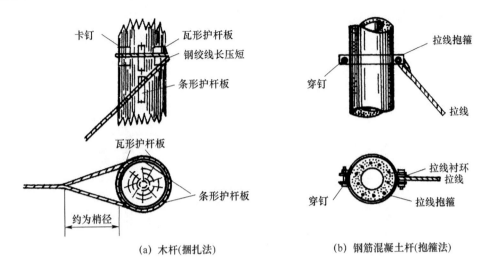

图 9-9 拉线与电杆的结合方法

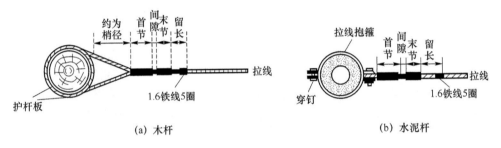

图 9-10 拉线上把另缠法

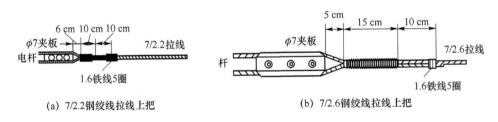

图 9-11 拉线夹板法

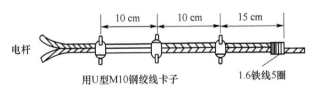

图 9-12 拉线上把卡固法

表 9-12　拉线上把另缠规格

单位:mm

类别	拉线程式	首节长度	间隙	末节长度	钢绞线留头	留头处理
抱箍式	7/2.2	100	30	100	100	用 1.6 mm 铁线绕缠 5 圈
	7/2.6	150	30	100	100	
	7/3.0	150	30	150	100	
	2×7/2.2	150	30	100	100	
	2×7/2.6	150	30	150	100	
	2×7/3.0	200	30	150	100	
捆扎式	7/2.2	100	30	100	100	
	7/2.6	150	30	100	100	
	7/3.0	150	30	150	100	
	2×7/2.2	150	30	100	100	
	2×7/2.6	150	30	150	100	
	2×7/3.0	200	30	150	100	

拉线的中把与地锚连接处应按拉线程式装设拉线衬环,以保证拉线的回折有适当的弯曲半径。7/2.2 及 7/6.6 拉线装设三股拉线衬环,7/3.0 拉线应装设五股拉线衬环。

与强电线路接近的电杆,拉线中间需加绝缘子。绝缘子距地面的垂直高度应大于 2 m。拉线中把的缠扎和夹固规格见表 9-13。

表 9-13　拉线中把缠扎、夹固规格(14×7 cm)

单位:mm

类别	拉线程式	缠扎夹固用料	首节	间隙	末节	全长	钢线留长
另缠法	7/2.2	3.0 钢线	100	330	100	600	100
	7/2.6	3.0 钢线	150	280	100	600	100
	7/3.0	3.0 钢线	150	230	150	600	100
	2×7/2.2	4.0 钢线	150	260	100	600	100
	2×7/2.6	4.0 钢线	150	210	150	600	100
	2×7/3.0	4.0 钢线	200	310	150	800	150
	V型 2×7/3.0	4.0 钢线	250	310	150	800	150
夹板法	7/2.2	Φ7 夹板	1块	280	100	600	100
	7/2.6	Φ7 夹板	1块	230	150	600	100
	7/3.0	Φ9 夹板	2块,间隔30	100	100	600	100

拉线中把的缠扎和夹固方法如图 9-13 所示。

(4) 拉线地锚

架空光缆线路常用的拉线地锚有铁柄地锚和钢绞线地锚两种。铁柄地锚与水泥拉线盘结合使用,钢绞线地锚与横木结合使用,如图 9-14 和图 9-15 所示。

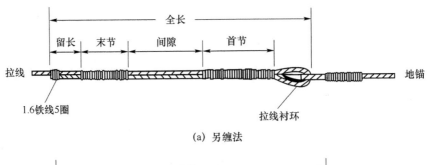

(a) 另缠法

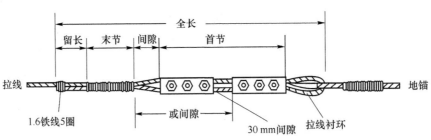

(b) 夹固法

图 9-13 拉线中把的缠扎法和夹固方法

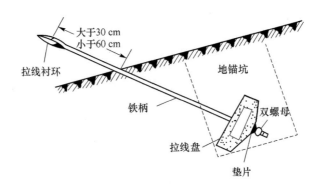

图 9-14 铁柄地锚 7 cm×7 cm

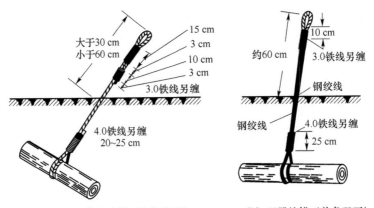

(a) 单股地锚（单条单下）   (b) 双股地锚（单条双下）

图 9-15 钢绞线地锚 7 cm×7 cm

地锚铁柄与拉线盘的配套见表 9-14。

表 9-14　地锚铁柄与拉线盘配套表

拉线程式	地锚铁柄/mm		拉线盘程式/mm	拉线埋深/m
	直径	长度		
7/2.2	16	2 100	500×300×150	1.3
7/2.6	19	2 400	600×400×150	1.4
7/3.0	19	2 400	500×300×150	1.5

拉线地锚的埋设不得偏斜。地锚拉盘（横木）应与拉线垂直，地锚在地面上 10 cm 及地面下 50 cm 应涂防腐油。在易腐蚀的地方、地锚的地下部分应用防腐油浸透的麻布条缠扎。拉线地锚的出土斜槽应与拉线上把成直线，不得有扛、顶现象。

因地形限制无法装设拉线时，可改装撑杆，以平衡光缆线路的张力和合力。各种撑杆的装设方法如图 9-16 所示。

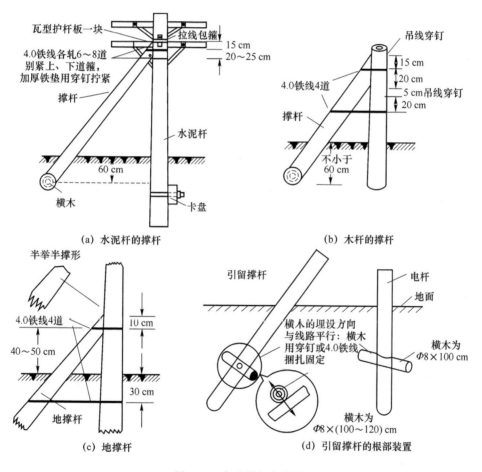

图 9-16　各种撑杆的装设

7. 号杆

号杆就是将电杆按规定方向编号，为架空光缆施工和维护提供方便。

(1) 编号规定

从开端站至中继站,或中继站至另一中继站,各段线路均应单独编号。

杆号方向由上级机务站至下级机务站从架设起点向终点进行编号,分支杆路从分线杆开始单独编号。

电杆编号应从开端站或中继站的引入杆开始,将其编为 0 号,连续编至另一站的引入杆。对分支杆路,新立的一棵杆为 1 号,其他依次编号。

(2) 号杆的方法

直接号杆法一般用于水泥电杆。为使杆号的字体大小整齐划一,先用白铁片等物刻出字样,然后用油漆描写。

杆号牌号杆法用于全防腐电杆。杆号牌由木板或铁皮制成,板上涂白色漆底,再用黑色油漆直接编写或喷刷。

(3) 号杆的内容

普通杆上面写电杆建设年份,通常取年份后两字,下方编写杆号。杆号数不够十进位、百进位、千进位时,应用"0"填补。杆路改移增加电杆时,在该电杆编号的后面依次编为 XX/1、XX/2、…。

8. 接地保护

为保证光缆线路和维护人员的安全,架空光缆必须采用接地保护措施。光缆接头盒靠近的电杆、角杆、分线杆、H 杆、跨越杆、终端杆以及直线杆路上每隔 10~15 挡的电杆均应装设避雷针,其接地电阻不超过 20 Ω;光缆具有金属护层时,在接头处应将光缆金属护层与吊线连接在一起,做防雷保护接地。

9.5.1 支承方式

架空光缆主要有钢绞线支承式和自承式两种。我国基本都是采用钢绞线支承式,即通过杆路吊线来吊挂光缆,可用吊线托挂和捆扎将光缆固定于吊线。

架空光缆长期暴露在外界自然环境中,易受环境温度的影响而引起线路传输衰减的变化。因此,在温度变化较明显的地区敷设架空光缆时,必须注意所选光缆的温度特性。最低气温在 $-30\ ℃$ 以下的地区,不宜采用架空敷设方式。

9.5.2 光缆吊线的装设及要求

1. 光缆吊线程式选择

光缆具有一定重量且机械强度较差,所以光缆不能直接悬挂在杆路上,必须另设吊线,用挂钩或挂带把光缆托挂在吊线上,方法有二:吊线托挂式和吊线缠绕式。吊线托挂式是一种用挂钩将光缆吊挂于钢绞线上的方式;吊线缠绕式是将不锈钢扎线通过缠绕机,沿杆路将光缆与吊线捆为一体的方式。两种支承方式都适用于各种程式的光缆。

架空光缆的吊线一般采用 7/2.2 的镀锌钢绞线。对于长途一级干线需要采用架空敷设时,在重负荷区可以减小杆距或采用 7/2.6 的镀锌钢绞线。具体光缆吊线程式的选择,要根据所挂光缆的程式、质量、标准杆距和线路所在地区的气象负荷来确定,见表 9-15。

表 9-15　光缆吊线程式的选择

每米光缆质量/kg	敷设方式		
	轻负荷区	中负荷区	重负荷区
2.113	7/2.6	7/2.6	7/3.0
1.458	7/2.2	7/2.2	7/2.6
0.708	7/2.2	7/2.2	7/2.2
0.46	7/2.2	7/2.2	7/2.2

2. 光缆吊线的装设

(1) 光缆吊线装设的基本要求

光缆吊线装设的基本要求如下。

① 为了保证光缆线路的安全,一条光缆线路上的吊线一般不得超过 4 条。一般情况下,一条光缆吊线上架挂一条光缆,如遇条件限制应进行特殊考虑。

② 电杆上的吊线位置,应保证架挂光缆后,在最高温度或最大负载时,光缆到地面的距离符合要求。

③ 同一杆路上架设两条以上吊线时,吊线间的距离应符合要求。

④ 新设的光缆吊线,一挡内只允许一个接头。

(2) 光缆吊线的装设方法

① 中间杆的装设。不同电杆有不同的光缆吊线在中间杆的装设方法。木杆一般在电杆上打穿钉洞,用穿钉和夹板固定吊线;混凝土电杆采用穿钉法(电杆上有预留孔)、钢箍法和光缆吊线钢担法。无论采用何种方法,光缆吊线距杆顶的距离不得小于 50 cm,距离变更一般不得超过杆距的 5%。若光缆吊线的坡度变更大于 5%,电杆上应设置辅助线。

② 角杆的装设。角杆上装设夹板时,夹板的线槽应在穿钉上面,夹板的槽口由光缆吊线的合力方向而定。电杆为内角杆时,槽口应背向电杆;电杆为外角杆时,槽口应面向电杆。

为了提高外角杆上光缆吊线的稳固程度,应根据角深采取相应的加固措施,见表 9-16。

表 9-16　在外角杆上光缆吊线的加固方法

电杆种类	角深/m	加固方法	备注
木电杆	≤15	采用直径 4.0 mm 铁线捆扎	
钢筋混凝土电杆	≤12.5		
木电杆	>15	采用辅助线	辅助线采用与光缆吊线相同程式的钢绞线
钢筋混凝土电杆	>12.5		

③ 终端杆、角杆的装设。终端杆和角深大于 15 m 的转角杆上的光缆吊线应做终结,如终端杆和转角杆因地形限制无法终结时,应将光缆吊线向前延伸一挡或数挡,再做吊线终结。

光缆吊线终结的方法一般有 U 形钢绞线卡子法、双槽夹板法和铁线另缠法,各种终结的方法如图 9-17 所示。

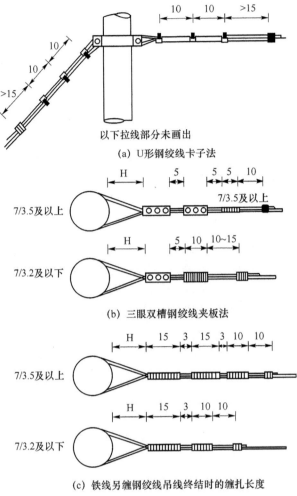

图 9-17 光缆吊线的终结

3. 光缆吊线的原始垂度

两相邻电杆吊线的弯曲顶点至其吊线互连直线的最大垂直距离称为光缆吊线的原始垂度。在不同负荷区,对各种程式的光缆吊线,吊挂光缆前的原始垂度应符合规定,在此不一一列表。在 20℃ 以下时,允许偏差不大于标准垂度的 10%;在 20℃ 以上时,允许偏差不大于标准垂度的 5%。

9.5.3 架空光缆的架挂

1. 架挂光缆的基本要求

① 每条光缆吊线一般只允许架挂一条光缆。
② 光缆在电杆上的位置应始终一致,不得上、下、左、右移位。
③ 光缆在电杆上分上、下两层挂设时,光缆间距不应小于 450 mm。

④ 光缆一般不与供电线路合杆架设。
⑤ 光缆架挂前应测试光学性能和电气特性,合格后才能架设。
⑥ 光缆与其他建筑间的最小净距离应符合要求,否则应采取保护措施。
⑦ 光缆挂钩的托挂间距为 50 cm,偏差不大于±3 cm;电杆两侧的第一个挂钩距吊线夹板 25 cm,偏差不大于±2 cm。

2. 挂钩程式的选用

挂钩程式应按光缆外径参照表 9-17 选用。

表 9-17 挂钩程式与光缆外径参照表

单位:mm

挂钩程式	光缆外径	挂钩程式	光缆外径
65	30 以上	35	6~11
55	23~29	25	10 以下
45	17~22		

3. 光缆架挂的基本方法

架空光缆的敷设方法较多,我国目前架空光缆支承方式较多采用托挂式,托挂式架挂的施工方法一般有机动车牵引动滑轮托挂法、动滑轮边放边挂法、定滑轮托挂法、预挂挂钩托挂法等。

(1) 机动车牵引动滑轮托挂法

汽车牵引动滑轮托挂法如图 9-18 所示,此法适应于杆下无障碍物而又能通行汽车,架设距离较大、电缆对数较大(或光缆较重)的情况。

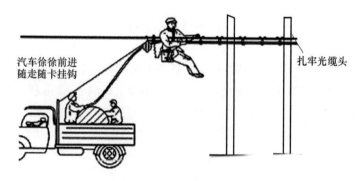

图 9-18 机动车牵引动滑轮托挂法

架设时,先将千斤顶(又称架机)固定在汽车上,顶起电(光)缆盘,使之能自由转动,并将电(光)缆盘盘轴在汽车上固定。然后将电(光)缆拖出适当长度,将其始端穿过吊线上的一个动滑轮,并引至起始端的,固定在电杆吊线上。再将牵引绳一端与动滑轮连接,另一端固定在汽车上。在确保安全的条件下,把吊椅与动滑轮用引绳连接起来,一切准备工作就绪后,汽车徐徐向前开动,人力转动电(光)缆盘放出电(光)缆,吊椅上的线务员,一面随引绳滑动,一面每隔 50 cm 挂一只电缆挂钩,让光缆一边沿着架空杆路布放,一边把光缆挂在吊线上,在一个杆距布放完后,开始下一个杆距的布放,直到电(光)缆放完、挂钩卡完为止。

这种方法操作简单,但使用卡车架设受到条件限制。使用这种方法时,一般应符合以下条件:

① 道路的宽度能允许车辆行驶;
② 架空杆路离路边距离不大于 3 m;
③ 架空段内无障碍物;
④ 吊线位于杆路上其他线路的最下层。

(2) 动滑轮边放边挂法

动滑轮边放边挂法如图 9-19 所示。采用此法时,首先在吊线上挂好一只动滑轮,在滑轮上拴好绳,在确保安全的条件下,把吊椅(坐板)与滑轮连接上,把光缆放入滑轮槽内,光缆的一头扎牢在电杆上,然后一人坐在吊椅上挂挂钩,2 人徐徐拉绳,另一人往上托送光缆,使光缆不出急弯,4 人互相密切配合,随走随拉绳,随往上送光缆,按规定距离卡好挂钩,光缆放完,挂钩也随即全部卡完。

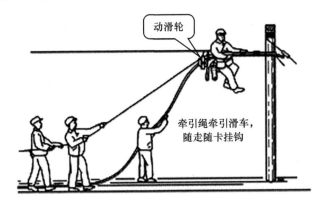

图 9-19　动滑轮边放边挂法

(3) 定滑轮托挂法

定滑轮托挂法如图 9-20 所示。此法适用于杆下有障碍物不能通行汽车的情况。首先将光缆盘支好,并把光缆放出端与牵引绳连接好。然后在吊线上每隔 5~8 m 挂上一只定滑轮,在转角及必要处加挂滑轮,以免磨损光缆。定滑轮的滑槽应与光缆外径相适应。再将牵引绳穿过所有的定滑轮,牵引绳一端连接光缆,另一端由人力或动力牵引,牵引时速度要均匀、稳起稳停、动作协调,防止发生事故。放好光缆后及时派人上去挂好挂钩,同时取下滑轮,完成架挂。

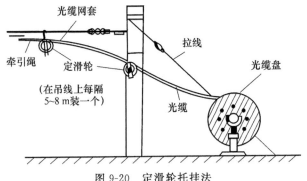

图 9-20　定滑轮托挂法

（4）预挂挂钩托挂法

预挂挂钩托挂法适用于架设距离不超过 200 m 并有障碍物的地方，如图 9-21 所示。首先在架设段落的两端各装一个滑轮，然后在吊线上每隔 50 cm（光缆可最大放宽至 60 cm）预挂一个挂钩，挂钩的死钩端应逆向牵引方向，以免在牵引光缆时挂钩被拉跑或撞掉。在挂挂钩的同时，将一根细绳穿过所有的挂钩及角杆滑轮，细绳的末端绑扎抗张力大于 1.4 t 的棕绳或铁丝，利用细绳把棕绳或铁丝带进挂钩里，在棕绳或铁丝的末端利用网套与光缆相接，连接处绑扎必须平滑，以免经过光缆挂钩时发生阻滞。光缆架设时，用千斤顶托起光缆盘，一边用人力转动光缆盘，一边用人力或汽车拖动棕绳或铁丝，使棕绳或铁丝牵引光缆穿过所有挂钩，将光缆架设到挂钩中。

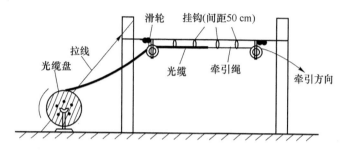

图 9-21　预挂挂钩托挂法

9.5.4　预留和引上保护

布放吊挂式架空光缆时，可适当在杆上作伸缩弯，在中负荷区、重负荷区、超重负荷区，一般要求每根杆上都有预留；在轻负荷区，每隔 3～5 杆作一处预留；对于无冰地区，可以不作预留（但布放时光缆不能拉得太紧，注意自然垂度）。杆上光缆伸缩弯的规格如图 9-22 所示，靠杆中心部位应采用聚乙烯波纹管保护，预留长度为 2 m（一般不得少于 1.5 m）。预留两侧及绑扎部位，应注意不能捆死，以便在气温变化时能自由伸缩，起到保护光缆的作用。光缆经十字吊线或丁字吊线处时，也应安装保护管。

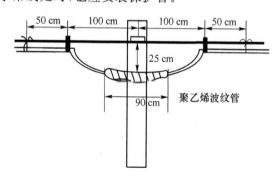

图 9-22　光缆伸缩弯及保护示意图

除了在电杆上作伸缩弯保证光缆在气温变化时的收缩外，为了架空光缆的维护和变更，设计时应考虑光缆的盘留，隔一定距离进行光缆盘留，将光缆盘在收容架上，并将收容架安装在杆子附近。在接头位置，必须要盘留光缆。

架空光缆引上时，其安装方法和要求可参考图 9-23；杆下用钢管（引上保护钢管）保护，防止人为损害;上吊部位在距杆 30 cm 处绑扎,并应留有伸缩弯(伸缩弯要注意其弯曲半径,以确保在气温变化剧烈状态下光缆的安全)。

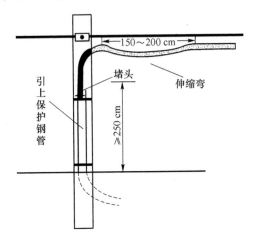

图 9-23　引上光缆安装及保护

9.5.5　自承式光缆的架空敷设

自承式光缆的架空敷设方式与上述方式有较大区别。自承式光缆是采用自承式结构的专用光缆,它将钢丝吊线同光缆合为一体。因此,自承式光缆不需要另挂钢丝吊线,可直接将光缆固定于杆上并适当收紧。因为自承式光缆造价较高,而且这种专用光缆对杆路要求高,施工、维护难度大,目前不常采用。

管道光缆敷设是将光缆置于通信管孔内的敷设方法,管道通常为水泥管道或塑料管道。在市话局间中继光缆工程中管道光缆敷设所占比例是比较大的,在长途通信工程中几乎每个工程都有一定比例的管道光缆。

9.6.1　通信管道的结构

电信管道由若干管筒连接而成,为了便于施工和维护,管筒中间应构筑若干人孔或手孔。

1. 通信管材的分类与选用

20 世纪 90 年代中期以前,通信管道主要为水泥管。水泥管用水泥浇铸而成,每节长度为 60 cm,现有多管孔组合(如 12 孔、24 孔)和长度为 2 m 的大型管筒块。此外,一般常用单节管筒,断面有 2 孔、4 孔和 6 孔等。水泥管的质量大小是衡量其质量的一个重要指标。在同样的原材料条件下,质量愈大表示管身的密实程度愈高。因此,现行质量标准要求水泥管的质量不能低于用当地材料制成的标准成品质量的 95%。

塑料管由树脂、稳定剂、润滑剂及填加剂配制挤塑成型。目前常用的有硬聚氯乙烯管

(PVC管)、聚乙烯管(PE管)和聚丙烯管(PP管),通信管道中常采用PVC管。

陶管由黏土烧制而成,内外均涂上一层釉,形状、尺寸与混凝土管道相似。为了制造方便,能使其均匀地焙烧,将放管孔制成方形。陶管的优点是管壁光滑,耐酸性能好。不漏水且质量较轻,但抗压力不如混凝土管,因此宜用在地下水位小于 3 m 的地方。

石棉水泥管的缺点是脆弱、管与管之间的接续比较复杂,而且特种制管厂才能生产,因此应用较少。

水泥管与塑料管选用见表 9-18。

表 9-18 水泥管与塑料管选用

管材的名称	优 点	缺 点	使用场合
混凝土管	① 价格低廉; ② 制造简单,可就地取材; ③ 料源较充裕	① 要求有良好的基础才能保证管道质量; ② 密闭性差,防水性低,有渗漏现象; ③ 管子较重,长度较短,接续多,运输和施工不便,增加施工时间和造价; ④ 管材有碱性,对电缆护层有腐蚀作用; ⑤ 管孔内壁不光滑,对抽放电缆不利	我国以前的本地网线路中使用较多,现在使用较少
塑料管(硬聚氯乙烯管)	① 管子质量轻,接头数量少; ② 对基础的要求比混凝土管低; ③ 密闭性、防水性好; ④ 管孔内壁光滑,无碱性; ⑤ 化学性能稳定,耐腐蚀	① 有老化问题,但埋在地下则能延长使用年限; ② 耐热性差; ③ 耐冲击强度较低; ④ 线膨胀系数较大	已广泛使用于各种场合

2. 管群的组合形式

水泥管管群的组合形式一般为正方形或矩形,矩形的高应不大于宽度的两倍,其具体组合形式如图 9-24、图 9-25 所示。

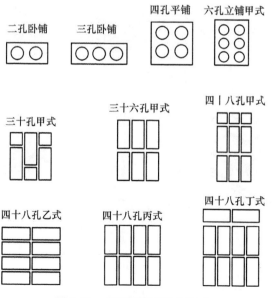

图 9-24 水泥管管群组合形式

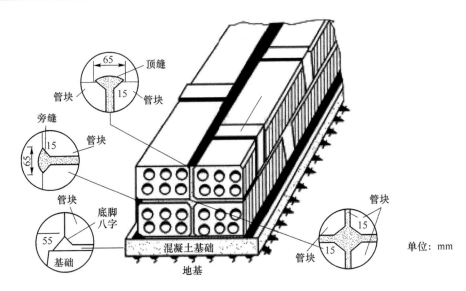

图 9-25 水泥管管群组合结构示意

3. 人(手)孔的类型及使用场合

人孔通常设置于电话站前,作为引入光缆之用,也可设置在光缆的分支、接续转换、光缆转弯等特殊场合。设置人孔是为了施工和维护方便。直线管道上两个人孔间的距离在 150 m 以内。

人孔按建筑材料可分钢筋混凝土和砖砌两种,结构如图 9-26 所示。钢筋混凝土人孔的底板有些可以采用混凝土,四壁和上覆均为钢筋混凝土。砖砌人孔的防水性能较差,一般用在无地下水或有地下水但无冰冻的地区。在有地下水的地区,采用砌砖人孔时应采取防水措施。

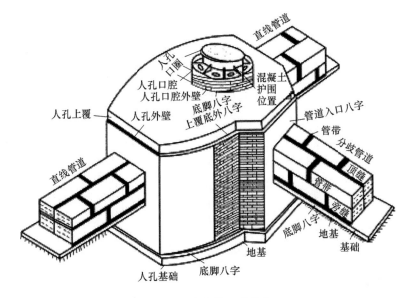

图 9-26 人孔的一般结构

人孔按形状和用途可分为直通、转弯、分歧、扇型及局前 5 种,直通型人孔用在直线管路上,或两段管路的中心线夹角在150°~180°的转弯点上;转弯型人孔用在两段管路的中心线夹角在90°~105°的转弯点上;分歧型人孔用在管通路的分歧点上;扇型人孔一般用在管道非90°的转弯处;局前人孔是光缆进入电话局或电话站的专用人孔。各类人孔的型号均有大、小之分,大型人孔适用于10~24孔的管道,小型人孔适用于3~9孔的管道。

人孔的上覆、四壁和底板的厚度,根据人孔建筑地点的地理环境应有所区别。车行道下的人孔应能承受总质量为30 t的载重车辆。

人孔的附件有人孔铁盖、积水罐、铁架和托板等。人孔上覆有一个圆孔,作为出入口,出入口装有铁口圈并配置一层或两层铁盖。除小型钢筋混凝土人孔外,所有人孔的底板上均应做一个积水罐,以便清除人孔内的积水。另外,在人孔侧壁需要安装铁架或托板,以便托置光缆,如图9-27所示。在人孔内,管筒进口的对面壁下要装设V形铁,以便敷设光缆时固定滑轮。

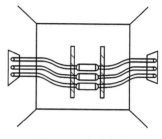

图9-27 人孔托盘

手孔按建筑材料可分为砖砌手孔和钢筋混凝土手孔两种,手孔尺寸比人孔小得多。一般情况下,工作人员不能站在手孔中作业。只有大型手孔的底部才留有50 cm×40 cm×50 cm的长方形坑,作为储水沟和工作人员站立用。

手孔按用途可为直通型、交接箱型和引入型3种。直通型手孔用于1~2孔的支管道中,交接箱型手孔用来安装交接箱,引入型手孔用于把管道中的光缆引至电话站和用户。

人(手)孔的选用见表9-19。

表9-19 人(手)孔的选用

类 别	管群容量(孔)	人孔形式
手孔	1~4	手孔
人孔	5~12	小号人孔
	13~24	大号人孔
局前人孔	24及以下	小号局前
	25~48	大号局前

9.6.2 管道建筑与孔内子管敷设

1. 管道建筑

光缆管道属于地下土建工程,建成后不能迁改或移动,因此必须精心设计、精心施工。光缆管道建筑包括挖掘管道沟、建筑管道基础、挖人孔基坑、铺设管道和回土夯实等程序。

挖沟和挖人孔基坑时,首先按设计图纸画线,在每个人孔或手孔的中心钉以木桩,并画出管道的沟边线,然后按照设计深度挖掘。挖沟的基本方法与直埋通信光缆线路的光缆沟相似,但沟底要求非常平直、坚实。

管道基础一般分为无碎石底基和有碎石底基两种。前者即为混凝土基础,其厚度一般为8 cm。当管群组合断面高度不低于62.5 cm,则基础厚度应为10 cm;当管群组合断面不低于100 cm,则基础厚度应为12 cm。有碎石底基的通称碎石混凝土基础,除混凝土基础外,于沟底加铺一层厚度为10 cm的碎石。特殊地段应采用钢筋混凝土基础。基础宽度在管群两侧各多出 5 cm。挖掘人孔基坑时,坑底应比人孔基座四周宽 40~50 cm。

管道埋深一般为 0.8 m 左右。此外,还应考虑管道进入人孔的位置,管群顶部距人孔上覆底部应不小于 30 cm,管道底距人孔基础面应不小于 30 cm。具体请参见表 9-20。

表 9-20 通信管道的埋深

管材种类	路面至管顶的最小埋深/m			
	人行道下	车行道下	与电车轨道交越 (从轨底算起)	与铁道交越 (从轨底算起)
水泥管	0.5	0.7	1.0	1.5
塑料管	0.5	0.7	1.0	1.5

挖好沟槽和人孔基坑后,即可建筑人孔。采用混凝土结构时,铺设基座后灌注孔壁。此时,应先用木板制好孔模,扎好钢筋架。浇灌应分层进行,每层以 15~20 cm 为宜,浇灌后应捣实抹平。最后,再安装人孔铁四圈。

敷设管道的要求是:水泥管块的顺向连接间隙不得大于 5 mm,上、下两层管块间及管块与基础间为 15 mm,偏差不大于 5 mm;相邻两层管的接续缝应错开 1/2 管段长;敷设时应在每个管块的对角管孔用两根拉棒试通管孔。拉棒长度:直线管道为 1.2~1.5 m;弯管道为 0.9~1.2 m;拉棒直径应小于管孔标称孔径 3~5 mm。接缝处先刷纯水泥浆,再刷 1:2.5 的水泥砂浆。

敷设完管道后即可回土夯实。

2. 管孔内子管敷设注意事项

随着通信的大力发展,城市电信管道日趋紧张,根据光缆直径小的优点,为充分发挥管道的作用,提高经济、社会效益,人们广泛采用对管孔分割使用的方法。即在一个管孔内采用不同的分隔方式,可布放 3~4 根光缆。水泥管道的标准内径为 90 mm,可在其中穿放 2~4 根半硬质聚氯乙烯塑料子管,塑料子管的外径为 1 英寸(1 英寸=25.4 mm)。

塑料子管的数量应按管孔的直径和工程要求确定,但数根塑料子管的等效总外径应不大于管道孔内径的 85%,塑料子管的内径为光缆外径的 1.2~1.5 倍。

数根塑料子管应捆扎在一起同时穿放,其牵引力一般不超过 350 kg,穿放时应避免扭曲和出现死弯,同时,人孔或手孔内的塑料子管不允许有接头。

暂时不用的塑料子管,应堵塞管口,避免杂物进入,影响今后使用。

9.6.3 塑料管道(硅芯管)的敷设

1. 施工前材料的检查

① 施工前严格复检塑料管及配套产品的规格、品种和数量。

② 严格检查塑料管的质量,塑料管外观应无毛刺、无压扁、无裂纹、无折弯现象;管口密封紧固,无脱落,无进沙,无泥土、水和杂物进入等现象。

③ 检查塑料管长度、尺码、标记,码标应清楚可见。

④ 影响布放和气吹法布放光缆的塑料管及配套产品不得用于施工。

⑤ 同沟敷设两条以上塑料管时,应检查塑料管的颜色,区分不同颜色的塑料管,便于光缆施工和维护。

2. 塑料管道沟的建筑安装要求

开挖管道沟前必须复测画线、定位和顺路由取直管道沟。沟底内应平整顺直,沟坎及转角处管沟应平整、裁直、平缓过渡。塑料管道的埋深应根据铺设地段的土质和环境条件等因素确定,并由随工代表签字确认,管道的埋深要求见表 9-21。

表 9-21 塑料管道的埋深要求

序 号	地段、土质	沟深/m
1	普通土、硬土	≥1.0
2	半石质(砂硬土、风化石等)	≥0.8
3	全石质、流砂	≥0.6
4	市郊、村镇	≥1.0
5	市区街道	≥0.8
6	穿越铁路(距路基面)、公路(距路基底)	≥1.0
7	高等级公路中间隔离带及路肩	≥0.8
8	沟、渠、水塘	≥1.0
9	河流	同水底光缆埋深

塑料管道配盘时,应根据复测路由的计算长度确定敷设塑料管总长度、接头点环境条件,尽量减少接头,便于吹放光缆,对沟坎、渠、河地段应优先配盘。

塑料管道的布放安装应注意以下事项。

① 塑料管道布放采用人工铺设方式时,应安排足够人力,不得拖地、打扭。

② 施工布放前,应先将两端管口严密封堵,防止水、土及杂物等进入管内。

③ 塑料管在沟内应平整、顺直布放,地形起伏大、沟坎、转角处应持平、裁直、平缓过渡。

④ 同沟布放多根塑料管时,应相隔 10 m 左右捆绑一次,各塑料管的颜色应不同。布放 4 根以上塑料管时,采用分两层叠放方式,与光缆同沟布放的隔距不小于 10 cm,不得重叠、交叉。

⑤ 塑料管布放入(手)孔内的管口应及时封堵;铺设最小弯曲半径应不小于塑料管外径的 15 倍。

⑥ 人(手)井间的塑料管道原则上不采取驳接塑料管,确因特殊情况需要驳接时,应通知建设单位,由施工单位派技术人员处理,并应采取配套的密封接头件接续,严禁用喷灯直接吹烤塑料管。驳接后,应进行相应检测,合格后方可覆土,并设置驳接点标石或标志。塑料管通过河沟时应整条布放,不得驳接。

⑦ 引入手井的塑料管应伸入手井内 30 cm,并做好封堵,以便日后吹放光缆、接驳气吹机连接。

⑧ 在石质沟底地段,应在塑料管上下方铺垫 10 cm 原碎土或沙土。塑料管布放好后,回填土应高于地面 10 cm,并成龟背形。受其他因素影响不能深埋时,应采取水泥砂浆封沟。

⑨ 塑料管道穿越铁路和主要公路时,塑料管应穿放在镀锌无缝钢管内穿越公路。开挖公路时,可直接埋设塑料管道。在斜坡上,塑料管道不采用"∽"形敷设。

⑩ 布放塑料管后的覆土、加固保护等应按设计及《YD J44—89 电信网光纤数字传输系统工程施工验收暂行技术规定》执行,并做好路由的保护和加固。

3. 人井的设置

人井采用砖砌结构方式时,砖墙的厚度为 24 cm,人井的规格为:内径 1 200 mm×900 mm×1 200 mm(长×宽×深),水泥盖板厚度为 15 cm,布双层钢筋。要求盖板面与地面持平,并在人手井处设置标石,以避免它物掩盖而不易寻找和维护。

4. 塑料管施工保护

塑料管路由加固保护措施按施工设计图要求执行。若敷设塑料管的同时又布放光缆,一定要做好防雷措施,按设计要求布放排流线。同时,塑料管路由必须埋设路由标石。

5. 塑料管施工验收

① 随工验收。凡隐蔽工程的各项工序,必须有随工验收签证,包括挖沟沟深、平整度、弯曲度、塑料管的规格和颜色等内容,以及布放塑料管后塑料管的质量、捆绑扎、排列、管口堵塞、塑料管伸进井内长度及路由的加固保护措施等。

② 气闭法检查。塑料管布放后施工单位应作气闭检查,施工吹放光缆时,发现有漏气点或漏气无法吹放光缆时,应由施工单位返修。

③ 验收人员由建设单位委派或组织。

通信光缆线路在城市建筑中通过时常用管道光缆敷设方法。管道光缆的敷设要比直埋和架空光缆的敷设复杂很多,施工技术要求较高。管道光缆的敷设一般包括路由勘测、管道选用、清刷、穿放光缆、接续、引上、终端等工序。

9.7.1 管道光缆敷设前的准备

管道光缆敷设前应作好以下准备工作:按施工图规定的路由核对管孔占用情况;清洗所用管孔,清洗方法同普通电缆布放前的管道清洗;预放塑料子管。为提高市区电信管道的利用率,根据光缆直径小的特点,每个子孔内可预放 2~4 根塑料子管。管道内布放 3 根以上子管时,应作识别标记。为了便于维护,每根光缆布放应占用同一色标的子管。光缆占用的子管,应预放好牵引绳索,如尼龙绳、皮线、细钢丝、铁线等,穿引牵引绳的方法是:先用弹簧钢丝穿引绳索,然后用空压机将尼龙线吹入子管道内,并从另一端引出,最后将牵引铁线穿入子管内,以供布放时牵引光缆。

9.7.2 管孔的选择及清刷

1. 管孔的选用

合理选用管孔有利于穿放光缆和进行日常的维护。选用光缆管道和管孔的原则是:先下后上、先两侧后中间的顺序选用;管孔必须对应使用。同一条线缆所占用的管孔位置,在各个人(手)孔内应尽量保持不变,以避免发生交错(交错会引起摩擦,同时不利于施工维护)现象。通常同一管孔内只能穿放一条光缆,如果光缆截面较小,也可在同一管孔内穿放几条光缆,但应先在管孔中穿放塑料管,一根塑料管只能穿放一条光缆。

2. 管孔的清刷

敷设管道光缆或布放塑料子管之前,首先应将管孔内的淤泥杂物清除干净,以便顺利穿放光缆。同时,应在管孔内预留一根牵引光缆钢丝绳用的铁丝,以便穿放光缆。

清刷管孔的方法很多,目前常采用竹板穿通法,即用长 5~10 m、宽 5 cm、厚 0.5 mm 的竹板,用 1.6 mm 铁线逐段绑扎。管孔较长时,竹板可由管孔两端穿入,通过竹板头上绑扎的勾连装置(一端为三爪铁钩,另一端为铁环)在管孔中间相碰连接,贯穿全管孔,然后从管孔的一端在竹板末端接上清刷工具,如图 9-28 所示。在清刷工具的末端接上预留的铁线,从管孔的另一端拉动竹板,带动清刷工具由管孔中通过,完成管孔的清理。

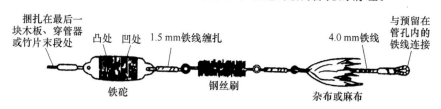

图 9-28 清刷管孔工具

国外采用的较先进的机械清理管孔法有软轴旋转法、风力吹送载体法和压缩空气清洗法等。压缩空气清洗法广泛用于密闭性能良好的塑料管道,先将管道两端用塞子堵住,通过气门向管内充气,当管内气压达到一定值时,突然将对端塞子拔掉,利用强气流的冲击力将管内污物带出。这种方法的设备包括液压机、气压机、储气罐和减压阀等。

3. 光缆塑料子管的穿放

布放时,先将子管在地面上(一般放在要穿放管孔的地面上)放开并量好距离,子管不允许存在接头。将预穿好的引线与塑料子管端头绑在一起,在对端牵引引线即可将子管布放在管道内。当同管布放两根以上(一般为三四根)塑料子管时,牵引头应把几根塑料子管绑扎在一起。管的端部应用塑料胶布包起来,以免在穿放时管头卡在管块接缝处造成牵引困难。为了防止塑料子管扭绞,应每隔 2~5 m 将塑料子管捆扎一次,使其相对位置保持不变。

在布放过程中,人孔口与管孔口处要有专人管理,避免将塑料子管压扁。同时,地面上的塑料管尾端应有专人管理,以防塑料子管碰到行人及车辆。此外,还应随着布放速度松送、顺直塑料子管。

一般塑料子管的布放长度为一个人孔段。当人孔段距离较短时,可以连续布放,但一般最长不超过 200 m。布放结束后,塑料子管应引出管孔 10 cm 以上或按设计留长,并装好管孔堵头和塑料子管堵头。可在塑料子管内预设尼龙绳,作为光缆的牵引绳。

9.7.3 管道光缆的配置

管道光缆的工程配置通常称为管道光缆配盘。

1. 配置方法

管道光缆工程中,配置通常按以下方法进行。

① 按管道总距离和给定的管道光缆盘号顺序对光缆进行排列。

② 按管道距离和单盘光缆的长度,第一盘光缆接头落在人孔内,光缆余留长度应为光缆 8~10 m。长度过长或过短时,可根据多余或不足的数量在其他盘光缆中挑选长度合适的光缆。

③ 按上述方法配置其他各盘光缆。

④ 在给定管道光缆数量的基础上,配置全段光缆,使光缆余留尽量集中在某一盘。

2. 配置要求

管道光缆工程中,对其配置有以下要求:

① 光缆端别敷设应尽量方向一致并与进局(站)的端别一致;

② 接头位置应尽量避开交通繁忙的要道口;

③ 配置后的光缆单段长度应尽量大于 500 m。

具体配算方法参阅 8.4 节。

9.7.4 穿放光缆

1. 制作光缆牵引端头

穿放光缆时,在牵引钢丝绳与光缆网套连接的地方加一连接装置,如图 9-29 所示。连接装置包括:1 个直径为 6 mm 的铁转环,1 个 ∞ 形铁环和 1 个 U 形铁环。这样,牵引时如钢丝绳扭转,转环的前半部随着旋转,而后半部连接的光缆网套不扭转,因而可使穿进管道内的光缆保持平直不致扭坏。

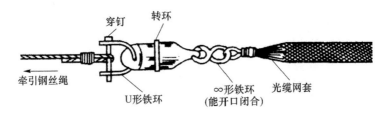

图 9-29 牵引管道光缆的连接装置

2. 机械牵引法

敷设通信管道光缆的工序包括估算牵引张力制定敷设计划、管孔内拉入钢丝绳、牵引设备安装和牵引光缆 4 个步骤。下面就牵引光缆的方法和人(手)孔内光缆的安装作简单介绍。

(1) 集中牵引法

集中牵引即端头牵引法。牵引钢丝通过牵引端头与光缆端头连好(牵引力只能加在光缆加强芯上),用终端牵引机将整条光缆牵引至预定敷设地点,如图 9-30(a)所示。

(2) 中间辅助牵引法

中间辅助牵引法是一种较好的敷设方法,如图 9-30(b)所示。它既采用终端牵引机又使用辅助牵引机。一般以终端牵引机通过光缆牵引端头牵引光缆,辅助牵引机在中间给予辅助,使一次牵引长度得到增加。图 9-31 就是在管道光缆敷设中利用这种方法的典型例子。

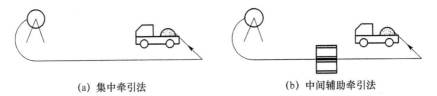

图 9-30 光缆敷设机械方法示意图

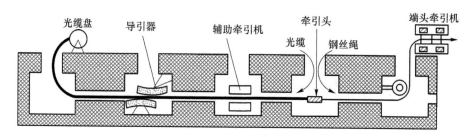

图 9-31　管道光缆机械牵引示意图

3. 人工牵引法

由于光缆具有轻、细、软等特点，故在没有牵引机情况下，可采用人工牵引法来完成光缆的敷设。人工牵引法的重点是在良好的指挥下尽量同步牵引。牵引时一般为集中牵引与分散牵引相结合，即有一部分人在前边拉牵引索（尼龙绳或铁线），每个人孔中有 1、2 个人辅助牵拉。前边集中拉的人员应考虑牵引力的允许值，尤其在光缆引出口处，应考虑光缆牵引力和侧压力，一般一个人在手拉拽时的牵引力为 30 kg 左右。

人工牵引布放长度不宜过长，常用的办法是采用"蛙跳"式敷设法，即牵引几个人孔段后，将光缆引出盘后摆成∞形（地形、环境有限时用简易∞形架），然后再向前敷设，如距离长还可继续将光缆引出盘成∞形，一直至整盘光缆布放完毕为止。人工牵引导引装置，不像机械牵引要求那么严格，但拐弯和引出口处还是应安装导引管为宜。

4. 塑料管气流法敷设光缆

塑料管内敷设光缆采用气流法。用每分钟 11 m³ 左右的气体带动光缆在管道中匀速前进，完成光缆在塑料管中的敷设，一次可吹 1 000 m。气流法所用设备有气吹机和空气压缩机等。

气吹机是用来将光缆气吹敷设进硅芯管道的专用机械，它分为普通型和超级型两种。普通型气吹机主要用于较细、较轻的光缆以及地势相对平直情况下的光缆敷设，正常进缆速度为 60～80 m/min，最高速度为 110 m/min，单机重量约 17 kg。超级型气吹机用于较粗、较重的光缆以及地势起伏较大的山区、丘陵地段敷设，该机正常进缆速度为 40～50 m/min，最高速度为 60 m/min，需与专用液压装置配套使用。

空气压缩机输出空气压力应大于 0.8 MPa，气流量在每分钟 11 m³ 以上，还应具有良好的气体冷却系统。输出的气体应干燥、干净、不含废油及水。虽然气流法敷设光缆有独特的优势，但在操作中需考虑以下因素：

① 光缆与塑料外护套的直径比和硅心管的内径与光缆直径比均应为 2～2.3，不要小于 1.8；
② 光缆塑料外护套应为中密度或高密度聚乙烯、聚氯乙烯；
③ 光缆的截面应呈圆形，且粗细均匀；
④ 普通管道光缆无须铠装。

气吹光缆法是一种在硅芯管等塑料管道内用气流法穿放通信光缆的方法。作业方法是：一个气吹作业组需气吹设备一台，工作技术人员约 8～10 人，车辆两辆，其中一辆牵引空气压缩机，一辆用来装运光缆及其他施工器材。每组日平均敷设单条光缆 10 km 左右。

吹放光缆之前，应从盘中倒出足够的余缆或将光缆倒成∞形，确保吹缆时光缆不绞折和打小圈。如果用塑料管敷设光缆，应先将管内杂物和水吹出后再吹放光缆。在施工中应根据地形情况，从头至尾吹放光缆或从中间开口往两边吹放光缆。施工中使用的气吹机和空气压缩机必须由专职人员操作，并根据光缆直径选用气吹机气垫圈，调节控制进缆速度。

为确保输送高压气体，施工中空气压缩机离气吹点的距离一般不应超过 300 m。光缆敷设完毕后，应密封光缆与塑料管口。另外，吹放完毕后，气吹点（塑料管开口点）应做好标记，便于日后维护。

9.7.5 光缆在人孔内的安排

光缆在人孔内排列的基本要求如下。

① 管道光缆进入人孔内应敷设在光缆支架的托板上，走向以局方一侧为准。光缆牵引完毕后，由人工将每个人孔中的余缆沿人孔壁放至规定的托架上，一般尽量置于上层。为了光缆今后的安全，一般采用蛇皮软管或 PE 软管保护，并用扎线绑扎使之固定。其固定和保护如图 9-32 所示。

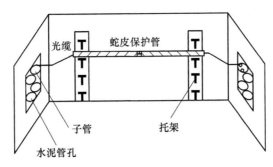

图 9-32　人孔内光缆的固定和保护

② 光缆接头应安置在相邻两铁架托板中间；根据管孔的排列，光缆接头可按一列或两列交错排列。

③ 光缆接头的一端距管道出口的长度至少为 40 cm；光缆接头不要安排在管道进口的上方或下方。

④ 光缆线路经过桥梁时，要求在桥梁两头建手孔，通常预留光缆 20～50 m，具体情况视桥梁的长度而定。手孔采用砖砌结构，24 cm 厚墙，规格为 1 200 mm（长）× 900 mm（宽）× 1 200 mm（深），水泥盖板厚度为 15 cm，布双层钢筋，盖板与地面或路面持平。

⑤ 人井（手孔）中的光缆应设有明显的标记，以便于维护和修复。

9.8.1 适用地段

水底敷设是将光缆穿过水域的敷设方法，通信光缆线路需要跨越江河、湖泊及海洋，受地理条件、河宽和安全等因素限制，采用架空光缆、桥梁附挂光缆和桥梁管道光缆有困难时，需要敷设水底光缆。它适用于一级、二级干线，或市话、农话光缆线路需要穿过江河湖泊等地段。

9.8.2 水底光缆的选用

水底光缆是由工程设计部门根据水底光缆的选用原则综合考虑、选择，施工人员，尤其是施工技术人员必须对其选用要求、规格和程式非常清楚。

① 一般河流(如河床稳定、流速较小、河面不太宽的河流)、湖泊,可采用单钢丝铠装光缆。

② 河床不稳定、流速较大,河的宽度大于 150 m 以及机动船、帆船等水上运输工具较多的航道,可采用粗钢丝铠装水底光缆。

③ 在流速急、河床很不稳定、变化大或岩石河床的水域,如长江等,光缆在河底移动磨损严重,安全度差,宜采用双钢丝铠装光缆。

④ 常年水深超过 10 m 的江、河,应采用深水光缆,如穿越长江、黄河等大河一般采用双铠铅护层深水光缆。由于增加了铅护层并加厚铅护层,光缆较重,增加了敷设难度,但光缆可沉入水底,增加了光缆在水底的稳定性、安全性。

⑤ 河床不宽且河床稳定、土质坚固又不通航的河流,如南方水网地区小河、沟渠,光缆承受的张力较小,可采用钢带铠装光缆。宽度不大于 200 m 的河、沟、渠,可采用普通直埋式光缆穿过预埋塑料管过河。

9.8.3 敷设准备

1. 埋深要求

水底光缆的深埋,对光缆的安全和传输质量的稳定具有非常重要的作用。为了防止水下光缆被水流冲击及各种外力损伤,水下光缆必须埋设于水底河床地沟中。水底光缆的埋深,应根据河流的水深、通航状况、河床土质等具体情况分段确定。一般不通航的河道中,光缆应埋深 0.7 m;通航的河道中,埋深 1 m 以上;水深超过 8 m 的河段,不需要挖沟,让光缆自然下沉即可。水底光缆的具体埋深见表 9-22。

表 9-22 水底光缆的埋深

河床部位和土质情况		埋设深度
岸滩部分	比较稳定的地段	不小于 1.2 m
	洪水季节会受冲刷或土质松散不稳定的地段	不小于 1.5 m
	光缆上岸,坡度应尽量小于 30°	不小于 1.5 m
有水部分	① 年最低水深小于 8 m 的区段 通航河流:河床不稳定、土质松软; 　　　　　河床稳定、土质坚硬; 不通航河流:河床稳定、土质坚硬; 　　　　　　河床不稳定、土质松软 ② 水深大于 8 m 的区域	不小于 1.5 m 不小于 1.2 m 不小于 1.2 m 不小于 1.5 m 可放在河底,不加掩埋
	冲刷严重、极不稳定的区段	应埋在河床变化幅度以下;如果施工困难,埋深应不小于 1.5 m,并根据需要将光缆作适当的预留
	有疏浚计划的河床	通航的河流	应埋在疏浚深度以下 1 m①
		不通航的河流	应埋在疏浚深度以下 0.7 m
	石质和风化石河床	不应小于 0.5 m

① 注:如施工时难以实现,需将光缆作适当的预留,待浚深时,再下埋至要求深度。

2. 水底河床光缆沟的挖掘方法

一般小河及不通航的河流,可进行人工开挖,既可采用挖泥铁夹或挖泥吊斗,也可在河底下预放钢管,敷设光缆时,用管内预穿铁线牵引即可。

较大河流中，在光缆线路位置上，可用高压水泵冲挖光缆沟槽。高压水泵的压力应在294～490 kPa范围，高压水流可将河床的土壤冲成槽沟。高压水泵压力不宜过大，否则潜水员操作困难。

河面宽、流速急的河流可用挖泥船挖掘。一般靠近河岸的部分可以挖得窄一些，河中心应挖得宽一些，防止冲塌沟壁。施工时，首先在两岸设置标志，水中设浮标（如短段木棍或竹竿等），以标明水底河床地沟的边线，然后用锚链或木桩将挖泥船固定在沟边线处，在两边线的范围内挖泥。挖好一处后，移动船位再挖另一处，可用船上的绞车收放锚链来移动船位。为了使光缆在河中心紧紧贴在河床底，不因水流冲击而悬空，光缆在河中心应略向上游偏移，河床地沟应按此路线开挖。

水底光缆具体挖沟方法及适用条件见表9-23。

表9-23 水底光缆的挖沟方法及适用条件

挖沟和冲槽方法		施工方法	适用条件	备注
人工施工方法	长把铁锹法	两人一组，一人向下挖土，另一人用绳拉铁锹	水深小于50 cm；河底为黏性土壤；流速及流量均较小	
	吊斗法	6～7人一班，在船上装置脚踩的轴承并吊挖泥斗，利用人力踩动轴承带动挖泥斗，提吊挖泥斗将挖出土装船运走	水深小于5 m的浅河；河底为淤泥沙土；流速及流量均较小	挖沟深度可达水面以下4～6 m，但需分层挖掘
	夹挖塘泥法	一人一船，采用夹塘泥的工具，方法简便，但工作量不宜过大	水深小于3 m的浅河；河底为淤泥	适用于南方水网地区
机械设备施工方法	挖泥船施工方法	吸扬式挖泥船	利用离心泵自河底吸取泥土和水的混合物，通过排泥管送到排泥地点	河底为砂质土壤，如有绞刀设备则可用于砂质黏土、淤泥黏土等土壤；水深在8～14 m间	主要决定于土壤性质、排泥管的长度、离心泵的工作效率等
		链斗式挖泥船	利用一系列泥斗在斗架上连续转动，从河底不断挖掘泥土	一般砂质土壤、黏土、淤泥灰土壤中（黏土、泥土不易倒空）；水深在8～13 m间	链斗式的种类较多，有高架长槽链斗式、泥泵链斗式等
		铲扬式挖泥船	船上固定铲泥的铁铲，利用铁铲下到河底挖取泥土	重黏土、淤泥、砂质黏土、石质土壤已经捣碎时，不适用细砂和稀泥；水深在6～12 m间	
		抓扬式挖泥船	船上装有带有钢丝绳的抓斗，在重力的作用下抓斗下放到河底挖泥土	水深在12～18 m间；河床为砾石、黏性土壤，不适用于大石块细砂、夹石泥土等河床	投放抓斗不易控制位置及挖沟的深度，沟底不如其他挖泥船平整
	其他施工方法	水泵冲槽法	用高压水泵将河底土壤冲槽，有先放光缆后冲槽和先冲槽后放光缆两种。一般采取先放光缆后冲槽的方法	水深小于10 m时；河底为沙土黏土或淤泥时；流速小于1 m/s	在原有光（电）缆路由上增设光缆或挖沟的工作量较大时采用最佳
		自动吸泥法	采用高压空气管吸泥排到远处	水深大于10 m；河底为砂土、黏土或淤泥时；流速可大于1 m/s	
		爆破施工法	利用炸药的爆炸力将石质岩块炸开形成沟槽	河床为岩石质时	需经水下爆破设计和施工单位研究后确定才能进行施工

3. 敷设长度计算

见第 8 章路由复测相关内容。

4. 水线路由的选择

水底光缆敷设路由的选择,首先应考虑光缆的稳固性,同时应考虑施工与维护的方便。因此,对水线路由的测量包括河床、断面图、水流、土质及两岸地理环境等,确定水底光缆弧形敷设路线。

适合敷设水底光缆的河段具有如下的特点:
- 河床较窄、起伏平缓、比降小;
- 河床顺直、水流平稳、土质稳定;
- 两岸坡度小、岸滩漫水范围不大。

不宜敷设水底光缆的河段包括:
- 河流转弯与弯曲处;
- 两条河流的汇合处;
- 河道经常变动的地方;
- 河岸陡峭易塌方的地方;
- 石质或风化石河底、施工困难的地方;
- 有腐蚀性的污水排泄的水域;
- 码头、港口、渡口、桥梁、抛锚区、避风处、湾沟、捕鱼区和水上作业区 300 m 以内。

9.8.4 敷设方法

水底光缆敷设时光缆布放和埋设同时进行。水底光缆的布放方法应根据河流的宽水深、流速、河床土质以及所采用的光缆程式,并结合目前施工技术水平综合考虑。敷设方式有下面 8 种。

(1) 人工抬放或牵引过河

水很浅的河流,可以采取人工抬放过河,方法与陆地抬放相似。不便涉渡的小河,如河床宽度在 100 m 以下,可用牵引绳将光缆牵引过河。这种方法非常简便,但应注意防止拖拽损伤外护层,还应注意避免光缆的端头进水。

(2) 船锚布放

采用船锚布放时,前后船牵引敷设船沿路由前行,敷设船上人工将光缆放至河床。这种方法的布放速度慢,光缆入水角度和放缆速度容易控制,敷设轨迹比较好,但占用水域时间长,抛锚对该区域内已有的水底光缆可能造成损伤。因此,这种方法适用于水域较宽、流速较大且可以封航的深水区域。

(3) 拖轮快放法

将拖轮同敷设船绑在一起,拖轮顶推敷设船航行,敷设船上施工人员迅速将水底光缆放入水中。这种方法适合于水面宽,流速较大的深水区。

(4) 挖冲机法

挖冲机法适用于在硬土、卵石、砂岩风化石等河床水底敷设光缆。这种方法的敷设速度较快且能达到埋深要求。

(5) 冲槽法

光缆布放至河床表面后,由潜水人员手持高压枪沿光缆冲出一道槽沟后,使光缆落入沟内。这种方法常用于一般的河流,但硬土河床难以达到深度要求。这种方法操作简单,器械可以租借,可确保短期内完成繁重的水下作业。

(6) 人工截流挖掘法

当遇到浅水河流或沟、渠时,以及按上述方法完成布放的岸滩部分,均可采用人工挖掘法敷设光缆。有些地段还可采用截流排水,挖掘缆沟来完成水底光缆敷设。

(7) 预埋塑料管过河法

200 m 以内的沟、渠、塘,可采用埋式光缆代替水底光缆,光缆通过预埋塑料管可安全过河。预埋塑料管有下面几种方法。

① 人工预埋法。对浅水域截流、挖沟,将塑料管埋于河底。

② 挖冲机预埋法。用水下光缆挖冲机在河底挖出槽沟,塑料管通过挖冲机的后部槽自动敷设于沟内并覆水泥砂浆。为了防止塑料管上浮,可在塑料管内穿入铅包电缆,待稳定后抽出铅包电缆。

③ 光缆穿管布放。类似于敷设市话管道光缆的方法,采用牵引方式敷设塑料管。光缆穿入塑料管后,光缆与子管间通过锥形塑料管用热缩管将光缆、塑料管固定,防止水泥沙灌入。

(8) 汽轮拖带法

在河宽为 300 m 以上的通航河流中,可采用汽轮拖带法。这种方法的优点是速度快,准备工作就绪后,可在较短时间内将光缆布入水底。在布放前,把光缆放在驳船上,船上应有光缆投放架或直径等于光缆直径 15 倍的滑轮、控制光缆投放速度的制动器及控制转子或光缆柱等。光缆在驳船上应摆成∞形,使光缆布放时不易扭结。驳轮由汽轮拖带。布放出光缆后,光缆因本身的重量而自动泄入水中。此时,潜水员应在水中协助,使光缆进入沟槽内或用水泵冲刷沟槽,同时掩埋光缆。

9.8.5 水底河床光缆沟的回填

当水底光缆布放完毕后,光缆沟必须回填。用高压水泵冲槽时,可一边冲刷并将光缆放入沟内,一边把泥土冲回槽内填沟。用挖泥船开挖沟槽时,可用开底泥驳法和吸泥岩法回填。开底泥驳法是用挖泥船自别处挖土,用有活动底仓的泥驳将土运至沟槽上方稍偏上游处,将仓底打开使土落入沟中。吸泥岩法是用吸扬式挖泥船在沟槽附近一面吸泥,一面将泥排入沟槽中。

9.8.6 水底光缆的附属设施

水底光缆的附属设施一般包括水底光缆的终端、水底光缆两岸的固定装置和水底光缆的标志等。

1. 水底光缆的终端

水底光缆的终端方式有 3 种:直接终端、人井终端、水线房终端。

① 河面宽度较小、河床稳定、水深不超过 9 m 的河流中，水底光缆采用直接终端法。水底光缆和陆上光缆用普通套管直接连通，水陆线间不设气闭。

② 河面较宽、水深流急的江河中，水底光缆一般采用人井终端法，利于随时维修。

③ 大江、大河或通航频繁的江河中，水底光缆常用水线房终端。该房设在江河两岸，与维护人员的住房和人井建立在一起，故又称人井房。水线的终端和转接仍在人井内进行，方法与人井终端相同。

2. 水底光缆两岸的固定装置

水线的岸滩处理与终端固定应根据河岸土质和地形等情况分别采用下列措施。

① 水线的岸上部分，一般采用曲折埋设固定。光缆引上河岸处的河底深度在最低水位时应不小于 1 m。水线在岸上曲折埋设的长度不小于 30 m。如河岸与地下光缆连接处距离小于 30 m，宜设桩固定。水线在一些大江、大河的登陆点，通常同时采用曲折埋设与设桩固定。

② 水线上岸后，水陆两段光缆的接头应设在地势较高、土质稳固的地方，并可直接埋在地下。

③ 水线的终端固定方式可采用∽弯法、梅花桩法和锚链法 3 种。

- ∽弯固定光缆适用于水线登陆后，地势允许留∽弯的地方。一般∽弯半径为 1.5 m，每个∽弯的长度约 6 m。这种方法兼有挖沟埋缆、预留、固定三者的作用，并且简易实用，因而得到广泛采用。
- 梅花桩法如图 9-33 所示。这种方法的固定性能良好，可以承受较大的拉力。梅花桩法的缺点是，当地形变动或木桩被水冲掉时，水线张力将增大，易损伤光缆，因此梅花桩法采用得不多。

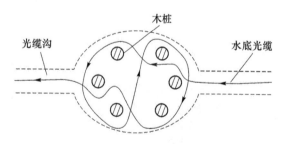

图 9-33 梅花桩法的固定

- 锚链法适用于岸滩陡、短、无法设∽弯或∽弯不稳固的地方。锚链法的具体方法是：在岸滩的固定地点埋设两根适当长的地锚；地锚上绑扎固定并引申出多根（一般取 8 根左右）4.0 mm 铁线，铁线均匀散开，置于光缆的加强芯上，并编织成网；同时用 3.0 mm 铁线每隔 30～50 cm 缠扎 20 圈，总长度约为 3 m。地锚应埋在光缆两侧，埋设地点视岸滩地形条件而定。

3. 水底光缆的标志

敷设水底光缆的通航水域内，应划定禁止抛锚区域，在水底光缆过河段的河堤或河岸上应设置标志牌，以告诫过往船只。水底光缆的标志牌如图 9-34 所示。标志牌的数量、设置方式和设置地点应与航务部门和堤防单位协商决定。

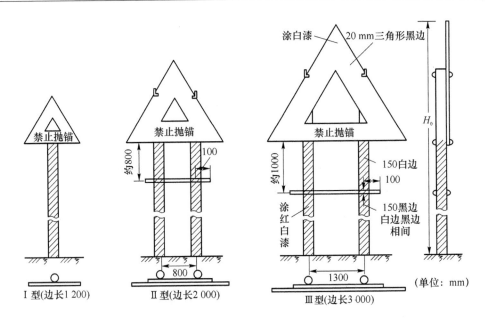

图 9-34　水底光缆的标志牌

随着电信网光纤化的深入,接入网中光纤替代铜线,不断接近用户。根据光纤靠近终端用户的程度,光纤接入网(OAN)的应用形式分为:光纤到路边(FTTC)、光纤到驻地(FTTP)、光纤到大楼(FTTB)、光纤到户(FTTH)或光纤到办公室(FTTO)。以上 OAN 的应用形式并非技术上的差别,而仅是光纤应用的程度不同。FTTH 是 FTTx 的最终发展模式,也是最理想状态。光纤接入网主要采用 PON(无源光网络)技术,用分光器把光信号进行分配,同时为多个用户提供服务,如图 9-35 所示。

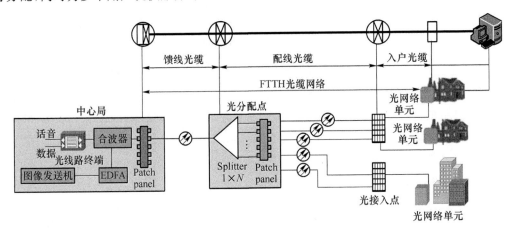

图 9-35　FTTH 网络结构

目前,光缆工程的建设重心已由核心网转入接入网,接入网中光缆的敷设受到越来越多的重视。相对于干线网的施工环境来说,接入网光缆工程往往处于城市街道或繁华的居民区,易受施工空间狭窄限制,布放安装环境拥挤,城市管线资源紧张,路面开挖审批严格,施工条件和技术复杂,成本高。因此,所选用的光纤、光缆的结构和性能有不同于干线的要求,对光缆的敷设和施工方法也提出了新的要求。本节讨论几种近年来接入网光缆工程中出现的新的施工方法。

9.9.1 应用于 FTTH 网络的光缆

应用于 FTTH 网络的光缆,按照在网络中的位置分为馈线光缆、配线光缆和入户光缆,如图 9-35 所示。

1. 馈线光缆

馈线光缆起源于中心局(CO),连接到分配点(DP)。馈线光缆纤芯数比较多,少则上百芯,多则几百芯,甚至上千芯,通常使用中心管式、层绞式及骨架式光纤带光缆。根据光缆馈线段所在的环境位置,馈线光缆可选择室外光缆、室内光缆或室内外两用光缆,当馈线光缆为室外光缆时,通常采用管道敷设方式。在一些特殊的敷设方法下,可采用特殊结构的光缆,如图 9-36 所示。

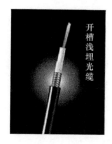
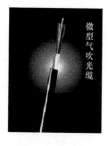

图 9-36 紧缺路由条件下的馈线光缆

2. 配线光缆

配线光缆为光分配点至用户接入点之间的光缆。根据位置不同,配线光缆可选用室外光缆、室内外两用光缆和室内光缆 3 种。配线光缆起源于分配点,连接到多个用户接入点,它的覆盖区域一般不会太大,通常采用星/树形结构,缆型通常采用带状缆或者纤芯密度大的分立式光缆。同时因为光缆的安装一般是在人口稠密的城市市区,因此,要尽量利用原有的管道及管孔,争取高密度复用已有的地下空间,当然光缆也要根据选用空间的特性作适当结构特性方面的调整、改进,以保证原有管道的功能和光缆的安全。用这些特殊路权敷设的光缆通常称为"路权光缆",其缆型主要有:气吹微缆、路槽缆和排水管道光缆等。

3. 入户光缆

入户光缆是用户接入点至 ONU(也称为用户网络单元)的光缆。当用户接入点置于室外时,户外段应选用室外光缆或室内外两用光缆引入。当用户接入点置于室内或楼内(FTTH 或 FTTB)时,引入光缆应使用室内光缆。

在这几种光缆中,入户光缆是一个较为复杂的环节,传统的入户光缆存在价格高、可靠性低等问题。新型的入户光缆包括铠装光缆和皮线光缆两种。铠装光缆比较适合于移动的、保护要求更高的场合,一般用做墙面插座到桌面光用户终端之间的活动跳线。皮线光缆比较适合于固定的、空间位置比较紧张的布线,可用于明线或短距离的管道敷设。

皮线光缆单芯、双芯结构应用较多,也可做成四芯结构,横截面呈 8 字形,加强件位于两圆中心,可采用金属或非金属结构,光纤位于 8 字形的几何中心。皮线光缆结构如图 9-37 所示。

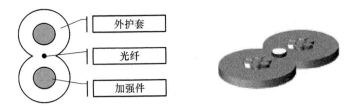

图 9-37 皮线光缆的结构

皮线光缆根据加强件类型可以分成金属加强件和非金属加强件两种。金属加强件的皮线光缆可以达到更大的抗拉强度,适合较远距离室内水平布线或短距离的室内垂直布线。非金属加强件的皮线光缆采用 FRP 作为加强材料,可以实现全介质入户,防雷击性能优越,适用于从户外到户内的引入。皮线光缆外护套一般采用 PVC 材料或 LSZH 材料,LSZH 材料阻燃性能高于 PVC 材料,同时,采用黑色 LSZH 材料可阻挡紫外线侵蚀,防止开裂,适用于室外到室内的引入。

皮线光缆除了最基本类型以外,还有多种衍生的结构,最常见的有管道映射光缆(管道入户型)和自承式 8 字形布线光缆(架空入户型)两种,如图 9-38 所示。

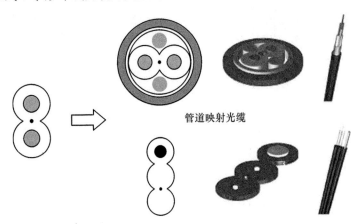

图 9-38 入户光缆的衍生结构

管道映射光缆和自承式 8 字形布线光缆都属于室内外一体化光缆,室内、室外环境均能适应,适合于从室外到室内的 FTTH 引入。管道映射光缆由于在皮线光缆的基础上增加了外护层、加强件及阻水材料,所以其硬度和防水性能均有提高,适合于户外管道敷设。自承式 8 字形布线光缆是在皮线光缆的基础上增加了一根金属吊线单元,因此抗拉强度更大,可用于架空敷设,适合户外架空引入户内的布线环境。

入户光缆可以采用管道入户或架空入户(自承式皮线光缆),在建筑内包括楼内垂直布线和水平布线,通过用户室内布线可靠连接用户终端。入户光缆内光纤建议选用符合 ITU-T G.657.A/B 标准的弯曲性能良好的光纤,配合多种现场连接器,可以在最短时间内实现现场成端、对接。目前康宁(Camsplice)、3M(Fiberlock)、藤仓公司制造的多种现场连接器均可以与 2.0 mm×3.1 mm 标准尺寸的皮线光缆适配,并在全球得到广泛应用。

9.9.2 气吹微缆工程

在已敷设的 HDPE 或 PVC 母管中,或在新建光缆的路由上预敷设母管和微管,可穿管或用吹缆机吹放。给微管内充入连续不断的气流,利用管道内的气流对微缆表面的推拉作用,把微缆布放到微管中,如图 9-39 所示。

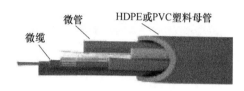

气吹微缆系统的典型结构是母管-子管-微缆。长飞公司引进荷兰 Draka 公司的微缆

图 9-39 气吹微缆系统

气吹系统 HDPE 母管的直径有 25、32、40、50、83 mm;子管的直径有 7/5.5 mm 和 10/8 mm。母管可以穿放在城市的混凝土管孔中,也可以进行新的路由布放。母管里能布放微管的数量(主要取决于机械保护的要求)原则:子管的横截面积(以微管的外径计算)的总和不得超出母管横截面积的一半。微管通常成束一次性气吹入母管中。

由于高压气流关系,光缆在管道中会处于半悬浮状态,因此地形的变化及管道的弯曲对敷缆影响不大。微缆被气吹机吹送进微管中,一次可吹送 1.6 km。气吹微缆施工原理如图 9-40 所示。在这种特殊的环境中,微缆应具有合适的刚柔性能,外表面与微管内表面之间的摩擦力要小,微缆形状和表面形态有利于在气流下产生大的推拉力,微缆和微管具有适合微管中吹放的机械性能,具有适当的环境性能,具有适合系统要求的光学和传输品性。

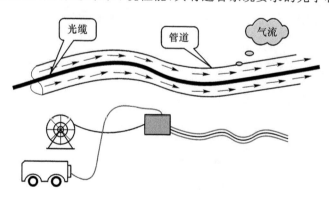

图 9-40 气吹微缆施工原理

1. 微管

多根微管穿放在塑料硅芯管道中,它的结构为内壁带纵向条纹硅层的 HDPE 管,微管通常被着成各种纯色以便于区分。微管的结构如图 9-41 所示,微管的直径尺寸有 5/3.5、8/6、10/8、12/10、14/12 mm,10/8 mm 代表微管外径 10 mm,内径 8 mm。

微管可以组成集束管,提供更多的容量,典型结构如10/8 mm×7等,如图9-42所示。

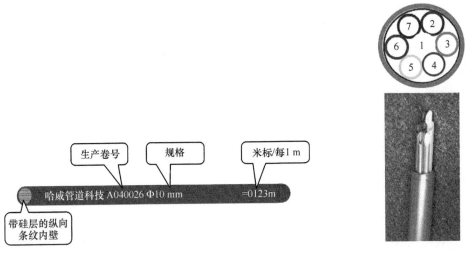

图9-41　直径10 mm(10/8 mm)微管侧面　　　　图9-42　微管集束管

2. 微缆

微缆是网络中关键的组成元素。其直径约为4～8 mm,芯数为2～72,分为全介质结构和不锈钢中心管式结构。在7/5.5 mm的子管中,可吹入一根芯数为4～24的光缆,在10/8 mm子管中,可吹入一根芯数为48和60的光缆(或其他小芯数的缆)。在图9-43所示的气吹微缆中,容放光纤的数目可达几十根(每个1.7 mm的松套管可放置12根光纤)。

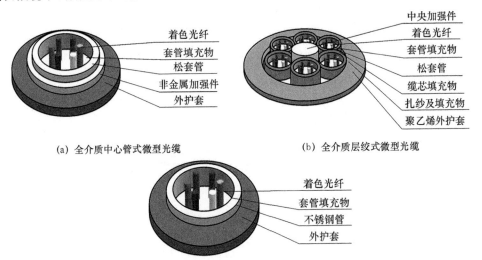

图9-43　微缆结构

气吹安装微缆尺寸小、重量轻、容纤密度高,具有良好的气吹安装特性,优异的抗侧压和抗曲挠设计,适应温度和温度要求。上海长飞公司成功推出直径为6.4 mm的96芯微型气吹光缆,并在上海实验场一次性通过各项性能指标的测试。此前,长飞公司96芯微型气吹光缆的直径为7.6 mm,相对于普通4芯管道光缆约为10 mm的外径而言,在节省管道资源方面优势十分明显,因此,国内的应用逐步增多,市场对于微缆的需求量预计将会呈现比较大的增长。

有资料显示,贵州电信仅一个项目的需求就达 150 km。气吹布放微缆如图 9-44 所示。

3. 连接配件

耦合管用于微管之间的直通连接,保证整个微管长度内的密封连接。

Y 形分支连接器用于光缆分歧,对子管和光缆提供关键的机械保护。Y 形连接器由若干部件组成,如可分离螺帽、密封件,易于安装和拆卸。微管连接件和 Y 形分支连接器如图 9-45 所示。

气密和防水密封圈,光缆、子管和母管密封圈的作用是防止水进入到人孔、局端和用户端。此外,如果附近有燃气管道时,要求使用气密密封圈,便于在气体发生泄漏时将风险降低到最小程度。在这种情况下,子管(无论里面是否有光缆)和母管(无论里面是否有子管束)都要用这种密封圈密封上。这类密封圈不仅要气密,而且要防水。

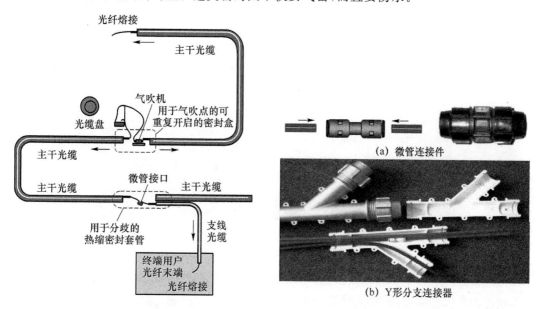

图 9-44 气吹布放微缆　　　　图 9-45 微管连接件和 Y 形分支连接器

4. 施工安装

气吹微缆的施工步骤分为清洁硅芯管道、气吹微管、安装和密封连接微管;将微型光缆气吹进微管中,微缆的盘留和固定。2007 年 9 月山东联通在济南利用英国 CBS 全套气吹设备进行了气吹微缆工程,工程报告见表 9-24。

表 9-24　气吹微缆工程报告

气吹微管报告	气吹微缆报告
微管直径:10/8 mm 气吹微管数量:4 根 气吹速度:35～45 m/min 气吹距离:810 m 小结:以约 40 m/min 的速度完成 4 根微管的 810 m 距离吹送敷设,4 根微管的敷设长度误差不超过 10 cm	微缆结构:层绞式非金属 微缆纤芯数:72 芯 微缆直径:5.4 mm 气吹长度:810 m 气吹速度:62 m/min 小结:在 4 根微管中 4 根气吹微缆,平均每根气吹 15 min,约 1 个半小时将光缆气吹完成

气吹微缆法适用于网络的各个层次,初期投资省,比传统的网络建设方法节省高达 65%～70%的初期投资;可用于新布放的(高密度聚乙烯 HDPE)母管或已有(PVC 或其他塑料)母管;在不影响已开通光缆正常运行的条件下,可联通新用户;是一种机械性能优良、保护功能强的室外技术;光纤组装密度高,通过布放可重复利用子管,充分利用管孔资源;可随通信业务量的增长分批次吹入光缆,及时满足用户的需求;便于今后采用新品种的光纤,在技术上保持领先;易于平行扩容和纵向扩容,减少挖沟工作量,节省土建费用;微型光缆的气吹速度快且气吹距离长,光缆布放效率大幅提高。

9.9.3 路槽缆工程

路槽缆是针对城市通信线路资源匮乏以及工程建设困难的现状而特殊设计的一种创新的光缆敷设理念。路槽缆采用嵌入方式直接将光缆敷设于人行道、车行道或停车场里。即采用开槽的方式在路面开一道微槽道,先在槽道内填充一保护条,将光缆放入,缆上方用一种塑料夹具保护起来。根据需要加入塑料隔离物,然后将热沥青填入,修复路面,如图 9-46 所示。

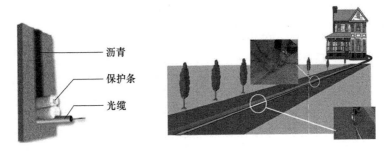

图 9-46 路槽缆的敷设

路槽缆采用不锈钢管或双面涂塑钢带(PSP)保证光缆具有良好的抗压性能和柔软性,不锈钢管内充以特种油膏,对光纤进行了保护。100%缆芯填充,缆内松套管中填充特种纤膏,结合不锈钢管、钢带的防潮层和良好的阻水材料,防止光缆纵向渗水。

路槽缆比传统大面积开挖方式快速、廉价,消除了挖掘开支,减少了敷设时间。路面微槽敷设光缆应用是对其他敷设方式无法满足线路安装需求时的补充。路槽敷设方式是一次性的,与气吹微缆渐次安装相比,对于以后的网络扩容优势明显降低。同时,路槽的开挖涉及路由的所有权问题和路由恢复后的正常使用标准。表 9-25 列出了长飞公司的路德®路面微槽光缆(GLFXTS)的性能参数。

表 9-25 长飞公司的路德®路面微槽光缆(GLFXTS)的性能参数

光缆型号	光纤数	松套管尺寸/mm	护套标准厚度/mm	光缆直径/mm	光缆重量/kg·km^{-1}	最大允许工作张力/N	长期/短期每 100 mm 允许压扁力/N
GLFXTS-2～12Xn	2～12	2.0/3.0	1.5	8.5	70	300/1 000	300/1 000

成都康宁光缆有限公司牵头起草的《通信用路面微槽敷设光纤光缆》行业标准,通过了中国通信标准化协会(CCSA)组织的送审稿审查,并于 2006 年 6 月 8 日发布。《通信用路面微槽敷设光缆》的行业标准(YD-T 1461—2006)规定了路面微槽敷设光缆的应用范围、产品

的分类、结构、标志、交货长度、技术要求、试验方法、检验规则、包装、储运以及安装和运行要求。该标准适用于敷设在城市及社区内现有水泥或沥青道路路面开槽宽度小于 20 mm、槽道内最上层光缆距路面深度不小于 80 mm、槽道总深度不大于路面层厚度 2/3 的微型槽道中的光缆产品。

9.9.4 排水管道光缆工程

城域网和接入网发展迅猛,城市网管孔资源紧张,需要矛盾突出。随着市政建设管理的逐渐完善,开挖以及敷设的审批手续日趋严格。另一方面,尚未得到充分开发和利用的城市污水和雨水管道网几乎覆盖所有的电信业务区域。借助城市市政资源(污水管道和雨水管道),采用特殊的施工方法将光缆敷设在管道上壁,排水管道光缆结构、安装图如图 9-47、图 9-48 所示。

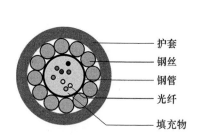

图 9-47 排水管道光缆结构

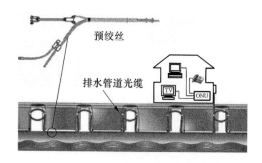

图 9-48 排水管道光缆安装图

雨水管道的布放一般分为管道检查与清洁、光缆穿放、安装金具、在人孔壁上固定角铁架、用紧线器收紧光缆、固定光缆和线卡固定预留光缆等步骤。

2002—2004 年云南联通、四川移动、重庆网通、辽宁电信等都分别在不同城市的雨水管道中敷设了长飞公司提供的光缆,解决了网络建设的燃眉之急。

光缆敷设在排水管道中,在结构设计中应注意防潮、防鼠啮以及满足敷设所需要求。同时还应考虑到排水管道在疏通时可能会对光缆有所损伤。管道缆所用路由为城市规划局所有,在使用中应协调好双方的关系。

9-1 布放光缆的一般规定有哪些?
9-2 为什么长途光缆线路的埋深标准为 1.2 m?
9-3 简述直埋光缆的敷设方法。
9-4 直埋光缆在特殊地段的处理方法有哪些?
9-5 直埋敷设时光缆的布放有哪些方法?
9-6 光缆的标石有哪几类? 各自的作用是什么?
9-7 简述架空光缆路由的准备工作。

9-8 架空光缆的支承方式有哪两种？
9-9 分析比较架空光缆的架挂方法。
9-10 自承式架空光缆的意义是什么？
9-11 光缆吊线终结方法有哪些？
9-12 水泥管道光缆敷设前应做哪些准备工作？
9-13 管道光缆敷设前为什么要预设子管？
9-14 管道光缆的布放方法有哪些？
9-15 水底光缆敷设有哪些方法？
9-16 水底光缆的埋深是如何要求的？
9-17 气吹微缆的施工步骤有哪些？
9-18 微缆与普通光缆有何区别？
9-19 FTTH网络中，入户光缆的常见结构有哪些？

第10章 光缆的接续与成端

综合考虑生产、运输和工程布放等因素,陆地光缆的制造长度一般为 2 km/盘,在一些干线工程中,使用的光缆盘长可达到 4 km。因此,光缆线路是由几盘至几十盘光缆,通过缆内光纤的固定连接构成的长光纤链路;光缆线路两端,缆内光纤则通过活动连接与机房设备连接构成一个完整的光纤通信系统。

因此,光缆线路中间的接续是不可避免的,光缆接续可分为光纤的接续和加强构件、光缆护套的接续两部分;线路两端,光缆线路在到达机房后要做成端处理-缆内光纤与一端带连接器的尾纤熔接,再通过ODF(光纤要配架)或ODP(光纤分配盘)上的光纤适配器或直接与设备连接。成端与接续类似,但由于接头材料不同,操作方法也不同。光缆的接续与成端是光缆线路施工和维护人员必须掌握的基本技术,接续工艺水平的高低直接关系着系统的传输质量、系统的可靠性和线路使用寿命,其核心是光纤的接续。目前光纤的连接方式及适用场合,见表 10-1。

表 10-1 光纤的连接方法和适用场合

连接方式	连接方法	适用场合
固定连接	熔接法、粘接法、机械连接法	光缆线路中光纤间的永久性连接
活动连接	光纤连接器	光缆线路两端与设备、仪表等可拆装的连接

10.1.1 光纤的固定接续方法

光纤的接续方法可分为两种:一种是一旦接续就不可拆装的永久接续法;另一种是可反复拆装的连接器接续法。而永久接续法又可分为:熔接接续和非熔接接续两种。光纤的固定接续(永久接续)是光缆线路施工与维护时最常用的接续方法。这种方法的特点是光纤一次性连接后不能再拆卸,主要用于光缆线路中光纤的永久性连接。光纤固定接续有两种方法:熔接法和非熔接法。根据光纤不同的轴心对准方法,非熔接法又分为 V 形槽法、套管法、松动管法等。表 10-2 列出了光纤的各种固定接续的方法。

表 10-2　光纤各种固定接续方法

分　类		示意图	方　法
永久性连接	非熔接法 V形槽法	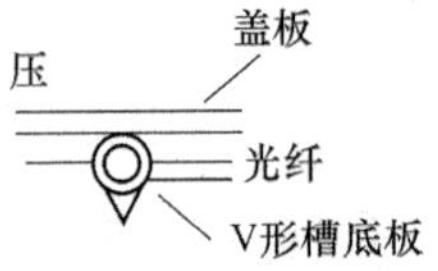 (压、盖板、光纤、V形槽底板)	在V形槽底板上,对接光纤端面,进行调整,从上面按压光纤使轴心对准之后,用粘接剂固定
	套管法	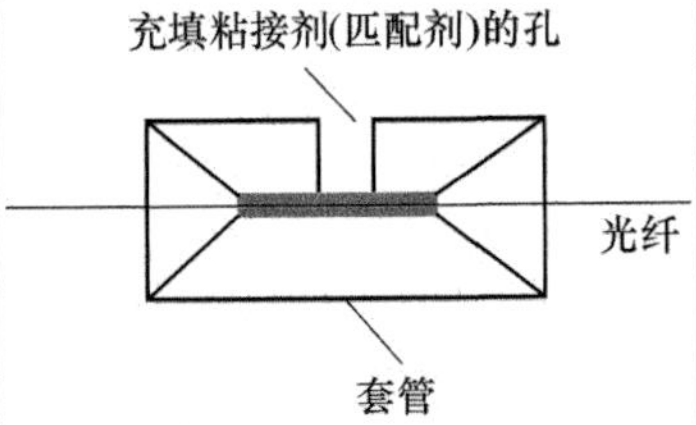 (充填粘接剂(匹配剂)的孔、光纤、套管)	从玻璃套管的两端插入光纤,进行轴心对准之后,粘接固定
	三心固定法	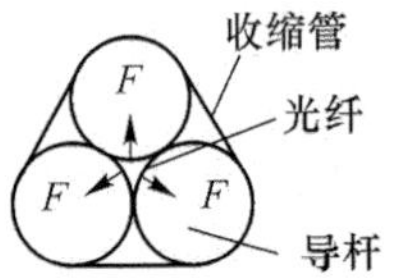 (收缩管、光纤、导杆)	对导杆施加均匀的力,使光纤位于三根导杆的中心
	松动管法	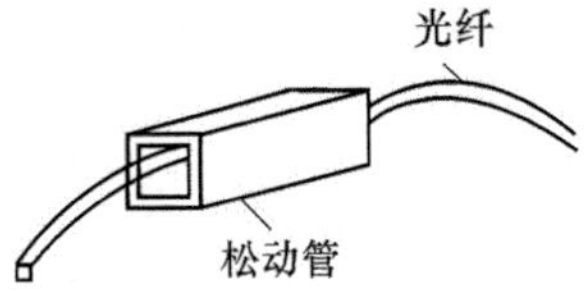 (光纤、松动管)	把光纤按压在具有角度的管子的内角中,进行轴心对准
	熔接法	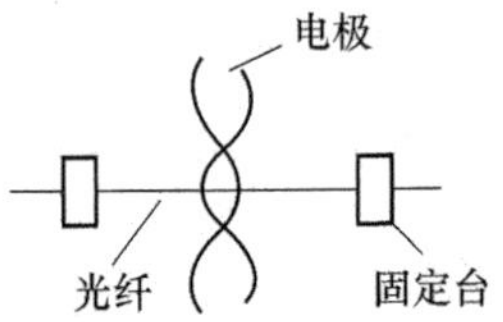 (电极、光纤、固定台)	有放电加热法、激光加热法、电热丝加热法,无论哪一种方法都是把光纤熔融后连接起来

目前,光纤的固定接续大都采用熔接法。这种方法的优点是连接损耗低、安全、可靠,受外界因素的影响小。最大的缺点是需要价格昂贵的熔接机具。

1. 熔接法

熔接法是光纤连接方法中使用最广泛的方法,它采用电弧熔接法,将光纤轴心对准后,利用金属电极电弧放电产生高温,加热光纤的端面,使被连接的光纤熔化而接续为一体。光纤端面加热的方法有气体放电加热、二氧化碳激光器加热、电热丝加热等。石英光纤的熔点高达 1 800 ℃,熔化它需要非常大的热量,电极放电加热最适合石英光纤的熔接,目前光纤熔接机都采用这种加热方法。

电极放电熔接法具有操作方便、熔接机具有体积小、熔接时间短、可控制温度分布和热量等优点,得到了广泛的应用。但由于光纤端面的不完整性和光纤端面压力的不均匀性,一次放电熔接光纤的接头损耗比较大,于是人们又发明了预热熔接法(即二次放电熔接法)。这种工艺的特点是在光纤正式熔接之前,先对光纤端面预热放电,给端面整形,去除灰尘和杂物,同时通过预热使光纤端面压力均匀。这种工艺对提高光纤接续质量非常有利。预热熔接法的连接过程及光纤连接损耗随时间变化的曲线如图 10-1 所示。

图 10-1　预热熔接法过程及光纤连接损耗随时间变化的曲线

图 10-1 中 A 点曲线为光纤轴心错位损耗、菲涅尔反射损耗和端面不完整产生的损耗。在 B 点曲线预热阶段，熔融端面形成曲面，损耗急增。在 C 点，曲线光纤接触后进一步推进，损耗减少。在 D 点曲线整形加热时，纤芯包层的变形部分被校正，损耗慢慢降低。预热时间、推进量、整形加热时间等不合适时，将导致连接损耗的增加，如图 10-1 中的虚线所示。因此，预热熔接时，选定预热时间、端面推进量、放电加热时间等参数是非常重要的。准确掌握最佳的熔接参数是减小单模光纤接头损耗的关键。

目前，进口和部分国产光纤熔接机都采用预热熔接法。预热时间、推进量、放电时间、熔接电流等参数都由微机控制。不同的熔接机有些参数很接近，有些参数差别较大。在实际操作中，应根据接续的光纤和熔接设备，找出最佳熔接参数。通常光纤熔接机都配置有放电实验功能，在正式熔接前可进行放电实验，以确定最佳的熔接参数。

2. 粘接法

非熔接法也称为粘接法，它是利用简单的夹具夹固光纤并用粘接剂固定，从而实现光纤的低损耗连接。可分为 V 形槽法、套管法、三心固定法、松动管法等。具体方法见表 10-2。

非熔接法中，使用最广泛的是 V 形槽法。这种方法只需要用简单的夹具就可以实现低损耗连接。V 形槽法和套管法都需要用粘接剂把光纤固定（故又称为粘接法）。这种粘接剂充满光纤端面间隙，要求粘接剂的折射率和光纤的折射率相同。此外，因为粘接剂特性变化直接影响传输特性，所以需采用不易老化的粘接剂。

3. 机械连接法

机械连接法也叫冷接法，因为它使用机械连接子，就可将经过端面处理的光纤可靠的连接，不需要光纤熔接机，不产生高温和强电，因此适合易燃易爆的环境，并在接入网工程、应急抢修系统中得到越来越广泛的应用，参阅 10.2.3 节机械连接的操作方法。

10.1.2　光纤熔接接续的操作方法

通过熔接的方式连接光纤通常有以下几个步骤，下面简要介绍一下各个步骤：
① 用剥离工具剥除光纤涂覆层；
② 清洗光纤上残余的涂覆层碎屑；
③ 用光纤切割刀制备光纤端面；
④ 将光纤放入光纤熔接机的 V 形槽内，由熔接机完成光纤的对准；
⑤ 通过电极放电产生电弧熔接光纤；
⑥ 评估接头损耗；
⑦ 保护和安放接头。

1. 光纤端面处理

光纤有紧套光纤和松套光纤两种结构。紧套光纤是在一次涂覆的光纤上再紧紧地套上一层尼龙或聚乙烯塑料,塑料紧贴在一次涂覆层上,光纤不能自由活动,紧套光纤的外径一般为 0.9 mm。松套光纤是在一次涂覆光纤上包上塑料套管,光纤可在套管中自由活动。松套管中可放一根光纤,也可放多根光纤,松套光纤一次涂覆外径为 0.25 mm。两种光纤的结构虽然有所不同,但光纤端面的处理程序和方法大致相同。

接续前,必须先处理光纤端面。光纤端面处理是光纤接续的关键。端面处理不良,直接影响光纤的连接损耗。

(1) 光纤端面处理工具

光纤端面处理的主要工具有光纤护套剥除器和光纤切断器,另外还有光纤清洗工具、清洗容器。

① 光纤护套剥除器。光纤表层涂有一、二次涂覆层,紧套光纤还有二次被覆层。护套剥除器是剥除光纤涂(被)覆层的专用工具。

② 清洗容器(酒精泵)。该容器用于盛装丙酮或酒精,如图 10-2 所示。光纤剥除涂覆层后,用纱布蘸丙酮清洗光纤表面。

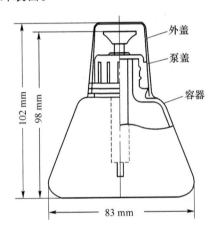

图 10-2 光纤清洗器(酒精泵)

③ 光纤切断器。光纤切断器的种类较多,老式的有住友电工 FC-3 型。这种切断器人为因素影响大,操作技能要求高,比较难掌握。为了克服人工操作的缺陷,提高切割光纤断面的质量,世界各国相继研制出高精度的光纤切断器,如日本 CT-03、CT-04 切断器等。

FC-6S 型光纤切断器如图 10-3 所示,光纤断面和轴线的不垂直角始终小于 1°,金刚石刀片 FCP-20BL 的切割寿命为两万次左右,用完后还可更换。

(2) 光纤端面处理方法

光纤端面处理可分为三步:剥除光纤的一、二次涂(被)覆层或松套管、清洗光纤、切割光纤断面。

① 剥除光纤的一、二次涂(被)覆层或松套管。紧套光纤

图 10-3 FC-6S 型光纤切割器

用护套剥除器剥除一、二次涂(被)覆层。松套光纤应先用器具剥除松套管,然后再用护套剥除器剥除光纤上的一次涂覆层。护套剥除器有多种型号,应根据涂(被)覆光纤的直径选用相应型号。剥除涂(被)覆层的长度为 35 mm 左右。应当注意护套剥除器的刀刃与芯线垂直,用力要适中、均匀。用力过大会损坏纤芯或切断光纤,用力过小光纤外皮剥不下来。

② 清洗光纤。光纤的一次涂覆层一般采用硅橡胶等材料,与光纤粘贴很紧,剥除涂(被)覆层后,光纤上仍粘有硅橡胶,如不清洗就会影响光纤的脆性,从而影响光纤断面的切割质量。清洗裸光纤,一般用浸透了丙酮或酒精的纱布擦洗光纤表面,直到擦洗发出"吱吱"的响声为止。

③ 切割光纤断面。光纤断面的切割是光纤端面处理技术的关键。光纤切断器是利用玻璃的脆性达到光纤切断的,而且断面平滑,无毛刺。如果操作不当,将会造成缺陷。应严格按照光纤切断器的操作程序和要求进行操作,以取得理想的光纤断面。

不同的熔接机和不同的连接场合,对光纤的切割长度有不同要求。一般以光纤接头保护管的长度来限制光纤切断长度。有些熔接机(如日本住友公司生产的光纤熔接机)要求切割长度为(16 ± 1) mm。有些熔接机对光纤切断长度不作要求。

2. 光纤接续

以下以住友电工的 TYPE-39 型熔接机介绍光纤的熔接操作。

光纤熔接程序如图 10-4 所示。大多数光纤熔接机都有显示屏,可以直接从显示屏上观察接续质量并估测光纤熔接的损耗值。具体的熔接操作过程见第 13 章关于光纤熔接机的使用介绍。

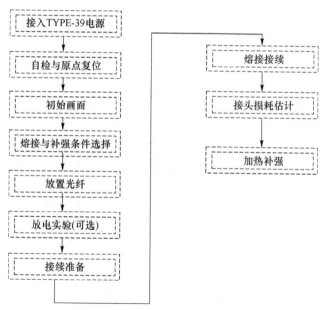

图 10-4 住友电工 TYPE-39 熔接机操作程序图

3. 光纤接头的保护

试验表明,带有一次涂覆层的光纤平均抗拉强度为 58.86 N 左右,去掉一、二次涂覆后,抗拉强度大幅度下降,平均只有 6.87~9.81 N。因此光纤接续后,要对光纤接头采取相应的保护措施。

(1) 光纤接头抗拉强度的筛选

为了保证接续质量,应对熔接的光纤接头施加一定的张力,进行抗拉强度筛选。断裂的光纤重新熔接,不断裂的接头应进行保护。目前大多数熔接机在进行热缩管保护加热时,都具有抗张力强度试验,并且抗张力强度可以调节。

(2) 光纤接头保护的方法和要求

对接头保护的要求:增加接头抗拉、抗弯曲的强度;不因加保护而影响光纤的传输特性;接头抗拉、抗弯曲强度和传输特性随时间变化非常小;操作简便、易掌握,操作时间短。

光纤接头保护的方法较多,常用的有带金属钢棒的热缩管法和 V 形槽保护法。

4. 光纤接头余纤的处理

为了保证光纤的接续质量和接头维修,接头两边要留一定长度的余纤。不同的光缆接头程式有不同的余纤处理方法,最常用的是盒式余纤处理法。盒式余纤处理法有层叠式、单盘式等。单盘式余纤处理方式如图 10-5 所示。

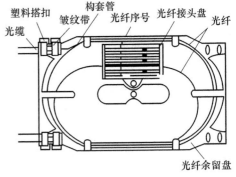

图 10-5 单盘式余纤处理示意图

10.1.3 机械连接——冷接法

熔接法需要熔接机,在实验室临时测试需要光纤连接时,经常使用 V 形槽粘接法,将待接光纤进行端面处理,通过 V 形槽对准,用粘接剂固定;而机械接续法是根据光纤的特性,通过 V 形槽使光纤的横截面贴合的同时,从上部将其压住固定成形(成为一根光纤)的机械固定方法。由于光纤机械接续法工具简易且成本低廉(连电源都不需要),因而成为目前正在普及的 FTTH 为主的光接入通信工程的最佳接续技术。机械连接器的构成如图 10-6 所示。

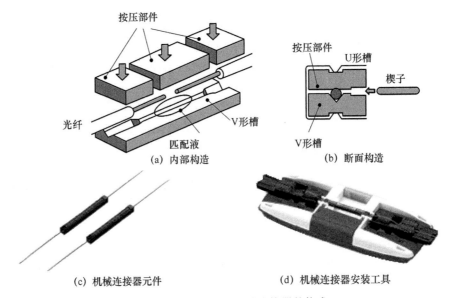

图 10-6 楔子固定式机械连接器的构成

下面介绍康宁公司的光纤接续子(CamSplice)的特点和操作方法。CamSplice 光纤接续子是一种简单、易用的光纤接续工具,它可以接续多模或单模光纤。它的特点是使用一种"凸轮"锁定装置,无须任何粘接剂。CamSplice 采用了光纤中心自对准专利技术,使两光纤接续时保持极高的对准精度。CamSplice 光纤接续子的平均接续损耗为 0.15 dB。即使随意接续(不经过精细对准)其损耗也很容易达到 0.5 dB以下。它可以应用在 250/250 μm、250/900 μm 或 900/900 μm 光纤接续的场合,如图 10-7 所示。

图 10-7　康宁机械式光纤接续子

应用场合:
- 尾纤接续;
- 不同类型的光缆转接;
- 室内外永久或临时接续;
- 光缆应急恢复。

特点:
- 无须粘接剂和环氧胶;
- 通用性强,适合不同涂敷层种类的光纤;
- 光纤无须研磨;
- 光纤中心自对准;
- 可选 900 μm 光纤导引保护管;
- 可重新匹配,可精细调整;
- 对准区域光纤无应力;
- 推荐使用小型夹具配件,属用户选件。

使用方法:剥纤并把光纤切割好,将需要接续的光纤分别插入接续子内,直到它们互相接触,然后旋转凸轮以锁紧并保护光纤。这个过程中无须任何粘接剂或是其他的专用工具。一般来说,接续一对光纤不会超过 2 分钟。

目前应用的机械连接子中,待连接的光纤的固定或夹持方式主要有康宁的凸轮锁紧和日本藤仓公司的楔子法(如图 10-6 所示),只需光纤端面处理,利用接续子连接光纤,机械连接在接入网光缆工程中得到越来越广泛的应用。

10.1.4　光纤接续注意事项

光纤接续有以下注意事项:光纤接续必须在帐篷内或工程车内进行,严禁露天作业;严禁用刀片剥除一次涂覆,严禁用火焰法制作光纤断面;光纤接续前,接续机具的 V 形导槽必须用酒精清洗,光纤切割后应用超声波清洗器清洗光纤端面,以保证接续质量;清洗光纤上的油膏应采用专用清洗剂,禁止使用汽油。

光纤(缆)连接器是实现光纤(缆)间的活动连接的无源光器件,它还具有将光纤(缆)与其他设备以及仪表进行活动连接的功能。活动连接器伴随着光纤通信的发展而发展,现在已经形成门类齐全、品种繁多的系列产品,成为光纤通信以及其他光纤应用领域中不可缺少的、应用最广的无源光器件之一。

连接器通常由一对插头及其配合机构构成。光纤在插头内部进行高精度定心。两边的插头经端面研磨等处理后精密配合。连接器中最重要的是定心技术和端面处理技术,连接器的定心方式分调心型和非调心型。目前,连接器以非调心型为主。这种连接器操作简单,连接损耗在 0.3 dB 以下,而且重复性好,得到广泛应用。

在相关的资料中,将带有一段光纤的插头称为连接器,而将固定插头,实现光纤连接的中间配合机构称为适配器。读者应区分这种表述习惯。

10.2.1 连接器的主要指标

评价一个连接器的主要指标有 4 个,即插入损耗、回波损耗、重复性和互换性。

1. 插入损耗

插入损耗是指光纤中的光信号通过活动连接器之后,其输入光功率相对输出光功率的比率的分贝数,表达式为

$$A_c = 10\lg(P_0/P_1)$$

其中,A_c 为连接器插入损耗(dB);P_0 为输入端的光功率;P_1 为输出端的光功率。

对于多模光纤连接器来讲,输入的光功率应当经过稳模器,滤去高次模,使光纤中的模式为稳态分布,这样才能准确地衡量连接器的插入损耗。插入损耗愈小愈好。

2. 回波损耗

回波损耗又称为后向反射损耗,它是指光纤连接处,后向反射光对输入光的比率的分贝数,表达式为

$$A_r = 10\lg(P_0/P_r)$$

其中,A_r 为回波损耗(dB),P_0 为输入光功率,P_r 为后向反射光功率。

回波损耗愈大愈好,以减少反射光对光源和系统的影响。

3. 重复性和互换性

重复性是指光纤(缆)活动连接器多次插拔后插入损耗的变化,用 dB 表示。互换性是指连接器各部件互换时插入损耗的变化,也用 dB 表示。这两项指标可以考核连接器结构设计和加工工艺的合理性,也是表明连接器实用化的重要标志。另外还有连接器的温度特性,指活动连接器随环境温度变化后的插入损耗的变化。

10.2.2 光纤(缆)活动连接器的基本结构

连接器的部件一般分为跳线和转换器两部分。连接器基本上是采用某种机械和光学结构,使两根光纤的纤芯对准,保证 90% 以上的光能够通过,目前有代表性并且正在使用的有以下几种。

1. 套管结构

这种连接器由插针和套筒组成。插针为一精密套管,光纤固定在插针里面。套筒也是一个加工精密的套管(有开口和不开口两种),两个插针在套筒中对接并保证两根光纤的对准。其原理是:当插针的外同轴度、插针的外圆柱面和端面以及套筒的内孔加工得非常精密

时,两根插针在套筒中对接,就实现了两根光纤对准,如图 10-8 所示。

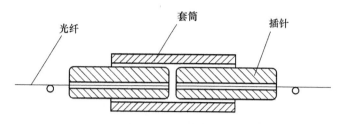

图 10-8 套管结构

由于这种结构设计合理,加工技术能够达到要求的精度,因而得到了广泛应用。FC、SC、ST、LC、D4 等型号的连接器均采用这种结构。

2. 双锥结构

这种连接器的特点是利用锥面定位。插针的外端面加工成圆锥面,基座的内孔也加工成双圆锥面。两个插针插入基座的内孔实现纤芯的对接,如图 10-9 所示。插针和基座的加工精度极高,锥面与锥面的结合既要保证纤芯的对准,还要保证光纤端面间的间距恰好符合要求。它的插针和基座采用聚合物压成型,精度和一致性都很好。这种结构由 AT&T 创立和采用。

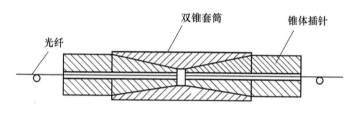

图 10-9 双锥结构

3. V 形槽结构

V 形槽的对中原理是将两个插针放入 V 形槽基座中,再用盖板将插针压紧,使纤芯对准。这种结构可以达到较高的精度。其缺点是结构复杂,零件数量多,除荷兰飞利浦公司之外,其他国家不采用。V 形槽结构如图 10-10 所示。

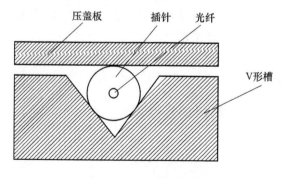

图 10-10 V 形槽结构

4. 球面定心结构

这种结构由两部分组成,一部分是装有精密钢球的基座,另一部分是装有圆锥面(相当于车灯的反光镜)的插针。钢球开有一个通孔,通孔的内径比插针的外径大。当两根插针插入基座时,球面与锥面接合将纤芯对准,并保证纤芯之间的间距控制在要求的范围内,这种设计思想是巧妙的,但零件形状复杂,加工调整难度大。目前只有法国采用这种结构,如图 10-11 所示。

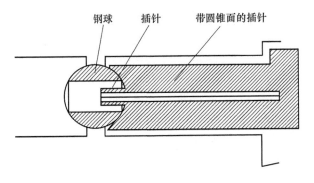

图 10-11　球面定心结构

5．透镜耦合结构

透镜耦合又称远场耦合,它分为球透镜耦合和自聚焦透镜耦合两种,其结构如图 10-12 和图 10-13 所示。

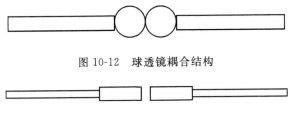

图 10-12　球透镜耦合结构

图 10-13　自聚焦透镜耦合结构

这种结构利用透镜来实现光纤的对中。用透镜将一根光纤的出射光变成平行光,再由另一透镜将平行光聚焦导入到另一光纤中去。其优点是降低了对机械加工的精度要求,使耦合更容易实现。缺点是结构复杂、体积大、调整元件多、接续损耗大。在光通信中,尤其是在干线中很少采用这类连接器,但在某些特殊的场合,如在野战通信中这种结构仍有应用。因为野战通信距离短,环境尘土较大,可以允许损耗大一些,但要求快速接通。透镜能将光斑变大,接通更容易,正好满足这种需要。

以上 5 种对中结构,各有优缺点。但从结构设计的合理性、批量加工的可行性及实用效果来看,精密套管结构占有明显优势,目前采用得最为广泛,我国多采用这种结构的连接器。

10.2.3　常用的光纤(缆)活动连接器

光纤(缆)活动连接器的品种、型号很多。据不完全统计,国际上常用的有三十多种。其中有代表性的有:FC、ST、SC、LC、D4、双锥、VFO(球面定心)、F-SMA、MT-RJ 连接器等,这些连接器都是不同国家、不同公司研制的产品,在一定的时期内,还会在一些国家和地区使用。随着光纤通信的进一步发展,必然还会产生新的光纤(缆)连接器。

在我国用得最多的是 FC 系列的连接器,它是干线系统中采用的主要型号,在今后较长一段时间内仍是主要品种。SC 型连接器是光纤局域网、CATV 和用户网的主要品种。除此之外 ST 型连接器也有一定数量的应用。随着设备小型化、端口密度的增加,体积更小的 LC 连接器得到了越来越多的应用。

下面将针对 FC、SC 和 ST 这 3 种连接器作简单的介绍。

1. FC 系列连接器

FC 型连接器是一种用螺纹连接,外部零件采用金属材料制作的连接器,它是我国电信网采用的主要品种,我国已制定了 FC 型连接器的国家标准。FC 型光纤光缆连接器插头示意图如图 10-14 所示。

图 10-14　FC 型光纤光缆连接器插头示意图

FC 型光纤光缆连接器的特点是具有外径为 2.5 mm 的圆柱形对中套管和带有 M8 螺纹的螺纹式锁紧机构。它具有非常低的接续损耗和非常低的反射。

2. SC 型连接器

SC 型连接器由日本 NTT 研制,现在已经由国际电工委员会确定为国际标准器件。SC 型光纤光缆连接器为矩形插拔式连接(push-on pull-off)机构,是带有 2.5 mm 圆柱形套管的单芯连接器,它的插针、套筒与 FC 完全一样。外壳采用工程塑料制作,采用矩形结构,便于密集安装。不用螺纹连接,可以直接插拔,使用方便,操作空间小,可以密集安装,可以做成多芯连接器,因此应用前景更为广阔。

通用型 SC 连接器,可以直接插拔,多用于单芯连接。密集安装型 SC 连接器,要用工具进行插拔操作,用于多芯连接,如 4 芯连接。SC 型转换器有单芯和 4 芯两种:单芯 SC 转换器与通用型 SC 连接器配套,4 芯 SC 转换器与密集安装型 SC 连接器插头配套。SC 型光纤光缆连接器插头示意图如图 10-15 所示。

SC-SC

图 10-15　SC 型光纤光缆连接器插头示意图

3. ST 型连接器

ST 型连接器是由 AT&T 公司开发的。它的主要特征是有一个卡口锁紧机构和一个直径为 2.5 mm 的圆柱形套筒对中机构,如图 10-16 所示。ST 型光纤光缆连接器采用卡口旋转连接耦合方式,便于现场装配。该结构具有重复性好、体积小、重量轻等特点,适用于通信网和本地网。

图 10-16 ST 型光纤光缆连接器插头示意图

4. 不同型号插头互相连接的转换器

上述 FC、SC、ST 3 种型号的转换器,只能对同型号的插头进行连接,对不同型号插头的连接,就需要下面 3 种转换器。

- FC/SC 型转换器:用于 FC 与和 SC 型插头互连。
- FC/ST 型转换器:用于 FC 与 ST 型插头互连。
- SC/ST 型转换器:用于 SC 与 ST 型插头互连。

除此之外,FC 与双锥、FC 与 D4 等都可以做成转换器,这些类型的转换器在我国用得较少,不再叙述。

对于 FC、SC、ST 3 种连接器,应具有下述 5 种变换器。

- ST/FC:将 ST 插头变换成 FC 插头。
- FC/SC:将 FC 插头变换成 SC 插头。
- FC/ST:将 FC 插头变换成 ST 插头。
- SC/ST:将 SC 插头变换成 ST 插头。
- ST/SC:将 ST 插头变换成 SC 插头。

10.3.1 光纤连接损耗的原因

光纤连接损耗产生的原因有两种:一种是由于两根待接光纤特性差异或光纤自身不妥善所造成的光纤连接损耗,这种损耗称为接头的固有损耗,不可能通过改善接续工艺和熔接设备来减少连接损耗,单模光纤的模场直径偏差、模场与包层的同心度偏差、不圆度等都是引起接头固有损耗增大的原因;另一种原因是由外部因素造成的光纤连接损耗增大,如接续时的轴向错位、光纤间的间隙过大、端面倾斜等,这些均由操作工艺不良和操作中的缺陷以及熔接设备精度不高等原因所致,称为接续损耗。下面详细分析连接损耗产生的各种原因。

① 光纤模场直径不同引起的连接损耗。以标准单模光纤为例,ITU-T G.652(06/2005)规定在 1 310 nm 模场直径标称值为 8.6~9.5 μm,允许偏差为 0.6 μm。8~10 μm 的模场直径都在合格范围内,误差达 2 μm。单模光纤模场直径偏差的离散性较大,就会使光纤接头的固有损耗增大。实验证明,模场直径偏差大约为 20% 时引起的接头损耗大约是 0.2 dB。对于使用不同类型的光纤链路,模场直径的失配情况可能更加突出,引起的光纤的

接续损耗会更大。

② 光纤轴向错位引起的连接损耗。单模光纤的轴向错位是外部原因造成的，如光纤接续设备精度不高、光纤放置在熔接机 V 形槽中产生轴向错位。单模光纤因轴向错位而产生的连接损耗最大，仅 2 μm 的轴向错位，就可产生约 0.5 dB 的连接损耗。

③ 光纤间隙引起的损耗。光纤接续时，光纤端面间隙过大，会因传导模泄漏而产生连接损耗。活接头接续时，此连接损耗更大。

④ 折角引起的损耗。光纤在接续过程中产生的折角也是引起连接损耗增大的原因。接续时只要有 1°的折角，就会产生 0.46 dB 的连接损耗。因此，当要求连接损耗小于 0.1 dB 时，单模光纤的折角应小于 0.3°。

⑤ 光纤端面不完整引起的损耗。光纤端面不完整包括切割断面的倾角和光纤端面粗糙。图 10-17 显示了非色散位移光纤和非零色散位移光纤的接续损耗与光纤端面切割角度的关系。光纤端面的平整度差时也会产生损耗，甚至气泡，是光纤连接损耗增大的外部原因。

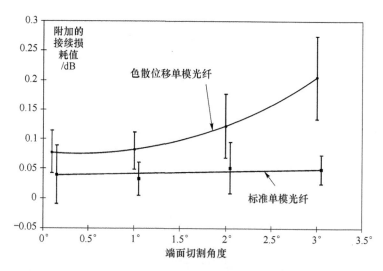

图 10-17 接续损耗值与光纤端面切割角度的关系

⑥ 相对折射率差引起的连接损耗。生产制作中，每根光纤的参数都不尽相同，接续时就会使连接损耗增大。试验证明，当相对折射率相差 10% 的两段光纤连接时，产生的连接损耗为 0.01 dB。由此可见，单模光纤相对折射率等参数不同所产生的连接损耗较小，与其他原因产生的连接损耗相比，可以忽略不计。

接续人员操作水平、操作步骤、盘纤工艺水平、熔接机中电极清洁程度、熔接参数设置、工作环境清洁程度等均会影响到熔接损耗的值。

10.3.2 光纤连接损耗的现场监测

熔接一根纤芯后，熔接机一般都能给出熔接点的估算衰耗值。它是根据光纤对准过程中获得的两根光纤的轴偏离、端面角偏离及纤芯尺寸的匹配程度等图像信息推算出来的。当熔接比较成功时，熔接机提供的估算值与实际损耗值比较接近。但当熔接发生气泡、夹杂或熔接温度选择不合适等非几何因素发生时,熔接机提供的估算值一般都偏小,甚至将完全不成功的熔接接头评估为质量合格的接头。尤其是野外工作时,工作环境的洁净度不能得到有效保证,再加上光纤品质、气候条件和熔接机自身状况等因素,往往会使估算值和实际值之间出现较大偏差。即使接续质量良好,但对于不很熟练的作业手,在盘余纤过程中也可能因疏忽而造成较大的附加衰耗甚至断纤。为保证光缆接续的质量,避免返工,接续过程中必须要用 OTDR 监测。

采用 OTDR 进行光纤连接的现场监测和连接损耗测量评价,是目前最为有效的方式。一般根据传输距离选择满足测量要求的 OTDR。这种方法直观、可靠,并能保存、打印光纤后向散射曲线。利用 OTDR 测量的另一个重要优点是,在监测的同时可以比较精确地测出由局内至各接头点的光纤长度,继而计算出接头点至端局的实际距离,这对今后维护工作中查找故障是十分必要的。

在整个接续工作中,按以下步骤严格执行 OTDR 监测程序:熔接过程中对每一芯光纤进行实时跟踪监测,检查每一个熔接点的质量;每次盘纤后,对所盘光纤进行例检,以确定盘纤带来的附加损耗;封接续盒前,对所有光纤统测,查明有无漏测和光纤预留盘间对光纤及接头有无挤压;封接续盒后,对所有光纤进行最后检测,检查封盒是否损害光纤。

用 OTDR 监测,根据仪表安放位置及测试的不同要求,可采用远端监测、近端监测、远端环回双向监测等不同的测试方式。

1. 远端监测

远端监测法如图 10-18 所示,即 OTDR 位置不动,在接续方向后侧测试。

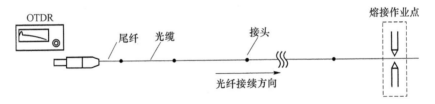

图 10-18 远端监测

这种方法的优点有:OTDR 固定不动,省了仪表野外转移所需的车辆、人力和物力,有利于仪表保护和延长使用寿命;测试点选在有市电的地方,不需配汽油发电机;测试点环境稳定,减少了光缆开剥。

这种方法的缺点是测试人员和接续人员联络不方便。早期光缆内有金属信号线,通信联络很方便。现在由于防雷电的需要,光缆内一般都没有金属信号线,金属信号加强芯和金属外护层接续时也不作电气连接,以免光缆中感应雷电流积累,因此无法用磁石电话联络。一般对讲机或小型电台因受距离和地形限制,有时无法保证联络畅通。为保证联络,在市内和市郊等移动电话信号可覆盖的地区,可用移动电话使测试人员和接续人员随时保持联络,以便组织协调,提高工作效率。此外,也可用光电话联络,将约定好的一根光纤接在光电话上作联络线,但是最后这根作联络用的光纤在熔接和盘纤时就因无法联络而不能监测了。这样,光缆出现问题的可能性会大大降低(如果是 16 芯光缆,出现问题的概率会降到原来的 1/16 以下)。当熔接和盘纤时,不能进行光电话联络,这种方法会大大降低出现问题的可能性。

实践证明,这种监测对保证质量、减少返工是行之有效的。

2. 近端监测

近端监测法如图 10-19 所示,OTDR 始终在连接点的前边(一个盘长),一般离熔接机 2 km 左右,目前长途干线施工多数采用这种方式。对于长途干线光缆,从防雷效果考虑,缆内金属层在接头内断开,因此,对于多数没有铜导线的光缆线路,施工中连接点与 OTDR 监测点无法联络,无法采用远端监测方式。

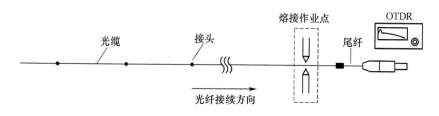

图 10-19　前向单程监测示意图

这种方法的优点是 OTDR 离接续点距离近,现场监测对仪表动态范围、耦合方式及效果要求不像远端监测那样苛刻。测量组人员可为接续组做一些连接前的光缆开剥等准备工作,缩短了接续组的操作时间;缺点是 OTDR 要到每个测试点测试,搬动仪表既费工又费时,且不利于仪表的保护,如测试点无可靠电源,还要自带发电机,线路远离公路且地形复杂时更麻烦。由于测量不是由局内向外测,而是在连接点前边"退"着测,因此提供的至接头的位置距离可能存在偏差,提供的长度不如远端监测方式准确。尽管如此,由于此测试法具有准确和联络方便的优点,因此更适合用小型 OTDR 监测。因为近距离测试对仪表的动态范围要求不高,同时小型 OTDR 小巧轻便且带有蓄电池,不需要发电机,可大大减小测试人员的工作量。

3. 远端环回双向监测

远端环回双向监测如图 10-20 所示。

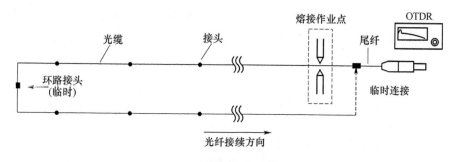

图 10-20　远端环回双向监测

在远端环回双向监测中,OTDR 的位置同近端监测方式一样,仪表在连接位置前进行监测,但不同点是在始端将缆内光纤作环接,即 1# 同 2# 连接、3# 同 4# 连接等等,测量时分别由 1#、2# 测出接头的两个方向损耗,算出其连接损耗。

这种方法的优点是能准确评估接头的好坏。由于测试原理和光纤结构上的原因,用 OTDR 单向监测会出现虚假增益,也会出现虚假衰耗。对一个接头来说,两个方向衰减值的数学平均值才是真实的衰耗值。比如,一个接头从 A 到 B 测得衰耗为 0.20 dB,从 B 到 A 测得衰耗为 -0.16 dB,此接头的衰耗为 $[0.20+(-0.16)]/2=0.02$ dB。如果只凭单向值 (0.20 dB)来判断,就会误判为不合格,要掐断重接。另据调查统计,在工程接续中会有约 20%～30%的接头损耗双向值符合要求而单向值超标的情况发生。这意味着工程人员在采用单向监测时,可能会有 20%～30%的情况进行错误的重复接续。对于同一个接头,如果再接一次,由 B 到 A 测得衰耗为 0.02 dB,从表面上看接得很好,一般都会判为合格,但根据经验,A 到 B 测试的衰耗值一定在 0.38 dB 左右,此接头的实际衰耗值为 $(0.02+0.38)/2=0.20$ dB,可见衰耗值偏大,应该重接。因此,双程测试可有效地避免误判。

远端环回双向的缺点是需要不停搬动测试仪表,费时费力;同时双向测试增加了工作量,减慢了测试速度和工程进度。此外,对于中继段较长的线路,如在离始端 20 km 处接续,此时一盘长为 2 km 的光缆,应在距始端 22 km 处测试。这样正向值是测 2 km 处的衰耗值,反向衰耗则是测 42 km 处的衰耗值,受 OTDR 动态范围限制,此时由于距离较长,信号较弱,不能准确测试出反向衰耗值,要想继续双向监测,必须在中继段另一头终端环回,最终造成中间必有一个接头无法双向监测,另外也可能因通信联络不畅而影响监测,这些都是双向监测不可避免的缺点。

综上所述,虽然前向双程测试也存在种种缺陷,但相对于单向测试 20%～30%的不定因素,仍建议工程人员在选择光纤现场监测方法时使用远端环回双向监测法。

光纤连接损耗的测试一般是通过 OTDR 直接进行。用光源、光功率计测量时,测量常用"4P"法。其优点是:使用仪表简单,测量精度较高。但每次测量都需要剪掉 1.5～2 m 长的光纤,且测量工作量较大。

光缆接续,一般是指机房以外的光缆连接。对于采用阻燃型局内光缆的线路,光缆连接包括进线室内局外光缆与局内光缆的连接以及局外全部光缆之间的连接工作。光缆接续是光缆施工中工作量大、技术要求复杂的一道重要工序。其质量好坏直接影响到光缆线路的传输质量和寿命;接续速度也对整个工程进度造成影响。特别是长途干线,缆内光纤数量较多,且质量要求较高,这样不仅要求施工人员技术熟练,而且要求施工组织严密,在保证质量的前提下,提高施工的速度。对于光缆传输线路,据国内外统计,接头部位发生故障概率是最高的。这些故障一般表现为光纤接头劣化、断裂、铜导线绝缘不良、护套进水等。上述故障不仅取决于光缆连接护套的方式、质量,而且包括内部光纤接头的增强保护方式、材料的质量。同时故障与光缆接续工艺、工作人员的责任心等因素都有着密切的关系。

10.4.1 光缆接头盒的性能要求

光缆接头盒的功能是防止光纤和光纤接头受振动、张力、冲压力、弯曲等机械外力影响,避免水、潮气、有害气体的侵袭。因此,光缆接头盒应具有适应性、气闭性与防水性、一定的机械性能、耐腐蚀耐老化性、操作的优越性等性能。

1. 适应性

光缆有直埋、架空、管道、水线等各种敷设方式,因此,光缆接头盒对自然环境要有较强的适应性。施工或维护中,应根据不同的光缆程式,选择与之相适合的接头盒。

2. 气闭性与防水性

由于光纤的传输衰减与湿度有密切关系,因此,光缆接头盒要有良好的气闭性与防水性。要求光缆接头盒要保持 20 年密封性能,对地绝缘电阻也应符合设计要求。

3. 机械性能

光缆接头盒必须具备一定的机械强度,以保证在一定的外力作用下光纤接续处不受影响。一般要求在给光缆接头盒施加抗侧压力强度 70% 的机械力时,光纤不受影响。

4. 耐腐蚀、耐老化性

目前大部分光缆接头盒外护层都采用塑料制品。通常光缆寿命按 20 年计算,因此设计中必须对光缆接头盒的耐腐蚀、耐老化、绝缘性能等提出严格要求。

5. 操作的优越性

在接续操作及器材优化方面,对光缆接头盒也有一定的要求,具体如下:

① 操作简便,要求接头盒尽量简化,容易拆装,以便尽可能缩短安装与操作的时间;

② 统一性,要求光缆接头盒尽可能规格化、标准化,以适应不同光缆的接续要求;

③ 可拆卸性,要求接头盒容易拆卸,能够长期重复使用,并且尽可能减少装拆工具。

10.4.2 光缆接续的一般步骤

由于光缆敷设的方式不同、选用的光缆接头盒不同以及光缆的类型不同,光缆接续的方法也有一定的区别,通常光缆接续应按以下步骤进行。

(1) 光缆准备。首先校对光缆类型、芯数、路由、端别敷设至接头位置与图纸是否相同,如有不同应及时同光缆敷设方联系核对,接着校对光缆的重叠长度是否够长,如架空线路一侧余长不少于 8 m,这样光缆接头才能从电杆上放到地上,以便于光缆接续,接续时应将光缆妥善放置,特别是光缆多于 2 条时应理顺它们,切忌缠绕,以便安装固定光缆接头盒。

(2) 开剥光缆,清洁和分离光纤,核对光纤并预先套上热缩套管。光缆的开剥要把光缆的塑料护套或铠装层去除,露出其中的光纤。光缆开剥的方法因光缆的型号、结构不同而有所不同。

由于光缆端头部分在敷设过程中易受到机械损伤和受潮,因此在光缆开剥前应视光缆端头状况截取 1 m 左右的长度。根据光缆的结构选接头盒,确定光缆的开剥长度。一般光缆的开剥长度为 1 m 或按相关工艺要求确定,做好开剥的位置标记后就可进行开剥。

① 光缆外护层的开剥。将光缆固定于光缆接续工作台的光缆固定架上,在开剥点将横向开缆刀划进光缆外护层,转绕光缆一周,切断光缆的 PE 外护层,并将这段 PE 外护层除去。

② 铠装的开剥。用剖刀在开剥点围绕钢带铠装一周,在钢带上剖出明显的划痕,再沿划痕划出一个小口,直至钢带完全断裂,剥除钢带铠装。当光缆铠装层是直径 1 mm 钢丝时,在开剥点用钢锯锯成 0.5 mm 的深沟,将钢丝沿锯口折断,全部切除。

在一些结构的光缆(GYTA、GYTS)中,可将开缆刀的切割深度从 PE 外护套直到钢带铠装层,稍微反复弯曲光缆,使钢带铠装与 PE 塑料护套同时断裂,然后去除。要注意切割的深度和弯曲的半径,避免使松套管内光纤损伤。

③ 清洗、去除光缆内的填充油膏。

④ 切割松套管,剥离光纤,并清洁光纤。

⑤ 捆扎光纤,采用套管保护时,可预先套上热缩套管。
⑥ 检查光纤芯数,进行光纤对号,核对光纤色标。
一般来说,现场光缆接续时,④～⑥步骤在光缆引入接头盒并固定后进行。

(3) 光缆接头盒的准备。光缆接头盒的组装是按接头盒说明书进行的,然后将光缆引入接头盒内,并固定。根据不同的接头盒作相应的准备,如直通式结构的接头盒应把所有套件预先套上光缆,帽式接头盒应先截开穿缆孔,安装紧固螺丝,套上热缩管。接头盒的组装应研究它的结构,根据说明书操作。

(4) 光缆安装。光缆一般通过喉箍固定在接头盒,也包括加强芯的固定。为了增强光缆的机械性能,提高抗拉和抗压能力,光缆中都填充有加强芯,而且光缆外护层还加有金属护套。根据使用的接头盒的不同要求,对光缆加强芯、金属护层进行不同的处理。如果光缆内设置一定数量的铜导线作远方供电,则按传统接电线的方法,扭绞加焊套绝缘套管或接端子接续。

在光缆接续中,光缆加强芯及金属护套的接续是两个重要工序。金属加强芯和金属护套采用两种接续方式。第一种是金属加强芯和金属护套在光缆接头处电气上分别相连接,第二种是接头两端的金属加强芯和金属护套电气上互不连接。每次光缆开剥后都必须测试铜导线的直流电阻、绝缘电阻、绝缘强度,并做好测试记录。在接头盒内电气连通时,测试由接续始端执行,接续点配合测试;电气断开时,测试在接续点执行,下一个开剥点配合测试。

① 金属加强芯的电气连接方法。

金属加强芯的接续种类很多,可用接头里的金属条实现电气连接,也可用金属连接器实现电气连接。下面只介绍用金属连接器实现金属加强芯电气连接的方法,该方法的示意图如图10-21所示。

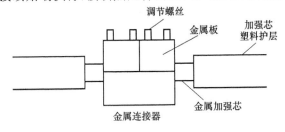

图10-21 金属连接器连接金属加强芯示意图

金属连接器由三块金属板组成,上面两块,下面一块。金属板的中间有槽,金属加强芯放在槽中,三块板合起来,通过调节螺丝将金属加强芯夹紧固定。

② 金属护套的电气连接。

光缆金属护套一般采用过桥线实现电气连接。结构不同的光缆金属护套,采用的连接方式也不一样。PAP(铝-塑粘接)护套一般采用铝接头压接方式。具体操作方法为:先在紧靠光缆护套处切割2.5 cm切口,用螺丝刀把切口拨开,然后把铝接头插入切口处的铝塑护套,用老虎钳压接后,铝接头的锯齿就与铝塑护套紧密相连,然后用PVC带在连接处缠绕两圈,使接头更牢固。PAP护套的电气连接方法示意图如图10-22所示。对于钢带铠装层的电气连接,一般采用铜芯线焊接,如图10-23所示,此种方法已较少采用。

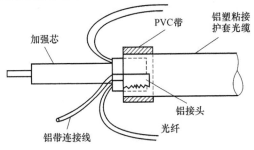

图10-22 PAP护套的电气连接方法示意图

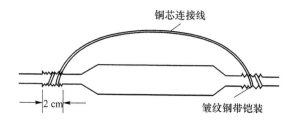

图 10-23　金属铠装层的电气连接示意图

③ 金属加强芯及金属护层电气不连接的处理方法。

金属加强芯及金属护层电气不连接,是指光缆接头两端的金属加强芯和金属护套均作绝缘处理,目前大部分光缆线路的接头采用这种方法。电气不连接的操作方法简单,只需把金属加强芯用绝缘材料固定在两边即可,金属护套在接头两边也不用金属线连接。金属加强芯及金属护套电气不连接安装图如图 10-24 所示。

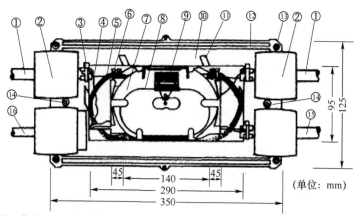

①主杆光缆；②密封带；③塑料孔带7.6×203；④监测线；⑤光纤松套管；⑥塑料扎带2.4×72；
⑦光纤接续盘；⑧光纤；⑨光纤接续槽；⑩接头盒盖；⑪金属插件板；⑫密封条；
⑬接头盒开启螺孔；⑭接头盒闭合螺孔；⑮分支光缆(用两块光纤接续盘)；⑯监测终线

(a) 总体安装图

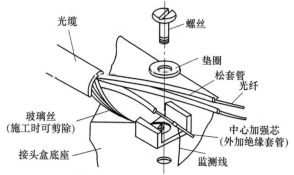

注：两边光缆金属护套、金属加强插件之间应互相绝缘且不接地,
但通过监测缆引到监测标石的接线板上

(b) 金属加强芯与监测线安装图

图 10-24　金属加强芯及金属护套电气不连接安装图

④ 各种辅助线对（包括公务线对、控制线对）、屏蔽地线等接续。

（5）光纤接续、接头的保护、余纤的盘留和损耗测量。

光缆内的光纤经过端面处理，熔接后使用热缩套管对接头处进行加热补强保护，就可固定在盘纤板上，然后进行余纤的盘留。这部分工作要求动作谨慎，不要伤及光纤（过分弯曲、折断）和接头。

（6）接头盒的封装（包括封装前各项性能的检查）。

处理完缆内光纤后，就可封装接头盒，接头盒封装后必须不渗水、不漏潮，以保证具有可靠性能。要做到这一点，就要注意接头盒密封条的安装工艺，严格按照接头盒说明书进行此项工作。10.4.3 节将介绍接头盒护套的安装方法。

（7）接头处光缆的妥善盘留、接头盒的安装及保护。

（8）各种监测线的引上安装（直埋）。

（9）埋式光缆接头坑的挖掘及埋设（直埋）。

（10）接头标石的埋设安装（直埋）。

10.4.3 接头护套接续的种类及方法

光缆接头盒是光缆接续的关键部件，按使用位置可以分为直埋式和架空式；按密封操作工艺的不同分为热接法和冷接法。热接法采用热源来完成护套的密封连接，热接法中使用较普遍的是热缩套管法。冷接法不需用热源来完成护套的密封连接，冷接法中使用较普遍的是机械连接法。

热缩套管法采用热可缩管密封，密封效果好，光缆变形小，但操作比较复杂，不能重复拆卸；机械式光缆接头盒采用密封材料，并用机械方法密封。主要有半管式和套管式结构。这种接头盒可拆卸，重复性好，适应性广，组装灵活，光缆和引线进出自如，施工维护方便。

1. 热缩套管法

热缩套管法是采用各种热缩材料来接续光缆护套的，按接续要求可将热缩材料制作成管状或片状。片状热缩材料的边缘有可以装金属夹的导槽，以便纵包接续。各种热缩材料的表面都涂有热胶，可保证加热时套管与光缆表面粘结良好。

热缩管分为 O 形热缩护套管和 W 形热缩包复管。O 形护套管一般用于施工时光缆接续；W 形包复管是剖式热缩管，适用于光缆接头修理和光缆外护套修补。

热缩管有不同的规格，可根据光缆接头的大小选用。选择时，应注意热缩管的尺寸要大于光缆接头尺寸。

无论使用 O 形热缩护套管还是使用 W 形热缩包复管，接续时都采用喷灯加热。但 W 形热缩包复管加热接续前，要用金属夹具锁住热缩管上的导槽，以利于纵包接续。

2. 冷接法

冷接法的种类比较多，应用比较广泛的是机械式护套接续法。机械式护套接续法是采用压紧橡胶圈来达到密封的护套接续方法，也可采用粘接剂在机械半壳接口处实现密封的护套接续。这种接续方法的结构如图 10-25 所示。

机械式护套的主套管一般由不锈钢制成，依靠橡胶管、橡胶环和自粘带组成密封结构。这种方法的防水性能好、操作方便，并且材料可重复使用，特别适合野外现场操作。

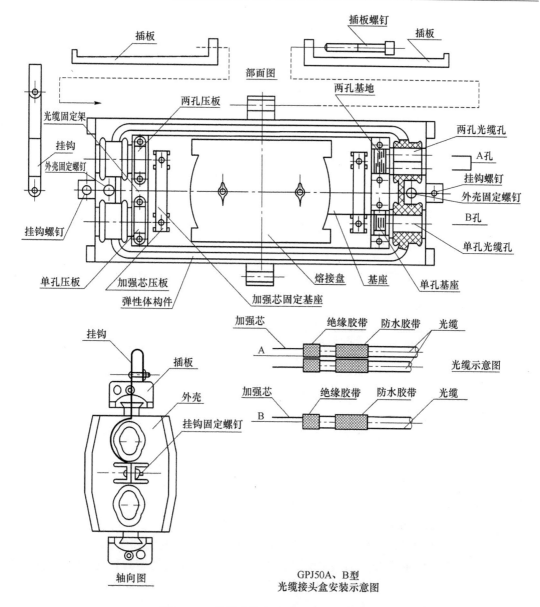

图 10-25　机械式护套接续光缆接头剖面图

10.4.4　光缆接头监测与监测标石的连接

为了及时掌握和处理光缆金属护套损伤或接头盒进水故障,必须定期或不定期地测试光缆金属护套及接头盒对地的绝缘。

如果只测光缆护套对地的绝缘,通常只要引出单根监测线,如图 10-26 所示。如果需要监测的项目较多,则应在光缆接头处引出监测缆,如图 10-27 所示,在光缆接头两端,把金属加强芯和 PSP(双面涂塑皱纹钢带)护层分别引出,另装的两只钢片与接头盒底部良好接触后分别引出,6 根引线通过监测缆接到监测标石的接线板上,即可分别监测对地绝缘不良的地点或探测光缆路由,也可解决部分区间的公务联络。根据试验,监测缆使用长度 20 m 的 HYYAT×2×0.5 全塑填充型市话电缆接到监测标石接线板上,应该可以满足有关的技术指标。

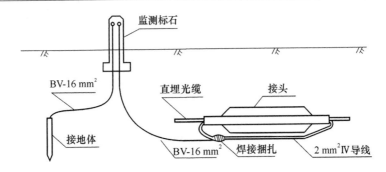

图 10-26　监测线与监测标石连接示意图

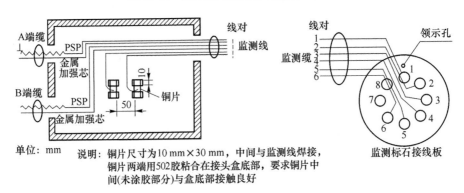

图 10-27　监测缆引出连接方式安装图

10.4.5　光缆接头的防水处理及安装

光缆接头的防水处理及保护是光缆施工的关键工序和维护工作的重要内容,也是保证光纤传输质量稳定的重要环节。目前,常会出现光缆线路因接头进水而造成光纤传输特性恶化的问题,接头进水还会造成因铜线远供回路短路而阻断通信。

1. 光缆接头的防水处理

光缆接头的防水处理方法有热缩套管加混合胶(AB胶)密封法和充油法两种。

采用热缩套管加混合胶(AB胶)密封时,为了保证光缆接头的密封性能,光缆接头外护套与光缆护套的结合部位应加入热缩套管与混合胶构成的防水层,如图 10-28 所示。图中所示的Ⅳ线是光缆接头系统接地的引出线。对于采用系统接地的直埋式光缆来说,采用这种防水处理是比较理想的。

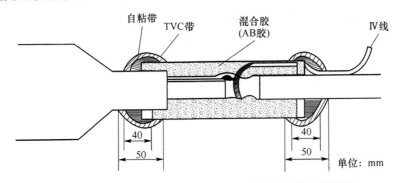

图 10-28　光缆接头热缩管加混合胶密封法防水处理示意图

为了防止水入浸到光缆内,在机械式光缆接头的内、外护套之间的空隙可填充油膏,如图 10-29 所示。这种油膏成糊状,通过外护套的充油嘴压入内外护套的空隙间。另外,还可采用防水密封圈的防水措施,这是目前应用较广泛的防水处理方法。

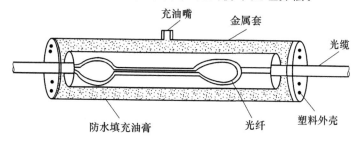

图 10-29　光缆接头充油法防水处理示意图

2. 光缆接头的安装

光缆敷设程式不同,接头安装的方法也各不相同。

管道光缆的接头必须安置在人孔内光缆托板间,光缆接头必须采用保护罩或接头保护盒。目前管道光缆接头保护方式大多采用如图 10-30 所示的管道光缆接头保护及光缆在人孔内的盘留方法。

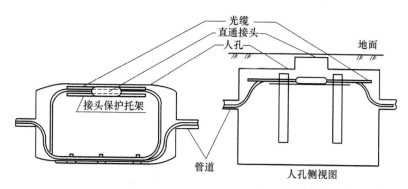

图 10-30　管道光缆接头保护及盘留示意图

直埋光缆接头应按图 10-31 所示方法保护。接头两侧预留的光缆可按图 10-32 所示方法放置。

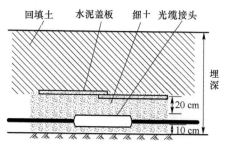

图 10-31　直埋式光缆接头保护安装图

架空光缆的接头保护,应根据光缆接头位置的不同而采取不同的保护措施。对于吊挂式光缆,接头应在两端做伸缩弯,具体保护方法如图 10-33 所示。

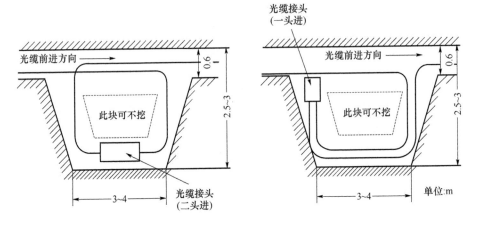

图 10-32 直埋式光缆接头预留安装图

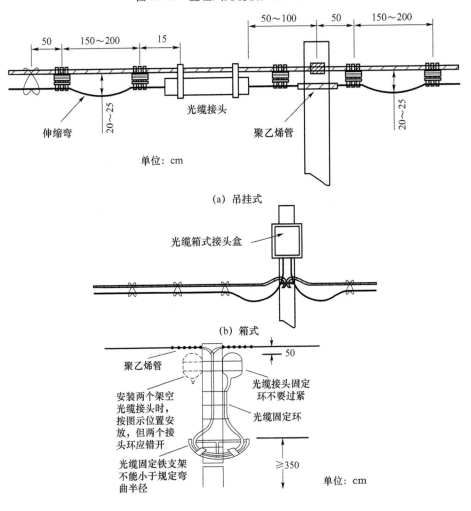

图 10-33 架空光缆接头保护安装图

光缆线路到达端局、中继站后，需与光端机或中继器相连接，这种连接称为成端。在内容和分工上，光缆线路施工队负责将光缆引至机房，并成端在 ODF 或 ODP 盘上，终端局、中继站的全部设备由装机队安装。

对于有人值守的中继站或端站，一般采用光缆终端盒成端，光缆终端盒式成端方法多数用于市内局间中继光缆。无人值守的中继站，一般采用主干光缆与中继器的尾巴光缆固定接续的方式成端。

10.5.1 无人值守中继站光缆成端

1. 直接成端方法

光缆直接成端的方式，如图 10-34 所示，外线光缆在中继站内余留后，直接进入中继器箱内按要求成端。

成端内容包括加强芯、金属层连接（箱内接地）、光纤成端（光缆中的光纤与带连接器的尾纤熔接，并将接头和余纤盘放至收纤盘内）。对有远供或业务铜线的光缆，应按设计要求成端。

直接成端方式所用的中继设备，如 APT 型光中继器。

2. 尾巴光缆成端方法

外线光缆在中继站内余留后，在中继机箱外与尾巴光

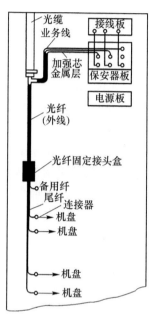

图 10-34 光缆直接成端示意图

缆采用光缆接头护套连接方法，作终端接头。尾巴光缆的另一端进入中继机箱内，一般尾巴光缆带连接器；也有的尾巴光缆不带连接器，在安装时，将机箱内尾巴同连接器尾纤作熔接并收容放置。

（1）成端内容

成端内容包括加强芯、金属层一般在终端接头护套的线路光缆侧引出接地。有远供或业务铜线的光缆，在终端接头护套内与尾巴光缆铜线相接，机箱内按要求成端，可在终端接头分支管口引出铜线，在中继器箱内或业务通话盒内成端。

（2）尾巴光缆成端的技术要求

① 中继机箱光缆引入口的安装应按规定方法操作。

② 机箱外终端接头的连接、安装应符合要求，两个接头护套应标明方向。

③ 终端接头在机箱内与尾纤的连接应避免连接损耗过大。

④ 有铜导线的光缆应按下列要求连接：按设计要求成端；连接前后均应检查直流参数；应当注意，在连接后有负载的情况下不能检查耐压，以防高压损坏设备；为防雷电影响空闲铜线，应接避雷放电管。

采用尾巴光缆成端方式的中继设备，如 NEC 光中继器。

3. 光缆金属层的引接的两种方式

① 光缆直接进机箱方式的铠装层引出并与机壳相连。加强芯和挡潮层在采取系统接地方式时,应接至机壳或按设计要求接放电管;在采取浮动接地方式时,原则上采用单段光缆一侧接地的方法,光缆另一端已经接地时,可以悬空,也可以接机壳。

② 尾巴光缆成端方式线路光缆的金属层一般在终端接头处引出接地,机箱内不存在金属层连接问题。若终端接头处金属层未引出而与尾巴光缆金属层相连时,机箱内金属层的成端方式同直接成端方式。

10.5.2 端站、有人值守中继站的光缆成端方式和技术要求

1. 光缆的成端方式

根据光缆的结构程式不同,光缆与光端机(或中继器)的成端方式有直接终端方式、ODF 架终端方式和终端盒成端 3 种。

(1) 直接终端方式

我国早期的光通信系统及目前一般的市内局间光缆系统、局域网系统,多采用这种直接方式。直接终端方式采用 T-BOX 盒(线路终端盒),终端盒为盒式结构,有的装在机顶走道上,有的固定在机架上。线路的光纤同光端机机盘上的尾巴光纤在终端盒内固定连接,如图 10-35 所示。

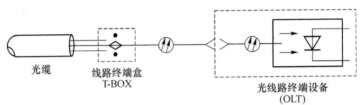

图 10-35　T-BOX 直接终端方式构成图

(2) ODF 架(光纤分配架)终端方式

长途光通信系统通常采用 ODF 架或 ODP 盘(即光纤分配盘)终端方式。ODF 架终端方式构成图如图 10-36 所示。

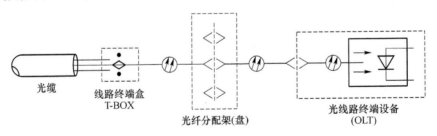

图 10-36　ODF 架终端方式构成图

ODF 架即为光纤分配架,采用 ODF 架终端方式时,光缆线路的光纤与带连接器插件的尾巴光纤在终端盒内固定连接。尾纤另一端的连接插件,接至 ODF 架或 ODP 盘,然后通过带双头连接器插件的光纤跳线,由 ODF 架或 ODP 盘与光端机机盘连接。光缆线路终端设备与光缆线路间增加了 ODF 架或 ODP 盘后,调纤十分方便,并可使机房布局更加合理。同

时,ODF 架可容纳更多光纤线路,适用于大型端局。

与 T-BOX 终端盒方式相比较,只是多用了一个分配架(盘),便于工作,且可使调纤方便,机房内布线更合理。ODP 或 ODF 所起的作用相同,只是处理光纤的数目不同而已。

(3) 终端盒成端

光缆进局成端采用终端盒成端方式,如图 10-37 所示。光缆进入分离盒后分出的光纤引至连接器插座上(接上尾巴光纤),从光端机来的尾巴光纤通过终端盒的插座相连接,构成光路。盒式光纤终端方式可将进局光纤与端机尾巴光纤活动连接。

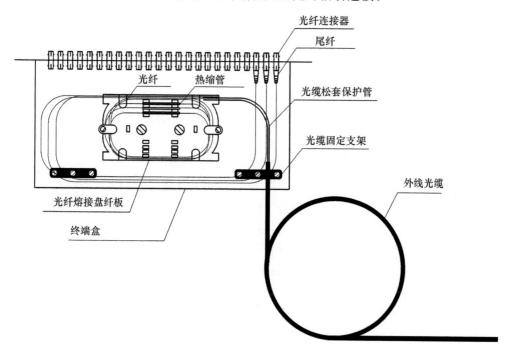

图 10-37 终端盒成端方式

2. 光缆成端的技术要求

对光缆成端有以下技术要求:

① 按有关规定或根据设计要求,预留足光缆,并按一定的曲率半径把预留光缆盘好以备后用;

② 光缆终端盒安装位置应平稳安全且远离热源;

③ 光纤在终端盒的死接头,应采用接头保护措施并使其固定,剩余光纤在箱内应按大于规定的曲率半径盘绕;

④ 从光缆终端盒引出单芯光缆或尾巴光缆所带的连接器,应按要求插入光分配架(ODF)的连接插座内,暂不插入的连接器应盖上塑料帽,以免灰尘侵蚀连接器的光敏面,造成连接损耗增大;

⑤ 光缆中的金属加强构件、屏蔽线(铝箔层)以及金属铠装层,应按设计要求作接地或终结处理;

⑥ 光缆中的铜线应分别引入公务盘和远供盘终结;

⑦ 光纤、铜线应在醒目部位标明方向和序号。

10.5.3 光缆成端的注意事项

早期的光传输系统,由于光纤的光损耗较大,活动连接器的加工精度也不高,通常采用光缆直接终端法,具体方法是将线路侧的光纤与光端机来的尾巴光缆在终端盒内固定连接。随着光器件工艺的提高,同时考虑机房布局及方便调度,目前都采用 ODF 架终端方法;进入光端机的尾巴光缆先进到 ODF 架,然后通过一双插头的连接纤(又称跳线)将 ODF 架和光端机相连接。在此终端方式中,尾巴光缆进 ODF 架由专业施工人员布放。由于尾巴光缆较短,所以这一部分光纤在开通运行中故障很少。故障最多的是 ODF 架和光端机间的跳线部分,因此,跳线一般由机务人员布放。如果布放环境复杂,布放不规范,常常会留下隐患。布放跳线应注意以下几点。

① 避免跳线出现直角,特别是不应用塑料带将跳线扎成直角,否则光纤因长期受应力影响可能出现断裂,并引起光损耗不断增大。跳线在拐弯时应走曲线,且弯曲半径应大于等于 60 mm。布放中要保证跳线不受力、不受压,以免跳线长期受应力。

② 避免跳线插头和转接器(又称法兰盘)出现耦合不紧的情况。如果插头插入不好或者只插入一部分,一般会引起 10~20 dB 的光衰耗,引起光通信系统的传输特性恶化。中继距离较长或者光端机光发送功率较低的情况下,光通信系统将出现明显的不稳定性。

③ 农话网用户端的光通信设备,因为环境较差,易受鼠害,所以除了要注意环境治理,还应尽量使跳线由光通信设备的上方进入,避免跳线由地槽或地面进入设备。光通信系统采用直接终端法时,终端盒最好挂在墙上而不要放在地槽下或地面上。

维护人员如不注意跳线的布放,光通信系统使用一段时间后就会出现单个或瞬间大误码,光通信系统将变得不稳定。此时,光通信系统出现故障的表现形态不一,故障原因不易判断,故障部位不易查找,严重时光通信系统将中断。因此,避免不规范操作是保证光通信系统稳定的重要条件。

成端测量是指光缆进入终端局、中继站后,对光纤成端质量的检测和评价。有铜导线的光缆线路,还要进行铜线的成端测量。

10.6.1 成端测量的特点和必要性

1. 成端测量的内容和特点

对终端局而言,成端测量是指光缆进线与进局光缆的接续测量,以及光缆至机房在 ODF 架或 ODP 盘与尾巴光纤的连接测量。

对中继局而言,采用尾巴光缆进箱成端方式时,成端测量是指终端接头光纤的连接检测;采用光缆直接进箱成端方式时,成端测量是指机箱内与尾巴光纤的连接检测。

对有铜线的光缆线路而言,成端测量是指铜导线在光端机与中继器内成端质量的检测。

光缆成端测量,对铜线来说,与其他部位的测量一样,都是检查铜导线的电气特性。但光纤成端与线路上光缆接头以及中继段最终测试也有一些区别。成端测量的主要特点如下。

① 光纤本征因素的区别。外线光缆接头连接的光纤是同一厂家的产品，其几何、光学参数虽有差别，但离散性较小，连接时光纤熔点接近，连接损耗较小；成端是将光缆与尾巴光缆连接，而尾巴光纤与光缆的生产往往不同，光纤的几何、光学参数不同，光纤成分也有差异，熔接时所需的热量、时间、补给量都不完全一致，因此不仅熔接工艺要求高，而且连接损耗也偏大。

② 光纤结构的区别。尾巴光缆和尾巴光纤一般都是紧套光纤，但紧套光纤有两种：一种是丙烯酸环氧一次涂层光纤（类似松套内光纤）套成紧套型；另一种为硅树脂一次涂层光纤套成紧套光纤。光缆中光纤有紧套和松套两种。目前，干线光缆绝大多数为松套型光纤。成端中不同结构的光纤连接，对连接机具和操作人员的技术水平提出了更高的要求。

③ 检测方法的区别。一般光缆线路的光纤接续，通过 OTDR 仪在始端或末端可直接测量连接损耗。但成端中，无论光端机或中继器，由于光纤连接点在 OTDR 仪的测量盲区内，无法测出连接损耗，因此给成端连接的质量评价带来了困难。

2. 成端测量的必要性

由上述可知，成端接续较线路接头接续要困难一些，连接损耗可能稍大一些。由于成端对光纤连接要求高，所以就必须注意其质量检测，才能确保每个连接点的质量。同时，由于成端是连接的末期工序，只有成端时通过检测，才能进入中继段最终测试。如果成端时不检测，在中继段测试时发现了问题再重新连接，将影响工期和质量。

成端测量过程中，可观察全程接头的连接质量并测量中继段总损耗，为中继段最终测试提供必要的数据。

10.6.2 成端测量的方法

在施工过程中，成端测量滞后于线路接头时光纤连接损耗的测量。在有些工程中，成端中接头损耗的检测缺少科学化、规范化，有的只凭熔接机显示的数据判断成端质量，有的仅用 OTDR 仪检测通不通。由于有时熔接机显示的光纤损耗值并不是光纤接头损耗的真实值，所以必须寻求一种真正能检测成端损耗的方法。下面介绍两种光缆成端接头损耗测量的有效方法。

1. 假纤测量法

假纤的长度应大于 200 m，两端应带连接插件，其中一端的插件应与 OTDR 耦合，另一端的插件应与被测线的连接插件匹配。

理想的假纤应选择单芯软光缆，将质量优良的连接插件直接成端到单芯软光缆上，确保被测线路连接一侧的连接插件与被测线路连接后的介入损耗低于连接器损耗的规定值。

一般的假光纤可以选择重复性、互换性较好的尾巴光纤（带连接插件）与适当长度的光纤作固定连接。与被测线路连接一端的光纤连接损耗必须很小，该连接损耗与连接插件的插入损耗总和应低于连接器损耗的规定值。

制成的假纤，应与"双插头"测试纤比较，以确保与被测线路连接一侧的光纤插件介入损耗在合格范围，并通过对比推算出连接损耗（包括互换性、重复性）。

测量时，将假纤的一端连至 OTDR 仪，另一端与被成端的尾巴光缆或尾巴光纤连接插件（FC 光连接器采用法兰盘）连接好，如图 10-38 所示。

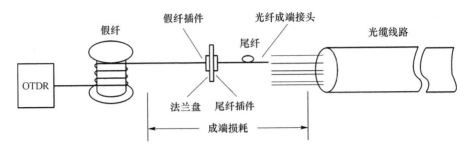

图 10-38 光缆成端假纤法检测示意图

将 OTDR 仪置于 AUTO 位置,等到曲线出来后,用两点法 Loss(2PA)测量"成端连接损耗",第一个"X"标置于假纤末部(平直部位),第二个"X"标置于连接点后的曲线平直部位,如图 10-39 所示。

光纤熔接后,OTDR 仪直接显示连接损耗值。如图 10-39 中的"成端损耗"为 3.52 dB,显然不合格。如果这样的接头不用 OTDR 假纤法测量,只检查通不通,那么几十千米的中继段,经验不足的测试人员看不出有什么毛病。只有用插入法测量总损耗才可能发现该通道损耗偏大。

经重新连接后,成端损耗为 0.90 dB,如图 8-40 所示。

有时经反复连接均不合格,应检查连接插件连接处耦合是否良好,若耦合良好仍难满足规定要求时,应更换尾巴光缆,重新连接后再检测。

测量完成后,应根据结果对成端值进行评估,一般从"成端损耗"的角度评估。首先,损耗应小于成端损耗的预期值,然后进行最大值的估算。

2. 直接测量比较法

假纤测量法为定量测量。只要成端损耗在预期值范围内,就表明连接成功。但由于对假纤要求较高,工程中往往无法实现,因此,施工时多采用直接测量比较法。

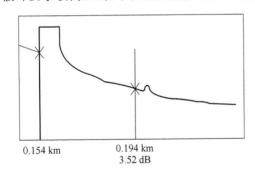

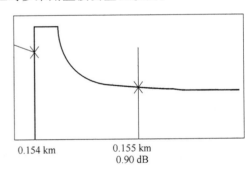

图 10-39 "成端损耗"曲线(一)　　　　图 10-40 "成端损耗"曲线(二)

采用直接测量比较法时,被测线路直接终端,直接插至 OTDR 仪连接插口测量中继段的损耗。

仪表测量的距离范围可以放小一些,只展现前边几百米的损耗曲线;也可将距离范围放大一些,使曲线展现整个中继段的线路损耗值。

无论测前端几百米或测全程,都要求曲线的前端观察点×应调至横坐标的某一基线,以便曲线间作比较。

测量时注意,每测量一条光纤后,连接插件应清洁干净。

如图 10-41 所示,×位于横坐标的上部第二条坐标线,经二次连接,该成端是合格的。其他光纤成端时,曲线的起始高度均应与第二条坐标线接近。究竟差多少才算成端不良,需要重新连接呢?经验做法是:找出平均高度,即大多数光纤的起始点高度,曲线如图 10-41 所示,平均高度为第二条横坐标线。凡被比较的光纤曲线起始高度低于 0.5 dB(连接器互换损耗 0.3 dB,接头最大允许损耗与平均损耗差值 0.2 dB),必须重新成端。

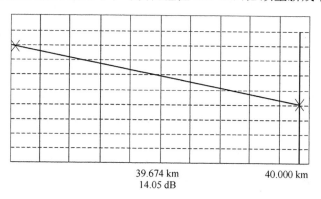

图 10-41 成端检测曲线

用比较方法检测时,要求连接器无论是 0.5 dB 级或 1.0 dB 级,均应有良好的互换性能,即随机配合时,连接器损耗均应达到 0.5 dB 或 1.0 dB 的标准。

当重新连接改善不大时,应考虑更换尾巴光缆。更换后应再作比较(比较时将曲线扩展)。

这种比较方法,虽然不能直接测得成端损耗的数值,但经过比较检测后,可以使各条光纤的成端质量具有较好的一致性,同时可避免成端失误,从而确保中继段线路的连接质量。

10-1 光纤的连接方式有哪些?应用的场合各是什么?
10-2 影响光纤连接损耗的因素有哪些?
10-3 如何减小光纤连接损耗?
10-4 光纤的固定接续有何特点?应用在哪些场合?
10-5 光纤的固定接续方法有哪些?各有何特点?
10-6 叙述熔接法的基本步骤。
10-7 良好的光纤端面要求是什么?
10-8 光纤连接损耗 OTDR 现场监测方法有哪几种?各有何特点?
10-9 简述光缆接续的基本步骤。
10-10 光缆在中继站内的成端有哪几种方式?
10-11 简述光缆接续的基本步骤。
10-12 光缆接头盒的要求有哪些?

第11章 工程竣工测试及工程验收

通信线路施工完成后,都要进行竣工测试。光缆工程的竣工测试,是以一个中继段为单元,因此又称为光缆中继段测试。竣工测试是对光缆的光电特性进行全面的测量,并检查线路的传输性能指标。这不仅是对工程质量的自我鉴定过程,竣工测试也是施工单位向建设单位交付通信工程的技术凭证。同时通过竣工测量,为建设单位提供光缆线路光电特性的完整数据,供日后维护使用。电缆工程在施工完成后,也应对敷设的电缆进行测试。本章介绍通信线路的竣工测试项目、工程验收和测试文件的编制。

光缆线路施工完成后,应以中继段为单位对线路进行竣工测试,光缆的测试包括光电特性的测试。

11.1.1 光特性测试

1. 测量项目

光特性测试主要是对光纤传输性能的测试。光特性测试一般包括中继段光纤衰减测试、后向散射曲线测试、接续点的连接损耗测试和多模光纤的传输带宽测试。由于目前所采用的光纤主要为单模光纤,所以光特性测试以前3项为主。

(1) 中继段光纤线路衰减的测量

中继段光纤传输特性的测量,主要是进行光纤线路损耗的测量。这里首先应弄清中继段光纤线路损耗的含义,明确光纤线路损耗的构成情况。中继段光纤线路损耗是指中继段两端由ODF架外线侧连接器之间,包括光纤的损耗、固定接头损耗和线路中的连接器的损耗(如果有)。

目前中继段光纤损耗测量所采取的方法是光源、光功率计和光时域反射仪(OTDR)相结合的方法,测量成端后(带尾纤)各条光纤的损耗。光源、光功率计测量属于插入法,能够可靠测量带连接器插件的线路的损耗。而后向法不仅可以提供光纤全程损耗的测量,还可以通过后向散射曲线直观的反映整个线路上沿长度方向的链路信息。这种测试方法目前在光缆施工中应用得较为广泛。

但是OTDR的测试光在刚耦合进线路光纤时,由于前端光纤连接器强烈的反射光,一般OTDR都有盲区,因此应在OTDR和测试光纤之间接入一段辅助光纤,长度应在1~2 km,以消除仪表的盲区,从而得到线路准确、完整的损耗信息,包括成端处的连接器损耗和连接器的尾纤的损耗。其中光纤的连接衰减(反射和非反射事件)测试见第 13 章 OTDR 仪表的使用。

(2) 中继段光纤后向散射曲线检测

一般中继段为 50 km 左右,光纤线路损耗在 OTDR 的动态范围内时,应对每一条光纤进行 A→B 和 B→A 两个方向的测量,每一个方向的测试波形应包括全部长度的完整曲线。

较长中继段一般在 70 km 以上,其线路损耗较大,超出 OTDR 的动态范围,可从线路的两个方向测至中间。曲线记录时,移动光标置于合拢的汇合点,以使显示数据的长度相加值为中继段全长,损耗值相加为中继段线路损耗。对于量程指标较高的仪表来说,一般则不存在超出量程的问题。如有的仪表量程在 200 km 以上,测量一个中继段甚至环路都没有问题。

后向散射曲线应由机上附带的打印机打印,以便整理在竣工资料中。

(3) 长途光缆线路偏振模色散(PMD)测量

随着信道速率的不断提高,特别是当单信道速率达到 40 Gbit/s 时,偏振模色散成为一个不容忽视的因素,限制系统的传输距离。因此,高速线路应根据要求测试偏振模色散。

2. 一般要求

① 测量工作应在光缆线路工程全面完工的前提下进行,与随工测量不同。

② 光纤接头损耗测量(应为双向测量)已结束,统计平均连接损耗应优于设计指标。

③ 竣工测量应在光纤成端后进行,即光纤通道带尾纤连接插件状态下进行测量。

④ 中继段光纤线路损耗一般以插入法测得数据为准;对于线路损耗富余量较大的短距离线路,可以用 OTDR 测量。

⑤ 测量仪表应经计量合格;一般一级干线的损耗测量仪表,其光源应采用稳定度高的激光光源;功率计应采用高灵敏型的;OTDR 应具有较大动态范围和后向散射曲线自动记录、打印等性能。

⑥ 中继段光纤后向散射曲线检查,应包括下列内容和要求。

- 总损耗应与光功率计测量的数据基本一致。
- 观察全程曲线,应无异常现象,具体是:除始端和尾部外应无反射峰(指熔接法连接时);除接头部位外,应无高损耗"台阶";应能看到尾部反射峰。
- 对于 50 km 以下的中继段,应采用达到动态范围的仪表测量,以得到准确的后向散射曲线。
- OTDR 测量应以光纤的实际折射率为测量条件;脉宽设置应根据中继段长度合理选择。

⑦ 中继段光纤线路总损耗测量,干线光缆工程应以双向测量的平均值为准;对于一般工程可根据情况可只测一个方向。

⑧ 中继段光纤后向散射信号曲线检查,一般只作单方向测量和记录曲线。

11.1.2 电特性测量

光缆的电特性测量是指对光缆中用于业务、远供和接地线的铜导线,金属护层、金属加强件的电气和绝缘特性的测量。有关测试方法请参考 11.2 节中电缆测试部分内容。

1. 测量项目

① 铜线直流电阻测量；
② 铜线绝缘电阻测量；
③ 铜线绝缘强度测量；
④ 地线电阻；
⑤ 光缆金属铠装对地绝缘检查；
⑥ 防潮层(铝箔内护层)对地绝缘检查；
⑦ 加强芯(金属加强件)对地绝缘检查；
⑧ 进水监测线之间、对地绝缘检查。

2. 一般要求

① 通信铜导线直流电阻及不平衡电阻、绝缘电阻的测试；远供铜导线的直流电阻、绝缘电阻、绝缘强度的测试，其测试值应符合通信电缆铜导线电性能的国标规定。

② 直埋光缆在随工检查中，应测试光缆护层对地绝缘电阻、并应符合下列规定：单盘光缆敷设回填土 30 cm 不小于 72 h，测试每千米护层对地绝缘电阻应不低于出厂标准的 1/2；光缆接续回土后不少于 24 h，测试光缆接头对地绝缘电阻应不低于出厂标准的 1/2。中继段连通后应测出对地绝缘电阻的数值。

③ 铜线绝缘强度，在成端前测量合格，成端后不必再测。

④ 中继站接地线测量，应引至中继站内的地线上测量，并应符合设计要求。

电缆测试是电缆工程中较为关键的一项工序，并且是必不可少的。无论是电缆工程竣工，还是电缆线路维护，都离不开对电缆进行测试。由于用户电缆对数较大，芯线对测试通常是抽查测试。

电缆线路电气测试主要是对电缆电气特性测量和绝缘特性测量，检查线路的传输性能指标，供日后运行维护参考。电缆线路电气测试分类如图 11-1 所示。

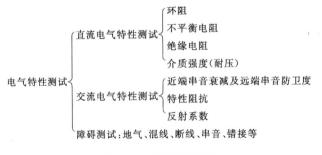

图 11-1 电缆测试项目

11.2.1 直流电阻测试

电缆线路通常是通过传输电流来传递通话信号，因此希望导线的电阻越小越好，电阻小表示导线导电性能好,为良好的通话质量奠定基础。所以线路的直流电阻是一项重要指标,在竣工时应认真测试并做好记录,在日常维护中应定期测试。

1. 环路电阻测试

电缆线路电阻的测试实际上将两条导线连通起来测试。这时测出的电阻,是两条导线形成环形回路的总电阻,通常称为环路电阻,简称"环阻"。通信电缆环路电阻测量系统原理如图11-2所示,测量步骤如下。

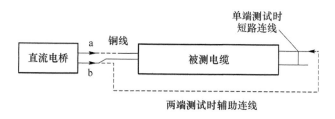

图 11-2 铜线直流电阻测试示意图

① 用经校准的直流电桥,从电缆一端直接测量出电缆另一端全部铜线连接在一起的各铜线对的环阻。

② 指标要求。铜导线对环路电阻的指标,用户线路(不含话机内阻)环阻最大值为 $1\,500\,\Omega$(20 ℃下)。

不同业务对环阻的要求不同。比如电话业务,步进制交换机的环路直流电阻为 $1\,000\sim 1\,200\,\Omega$;纵横制交换机的环路直流电阻为 $1\,600\sim 2\,000\,\Omega$;程控交换机的环路直流电阻可达 $2\,000\,\Omega$;用户线环阻不能超过这些值,否则就会造成信号的过大衰耗。此外,环阻也是检验线对是否工作良好的一个指标,若发现环阻值过小,则线路一定短路(自混)了;若环阻趋于无穷大,则表示线对已经开路(断线)了。又如,对于 ADSL 等宽带业务,要求环阻值在 $900\,\Omega$ 以下。

目前环阻测试常采用万用表测试,测试前要将被测电缆芯线的始端与机房断开;把被测电缆的两根导线分别接于万用表的两表笔上,万用表量程开关拨到电阻量程范围,导线的对端短接,则万用表上测得的读数就是导线的环阻。

2. 不平衡电阻测试

在正常情况下,一对线路的两根导线的电阻值应该相同,因为它们的线径、长度、线的材料都一样。如果测出这两根导线的电阻不相等。它们之间的差值就叫做不平衡电阻。

电阻不平衡超过了一定限度,就会造成信号泄漏,以及产生串音干扰等不良现象。因此对不平衡电阻要求愈小愈好。一般在一个增音段内,铜线线路的不平衡电阻要求小于 $2\,\Omega$;钢线线路(线径在 4 mm 以下)的不平衡电阻要求小于 $10\,\Omega$。

不平衡电阻的产生原因通常是由于导线接头处的接触不好或是线条受伤发生了不均匀性。

测量系统原理如图11-2所示,测量步骤如下。

① 用经校准的直流电桥,从电缆两端直接测量出各铜线的单线电阻,或通过交叉测量算出各铜线的单线电阻。

② 通过测量,计算出各线对的不平衡电阻,即环路电阻偏差。

③ 将常温下测出的单线电阻值,核算成标准温度(20 ℃)时的阻值。

④ 指标要求。铜导线的单芯直流电阻和环路电阻偏差的指标,根据使用条件,铜线直径为 0.4 mm,其单根芯线直流电阻应≤148.0 Ω/km(20 ℃下);环路电阻偏差平均值应≤1.5%,最大偏差为 5%。

3. 电缆屏蔽层连通电阻测试

全塑电缆屏蔽层应进行全程连通测试,测试方法如图 11-3 所示。

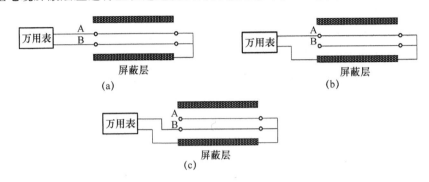

图 11-3 万用表测电缆屏蔽层连通电阻

先要在被测电缆末端将屏蔽线牢固地卡接在电缆屏蔽层上,选一对良好芯线,将其末端 A、B 线短路,并与电缆屏蔽线混死。打开万用表开关,万用表连线插接按图 11-3 连接正确,万用表量程开关拨到电阻量程范围,选择适当的测试挡,准确读取读数。测试步骤如下。

① 测试线对环路电阻(R_{AB});

② 测试 A 线与电缆屏蔽层的环路电阻(R_{AE});

③ 测试 B 线与电缆屏蔽层的环路电阻(R_{BE})。

用以下公式来计算出电缆屏蔽层连通电阻:

$$R_{屏} = \frac{R_{AE} + R_{BE} - R_{AB}}{2 \times L} \quad (\Omega/km)$$

式中,L 是被测电缆长度,单位为 km。

本地网全塑电缆屏蔽层连通电阻标准为:全塑主干电缆≤2.6 Ω/km;全塑架空配线电缆≤5.0 Ω/km。

11.2.2 绝缘电阻测试

绝缘电阻测试也叫隔电测试。电缆导线之间、导线对地之间都需要绝缘,否则就会漏电,漏电到了一定程度,就会使通信信号减小或造成串音,严重时会形成接地障碍或混线障碍,影响正常通信。因此需要定期地进行绝缘测试。绝缘电阻包括线间绝缘电阻和导线对地(屏蔽层)绝缘电阻两种。绝缘电阻是指两芯线间或芯线与地之间的绝缘层(如塑料)电阻与填充物(油膏或空气)电阻之和,是通信线路的分布参数之一。

绝缘测试有如下两种:

① 线间绝缘测试,即两根导线之间的绝缘电阻测试,这种测试可以防止串音和混线障碍;

② 导线对地绝缘测试,即测试导线对地的绝缘电阻,可以防止音小和接地障碍。

绝缘电阻要求越大越好。绝缘电阻与气候条件有很大关系,一般说来,天气潮湿时测出的绝缘电阻较低,在干燥天气测出的绝缘电阻就大得多。因此一般要求以阴雨潮湿天气测得的绝缘电阻为准。

全塑市话电缆绝缘电阻标准:非填充聚乙烯芯线绝缘电阻单根芯线对地、线间不低于 6 000 MΩ·km;填充聚乙烯电缆绝缘电阻对地、线间不低于 1 800 MΩ·km;聚氯乙烯电缆绝缘电阻对地、线间不低于 120 MΩ·km,测试温度为 20℃,湿度小于等于 80%。

1. 芯线间绝缘电阻测试方法

绝缘电阻测量可采用的仪表有兆欧表或高阻计。兆欧表(摇表)与高阻计功能相同,都可用于测试绝缘电阻,这里先介绍用兆欧表测试绝缘电阻即可,高阻计测量方法见"光缆护层绝缘测量"内容。

兆欧表是一种高阻值电阻测量仪表,用途非常广泛,一般常利用它来检验一切电气设备和器材的电气绝缘程度,以便于日常维修或安装工作顺利进行。兆欧表的名称和种类很多,而功能基本上都一样,一般以测试时其所发出的直流电压和测量绝缘电阻大小范围而区分,发出的电压越高,所测量的绝缘电阻就越高。QZ3 型兆欧表测量范围为 0~500 000 MΩ,测试电压分为三挡,即 500 V、250 V、100 V 挡。QZ3 型兆欧表板面如图 11-4 所示。

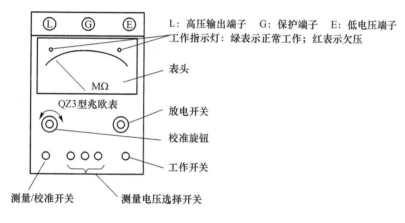

图 11-4 QZ3 型兆欧表板面图

芯线间绝缘电阻测试检查芯线绝缘程度以及芯线间是否有混线现象。测量步骤如下。

① 把校准好的兆欧表或高阻计按图 11-5 连接好,其中一个接线柱 L 连接被测导线,另一接线柱 E 与其余导线相连。

② 匀速转动摇表的摇柄,逐步达到 120 r/min,测出导线的绝缘电阻并作记录。

③ 将测试的绝缘电阻换算成标准长度的绝缘电阻,再与标准绝缘电阻进行比较,看是否在标准之内。换算公式为:

单位绝缘电阻数值=电缆芯线测试读数值/电缆长度　　(MΩ/km)

2. 芯线对地(电缆屏蔽层)之间的绝缘电阻测试

测试芯线对地(电缆屏蔽层)之间的绝缘电阻是为检查是否有地气(碰地)现象和对地之间的绝缘程度。测量步骤为:按图 11-6 连接好,其中一个接线柱 L 连接被测导线,另一接线柱 E 将与电缆屏蔽层(加强件、防潮层和铠装层)相连。其他与芯线绝缘电阻测试类似。

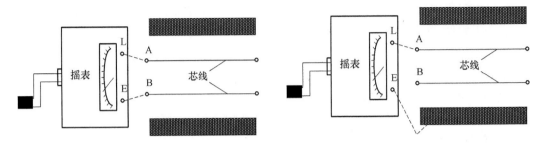

图 11-5　测试芯线间绝缘连接　　　　图 11-6　测试芯线对地绝缘连接

3. 光缆金属护层对地绝缘测量

测量光缆护层对地绝缘是为检查光缆外护层的完整性和接头盒密封是否良好。这样就应对光缆的防潮层、加强芯以及接头进水监测引线进行绝缘测量。

(1) 指标要求

目前对于中继段测试(接续后)护层对地绝缘电阻还无指标要求,一般要求大于 20 MΩ。

(2) 测量方法

一般采用高阻计测量,测量电压为 500 V,短距离可以用 250 V 挡。测量步骤如下。

① 校准

K2 置"校",K1 置"∞",调电位计,使指针指"∞";K1 置"测"调电位计,使指针指红色刻度线;经反复校准方可进行测量。

② 准备

校准后 K1 置于"放"上,量程开关 K2 置于"R×"挡上。

③ 接线

"L_1 高"端接至被测导体,"L_2 低"端接至地;高端引线不宜太长,注意引线不要拖在地上或与其他绝缘体相连,以免影响测量结果。

④ 测量

作用开关 K1 由"放"至"充",稍后再旋至"测",这时应观察表头指针,按需要逐步增加倍率,直到表针稳定为止;然后读数,并按量程开关 K2 所置倍数计算,如指针读数为 10 MΩ,K2 置于 R×100 倍率挡上,则被测绝缘为:10 MΩ×100＝1 000 MΩ。

(3) 记录

作为原始数据记入"光缆接地绝缘检查记录"中,并对照敷设 72 h 测试结果进行对比、分析。

11.2.3　接地电阻测试

地线的主要作用是防雷防强电,确保线路和电气设备在使用和维护过程中以及维修障碍时人身与设备的安全,因此,必须使金属不带电的部分妥善接地。凡接地设备都有电阻存在,如接地导线,地气棒(接地极)和大地对于所通过的电流均有阻抗。接地电阻对每一装置应达到规定值。否则在使用中不易保证安全。

1. 接地电阻的规定值

接地电阻不同于普通的电阻,有其组成和结构上的特殊性。接地电阻由三部分构成:接地引线电阻、接地体电阻、接地体与土壤的接触电阻(散流电阻)。

① 架空电缆吊线接地电阻、全塑电缆及光缆金属屏蔽层接地电阻不大于 20 Ω;

② 分线设备接地电阻不大于 15 Ω;

③ 交接设备接地电阻不大于 10 Ω;

④ 用户保安器接地电阻不大于 50 Ω。

2. 测量仪表

接地电阻的测量可用接地电阻测量仪进行测量。接电阻测量仪由手摇发电机、电流互感器、滑线电阻及检流计等组成。附有接地探测针、连接导线等。

3. 测量方法

接地电阻的测量按图 11-6 所示连接配置。测量前对仪表旋钮设置方法如下。

接线端钮:接地极(C_2、P_2)、电位极(P_1)、电流极(C_1)、用于连接相应的探测针。

- 调整旋钮:用于检流计指针调零。
- 调节倍率盘:显示测试某倍率,如×0.1、×1、×10。
- 测量标度盘:测试标度所测接地电阻阻值。
- 测量盘旋钮:用于测试中调节旋钮,使检流计指针指于中心线。
- 发电机摇把:手摇发电,为地阻仪提供测试电源。

测量步骤如下。

① 将被测地线 E 的引线与电缆设备分开。

② 沿被测地线 E 使电位探针 P_1 和电流探针 C_1,依直线彼此相距 20 m,埋深为 2 m。

③ 连接测试导线:用 5 m 导线连接 E 端子与接地极 L,电位极用 20 m 导线接至 P_1 端子上,电流极用 40 m 导线接 C_1 端子上。

④ 将表放平,检查表针是否指零位,否则应调节到"0"位。

⑤ 以 120 r/min 速度加快发电机摇把的转速,调整"测量标盘"使指针于中心线上;此时,测量盘指的刻度读数,乘以倍率,即为被测电阻值:

$$被测电阻值 = 测量盘指数 \times 倍率盘指数$$

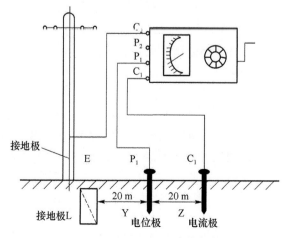

图 11-7 接地电阻测试连接方法示意图

11.3.1 编制要求

① 竣工技术文件由施工单位负责编制。一般线路的竣工技术文件由施工作业队编制,并由施工作业队技术负责人审核;长途干线光缆工程的竣工技术文件由工程指挥部或工地办公室负责编制(施工作业队应予以协助),由技术主管审核。

② 竣工技术文件应由编制人、技术负责人及主管领导签字,封面加盖单位印章(红色);利用原设计施工图修改的竣工路由图纸,每页均加盖"竣工图纸"等字样的印章。

③ 竣工技术文件应做到数据正确、完整、书写清晰,用黑色或蓝色墨水书写,不得用铅笔、圆珠笔书写或复写等。

④ 竣工技术文件可以用复印件,但长途干线光缆工程应有一份复印原件作为正本,供建设单位存档。

⑤ 竣工路由图纸应采用统一符号绘制。变更不大的地段,可按实际情况在原施工图纸上用红笔修改,变更较大的地段应绘新图。长途一级干线尽量全部重新绘制。

⑥ 竣工技术文件一式三份,长途干线光缆工程竣工文件一式五份,并按统一格式装订成册。

11.3.2 编制内容及装订格式

竣工技术文件内容比较多,一般应装订成总册、竣工测试记录和竣工路由图纸 3 个部分,其中包括若干分册。

1. 总册部分

① 名称:竣工技术文件。

② 内容:竣工说明,建筑安装工程总量表,工程变更单,开工报告,完工报告,随工检查记录,变更协商,竣工测试记录(按数字段或中继段独立分册),竣工路由图纸(按数字段或中继段独立分册),验收证书。

③ 要求:以单项工程,建设单位(合同单位)管辖段为编制单元。如一个工程跨越两省,并由两个建设单位施工,则按省界划分,各自编制,装订。

④ 要求格式:按竣工档案标准。

2. 竣工测试记录部分

① 名称:_____ Mbit/s _____ 模光通信系统工程竣工测试记录。

② 内容:中继段光缆配盘图,中继段光纤损耗统计表,中继段光纤连接单向测试记录,中继段光纤接头损耗记录,中继段光纤线路衰减测试记录,中继段光纤带宽(多模)测试记录,中继段光纤后向散射信号曲线检测记录,中继段直流电阻测试记录,中继段绝缘电阻测试记录,中继段绝缘强度测试记录,中继段地线电阻测试记录,中继段光纤后向散射信号曲线图片。

以上是有铜导线光缆线路的全套记录,无铜导线光缆线路不包括直流电阻、绝缘电阻、铜导线绝缘强度测试记录三项。

③ 要求:按数字段或按施工分工自然段分别装订成册(段内若有两个以上中继段,应按 A→B 方向顺序分段合装),也可按自然维护段分别装订成册(两个以上中继段要求同上)。

④ 要求格式:略。

3. 竣工路由图纸

① 名称:_____ Mbit/s _____模光通信系统工程(_____至_____段)竣工路由图。

② 内容:光缆线路路由示意图,局内光缆路由图,市区光缆路由图,郊区光缆路由图,郊外光缆路由图,光缆穿越铁路(公路)断面图(亦可直接画于上述路由图中),光缆穿越河流的平面图和断面图。

③ 要求:同竣工测试记录部分。

④ 要求格式:原则上与施工路由图纸部分相同;要求有封面,目录及前述内容。装订顺序应按 A→B 方向由 A 局至 B 局,按路由顺序排列。

每册第一页上应按设计文件要求,在右下角填写工程名称、段落,并有负责人签名等。

11.3.3 总册部分编制方法

① 工程说明。

工程说明应包括下列内容。

- 工程概况,叙述工程名称,总长度,光缆、光纤的类别特点,工程的建设单位,施工单位以及其他主要参与单位。
- 光缆敷设,接续和安装概况,包括主要部位施工特点、方法、达到的质量,隐蔽工程质量签证情况,工程中遇到的主要困难,进展情况,采用的重大措施及遗留问题。
- 光电特性概况,包括中继段光纤线路光传输特性的主要指标完成情况,铜导线电特性的主要指标完成情况。
- 工程进展情况,包括工程筹备时间,正式开工日期,完工日期以及施工总天数。
- 落款,应写明工程说明编制日期,并加盖施工主管部门的印章。

② 建筑安装工程总量表。

建筑安装工程总量表包括完成施工图实际工程量的项目,数量,完成施工图以外的工程量。本表应有主管单位签字。

③ 已安装设备明细表。

④ 工程设计变更单。

⑤ 开工/完工报告。

⑥ 停(复)工报告。

⑦ 重大工程质量事故报告。

⑧ 阶段验收报告。

⑨ 随工检查记录(隐蔽工程检验签证)。

随工检查记录应齐全,内容见 11.4.2 节中表 11-1。

⑩ 验收证书。

验收证书由两部分组成,施工单位填写部分在竣工时填好;验收小组填写部分应在光缆线路初验后,由建设单位将验收中对工程质量的评议和验收意见填入并盖章、签字。

11.3.4 竣工测试记录部分编制方法

1. 要求

中继段光纤竣工测试记录部分要求。

① 中继段光纤竣工测试记录,应清晰、完整、数据正确。
② 中继段光纤竣工测试记录宜以一个中继段为装订单元。
③ 中继段光纤竣工测试记录,包括中继段光缆配盘图等。

2. 主要内容

① 敷设(实际)总长度,指光缆连接后的实际单盘长度(纤长),不是开始的配盘长度或敷设后的长度。
② 光纤损耗,一般是经单盘检验确认的出厂损耗数据。
③ 中继段光纤连接单向测试记录,包括 A→B、B→A 两个方向的单方向 OTDR 仪测量值。表中距离为按 A→B 方向和 B→A 方向由局内至各接头点的光纤长度。
④ 中继段光纤接头损耗记录,取 A→B、B→A 两个方向光纤连接单方向测量值再按双向平均计算结果填入。
⑤ 中继段光纤线路损耗测试记录,按表格要求填入插入法测量中继段光纤线路损耗记录值。市内局间光缆工程可用 OTDR 仪测量,光纤损耗值可直接填入此表,并算出双向平均值。
⑥ 中继段光纤后向散射信号曲线图片,将曲线图片按纤序整齐地贴于记录上,然后复印 3～5 份,分别装订于竣工测试记录最后。应注意,不要将图片单独复印后再剪贴。

11.3.5 竣工路由图纸编制方法

竣工路由图纸绘制总体要求如下。

① 竣工图一般可利用原有工程设计施工图改绘。其中,变更部位应用红笔修改,变更较大的应重新绘制。所有竣工图纸均应加盖"竣工图章"。竣工图章的基本内容应包括:"竣工图"字样、施工单位、编制人、审核人、编制日期、监理单位、监理人等。
② 竣工图绘制要求符合工程设计施工图的绘制要求。光缆路由图应能反映地形地貌和障碍物等,图纸上应标明地面距离、光缆长度以及光缆两端的尺码(光缆米标)。水底光缆应包括水下光缆截面示意图。
③ 竣工图宜以一个中继段为装订单元。

1. 光缆线路路由示意图

光缆线路路由示意图按 1∶50 000 的比例绘制。图中应标明光缆经过的城镇、村庄和其他重要设施的位置,标明光缆与铁路、公路、河流的交越点等。

在以往竣工资料路由图中不包括这部分图。目前,长途干线工程一般应有 1∶50 000 路由示意图,原则上从设计施工图复制。变动较大的路由,可在 1∶50 000 的地图上绘制。

2. 局内光缆路由图

局内光缆路由图应标明由局前人孔至局内光端机房的具体路由走向及详细尺寸。

3. 市区光缆路由图

市区光缆路由图应按施工图纸的比例(个别城市有特殊要求的,按当地规定比例)绘制。埋式路由应每隔 50 m 左右标出光缆与固定建筑物的距离;埋式光缆标出光缆与其他管线的交叉地点,并绘出断面图。

市区管道路由竣工图应标出光缆占用人孔、管孔、人孔间距及周围地貌。

4. 郊区郊外光缆路由图

郊区郊外光缆路由图按 1∶2 000 的比例标明以下内容:
- 光缆的具体敷设位置、转角、接头、监测点、标石等位置;
- 光缆特殊预留地点及长度;
- 排流线、地线以及其他保护、防护措施地段;
- 光缆线路与附近建筑物或其他固定标志的距离;
- 光缆穿越铁路、公路断面图,在路由图中应标明光缆与路面及路肩的间距及所采取的保护装置。

5. 水底光缆竣工图

水底光缆竣工图的平面图比例一般为:
- 沿光缆路由方向为 1∶500～1∶5 000,横向(即路由两侧)1∶100～1∶200;
- 断面图比例为水平 1∶500～1∶5 000,垂直 1∶100～1∶200,并应分段标明光缆埋深、河床土质及接头位置等。

工程验收是对已经完成的施工项目进行质量检验的重要环节,是光缆工程中不可缺少的重要程序。工程验收通常分为随工验收、初步验收和竣工验收,对施工来说,主要有随工验收和初步验收。

验收工作是工程主管部门、设计单位、施工单位等共同完成的。本节主要介绍工程验收的依据、内容、方法及步骤。

11.4.1 工程验收依据

目前,工程验收工作主要依据下列各工程验收文件:
① 《邮电基本建设工程竣工办法》;
② 《电信网光纤数字传输系统工程施工及验收暂行技术规定》;
③ 经上级主管部门批准的设计任务书、初步设计或技术设计和施工图设计,包括补充文件;
④ 对于引进工程验收,还应依据与外商签订的技术合同书。

11.4.2 工程验收的方法、内容及步骤

工程验收根据工程的规模、施工项目的特点,一般分为随工验收、初步验收和竣工验收。

1. 随工验收

(1) 特点

某些施工项目完成后具有隐蔽性,必须在施工过程中进行验收,对这些项目的验收称为随工验收。隐蔽项目(又称隐蔽工程)必须采取随工验收。

(2) 验收内容

光缆线路工程的随工验收项目及内容见表11-1。

表11-1 光缆工程随工验收项目内容表

序号	项目	内容
1	主杆	(1)电杆的位置及洞深;(2)电杆的垂直度;(3)角杆的位置;(4)杆根装置的规格、质量;(5)杆洞的回土夯实;(6)杆号
2	拉线与撑杆	(1)拉线程式、规格、质量;(2)拉线方位与缠扎或夹固规格;(3)地锚质量(含埋深与制作);(4)地锚出土及位移;(5)拉线坑回土;(6)拉线、撑杆距离比;(7)撑杆规格、质量;(8)撑杆与电杆接合部位的规格、质量;(9)电杆是否进根;(10)撑杆洞回土等
3	架空吊线	(1)吊线规格;(2)架设位置;(3)装设规格;(4)吊线终结及接续质量;(5)吊线附属的辅助装置质量;(6)吊线垂度等
4	架空光缆	(1)光缆的规格、程式;(2)挂钩卡挂间隔;(3)光缆布放质量;(4)光缆接续质量;(5)光缆接头安装质量及保护;(6)光缆引上规格、质量(包括地下部分);(7)预留光缆盘放质量与弯曲半径;(8)光缆垂度;(9)与其他设施的间隔及防护措施
5	管道光缆	(1)塑料子管规格;(2)占用管孔位置;(3)子管在人孔中的留长及标志;(4)子管敷设质量;(5)子管堵头及子管口盖(塞子)的安装;(6)光缆规格;(7)光缆管孔位置;(8)管口堵塞情况;(9)光缆敷设质量;(10)人孔内光缆走向、安放、托板的衬垫;(11)预留光缆长度及盘放;(12)光缆接续质量及接头安装、保护;(13)人孔内光缆的保护措施
6	直埋光缆	(1)光缆规格;(2)埋深及沟底处理;(3)光缆接头坑的位置及规格;(4)光缆敷设位置;(5)敷设质量;(6)预留长度及盘放质量;(7)光缆接续及接头安装质量;(8)保护设施的规格、质量;(9)防护设施安装质量;(10)光缆与其他地下设施的间距;(11)引上管、引上光缆设施质量;(12)回土夯实质量;(13)长途光缆护层对地绝缘测试
7	水底光缆	(1)光缆规格;(2)敷设位置;(3)埋深;(4)光缆敷设质量;(5)两岸光缆预留长度及固定措施、安装质量;(6)沟坎加固等保护措施的规格、质量
8	局内光缆	(1)光缆规格、走向;(2)光缆布放安装质量;(3)光缆成端安装质量;(4)光缆、光纤标志;(5)光缆保护地安装

(3) 验收方式

在施工过程中,由建设单位委派工地代表随工检验,发现工程中的质量问题要随时提出,施工单位要及时处理。质量合格的隐蔽工程应该及时签署《隐蔽工程检查证》,即竣工技术文件中的随工检查记录。

上述隐蔽工程项目,经检验合格,且签署了《隐蔽工程检查证》后,在以后的验收中不再复验。

2. 初步验收

初步验收简称为初验。一般大型工程按单项工程进行初验,比如数字通信工程,可分为线路和设备两个单项工程进行初验。光缆线路初步验收称为线路初验。除小型工程对,尤其长途干线光缆工程,在竣工验收前均应组织初验。

线路初验是对承建单位的线路施工质量进行全面、系统的检查和评价,同时包括对工程设计质量的检查。对施工单位来说,初步验收合格,表明工程已经正式竣工。

(1) 初验条件和时机

进行线路初验的光缆线路应满足如下条件:

① 施工图设计中的工程量全部完成,隐蔽工程项目全部合格;

② 中继段光电特性符合设计指标要求;

③ 竣工技术文件齐全,符合档案要求,并最迟于初验前一周送建设单位审验。

初验时间应在原定建设工期内进行,一般应在施工单位完工后三个月内进行。

(2) 代维

线路初验之前,维护单位受施工单位委托,对已完工或部分完工的新线路进行交工前的维护工作,称为代维。

代维期一般包括两种情况:工程按施工图设计施工完毕,施工单位正式发出交(完)工或完工报告,上报后至初验前为代维期;工程基本完工,因气候影响部分工作暂停,待气候好转后继续施工,这段时间由维护单位代维,或由施工单位留下部分职工,对已完成线路进行短期维护。

施工单位应在工程主管部门协调下,与维护单位商谈,并签订代维协议书。协议书中应明确代维内容、代维时间以及需要的费用等。

(3) 初验准备

初步验收应做如下准备工作。

① 路面检查。长途光缆线路工程,由于环境条件复杂,尤其完工后,经过几个月的变化,总有些需要整理、加工的部位以及施工中遗留问题或部分质量上有待进一步完善的地方。因此,一般由原工地代表、维护人员进行路面检查报告,送交施工单位,在初验前组织处理,使之达到规范、设计要求。

② 资料审查。施工单位及时提交竣工文件,主管部门组织预审,如发现问题及时送施工单位处理,一般在资料收到后几天内组织初验。

(4) 初验组织及验收

线路初验工作,由建设单位(长途干线工程由省邮电管理局工程主管部门)组织工厂、设计单位、施工单位、维护单位(包括长信、长线、传输等管理部门和相关各局线路维护部门)、档案组以及当地银行等参加。初验采用会议形式,一般步骤如下。

① 成立验收领导小组,验收领导小组负责召开验收会议并完成验收工作。

② 成立验收小组分项目验收,验收小组包括工艺组(路面组)、测试组和档案组。工艺组按表 11-2 中第 1 项进行抽查。测试组按表 11-2 中第 2~5 项内容进行抽测、评价。档案组主要负责对施工单位提供的竣工技术文件进行全面的审查、评价。

表 11-2 中的抽查抽测比例是一个中继段工程验收的要求;长途干线工程往往包括几个中继段(一般跨省界干线工程,初验应在各省建设单位主管范围内进行),初验检查、测试时间一般为两天。因此,中继段、光纤均采取抽查抽测,抽查比例由验收领导小组商定。

表 11-2　光缆工程竣工验收(初验)项目内容表

序号	项目	内容及规定
1	安装工艺	(1)管道光缆抽查的人孔数不少于人孔总数的10%,检查光缆及接头的安装质量、保护措施、预留光缆的盘放以及管口堵塞、光缆子管标志;(2)架空光缆抽查的长度应不少于光缆全长的10%,沿线检查杆路与其他设施间距(含垂直与水平),光缆及接头的安装质量、预留光缆盘放,与其他线路交越、靠近地段的防护措施;(3)直埋式光缆应全部沿线检查路由及标石的位置、规格、数量、埋深、面向;(4)水底光缆应全部检查路由和标志牌的规格、位置、数量、埋深、面向以及加固保护措施;(5)局内光缆应全部检查光缆的进线室、传输室、路由,光缆的预留长度、盘放安置、保护措施及成端质量
2	光缆主要传输特性	(1)竣工时,应测试每根光纤对中继段光纤线路的衰减,验收时抽测量应不少于光纤芯数的25%;(2)竣工时,应检查每根光纤的中继段光纤背向散射信号曲线,验收时抽查量应不少于光纤芯数的25%;(3)竣工及验收测试可按工程要求确定多模光缆的带宽及单模光缆的色散;(4)接头损耗的核实应根据测试结果结合光纤衰减检验
3	铜导线电特性	(1)直流电阻、不平衡电阻、绝缘电阻,竣工时,每对铜导线都应测试,验收时,抽测量应不少于铜导线对数的50%;(2)竣工时,应测每对铜导线的绝缘强度,验收时根据具体情况抽测
4	护层对地绝缘	直埋光缆竣工及验收时应测试并作记录
5	接地电阻	竣工时每组都应测试;验收时抽测数不应小于总数的25%

关于测试方法,可参考竣工测试的方法、中继段光纤线路损耗的测量方法,采取背向散射法。

具体检查可分组进行,施工单位应有1~2名熟悉情况的人员参与各组活动。

③ 写出检查意见

各组按检查结果写出书面的检查意见。

④ 讨论

会议在各组介绍检查结果和讨论的基础上,对工程承建单位的施工质量做出实事求是的评语,并评定质量等级。质量一般分为优、合格、不合格三个等级。

⑤ 通过初步验收报告

初验报告的内容主要包括:

- 初验工作的组织情况;
- 初验时间、范围、方法和主要过程;
- 初验检查的质量指标与评定意见,对实际的建设规模、生产能力、投资和建设工期的检查意见;
- 对工程竣工技术文件的检查意见;
- 对存在问题的落实解决办法;
- 对下一步安排运转、竣工验收的意见。

(5) 工程交接

线路初验合格是施工正式结束的标志。此后将由维护部门按维护规程进行日常维护。

① 材料移交。

在将工程移交维护部门时,应将施工中的剩余光缆、连接等材料,列出明细清单,并经建设方清点验收。这部分工作一般于初验会议前完成。

② 器材移交。

包括施工单位代为检验、保管以及借用的测量仪表、机具及其他器材,也应按设计配备的产权单位进行移交。

③ 遗留问题处理。

至于初验中遗留的一般问题,按会议落实的解决意见,由施工或维护单位协同解决。

④ 移交后,由有关部门办理交接手续,进入运行维护阶段。

3. 工程试运转

① 长途光缆线路工程经初验合格后,应按设计规定的试运转期立即组织工程的试运转。

② 工程试运转应由维护部门或业主委托的代维单位进行试运转期维护,并全面考察工程质量,发现问题应由责任单位返修。

③ 试运转期不少于 3 个月。试运转结束前半个月内,向上级主管部门报送工程竣工报告。

4. 竣工验收

工程竣工验收是基本建设的最后一个程序,也是全面考核工程建设成果、检验工程设计和施工质量以及工程建设管理的重要环节。

(1) 竣工验收的分工和规模

大型建设项目由国家计委组织验收,跨省长途干线建设项目由原信息产业部(现改为工业与信息产业部)组织验收。其他部管建设项目由部或委托相关部门组织验收,省、市管局二级干线等基建项目由省、市管局工程主管部门组织验收。

竣工验收一般应召开工程验收会议。会议规模应根据工程规模、重要性等情况确定。具有推广意义的工程应邀请可能推广应用的地区、部门的同志参加;召开鉴定性质的工程鉴定验收会,还应邀请国内行业专家。

(2) 竣工验收应具备的条件

竣工验收应具备以下条件:光缆线路、设备安装等主要配套工程初验合格后,经规定时间的试运转,各项技术性能符合规范、设计要求;生产、辅助生产、生活用建筑等设施按设计要求已完成;技术文件、技术档案、竣工资料齐全、完整;维护用仪表、工具、车辆和备件已按设计要求配齐;生产、维护、管理人员数量、素质适应投产初期的需要;引进项目应满足合同书有关规定;同时,工程竣工决算和工程总决算的编制及经济分析等资料也已准备就绪,即可开始竣工验收工作。

(3) 竣工验收的主要步骤和内容

① 文件准备工作,包括工程性质、规模、会议报告均应由报告人写好,送验收组织部门审查打印;还应准备好工程决算、竣工技术文件。

② 组织临时验收机构,对大型工程成立验收委员会,下设工程技术组(技术组下设系统测试组、线路测试组)和档案组。

③ 大会审议、现场检查,包括审查讨论竣工报告、初步决算、初验报告以及技术组的测

试技术报告,沿线重点检查线路、设备的工艺质量等。

④ 讨论通过验收结论和竣工报告。竣工报告主要内容有建设依据、工程概况、初验与试运转情况、竣工决算概况、工程技术档案整理情况、经济技术分析、投产准备工作情况、收尾工程的处理意见、对工程投产的初步意见、工程建设的经验教训及对今后工作的建议。

⑤ 颁发验收证书。验收证书的内容应包括对竣工报告的审查意见(重点说明实际的建设工期、生产能力及投资是否符合原计划要求),对工程质量的评价(部分机、线等单项),对工程技术档案、竣工资料抽查结果的意见,初步决算审查的意见,对工程投产准备工作的检查意见和工程总评价与投产意见。最终将证书发给参加工程建设的主管部门及设计、施工、维护单位或部门。

第12章 光缆线路维护与故障排除

光缆线路是整个光纤通信网的重要组成部分,加强光缆线路的维护管理是保障通信联络不中断的主要措施。因此,通信值勤维护是各级通信台站的中心任务。在值勤维护管理中,必须贯彻以下原则:先主后次,先急后缓;预防为主,防抢结合;顾全大局,密切协作;严守机密,保证安全。值勤维护人员要加强责任感,认真学习新知识,严格遵守各项规章制度,熟练掌握操作维护方法,熟悉线路及设备情况,及时发现和正确处理各方面的问题,努力提高值勤维护质量,确保线路畅通。

12.1.1 光缆线路维护工作的基本任务

光缆线路维护工作的基本任务是保持设备完整良好,保证传输质量达标,预防障碍并尽快排除障碍。维护工作人员应贯彻"预防为主,防抢结合"的维护方针。维护工作的目的:一方面维护工作人员通过对光缆线路进行正常的维护,不断地消除外界环境影响带来的事故隐患,同时不断改进设计和施工不足的地方,避免或减少不可预防的事故(如山洪、地震)带来的影响;另一方面,当出现意外事故时,维护人员应能及时处理,尽快排除故障,修复线路,以提供稳定、优质的传输线路。

12.1.2 维护方法与周期

1. 维护方法

光缆线路的常规维护工作分为"日常维护"和"技术指标测试"两部分。

日常维护工作主要由维护站(哨)担任,主要内容包括:定期巡回,特殊巡回,护线宣传和对外配合;消除光缆路由上堆放的易燃、易爆物品和腐蚀性物质,制止妨碍光缆安全的建筑施工、栽树、种竹和取土、修渠等;对受冲刷挖掘地段的路由培土加固及沟坎护坡(挡土墙)的修理;标石、标志牌的描字涂漆、扶正培固;人(手)孔、地下室、水线房的清洁,光缆托架、光缆标志及地线的检查与修理;架空杆路的检修加固,吊线、挂钩的检修更换;结合徒步巡回,进行光缆路由探测,建立健全光缆路由资料。

技术指标测试工作由机务站光缆线路维护分队负责,主要内容包括:光缆线路的光电特性测试、金属护套对地绝缘测试以及光缆障碍的测试判断;光缆线路的防蚀、防雷、防强电设施的维护和测试以及防止白蚁、鼠类危害措施的制定和实施;预防洪水危害技术措施的制定、实施;光缆升高、下落和局部迁改技术方案的制定和实施;光缆线路的故障修理。

线路维护工作必须严格按操作程序进行。一些复杂的工作应事先制订周密的工作计划,并报上级主管部门批准后方可执行。实施中应与相关的机务部门联系,主管人员应亲临现场指挥。执行维护工作时,务必注意各项安全操作规定,防止发生人身伤害和设备仪表损坏事故。

2. 维护的项目和周期

要使线路经常处于良好状态,维护工作就必须根据质量标准,按周期、有计划地进行。长途光缆线路日常维修工作的主要项目和周期见表12-1,线路维护技术指标和测试周期见表12-2。

表12-1 光缆线路日常维护的周期和项目

项 目	维护内容		周 期	备 注
路由维护	线路巡查		周	暴风雨和路由环境变化,应立即巡查
	线路全巡(徒步)		半月	高速公路中线路每周全巡一次
	管道线路人孔清洁、检查		半年	
	抽除人孔内积水		按需	可结合徒步巡查进行
	标石(含标石牌)	除草、培土	年	标石30 cm内无草
		喷漆、描字		
	路由探测			可视具体情况缩短周期
杆路维护	清除架空线路和吊线上杂物		按需	
	检查、核对杆号、增补杆号牌、喷漆、描字		年	
	整理、更换挂钩、检修吊线			
	杆路逐杆检修			结合巡查进行

表12-2 光缆线路维护技术指标和测试周期

序 号	项 目		技术指标	周 期	备 注
1	中继段光纤通道后向散射信号曲线测试		≤竣工值+0.1 dB/km(最大变动量≤5 dB)		主用光纤:按需 备用光纤:半年
2	防护接地装置地线电阻	$\rho \leq 100\ \Omega \cdot m$	≤5 Ω	半年	雷雨季节前后各1次
		$100\ \Omega \cdot m < \rho \leq 500\ \Omega \cdot m$	≤10 Ω		
		$\rho > 500\ \Omega \cdot m$	≤20 Ω		
3	铜芯直流电阻(20 ℃)	直径0.9 mm	≤28.5 Ω/km	年	光/电综合光缆
		直径0.5 mm	≤95.0 Ω/km		
4	铜线绝缘电阻		≥5 000 MΩ·km		
5	对地绝缘电阻	金属护套	一般不小于2 MΩ/盘		在监测标石上测试
		金属加强芯	≥500 MΩ·km		
		接头盒	≥5 MΩ		

12.1.3 光缆线路维护的要求

为了提高通信质量及确保光缆线路的通畅,必须建立必要的线路技术档案、组织和培训维护人员,制订光缆线路维护与检修的有关规则并严格付诸实施。做好光缆线路维护工作,必须认真考虑以下方面。

1. 认真做好技术资料的整理

光缆线路竣工技术资料是施工单位提供的重要原始资料,它包括光缆路由、接头位置、各通道光纤的衰减、接头衰减、总衰减以及两个方向的 OTDR 曲线等。这些资料是将来线路维护检修的重要依据,应该很好地保存并认真掌握。有的单位为了对线路各个通道的接头位置、距离、纤号及其衰减大小等一目了然,将竣工技术资料综合起来,绘制成各光纤通道维护明细表,并参照 OTDR 曲线,将这些数据标明在图表上。这样,一旦发生故障,就能在图上标定故障点位置,有利于顺利修复。

2. 严格制定光缆线路维护规则

根据值勤管理维护条例、维护规程及光缆线路的具体情况,应该制定切实可行的维护规则,并严格付诸实施。并结合线路的薄弱环节、接头部位、气候异常、环境变迁等特殊情况,都要有特殊的维护措施。对于执行重大任务期间的通信值勤保障、维护管理,必须严格按有关部门的要求执行,各级应制定出相应的落实计划,并监督实施。

3. 维护人员的组织与培训

组织责任心强的维护人员队伍,并做好技术培训工作,使他们掌握光缆线路的维护和检修技术,了解光缆线路的基本工作原理,明确保证通信线路畅通的重大作用。对维护人员还应加强管理,明确分工。

4. 作好线路巡视记录

组织维护人员对光缆线路定期巡视。架空光缆应检查沿线挂钩,拐弯处光缆弯曲半径以及光缆垂度、光缆外形等。管道光缆应检查人孔,查看光缆的安放位置、接头点预留光缆的直径及外形等。检查时,若发现可疑或异常情况,应作记录,并继续观察。

5. 定期测量

为了掌握光缆线路质量的变化,应按规定用 OTDR 仪对各光纤通道的衰减定期测量并作好记录,并与竣工记录和以前的测量值进行比较;观察各通道的全程后向散射曲线、各段光纤和各光纤接头衰减的变化情况,并注意有无菲涅尔反射点与异常情况。

6. 及时检修与紧急修复

光缆传输容量很大,因此保证光缆线路长期稳定可靠十分重要。日常维护和定期测试中,发现任何异常情况或隐患,都应立即采取相应的措施排除。特别要考虑发生重大故障时,应有能够迅速修复光缆线路的研究、训练和实施预案,以迅速完成从告警到修复的紧急任务。

12.2.1 值勤维护指标

根据部颁标准和各专用网维护管理条例的规定,通信光缆线路值勤维护指标包括光缆特性指标合格率、光缆通信障碍阻断指标、光缆线路抢修准备时限及线路抢代通、修复时限。

1. 光缆特性指标合格率

光缆特性指标合格率的定义如下：

$$光缆特性指标合格率 = \frac{合格项目}{应测项目} \times 100 \tag{12.1}$$

光缆线路质量成绩的评定：光缆线路使用在8年以内的为Ⅰ类线路，其质量成绩评定应达到95分以上；光缆线路使用在8～15年以内的为Ⅱ类线路，其质量成绩评定应达到90分以上；光缆线路使用在15年以上的为Ⅲ类线路，其质量成绩评定应达到85分以上。

2. 光缆通信障碍阻断指标

① 光缆通信干线系统全程（参考数字链路长度以2 500 km）可通率达到98%以上。

② 光缆通信干线系统每系统允许年阻断时间为175 h，其中：

- 停机测试留用25 h；
- 光电设备（中继器）允许阻断时间25 h；
- 光缆线路允许阻断125 h。

③ 光缆通信干线系统任意长度光缆线路允许年阻断时间计算：

$$光缆通信障碍阻断指标 = \frac{125 \text{ h} \times 实际维护长度(\text{km})}{2\ 500 \text{ km}} \times 100\% \tag{12.2}$$

3. 光缆线路障碍处理时限合格率

$$光缆线路障碍处理时限合格率 = \frac{时限内处理障碍次数}{障碍处理总次数} \times 100\% \tag{12.3}$$

光缆线路障碍处理时限合格率应达到95%以上。

4. 光缆线路障碍处理时限

① 抢修准备时限：在线路维护队和维护（修）中心接到抢修通知后，应按照要求立即装载抢修器材、工具、仪表，白天应在15 min（冬季20 min）、夜间应在20 min（冬季30 min）内做好开进准备。

② 线路障碍点测试偏差不得超过10 m。

③ 光缆抢代通时限，当障碍点在第一个中继段内时为5 h，冬季寒区冻土地段增加2 h，距离每增加一个中继段，抢代通时限增加2.5 h。

④ 光缆线路修复时限：光缆12芯或12芯以下为36 h，12芯以上为48 h。

12.2.2 光缆线路的质量标准

在值勤维护中，光缆线路应达到的质量标准见表12-3，此标准也是光缆线路检查验收时的标准。

表12-3 光缆线路质量标准

项　目	合　格　标　准
传输特性	光纤中继段衰减应不大于工程设计值+5 dB； 中继段光纤后向散射曲线波形与竣工资料相比，每千米衰减变化量不超过0.1 dB/km； 光纤接头损耗不多于0.08 dB/个
巡检标石	巡检标石配置符合要求，信息完整、无丢失
防雷措施	地下防雷线（排流线）、消弧线、架空防雷线以及光缆吊线接地电阻均应符合标准、规格和阻值要求

续 表

项　目		合　格　标　准
资料		竣工资料、光缆线路各种传输特性测试记录、各种对地绝缘、接地装置的接地电阻的测试记录、值班日记、预检整修计划及有关的路由图等必须齐全
光缆路由	直埋光缆	光缆的埋深及与其他建筑物的最小净距、交叉跨越的净距等应符合标准，路由稳固。穿越河流、渠道，上、下坡及暗滩和危险地段等加固措施有效。路由上方无严重坑洼、挖掘、冲刷及外露现象。在规定范围内无栽树、种竹、盖房、搭棚、挖井、取土(沙、石)、开河挖渠；修建猪圈、厕所、沼气池；堆粪便、垃圾、排放污水等问题。标石齐全、位置正确，埋设稳固、高度合格，标志清楚，符号书写正规、准确
	管道光缆	人孔内光缆标志醒目，名称正确，标牌正规，字样清晰。人孔内光缆托架、托板完好无损、无锈蚀；光缆外护层无腐蚀、无损伤、无变形、无污垢。人孔内走线合理，孔口封闭良好，保护管安置牢固，预留线布放整齐合格
	架空光缆	杆身、防腐、培土、线杆保护、杆号、拉线、地槽等应符合长途明线维护质量标准。吊线终结、吊线保护装置线的垂度、挂钩的缺损、锈蚀情况应符合市话电缆维护标准。光缆无明显下垂、杆上预留线、保护套管安装牢固，无锈蚀、损伤。光缆、吊线与电力线、广播线以及其他建筑物平行接近和交越的隔距符合规定标准
	水底光缆	标志牌和指示灯的规格符合航道标准要求，并安装牢固、指示醒目、字迹清晰。水禁区无抛锚、捕鱼、炸鱼的情况；岸滩地段路由无冲刷、挖沙、塌陷、外露等情况。水线倒换开关良好，无锈蚀、无损坏；水线终端房整洁、安全、稳固、无渗漏

随着光缆线路的大量敷设和投入使用，光纤通信系统的可靠性和安全性越来越受到人们的关注。通信网络的障碍已不仅仅带来不方便的问题，并且可能使整个社会瘫痪。与此同时，技术进步和社会需求使传输线路的速率不断提高。目前一芯光纤的传输速率可达 256×2.5 Gbit/s，国内一级干线中已有多个 32×10 Gbit/s 系统投入使用。与以往相比，在通信容量大增的条件下发生光缆线路障碍造成的影响也会更大。统计资料显示，光纤通信系统中使通信中断的主要原因是光缆线路的障碍，它约占统计障碍的 2/3 以上。因此，光纤通信系统的安全性取决于光缆线路的安全性。

12.3.1　光缆线路障碍的定义

由于光缆线路原因造成通信业务阻断的障碍叫做光缆线路障碍(不包括联络线、信号线、备用线)。光缆线路障碍可分为一般障碍、全阻障碍、逾限障碍和重大障碍。

(1) 一般障碍

由于线路原因使部分在用业务系统阻断的障碍称为一般障碍。

(2) 全阻障碍

由于线路原因使全部在用业务系统阻断的障碍称为全阻障碍。

(3) 逾限障碍

超过规定修复时限的一般障碍和全阻障碍称为逾限障碍。

(4) 重大障碍

在执行重要通信任务期间,因光缆线路原因造成全部业务系统阻断,影响重要的通信任务,并造成严重后果的称为重大障碍。

(5) 通信事故、差错

因工作责任心不强、工作失职、违反规章制度等人为原因,造成通信阻断,延误通信,损坏线路设备、器材、仪表等,按其情节轻重、时间长短及后果,分别定为通信事故、严重差错和差错。

① 通信事故

通信事故包括以下内容:由于维护不当,造成光缆进水、进潮,报废 10 m 以上;巡线维护、整修作业中,由于操作不当造成线路阻断超过 10 分钟,或虽不足上述时限,但后果严重;严重损坏机线设备或贵重仪表;光缆外露未采取保护措施造成阻断;遗忘或错交上级重要指示、通知,造成严重后果。

② 通信严重差错

通信严重差错包括以下内容:由于维护不当,报废光缆 10 m 以内,造成线路阻断 10 分钟以内;未及时巡线、处理,致使光缆线路遭受人为损坏或安全受到严重威胁。

③ 通信差错

通信差错包括以下内容:维护不及时,造成光缆进潮、外露;丢失、损坏一般工具、器材。

12.3.2 光缆线路障碍原因分析

美国 Bellcore 与电信运营公司配合,对运行的光纤通信系统所发生的故障进行了全面统计调查,并对此进行了分析,找出这些障碍发生的原因、处理方法等。根据 1986—1993 年发生障碍的统计资料分析,光纤通信系统中使通信中断的主要原因是光缆障碍,它约占统计障碍的 2/3 以上。而在光缆障碍中,由于挖掘原因引起的障碍约占一半以上。在由挖掘引起的障碍中又分为事先未通知电信公司和已通知电信公司两种情况。事先未通知电信公司所造成的事故约占 40%;虽然事先已通知电信公司,但由于对光缆的准确位置和对光缆位置标记不清而造成的事故也占 40%。

引起光缆线路障碍的原因主要有:挖掘、技术操作错误、鼠害、车辆损伤、火灾、射击、洪水、温度、电力线的破坏和雷击等。光缆障碍的产生与光缆的敷设方式有关,敷设方式主要有地下(直埋和管道)和架空两种。地下光缆不容易受到车辆、射击和火灾的损坏,但受挖掘的影响很大。架空光缆线路不大受挖掘的影响,但受车辆、射击和火灾的伤害严重。总体来说,地下光缆和架空光缆发生障碍的概率没有多大区别。如果能设法最低限度地减少挖掘引起的障碍,则地下光缆要比架空光缆安全。

12.3.3 光缆线路障碍处理要求

1. 障碍处理的原则

光缆线路阻断后,首先应判明障碍段落及性质,按先干线后支线,先主用后备用,先抢代通后修复的原则实施抢修。

2. 任务划分

线路维护分队负责光缆线路障碍抢代通作业和抢修现场的恢复；线路抢修中心负责修复障碍。线路障碍在第一个中继段内时，由传输站测定障碍点；障碍超出第一个中继段时，传输站判定障碍段落，由维护分队测定障碍点。

3. 抢修准备时限、抢代通和修复时限

参见 12.2.1 节值勤维护指标。

4. 抢修要求

线路维护分队应准确掌握光缆线路资料，制定和完善抢代通方案。应熟练掌握光缆线路障碍点的测试方法，能准确地分析确定障碍点的位置，熟练掌握线路抢修作业程序和抢代通器材的使用。保持一定的抢修力量，随时做好准备。维护分队到达障碍地点后，应首先和传输站沟通联络，迅速查明障碍部位、性质和原因，并立即实施抢代通，迅速恢复通信。

线路抢修中心应熟悉光缆线路资料，熟练掌握线路抢修作业程序、障碍测试方法和光缆接续技术，加强抢修车辆管理，随时做好抢修准备。抢修中心应与上级传输站保持不间断的通信联络，并及时将抢修情况上报总站通信值班室。抢修作业中要接受传输站的业务指导，未经通信值班室批准，抢修人员不得擅自中断作业和撤离现场。

抢修作业结束后，清点工具、器材，整理测试数据，填写有关登记，及时更补线路资料，总结抢修情况，上报总站通信值班室，完成整个抢修作业。

12.3.4 修复程序

长途光缆线路障碍抢修程序如图 12-1 所示。

1. 障碍发生后的处理

光纤通信系统发生障碍后，传输站应首先判断是站内障碍还是光缆线路障碍，同时应及时实现系统倒换。对 SDH 已建立网管系统，可实现自动切换。当建成自愈环网后，则光纤传输网具有自愈功能，即自动选取通路迂回。当未建成自愈环网或 SDH 未建立网管系统时，则需要人工倒换或调度通路。

2. 障碍测试判断

如确定是光缆线路障碍时，则应迅速判断障碍发生于哪一个中继段内和障碍的具体情况，并应立即通知相应的线路维护单位测定障碍点，并携带抢代通器材迅速出发，赶赴障碍点进行查修，必要时应进行抢代通作业。当线路障碍是人为破坏时，应报告当地公安机关。如果在端站未能测出障碍点位置，则传输站人员应到相关中继站配合查修。查修仪表必须带齐相关光缆线路的原始资料。

3. 抢修准备

光缆抢(维)修中心接到上级指示通知后，应立即向机房了解障碍的详细情况，并立即与光缆线路维护单位取得联系。同时，迅速将抢修工具、仪表及器材等装车出发。光缆线路抢修准备时间应按规定执行。

4. 建立通信联络系统

维护单位人员到达障碍点后，应立即与传输站建立起通信联络系统。联络手段可因地制宜，采取光缆线路通信联络系统、移动通信联络系统、长距离无线对讲机通信联络系统、附近的其他通信联络系统等。

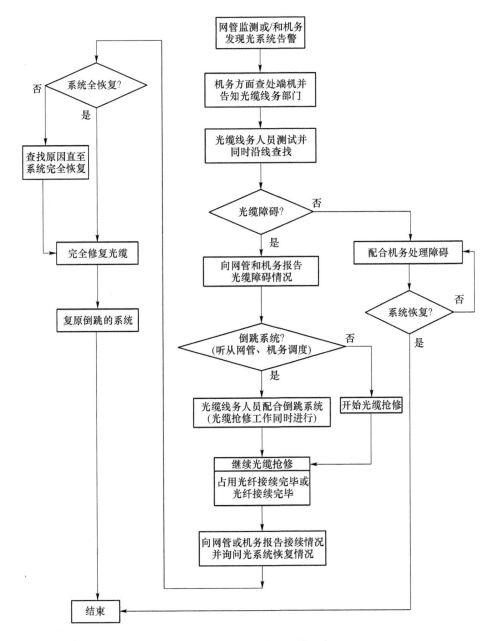

图 12-1 光缆线路障碍抢修程序

5．抢修的组织和指挥

抢修现场的指挥由光缆线路维护单位的领导担任。

在测试障碍点的同时，抢修现场的指挥应指定专人（一般为当地巡线人员）组织开挖人员待命，并安排好后勤服务工作。

6．光缆线路的抢修

当找到障碍点时，一般应使用应急光缆或其他应急措施，首先将主用光纤通道抢通，迅速恢复通信。同时认真观察分析现场情况，并做好记录，必要时应进行现场拍照。在接续前，应先对现场进行净化。在接续时，应尽量保持场地干燥、整洁。抢修过程中，抢修现场应与上级传输站保持不间断的通信联络,并及时将抢修情况上报通信值班室。抢修作业过程中要接受传输站的业务指导。未经通信值班室批准,抢修人员不得中断作业或撤离现场。

抢代通过程中,每代通一根纤,应通知传输站进行测试。当临时连接损耗大于 0.2 dB 时,应重新作业,直至要求抢代通的光纤都达到标准要求。

7. 抢修后的现场处理

在抢修工作结束后,清点工具、器材,整理测试数据,填写有关登记,并对现场进行处理。对于废料、残余物(尤其是剧毒物),应收集袋装,统一处理,并留守一定数量的人员,保护抢代通现场。

8. 修复及测试

光缆抢(维)修中心人员赶到障碍点后,应积极与维护单位商讨修复计划,并上报上级主管部门审批。条件成熟,即可进行修复作业。

① 光缆线路障碍修复以介入或更换光缆方式处理时,应采用与障碍缆同一厂家、同一型号的光缆,并要尽可能减少光缆接头和尽量减小光纤接续损耗。

② 修复光缆进行光纤接续时要进行接头损耗的测试。有条件时,应进行双向测试,严格把接头损耗控制在允许的范围之内。

③ 当多芯光纤接续后,要进行中继段光纤通道衰减测试,将测试结果打印或记录,并逐芯交付传输站验证,合格后即可恢复正常通信。

9. 线路资料更新修复

作业结束后,整理测试数据,填写有关表格,及时更补线路资料,总结抢修情况报告上级通信值班室。

12.4.1 光缆线路常见障碍现象及原因

在光传输系统故障处理中故障定位的一般思路为:先外部、后传输,即在故障定位时,先排除外部的可能因素,如光纤断裂、电源中断等,然后再考虑传输设备故障。

首先分析光缆线路的常见障碍现象及原因。

(1) 线路全部中断

现象:本站光板出现"收无光(r-los)"告警,上游站无"发无光"告警。

可能原因:光缆受外力影响被挖断、炸断或拉断等。

(2) 个别系统通信中断

现象:本传输站出现"收无光"立即告警,上游站无"发无光"告警。

可能原因:光缆受外力影响被挖伤,缆内出现断纤、原接续点出现断裂等。

(3) 个别系统通信质量下降

现象:出现误码告警。

可能原因:光缆在敷设和接续过程中造成光纤的损伤使线路衰耗时小时大,活动连接器未到位或者出现轻微污染,或者其他原因造成适配时好时坏;光纤性能下降,其色散和衰耗特性受环境因素影响产生波动；光纤受侧应力作用，全程衰耗增大；光缆接头盒进水；光纤在某些特殊点受压（如收容盘内压纤）等，但尚未断开等。

表 12-4 列出了光缆线路常见的障碍现象和原因。实践证明，光缆故障多数出现在光缆接头处，因为无论用哪种接续方法，光纤接头原来的涂覆层已去掉，虽经保护，但自身的强度、可挠性都较原来差，可靠性也受其他外因影响，所以发生故障的可能性较大。一般来说，通信不稳定就是发生这种故障的先兆。而外界人为性外伤或鼠咬等，多造成几个光纤通道在同一位置，同时或相继在短时间内发生中断故障，此种故障一般发生在光缆中间。

表 12-4 光缆线路常见障碍现象和原因

障碍现象	造成障碍的可能原因
一根或几根光纤原接续点损耗增大	光纤接续点保护管安装问题或接头盒进水
一根或几根光纤衰减曲线出现台阶	光缆受机械力扭伤，部分光纤断裂但尚未断开
一根光纤出现衰减台阶或断纤，其他完好	光缆受机械力影响或由于光缆制造原因造成
原接续点衰减台阶水平拉长	在原接续点附近出现断纤
通信全部阻断	光缆被挖断或因炸断、塌方而拉断或供电系统中断

12.4.2 障碍测量

一般情况下，机线障碍不难分清。确认为线路障碍后，在端站或传输站使用 OTDR 对线路测试，以确定线路障碍的性质和部位。光缆线路障碍点的寻找可分两步进行。

(1) 用 OTDR 测试出故障点到测试端的距离

在 ODF 架上将故障光纤外线端的活动连接器插件从适配器中拔出，做清洁处理后插入 OTDR 的光输出口，观察线路的后向散射曲线，由 OTDR 显示屏上菲涅尔反射峰的位置，测出障碍点到测试点的大致距离。

(2) 查找光缆线路障碍点的具体位置

用 OTDR 测出故障点的大致位置后（一般范围可缩短至 500 m 以内），然后由查障维修人员查找具体位置。自然灾害或外界施工等外力造成的光缆阻断，一般可直观看出。故障点不明显时，如光缆内部分光纤阻断、汽枪子弹打穿光缆造成断纤、管道管孔错位造成断纤等，需同原始测试资料进行核对，查出障碍点处于哪两个标石（或哪两个接头）之间，然后分段缩小范围，通过换算后，精确丈量，直到找到障碍点。若有条件，通过双向测试，可更准确判断障碍点。

12.4.3 光缆线路障碍点的定位

1. 影响光缆线路障碍点准确定位的主要因素

(1) OTDR 测试仪表存在的固有偏差

由 OTDR 的测试原理可知，它是按一定的周期向被测光纤发送光脉冲，再按一定的速率将来自光纤的背向散射信号抽样、量化、编码后，存储并显示出来。OTDR 仪表本身由于抽样间隔而存在误差，这种固有偏差主要反映在距离分辨率上。OTDR 的距离分辨率正比于抽样频率，或反比于抽样宽度（即抽样周期）。

(2) 测试仪表操作不当产生的误差

在光缆故障定位测试时,OTDR 仪表使用的正确性与障碍测试的准确性直接相关,仪表参数设定的准确性、仪表量程范围的选择不当或光标设置不准等都将导致测试结果的误差。

① 设定仪表的折射率偏差产生的误差

不同类型和厂家的光纤的折射率是不同的。使用 OTDR 测试光纤长度时,必须先进行仪表参数设定,折射率的设定就是其中之一。如果仪表上设定的折射率与光纤的实际折射率不一致,就会使测试结果产生误差。同时,当 OTDR 使用不同波长对光纤进行测量时,还应设定测试光纤在此波长上的折射率。当几段光缆的折射率不同时可采用分段设置的方法,以减少因折射率设置误差而造成的测试误差。

② 量程范围选择不当

OTDR 仪表测试距离分辨率为 1 m 时,它是指图形放大到水平刻度为 25 m/格时才能实现。仪表设计是以光标每移动 25 步为 1 满格。在这种情况下,光标每移动一步,即表示移动 1 m 的距离,所以读出分辨率为 1 m。如果水平刻度选择 2 km/格,则光标每移动一步,距离就会偏移 80 m。由此可见,测试时选择的量程范围越大,测试结果的偏差就越大。

③ 脉冲宽度选择不当

在脉冲幅度相同的条件下,脉冲宽度越大,脉冲能量就越大,此时 OTDR 的动态范围也越大,相应盲区也就大。

④ 平均化处理时间选择不当

OTDR 测试曲线是将每次输出脉冲后的反射信号采样,并把多次采样做平均处理以消除一些随机事件,平均化时间越长,噪声电平越接近最小值,动态范围就越大。平均化时间越长,测试精度越高,但达到一定程度时精度不再提高。一般测试时间可在 0.5~3 分钟内选择,也可以选择对多次测试结果的平均化以得到精确的结果。

⑤ 光标位置放置不当

光纤活动连接器、机械接头和光纤中的断裂都会引起损耗和反射,光纤末端的破裂端面由于末端端面的不规则性会产生各种菲涅尔反射峰或者不产生菲涅尔反射。如果光标设置不够准确,也会产生一定误差。参见第 13 章仪表相关内容。

(3) 计算误差

计算光缆线路障碍点涉及的因素有很多,计算过程中的误差、忽略及关键数据与实际不符等,都将引起较大的距离偏差。

譬如在松套光缆结构设计时,考虑到使光缆承受拉力而延伸时光纤不受力,要求光纤在光缆中有一定的富余度,一般这个值为 0.2%~0.8%。那么,在 50 km 长度上,光纤富余度可达 100~400 m 之多。对于层绞式或者骨架式光缆,光纤沿缆芯轴线扭绞使光纤实际的长度超过缆皮的长度,其绞缩率为 1.0%~3.0%。因此,光缆皮长和光纤的纤长就不相同,OTDR 测出的故障点距离只能是光纤的长度,不能直接得到光缆的皮长及测试点到障碍点的地面距离,必须进行计算才能得到,而在计算中如果取值不可能与实际完全相符合或对所用光缆的绞缩率不清楚,因此产生误差。

(4) 光缆线路竣工资料的不准确造成的误差

如果在线路施工中没有注意积累资料或记录的资料可信度较低,都将使得线路竣工资料与实际不相符,依据这样的资料,会影响障碍点测定的准确度。

2. 提高光缆线路故障定位准确性的方法

(1) 正确、熟练掌握仪表的使用方法

① 正确设置 OTDR 的参数

使用 OTDR 测试时,必须先进行仪表参数设定,其中最主要的设定是测试光纤的折射率和测试波长。只有准确地设置了测试仪表的基本参数,才能为准确的测试创造条件。性能良好的仪表一般光纤折射率设置时可以精确到小数点后五位,并且在光纤链路上各段折射率不同时,具有对整条光纤链路中各段折射率进行分段设定的功能。

② 选择适当的测试范围挡

对于不同的测试范围挡,OTDR 测试的距离分辨率是不同的,在测量光纤障碍点时,应选择大于被测距离而又最接近的测试范围挡,这样才能充分利用仪表的本身精度。

③ 应用仪表的放大功能

应用 OTDR 的放大功能就可将光标准确置定在相应的拐点上,使用放大功能键可将图形放大到 25 m/格,这样便可得到分辨率小于 1 m 的比较准确的测试结果。

(2) 建立准确、完整的原始资料

准确、完整的光缆线路资料是障碍测量、定位的基本依据,因此,必须重视线路资料的收集、整理、核对工作,建立起真实、可信、完整的线路资料。在光缆接续监测时,应记录测试端至每个接头点位置的光纤累计长度及中继段光纤总衰减值,同时也将测试仪表型号、测试时折射率的设定值进行登记,准确记录各种光缆余留。详细记录每个接头坑、特殊地段、∽形敷设、进室等处光缆盘留长度及接头盒、终端盒、ODF 架等部位光纤盘留长度,以便在换算故障点路由长度时予以扣除。

(3) 正确的换算

有了准确、完整的原始资料,便可将 OTDR 测出的故障光纤长度与原始资料对比,迅速查出故障点的位置。但是,要准确判断故障点位置,还必须把测试的光纤长度换算为测试端至故障点的地面长度。

测试端到故障点的地面长度 L 可按如下方法计算:

$$L = \frac{(L_1 - \sum_{1}^{n} L_2)/(1+p) - \sum L_3 - \sum L_4 - \sum L_5}{1+r} \quad (12.4)$$

式中,L 为测试端至故障点的地面长度,单位为 m;L_1 为 OTDR 测出的测试端至故障点的光纤长度,单位为 m;L_2 为每个接头盒内盘留的光纤长度,单位为 m;n 为测试端至故障点之间的接头数目;p 为光纤在光缆中的绞缩率(或富余率);L_3 为每个接头处光缆盘留长度,单位为 m;L_4 为测试端至故障点之间光缆各种盘留长度的总和(不含接头处盘留),单位为 m;L_5 为测试端至故障点之间光缆∽形敷设增加长度的总和,单位为 m;r 为光缆敷设的自然弯曲率(一般取 0.5%~1%,管道或架空敷设可取 0.5%,直埋敷设可取 0.7%~1%)。

p 值随光缆结构的不同而有所变化,最好应用厂家提供的数值,当无法得知 p 值时,一般可用"两米试样法",即准确截取该种光缆 2 m 长,纵剖外护层,取出光纤,测量光纤长度,再根据光缆绞缩率的定义式,求出 p 值。

计算光纤故障点至最近的接头标石之间的距离,以减小由于测试端至故障点最近的接

头标石之间的 L_2、L_3、L_4、L_5 及 r 等数据掌握不准而带来的误差,以提高故障点判断的准确度,计算方法为:

$$L = \frac{(L_1 - L_6 - n \times L_2)/(1+p) - nL_3 - \sum L_4 - \sum L_5}{1+r}$$

式中,L 为故障点至最近接头标石之间的地面长度,单位为 m;L_1 为 OTDR 测出的测试端至故障点的光纤长度,单位为 m;L_2 为故障点至最近接头盒内盘留的光纤长度,单位为 m;n 为测试端至故障点之间的接头数目($n=1$);p 为光纤在光缆中的绞缩率(或富余度);L_3 为故障点至最近接头处的光缆盘留长度,单位为 m;L_4 为故障点至最近接头标石之间光缆各种盘留长度的总和(不含接头处盘留),单位为 m;L_5 为故障点至最近接头标石之间光缆∽形敷设增加长度的总和,单位为 m;L_6 为测试端至故障点最近接头标石之间的光纤累积长度,单位为 m;r 为光缆敷设的自然弯曲率(管道或架空敷设可取 0.5%,直埋敷设可取 0.7%~1%)。

实践表明,这种判断光缆线路故障点的方法存在以下偏差。

① 因光缆线路竣工资料中 L_3 的预留长度一般不做准确标注而带来 L 计算误差,见表 6-1。特殊设计时余留带来的偏差更大。

② L_4 同样由于在竣工资料中无详细记录,因而会带来故障点距离计算偏差。

③ 由于光缆线路路由标石通常取直线段作为标志,因此 L_5 的不准确性带来的误差则更大,特别是在长距离的∽弯敷设时,对 L_5 的计算比短距离的∽弯敷设有更大影响。这一部分在竣工资料中无法作准确详细记载。

④ 随着距离的增大,r 带来的误差也更大。

⑤ 由于以上原因,一旦光缆线路发生故障,这种维护方法对故障点地面定位误差一般在 40~50 m 范围内,最大误差可达 100 m 以上。所以,在布放应急光缆时,应考虑以上误差因素。

(4) 保持障碍测试与资料测试条件的一致性

障碍测试时应尽量保证测试仪表型号、操作方法及仪表参数设置等的一致性,使得测试结果有可比性。因此,每次测试仪表的型号、测试参数的设置都要做详细记录,便于以后利用。

(5) 灵活测试、综合分析

障碍点的测试要求操作人员一定要有清晰的思路和灵活的问题处理方式。一般情况下,可在光缆线路两端进行双向故障测试,并结合原始资料,计算出故障点的位置,再将两个方向的测试和计算结果进行综合分析、比较,以使故障点具体位置的判断更加准确。当故障点附近路由上没有明显特征,具体障碍点现场无法确定时,可采用在就近接头处测量等方法。

由于光缆线路的通信容量大,一旦发生障碍,就会严重影响正常的通信,因此障碍的修复必须分秒必争。障碍点的处理分两种情况:实施障碍点的抢代通或障碍点的直接修复。

12.5.1 应急抢代通

1. 实施抢代通的条件

光缆障碍发生后,为了缩短通信中断时间,可以实施光缆线路抢代通作业。抢代通就是迅速用应急光缆代替原有的障碍光缆,实现通信临时性恢复。抢代通作业的实施单位,必须装备有抢代通器材和工具等。

线路障碍的排除是采用直接修复还是先布放应急光缆实施抢代通,日后再进行原线路修复,取决于光缆线路修复所需要的时间和障碍现场的具体情况。

一般在下述情况下,应直接进行修复:
① 网络具有自愈功能时;
② 临时调度的通路,可以满足通信需要时;
③ 障碍点在接头处,且接头处的余缆、盒内余纤够用时;
④ 架空光缆的障碍点,直接修复比较容易时;
⑤ 直接修复与抢代通作业所用时间差不多时。

在下列情况下,需要先布放应急光缆实施抢代通,然后再做正式修复:
① 线路的破坏因素尚未消除时,如遭遇连续暴雨、地震、泥石流、洪水等严重自然灾害的情况下;
② 原线路的正式修复无法进行时;
③ 光缆线路修复所需要的时间较长时,如光缆线路遭严重破坏,需要修复路由、管道或考虑更改路由时;
④ 线路障碍情况复杂,障碍点无法准确定位时;
⑤ 主干线或通信执行重要任务期间。

2. 应急抢修系统

在应急抢修工作中,经常使用到应急抢修系统。这里以南京欣通电源电气工程有限公司生产的 TRS-9702 光缆应急抢修系统为例,介绍应急抢修器材的构成及应用。

TRS-9702 光缆应急抢修系统主要用于架空、管道和直埋等光缆线路和临时性应急抢修。一旦光缆线路发生障碍,通过人工或其他搬运方式将本系统带至障碍现场,采用可重复使用的光纤接续子和机械连接方式,将应急光缆接入障碍线路中,即可临时恢复通信。待用永久性接续方式恢复线路后,可将应急光缆撤离光缆线路,收回至收容盘,以便下次障碍抢修时使用。光缆应急抢修系统的应用如图 12-2 所示。

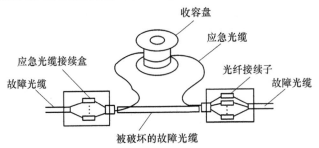

图 12-2 光缆应急抢修系统应用示意图

TRS-9702 光缆应急抢修系统有以下特点：采用光纤接续子机械式连接光纤，光纤接续子可反复使用；系统插入损耗小，工作稳定；接续牢固，耐震动，防水密封性能好；尺寸小、质量小、便于个人携带；施工技术简便，抢修速度快；工具材料配套齐全，组合灵活，适应工程需要。光缆应急抢修系统的构成分别如图 12-3 和表 12-5 所示。

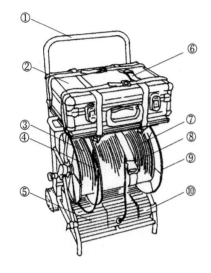

说明：①便携式多功能轻型光缆支架；②应急抢修工具箱；③副收容盘；④尾缆固定卡；⑤接续盒；⑥工具箱固定带；⑦应急光缆；⑧收容盘固定带；⑨主收容盘；⑩接续附件

图 12-3　TRS-9702 抢修系统

表 12-5　应急抢修系统的构成

序 号	名　称	规格型号	数 量	备　注
1	光缆抢修配套工具	TRS-9702A	1箱	
2	应急光缆(含光纤预接保护盒)	SIECOR	300 m	含光缆收容盘
3	光缆接续盒	TRS-9702B	2个	
4	光纤接续子	CamSplice	12个	在工具箱内
5	密封胶带		2卷	大、小各1卷
6	指北针		1个	
7	手电筒		1把	
8	便携式多功能支架	TRS-9702C	1个	携带背负

应急光缆为进口特种轻型光缆，由 6 根紧套单模光纤组成，长度 300 m。应急光缆主要技术指标见表 12-6。

表 12-6　抢修系统主要技术指标

序 号	项　目		指　标
1	应急光缆	光纤芯数和衰减系数	6 芯，0.4 dB/km
2		光纤种类	单模，紧套，1.31 μm
3		光缆长度和外径	100 m，4.2 mm
4		允许最大张力	1 100 N(短期)，440 N(长期)
5		允许最大压坏力	10 000 N/100 mm
6		允许弯曲半径	63 mm(负载)，50 mm(无载)

续表

序号	项目	指标
7	系统插入损耗平均值	0.5 dB
8	使用温度	−40～60 ℃
9	体积(携带收起状态)	440 mm×350 mm×800 mm
10	质量	16.8 kg

光缆收容盘由铝合金材料制成,为满足抢修中的实际需要,将收容盘设计成连体的主、副两盘。应急光缆 10 m 长的一端在副盘中绕放,其余部分绕放在主盘中。

应急抢修系统采用 SIECOR 公司(德国)的 CamSplice 光纤接续子,机械式连接光纤具有连接损耗小、稳定、易操作、能重复使用等优点。用接续子连接光纤,有两种操作方式:一种为手动操作方式,不需要接续专用工具;另一种为利用接续专用工具的操作方式。采用后一种方式,能使连接光纤的端面在接续子内接触良好,从而获得较小的连接损耗。TRS-9702 光缆应急抢修系统采用专用工具连接光纤的操作方式。

光缆应急抢修接续盒是专门为应急抢修设计的,具有体积小、重量轻、密封防水和易操作等特点。接续盒外壳采用上下两半结构,由 6 个活动搭扣将两个半壳体固定在一起,接合部分用胶条密封,障碍光缆和应急光缆从同侧引入,另一侧有挂钩孔,以便悬挂安装。接续盒内采用固定光纤收容盘,每盘可容纳光纤 6 根。

为便于应急光缆的引入和固定并缩短抢修时间,专门设计了应急光缆引入装置,允许在抢修前把应急光缆端头引入并固定在接续盒内。应急光缆端头光纤可事先做好端面处理,并与光纤接续子一端相连接,置于光纤收容盘内保护。这样,在抢修现场只需对故障光缆端头加以处理,即可进行光纤接续工作。

应急系统的工具和器材配套齐全,能满足工程中常用的各种结构光缆和光纤接续的要求。工具和部分器材存放于工具箱内,工具箱内的工具器材一览表见表 12-7。

表 12-7 工具箱内工具器材一览表

序号	工具、器材名称	规格型号	数量	主要用途
1	钢锯(带 4 把锯条)	1706	1 把	锯断光缆
2	外护套剥离器	45164	1 把	剥除应急光缆外护套
3	横向剖刀	HP-1	1 把	横向割光缆铠装及外护套
4	纵向剖刀	ZP-1	1 把	纵向开剥光缆外护套
5	钢丝钳	C-C08	1 把	剪断加强芯
6	开夫拉剪刀	OLFA	1 把	剪断芳纶纤维
7	光纤松套剥除器	8PK3002D	1 把	剥除松套光纤套塑
8	光纤紧套剥除器	8PK3001D	1 把	剥除紧套光纤套塑
9	一次涂覆层剥离钳	HGT01	1 把	剥除光纤一次涂覆层
10	光纤端面切割刀	美国康宁 A8	1 把	切割光纤端面
11	酒精泵	XTG-100	1 盘	清洗光纤
12	尖嘴钳	PK-036S	1 把	接续用辅助工具

续表

序 号	工具、器材名称	规格型号	数 量	主要用途
13	斜口钳	PK-037S	1把	接续用辅助工具
14	美工刀（带10把刀片）		1把	开剥光缆辅助工具
15	两用起子	TD-22	1把	接续盒内紧固螺丝
16	卷尺	2M	1把	量开剥光缆长度
17	镊子		1把	盘纤时使用
18	透明胶带		1盘	光纤编号用
19	棉纸或长纤维棉花		若干	清洁光纤
20	光纤接续子	康宁	12个	机械式连接光纤
21	接续专用工具	AT-1	1个	接续子连接光纤时使用
22	接续子存放盒	CS-1	1个	存放接续子
23	匹配液	PO-1	1瓶	接续子用
24	匹配液加注器		1个	注射匹配液至接续子
25	工具箱	38-28-11	1个	装放上述工具、材料
26	固定扳手		1把	紧固加强芯螺母

多功能支架主体采用框架结构，由稀土铝管材加工而成，具有质量轻、强度大、耐用等优点。该支架具有多种功能，以满足抢修及工程的需要：装载全套抢修工具适宜单人背负、双人抬行和拖行等多种搬运方式；抢修时可作为应急光缆的放缆、收缆支架；光缆收容盘采用活动方式安装在支架上，安装和取下均方便；光缆收容盘中心装有轴承，其一侧还装有摇把，使收放光缆时光缆中的张力大为减小；同时该支架备有接续操作的小平台，便于接续人员操作。

利用 TS-9702 光缆应急抢修系统进行线路障碍抢修的主要操作过程可分为应急光缆端头预处理、装载和搬运、应急抢修、应急光缆回收 4 步。

① 应急光缆端头预处理。将应急光缆主收容盘中的光缆引出端从收容盘上放出适当长度（约 2 m），在护套上绕一层密封胶带，并用应急光缆固定环把应急光缆固定在引入装置上。将应急光缆中每根光缆依次剥除套塑、一次涂覆层，并做端面处理。在接续专用工具上用光纤接续子将应急光纤进行预按，并将连接好接续子的光纤收放在光缆接续盒内，接续子置于接续子嵌入槽内。对应急光缆的另一端作同样的预处理。将应急光缆回收到光缆收容盘上。

② 装载和搬运。根据不同的道路条件，可采用背负、抬行或拖行等多种方式携带光缆应急抢修系统。

③ 应急抢修。在线路障碍地段布放主收容盘上的应急光缆，并取下副收容盘一端的光纤预接保护盒，放出副收容盘上的应急光缆。开剥障碍光缆，并固定到光缆应急抢修接续盒内。然后再进行光纤接续，即把每根应急光纤和障碍光缆光纤用接续子连接。将连接好的光纤接续子嵌入应急抢修接续盒内的收容盘固定槽内，并在收容盘内盘入好余纤。安装好接头盒并固定保护。系统应用见图 12-2，接续盒安装如图 12-4 所示。

④ 应急光缆的回放。待用永久性接续方式修复线路后，可将应急光缆撤离障碍光缆线

路现场。

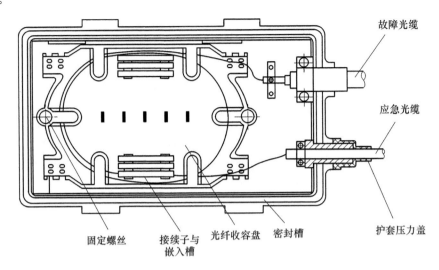

图 12-4　光缆应急抢修接续盒安装图

12.5.2　正式修复

正式修复光缆线路障碍时，必须尽量保持通信畅通，尤其不能中断重要的通信电路。光缆修复后的质量必须符合光缆线路建筑质量标准与维护质量标准。光缆线路典型障碍的处理方法如下。

(1) 障碍在接头盒内的修复

如果障碍在接头盒内，应利用接头盒内预留光纤或接头坑预留光缆进行修理，这样可不必增加接头。

修复应在不中断通信的情况下进行。首先将接头两侧的预留光缆小心松开，并将清洁后的接头盒放在工作台上，打开光缆接头盒，将盘绕的光纤轻轻松开，找出有故障的通道，并详细核对通道配接纤号，在离故障点较近的端站或中继站用 OTDR 对该通道进行监测。先在怀疑故障接头的增强保护前约 1 cm 处剪断，并将此光纤端面置于匹配液中，OTDR 的显示屏若无变化，可在接头后面 1 cm 处剪开光纤，将端头浸入匹配液中。若此时 OTDR 上的菲涅尔反射峰消失，则证实故障发生在接头部位。找到故障后，一般采用熔接法固定接头。接续后有 OTDR 测出后向散射曲线并与原始曲线比较，差别不大时，则表明接续成功，否则应重装熔接。接头做好后，经过增强保护并采用热可缩管封好后，装回固定架。一切无异常后，即可将修复后的曲线及其他数据存档。

(2) 障碍在接头坑内，但不在盒内的修复

线路障碍在接头处，但不在盒内时，要充分利用接头点预留的光缆，取掉原接头，重新做接续即可。当预留光缆长度不够用时，按非接头部位的修复处理。

(3) 障碍在非接头部位的修复

光缆中间部位的故障处理应根据不同情况采用不同的处理方法。

① 故障点在端局的第一个接头点附近而且局内余缆有余时，可采用从局内往第一个接续点放缆的方法。

② 故障点距端局较远，而且光纤各通道衰减有富余时，可采用更换一段光缆的方法，但这样会增加接头数和全程衰减。考虑到接续光纤时须由端站或中继站用 OTDR 监测，或者日常维护中便于分辨邻近的两个接续点的故障，介入或更换光缆的最小长度必须满足 OTDR 仪表的分辨率要求，一般应大于 100 m；考虑到不影响单模光纤在单一模式稳态工作，以保证通信质量，介入或更换光缆的长度不得小于 22 m。

③ 故障点离端局较远，而且光纤各通道的衰减不允许再增加接头时，则应采用更换一整段光缆的方法。应当注意，无论是更换一段还是整段光缆，都应采用与原光缆同厂家、同型号的光缆，这样修复后的系统才符合总体要求。为了缩短时间，接续两个接头时，可同时使用两台熔接机接续。若割接操作人员十分明确光纤割接的顺序及联接方法，可同时采用两台熔接机接续。

12-1 光缆线路维护管理工作应遵循的原则是什么？
12-2 光缆线路维护工作的基本任务是什么？
12-3 光缆线路维护工作的目的是什么？
12-4 光缆线路维护区段是如何划分的？
12-5 光缆线路的维护工作有哪几类？
12-6 光缆线路障碍一般可分为哪 4 种类型？
12-7 光缆线路障碍抢修的一般程序是什么？
12-8 OTDR 的显示屏上没有曲线的可能障碍原因有哪些？
12-9 OTDR 的显示屏上曲线的远端位置与中继段长度明显不符的可能原因有哪些？
12-10 OTDR 的显示屏上曲线显示高衰耗点或高衰耗区的可能障碍原因有哪些？
12-11 如何确定应急光缆布放范围？
12-12 简述障碍在接头处修复的主要步骤。
12-13 光缆塑料处护层的修复方法主要有哪几种？
12-14 简述接头盒障碍修复的方法步骤。
12-15 某中继段光缆直埋（层绞型）光缆线路发生障碍，用 OTDR 测试障碍点的光纤长度为 20.216 km，查资料得知此段共有 10 个接头，每个接头盒盘留的光纤长度为 3 m，每个接头坑盘留光缆 10 m，各种盘留长度（不含接头坑）共 25 m，∽形敷设增加长度为 35 m，光缆的收缩率为 1.5%，自然弯曲率为 1%，请计算障碍点到测试端的地面长度为多少米？与测试的光纤长度相差多少米？

第13章 线路工程常用仪表的使用

通信线路工程施工和维护中所使用的仪器、仪表多为精密仪器,操作要求高。操作人员应熟悉原理、正确操作,平时应妥善保管、严格管理。仪表的正确使用对线路工程的施工和维护尤为重要。本章介绍线路工程施工和维护中所使用的仪表的工作原理、性能和使用方法,并侧重操作使用。

13.1.1 概述

光时域反射计(OTDR,Optical Time Domain Reflectometer)是光缆线路工程施工和光缆线路维护工作中最重要也是使用频率最高的测试仪表,它能将光纤链路的完好情况和故障状态,以曲线的形式清晰地显示出来。根据曲线反映的事件情况,能确定故障点的位置和判断障碍的性质。OTDR 所作的最重要也是最基本的测试就是光纤长度测试和损耗测试。精确的光纤长度测试有助于光缆线路或光纤链路的障碍定位,OTDR 光纤损耗测试能反映光纤链路全程或局部的质量(包括光缆敷设质量、光纤接续质量以及光纤本身质量等)。OTDR 的型号很多,本节以日本 ANRITSU 公司生产的 MW9076 型 OTDR 为例,介绍其测试原理和操作使用。

1. OTDR 的工作原理

OTDR 根据背向瑞利散射和菲涅尔反射理论制成的。OTDR 的激光光源向光纤中发射探测光脉冲,由于光在光纤中传输时,光纤本身折射率的微小起伏可引起连续的瑞利散射,光纤端面、机械连接或故障点(几何缺陷、断裂等)折射率突变会引起菲涅尔反射。OTDR 利用观察背向瑞利散射和菲涅尔反射光强度变化和返回仪表的时间,即可从光纤的一端非破坏性地迅速探测光纤的特性,显示光纤沿长度的损耗分布特性曲线,测试光纤的长度、断点位置、接头位置、光纤衰减系数和链路损耗、接头损耗、弯曲损耗、反射损耗等。OTDR因此被广泛应用于光纤通信系统研制、生产、施工、监控及维护等环节。

图 13-1 示出了 OTDR 的原理结构。图中光源(E/O 变换器)在脉冲发生器的驱动下产生窄光脉冲,此光脉冲经定向耦合器入射到被测光纤;在光纤中传播的光脉冲会因瑞利散射和菲涅尔反射产生反射光,该反射光再经定向耦合器后由光检测器(O/E 变换器)收集,并转换成电信号;最后对该微弱的电信号进行放大,并通过对多次反射信号进行平均化处理以

改善信噪比后,由显示器显示出来或由打印机打印出测试波形和结果。

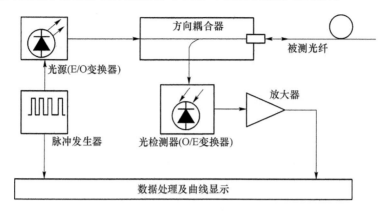

图 13-1 光时域反射计 OTDR 原理框图

显示器上所显示的波形即为通常所称的"OTDR 后向散射曲线及菲涅尔反射",由该曲线图便可确定出被测光纤的长度、衰减、接头损耗以及判断光纤的故障点(若有故障的话),分析出光纤沿长度的分布情况等。

2. 基本术语

OTDR 光纤测试中经常用到的几个基本术语为背向瑞利散射、菲涅尔反射、非反射事件、反射事件和光纤末端等。为此后讲述方便,我们先将这些术语作一简单介绍。

(1) 背向瑞利散射(Rayleigh backscattering)

光纤自身由于瑞利散射反射回 OTDR 的光信号称为背向瑞利散射光。产生背向散射光的主要原因是瑞利散射。瑞利散射是由于光纤折射率的起伏波动引起的,散射连续作用于整个光纤。瑞利散射将光信号向四面八方散射,将其中沿光纤链路返回到 OTDR 的散射光称为背向瑞利散射光。

OTDR 利用其接收到的背向散射光强度来衡量被测光纤上各事件点的损耗大小,同时也可对光纤本身的后向散射光信号进行测量,以得到光纤的衰减信息。

(2) 菲涅尔反射(Fresnel reflection)

菲涅尔反射就是光反射。菲涅尔反射是离散的,它由光纤的个别点产生,能够产生菲涅尔反射的点包括光纤连接器、光纤的断裂点、阻断光纤的截面、光纤链路的终点等。

(3) 非反射事件

除了光纤本身的瑞利散射产生的背向散射光外,在光纤链路上的一些不连续的特征点,如光纤熔接头、过分弯曲或受力点会对光信号产生影响(损耗、反射等),我们将其称为非反射事件。

非反射事件在 OTDR 测试曲线上,以背向散射电平上附加一个突然下降台阶的形式表现出来。因此在曲线纵轴上的改变即为该事件的损耗大小,如图 13-2 所示。

(4) 反射事件

链路中的活动连接器、机械接头和光纤中的折裂都会同时引起 OTDR 测试光信号的损耗和反射,我们把这种反射幅度较大的事件称之为反射事件。

反射事件损耗大小同样是由背向散射电平值的改变量平决定。反射值(以回波损耗的形式表示)是由背向散射曲线上反射峰的幅度决定,OTDR测试事件类型及显示如图13-2所示。

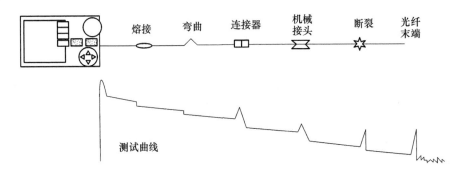

图 13-2　OTDR 测试事件类型及显示

(5) 光纤末端

光纤末端通常有两种情况:光纤末端是平整的端面或在末端接有连接器,在光纤的末端就会存在反射率为4%的菲涅尔反射,可以从曲线上看到,然后背向散射信号湮没在噪声中,在OTDR上的显示如图13-3所示。光纤的末端是破碎的端面,由于末端端面的粗糙、不规则,光线漫反射而不引起明显的反射峰,在OTDR上的显示如图13-3所示。

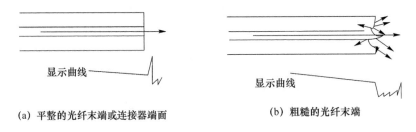

图 13-3　两种光纤末端及曲线显示示意图

(6) 盲区

如前所述,使用OTDR可以测量到两种反射信号:一种是背向瑞利散射,一种是菲涅尔反射。光纤中的背向散射信号是很微弱的,而菲涅尔反射光信号相对来说是比较强的(常高出50 dB多)。当遇到光纤中的反射事件后,反射峰值就会使接收器进入饱和状态,反映在特性曲线上就是出现平顶,曲线由饱和状态(平顶)恢复到背向散射电平(线性区域)需要一段时间,在这段时间内,包括散射信号在内的其他任何信号均被掩盖,形成盲区。OTDR需要一定的时间由饱和状态恢复到正常情况,这个恢复时间将使若干米距离的被测光纤的传输质量无法测量,在OTDR波形上反映为一个突出的尖峰或矩形脉冲。

盲区的大小在很大程度上由脉冲的宽度决定。OTDR的脉冲宽度是指OTDR向光纤注入光功率的持续时间。脉冲宽度越大,注入光纤的功率就越大,从而使接收到的菲涅尔反射信号和后向散射信号变大。这些多余的信号使OTDR接收器的饱和度上升,以致盲区变大。因此脉冲宽度越大,盲区就越大。

可以使用一段1~2 km的附加光纤,用熔接的方法将这段光纤与被测光纤连接起来,使前端盲区(光由OTDR经光纤连接器耦合进测试光纤,连接器引起的强度较高的反射光从而造成的盲区)完全落在这段光纤上,这种方法被广泛使用以解决前端盲区问题。

13.1.2 MW9076 OTDR 的主要特点

MW9076 OTDR 由 MW9076 系列 OTDR 基本单元(Main Unit)和 MU250000A/A1/A4 显示单元(Display Unit)组成。可用来在安装和维护工作中,对于光纤系统的全程损耗、回波损耗、插入损耗(接头或连接器)、链路长度和故障点等进行测试。智能化的设计和重量轻巧,保证它的易用性和方便携带,内置存储器以保存测试条件、波形和数据,以备后期的分析、打印和存档。MW9076 还配置有与计算机的接口,可以通过外接计算机进行操作、数据分析。在测试条件设置后,按下"START"键完成损耗测量,故障定位等任务。MW9076 OTDR 设计有两种自动模式:全自动(Full Auto Mode)和自动模式(Auto Mode);更准确的测量结果通过手动模式(Manual Mode)得到,适合不同专业水平的操作人员使用。

1. 外观

MW9076 的外观图和各部分名称如图 13-4 所示,仪表可配置有不同的选件,使用时要根据仪表具体配置正确使用。

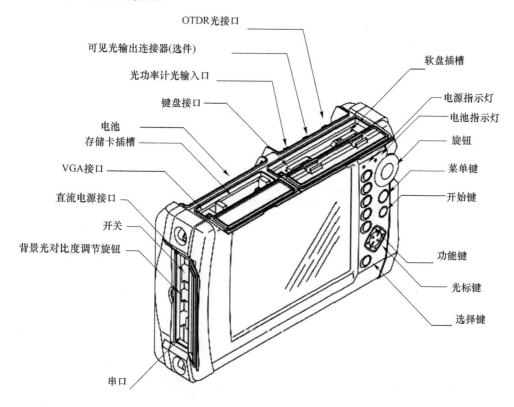

图 13-4　MW9076 OTDR 外观图

2. 面板及按键介绍

① 电源开关:用以开关电源,当按钮位于"|"表示开机。

② 背景光、对比度调节旋钮:用以调节屏幕的对比度和背景光强度,点压旋钮调节背景光的强度;旋转旋钮调节屏幕对比度,保证屏幕在不同的工作环境下便于使用者观察。

③ 电源指示灯/电池指示灯:指示当前仪表是由直流电源或电池供电。

④ 开始键(START):按下此键测量开始,OTDR 通过光接口发射光脉冲;再次按下则

停止测量,光源停止发射光功率。

⑤ 选择键:用以切换方向键的功能。在仪表屏幕的右下角 CARD 区,显示和切换当前方向键的功能。

⑥ 方向键:方向键用于操作光标,它由 4 个方向键(◁、▷、△和▽)组成,每个方向键的功能由选择键切换,并显示在屏幕的右下角的 CARD 里。

⑦ 功能键 F1~F5:紧靠屏幕右侧垂直布置的 5 个功能键,对应的功能显示在屏幕右侧的功能键标签。

⑧ 菜单键:与测量相关的功能显示在屏幕右侧,分别用功能键 F1~F5 标示功能,其他的后台功能如屏幕色调、文件操作和测试条件调出等,则在选择菜单键后显示在屏幕,依据屏幕提示进行相应的操作。

⑨ 旋钮:通过旋转旋钮,同样可以移动光标;按压旋钮中央,确认操作。

13.1.3　MW9076 OTDR 的测量模式

1. 全自动模式和自动模式

当操作模式设置为全自动模式或自动模式后,将测试链路与 OTDR 的光纤连接器正确连接,启动开始键,测量结束后,屏幕显示如图 13-5 所示。故障点被作为事件在事件表中显示,事件表位于轨迹窗口的下方。

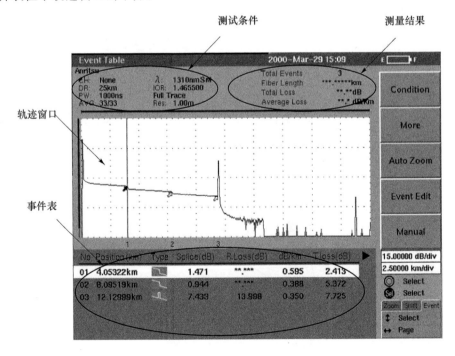

图 13-5　自动模式下的测量曲线

全自动模式下,OTDR 自动估算最优化的"距离范围"、"脉冲宽度"、"平均化次数"。自动模式下,以上参数需用户在设置屏幕中设置。

屏幕内容介绍如下。

① 轨迹窗口

轨迹图的左端代表 OTDR 光输出的位置，右端代表光纤链路的末端。轨迹窗口的 Y 轴显示链路上的衰减，X 轴显示距离信息（与测试仪表 OTDR 的距离，单位 km）。链路上的每个缺陷点被作为事件标记。

② 测试条件

测试波长、测量距离范围、脉冲宽度、折射率（IOR）、平均化次数或平均化时间等测试参数在此区域显示。

③ 测量结果

显示缺陷或故障点总数、总的光纤长度、光纤链路总的衰减等信息。

④ 事件表

事件序号、相对 OTDR 的距离、事件类型（图标显示）、接续损耗值、回波损耗值、衰减系数、至此点的总衰减等信息，可通过右方向键 $\boxed{>}$ 进行翻页显示。

注意：自动模式是一种辅助功能，操作简单。在这种方式下，虽然 OTDR 可以自动地检查事件点和可能的故障点，但自动检测的结果不能保证一定正确和不遗漏。自动测量功能有局限性，可能会有错误的检测结果或者漏掉一些故障点。用户应该仔细观察测量波形，从中得到最终结果。这种方式适合不了解链路情况时使用，需仔细检查波形图，更准确可靠的测量由手动模式得到。

2. 手动模式

手动模式下，光纤链路上任何关心的位置和区域可以通过人为地移动、设置标记（Marker），进行准确地测量。

（1）测量模式改变

将测量模式更改为手动模式，可通过以下 3 种方法：

① 可以在开机进入设置屏幕（Setup 1/3）时，设置测试模式为手动模式；

② 自动测量完成后，如图 13-5 中按下 F1 键，进入设置画面后，将测试模式更改为手动模式；

③ 自动测量完成后，如图 13-5 中直接通过按 F5 功能键转入手动模式。

（2）手动模式中的测量方式

① 损耗和全回损测量（Loss&Total Return Loss measurement）：手动模式可以进行"损耗和全回损测量（Loss&Total Return Loss measurement）"，得到整个链路或链路上关心的任意两点之间的衰减和全程回波损耗。

② 接续和反射损耗测量（Splice&Return Loss Measurement）：在手动模式下，还可以进行"接续和反射损耗测量（Splice&Return Loss Measurement）"，得到事件点或链路上任意两点之间的插入损耗和回波损耗。

损耗测量计算两个标记点（×、*）的衰减和回波，接续和回波测量则通过设定 6 个标记点来计算事件点的插入损耗和回波损耗，测量结果显示在屏幕下方。在设定测量模式为手动模式后，启动开始键，得到图 13-6。图 13-6 显示的是"接续和反射损耗测量（Splice&Return Loss Measurement）"的例子，通过 F3 键切换两种测量方式。

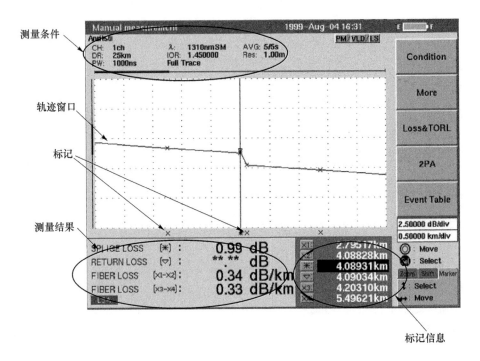

图 13-6 手动测试模式下的测试曲线

屏幕信息介绍如下。

① 轨迹窗口

X 轴显示距离信息，Y 轴显示衰减信息。

② 测试条件

测试波长、距离范围、脉冲宽度、折射率(设定被测光纤纤芯折射率值，IOR)、平均化时间或平均化次数。

③ 测量结果

- 接续损耗：＊点的接续损耗。
- 回波损耗：对于反射事件，如连接器，光纤末端则显示此点的回波值。
- ×1、×2 光纤衰减：标记×1 与×2 之间的光纤衰减。
- ×3、×4 光纤衰减：标记×3 与×4 之间的光纤衰减。

④ 标记(marker)

在图 13-6 中有 6 个标记点×1～×4、＊、▽，标记×1～×4 从左至右排序。

⑤ 标记信息

显示每个标记点相对于 OTDR 的距离信息。

13.1.4　MW9076 OTDR 操作使用

1．基本操作方法

(1) 加电与自检

正确接通交流电源或安装好电池后(电池电量处于正常水平)，接通仪表左侧的电源开关，按向"│"位置,仪器自检通过后,屏幕将显示出参数设置界面(Setup 1/3),如图 13-7 所示。

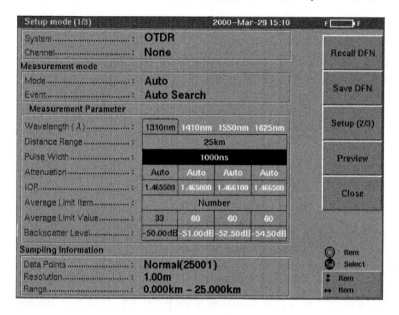

图 13-7　设置界面(Setup 1/3)

(2) 设置测量参数

测量参数设置画面在每次 OTDR 加电、自检完成后显示。设置测量参数由 3 个画面组成,依次为 Setup 1/3、2/3、3/3,通过 F3 键切换。另外,在任何测量模式下,通过 F1 功能键,即可显示设置画面进行参数调整。

① 设置画面

测量参数的设定在 3 个画面中完成,Setup screen 1 (Setup mode(1/3))、Setup screen 2 (Setup mode(2/3))和 Setup screen 3 (Setup mode(3/3)),图 13-7 显示的是 Setup mode (1/3)。通过功能键 F3 在 3 个参数设置画面间切换。

如果为全自动或自动模式,则可以直接按下开始键开始测量。手动模式测量时,则应正确设定测量参数。如测试模式设定为 manual,测试参数中正确设定测试波长、距离范围、脉冲宽度、衰减、测试光纤折射率、平均化次数或时间、背向散射基准电平值、抽样信息中的数据点数、精度等。

② 参数设置的方法

通过旋转右上侧的旋钮,或者方向键将光标移动到所选条目,按下 Select 键或旋钮中央选定参数;在选中的参数中,通过光标上、下选择列表参数值;对于输入的参数值,通过左、右方向键移动数位,上、下方向键改变数值。按下 Select 键或按压旋钮中央确定参数。

参数设置过程中,可以通过按下功能键 F4,预览测试结果,调整和改变测量参数,以得到准确的测量结果,在图 13-7 的参数设置界面中,可通过功能键 F1 调出保存在本机的以前参数配置文件,方便重复性测量工作。

③ 完成参数设置

完成测量参数设置后,按下功能键 F5 完成参数配置,按下开始键启动测量。所有本次设置的参数作为 DFN 文件,通过 F2 功能键保存在 OTDR 设备中,可以作为下次测量条件呼出使用。

(3) 接续和反射损耗(Splice & Return Loss Measurement)

用户可以在测试波形上设置标记(Marker)点,通过这些"标记"点可以测量接续点或其他事件点的接续损耗或反射损耗,标记点设置如图 13-8 所示。

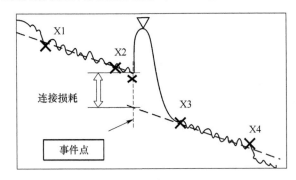

图 13-8　在接续和反射损耗模式设置光标

标记点的位置移动必须在面板 Select 键作用下,右下角的选项卡选中 Marker 情况下,用上、下方向键 △ ▽ 选择欲移动位置的标记,用左、右方向键 ◁ ▷ 移动标记的位置。为了得到准确的测量数值,应正确地设定所有 6 个标记点的位置。

"6 点光标法"的设置步骤:

① 在测量波形上将"∗"光标设置在事件开始的位置;

② 将"×1"和"×2"光标设置在事件点的左侧(确定事件点前方光纤的损耗);

③ 将"×3"和"×4"光标设置在事件点的右侧(确定事件点后方光纤的损耗);

④ 如果有菲涅尔反射发生,将"▽"光标移动到反射峰最高处。

(4) 损耗和全回损测量(Loss & TORL)

用户可以在测试波形上设置"光标"点,通过这些"光标"点可以测量×、∗两点间的损耗和反射损耗。

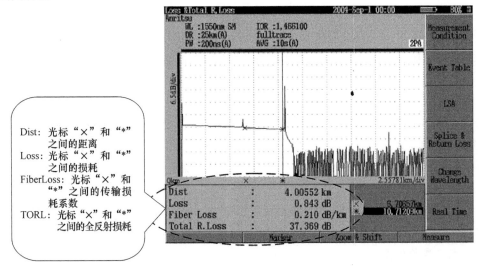

图 13-9　损耗和全回损画面

(5) 保存测试波形

13.1.5　MW9076 OTDR 的其他功能

MW9076 除了上述基本操作外，还可以进行波形比较、重复测量、事件编辑等操作，通过配置相应的选件，如光功率测试单元，作为光功率测试仪器（OLTS，Optical Loss Test Set）；选配可见光源（VLD），用作光纤识别器。MW9076 系列 OTDR 的其他型号可进行的测试功能如下。

- MW9076B/B1/C：只有 OTDR 测试功能，或者同时具有 OTDR 和 OLTS（光损耗测量）功能（选件 1 和选件 2 安装）。
- MW9076D/D1：具有 OTDR 和 CD 测试功能（可测量链路的色度色散）。
- MW9076J/K：只有 OTDR 测试功能。

13.1.6　测定故障点误差的原因和纠正措施

引起故障点测量误差的主要原因有：仪表的固有偏差；折射率的随机性和光速近似取值产生的偏差；光纤在光缆中的富余度和扭绞超长造成纤长大于皮长；光缆竣工长度与地面丈量长度之间的偏差；测试操作误差。纠正测定故障点误差有以下措施。

① 选择适当的测试范围挡。不同型号的 OTDR 测试范围不同，距离分辨率不同。测试光纤断点时，应选择大于被测距离而又最接近的测试范围挡，这样才能充分利用仪表本身的精度。

② 正确利用仪表的放大功能，选择适当的测试挡，通过距离坐标偏移，在 OTDR 屏幕上找出光纤故障点，并将游标准确地置定在障碍点上，然后使用放大功能将图形放大到每格 25 m，再移动游标到障碍点末端，便可读出分辨率小于 1 m 的比较准确的测量结果。

③ 建立原始资料，掌握正确的换算方法。由于障碍点的光纤长度、光缆皮长、地面的丈量长度不一致，甚至相差很大，OTDR 测出的障碍点距离不能表达为光缆皮长尺码，也无法直接在地面上准确地断定障碍点。

光纤熔接机是光纤固定接续的专用工具，可自动完成光纤对芯、熔接和推定熔接损耗等功能。光纤熔接机可根据被接光纤的类型不同分为单模光纤熔接机和多模光纤熔接机；根据一次熔接光纤芯数不同可分为单纤熔接机和多纤熔接机。本节以日本住友电工（Sumitomo）的纤芯直视型单芯 TYPE-39 熔接机为例，介绍光纤熔接机的特性、基本工作原理和实际操作使用。

13.2.1　概述

熔接机的工作原理如图 13-10 所示。用平行光照射光纤，经过光学系统成像在摄像头上，图像处理单元对光纤图像进行数值化处理后送 CPU 单元，CPU 对图像数据进行分析判断后发出指令进行位置调整和金属电极高压放电，完成光纤的对准和接续过程。其中光纤图像的获取方法为纤芯直视法。为了实现接续光纤的低损耗连接,必须要使连接的光纤在空间位置上精确对准,多模光纤主要是依据外径来对准,单模光纤则要求纤芯精确对准,主要有3种重要的对芯技术:本地光注入和检测(LID)、纤芯探测系统(CDS)和侧像投影对准系统(PAS)。

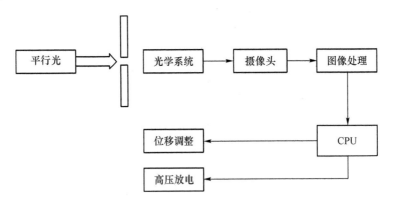

图 13-10　熔接机工作原理框图

使用者对于光纤熔接机的要求主要有以下 3 点:
- 快速、廉价的光纤端面准备;
- 无须调节任何操作的全自动熔接操作;
- 精确、可信的光纤接头损耗现场测试。

1. 光纤图像获取

纤芯直视法(DCM)光路示意如图 13-11 所示,当把一束平行光照射到光纤表面时,由于光纤的透射和折射,可以观察到包层轮廓、包层与纤芯的界面。光纤通过物镜形成特征图像,再用摄像头获取该图像,对该图像信号进行变换和处理即可以获得光纤的轮廓和纤芯等信息。

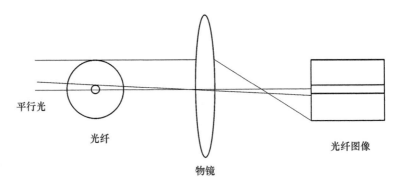

图 13-11　纤芯直视法光路图

2. 对芯技术

(1) 本地光注入和探测系统(LID)

LID 对芯技术如图 13-12 所示,将注入光功率通过左端的弯曲耦合发射器注入光纤,在熔接点的右端的弯曲耦合接收器接收。对芯和熔接过程中,自动熔接控制(AFC^{TM})系统不断地评估注入光的功率,调整光纤的位置,当两端纤芯耦合对准最好,即检测端功率最大时,AFC™停止熔接程序。这种方法将所有可能的影响因素,如光纤特性、电极情况和变化的环境(湿度、温度和海拔)都纳入考虑,保证每个单独的熔接都获得最低的熔接损耗。

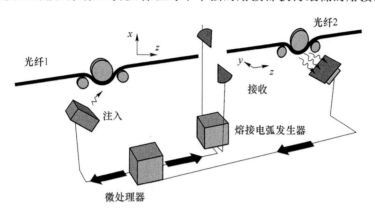

图 13-12 LID 系统原理

(2) 纤芯探测系统(CDS)

CDS 系统是通过高精度的三维光纤纤芯对准来保证最低的熔接损耗。不像 LID 系统通过光注入进行检测,CDS 系统是通过在熔接过程中分析熔接区光纤纤芯的位置和形态的原理来进行评估,如图 13-13 所示。通过一个简短的电弧照亮光纤,由于纤芯和包层的折射率不同,光纤的纤芯亮度比包层高得多。从 X 轴和 Y 轴两个方向的摄像机,获得精确的熔接区图像。熔接机的微处理器分析图像素,得到光纤的几何尺寸数据,这样就能定义两端待熔接光纤三维形态情况,光纤的纤芯对准就基于这些信息。

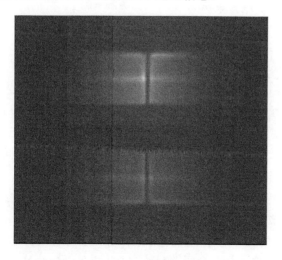

图 13-13 CDS 系统原理

(3) L-PAS 侧像投影对准系统

L-PAS 侧像投影对准系统采用光纤端面的轮廓对比度进行光纤对准控制。该轮廓包括了所有的光纤影像信息,包括光纤中央的影像、可能的损伤、光纤的偏移和可能的污染物。

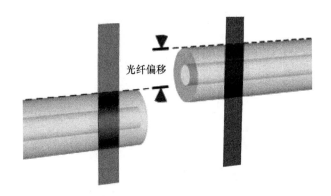

图 13-14　在单个方向的两根光纤端面的对比图

无论哪种对芯方式,光纤需要在 X、Y 轴上移动调整位置,使左右光纤的芯轴在空间对准成为可能。如图 13-15 所示左光纤可以沿前后方向移动,右光纤可以沿上下方向移动,熔接机通过特殊的高精度位移控制来调整左右光纤的位置,由此完成待接光纤的对芯过程。

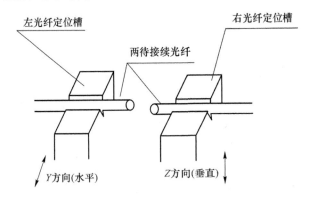

图 13-15　光纤位置调整

13.2.2　TYPE-39 熔接机的特点

TYPE-39 是低接续损耗的光纤熔接设备,TYPE-39 上装配的显微镜和马达系统,可以自动进行单芯光纤的接续前检查及对轴,通过控制电极放电实现光纤的熔接接续。此外,TYPE-39 还有把保护接续点的保护套管进行加热及收缩的功能。同其他型号的熔接机相比,TYPE-39 配置有以下两个独特的功能。

① 双联加热器:在业界 TYPE-39 首次在熔接机上搭载两个加热补强器。每个加热补强器独自动作,免去加热补强的等候时间。

② 自动启动功能:放置好光纤,盖上防风盖,增加了可自动开始接续的自动启动功能。此外,当接续好的光纤放置在加热器后,增加了可自动开启加热补强的功能,可省去开关操作,直接进行熔接操作及加热补强。

1. 适用光纤的种类

TYPE-39 可接续的光纤种类见表 13-1。

表 13-1 TYPE-39 可接续的光纤种类

材质	石英玻璃
种类	SMF、MMF、DSF、NZ-DSF
光纤外径	80～150 μm
光纤涂覆外径	100～1 000 μm
光纤芯数	单芯
切断长	8～16 mm(涂覆外径 250 μm) 10 mm(光纤涂覆外径 250 μm 以外)

2. 接续性能

(1) 标准接续损耗
- SMF:0.02 dB。
- MMF:0.01 dB。
- DSF:0.04 dB。
- NZ-DSF:0.04 dB。

(2) 接续时间
- 9 s(高速)。
- 11 s(自动)。
- 加热时间:60 mm 套管 40 s,40 mm 套管 35 s。

3. 其他功能

TYPE-39 配置的其他功能见表 13-2。

表 13-2 TYPE-39 配置的功能

功能	情况	功能	情况
接续损耗推定功能	有	加热补强器	有,双联加热器
接续数据存储功能	有	放电实验功能	有
接续部位张力实验功能	有,负荷 1.96 N	LED 照明	有

4. 电源
- AC 驱动:AC 100～240 V,50/60 Hz。
- DC 驱动:配置有车用蓄电池连接线,输入 DC 10～15 V,8 A。
- 蓄电池驱动:装配有电池 BU-66S(4 500 mA·h),或 BU-66L(9 000 mA·h),标准电压 13.2 V。

5. 尺寸重量
- 尺寸：150 mm(W)×150 mm(D)×150 mm(H)
- 重量:约 2.8 kg(使用交流电源模块),约 3 kg(使用电池)。
- 5.6″TFT 彩色显示器。

6. 适用环境
- 操作温度:-10～50℃。
- 保管温度:-40～70℃。

13.2.3 TYPE-39熔接机操作应用

1. 各部分名称及功能

TYPE-39熔接机的结构和各部分功能如图13-16所述。

图13-16 TYPE-39熔接机外观与各部分功能

① 光纤熔接机TYPE-39标识。
② 键盘:电源接入、开始接续及补强、进行各种功能设定的操作键。
③ 显示器:显示光纤图像、图像处理结果及菜单画面。
④ 防风盖:在各种环境下保持熔接性能的稳定和安全性。
⑤ 加热补强器:对光纤保护套管进行热收缩的装置,分前排和后排共2个。
⑥ 电源/蓄电池插槽:可插入电源组或蓄电池组的插槽。
⑦ 输出输入面板:加热式剥线钳用DC输出、USB插口的面板。

2. 键盘

TYPE-39熔接机的键盘设计为两部分,布置在防风盖的左、右两侧,如图13-17所示。键盘设计简约,功能完备,操作灵活,为使用人员提供界面友好和灵活方便的操作。

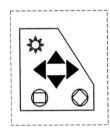 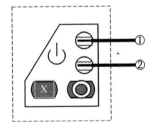

图13-17 TYPE-39键盘布局

☼ 亮度调整键:调整显示器亮度的操作键。
▲ 向上方向键:操作光标移动,输入数值或文字时使用。
◀ 向左方向键:操作光标移动,输入数值或文字以及返回上一画面时使用。
▼ 向下方向键:操作光标移动,输入数值或文字时使用。
▶ 向右方向键:操作光标移动,输入及选择数值、文字时使用。
▢ 口字键:操作菜单显示、追加放电等使用。
◇ 菱形键:显示键盘向导时使用。
⏻ 电源开关/LED:开关电源的操作键。LED可显示电源的状态。
⚫ 启动键:启动接续动作的操作键。

✕键(复位键):中止接续或重新设置状态时使用。

加热器开关①/LED:加热器(后排)开始键以及显示状态的LED。

加热器开关②/LED:加热器(前排)开始键以及显示状态的LED。

3. 熔接操作

(1) 熔接需准备的物品

TYPE-39熔接机、酒精(高纯度)、接续用光纤、纱布、剥线钳、光纤保护套管、光纤切割刀。

(2) 操作程序

熔接工作按图13-18程序进行,下面说明如何使用熔接机进行光纤的熔接以及对接头进行加热补强保护。

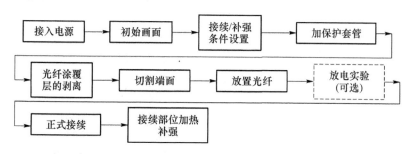

图13-18　光纤熔接操作程序

① 接入电源

TYPE-39接通电源组及DC电源、安装蓄电池组件后启动。使用电源时,正确安装电源组(PS-66),接通电源线。使用电池工作时,检查电池(BU-66S/L)的电量是否正常,然后将电池装入熔接机电源槽内。

按下电源键⏻(1秒钟以上),通电开始。

② 初始画面

TYPE-39在开机后进入自我诊断程序,依次对主控板→马达驱动→光学系统→补强系统进行自检,自检正常后,各部分进行复位,即进入正式接续的开始画面,如图13-19所示。

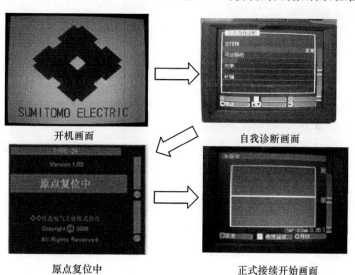

图13-19　TYPE-39初始画面

③ 接续/补强条件设置

如前所述，TYPE-39 可以接续不同类型的石英材质光纤，也可选择使用不同长度的保护套管进行接续后接头的保护。因此，在开始熔接之前，应正确设置接续及加热补强器的参数。下面以标准单模光纤 SMF、热缩套管长度为 60 mm 的接续条件为例，介绍接续参数的选择，如图 13-20 所示。

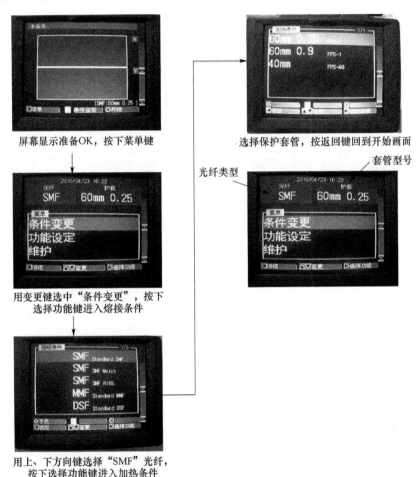

图 13-20　接续条件设定

- 光纤类型及保护套管参数设置：在开始画面（屏幕上方显示为"准备 OK"）的左下方，按下◀菜单键，显示菜单画面；
- 使用上、下方向键选择"条件变更"，按下▶进入"条件变更"项目，在接续条件下，通过上、下方向键，突出显示 SMF 选项，按下▶选择键，选择熔接光纤为标准单模光纤（SMF）；
- 然后在加热条件 1/1 中使用上、下方向键选择保护套管为"60mm std FPS-1"，按返回键◀返回开始画面，如图 13-19 所示。

④ 熔接条件选择

在开始画面（屏幕显示为"准备 OK"）下方中央按下"条件设定"键◯，依次进入条件设定 1/3～3/3,如图 13-21 所示,对每一参数可以进行相应的设置,"条件设定"中各项参数的意义见表 13-3。

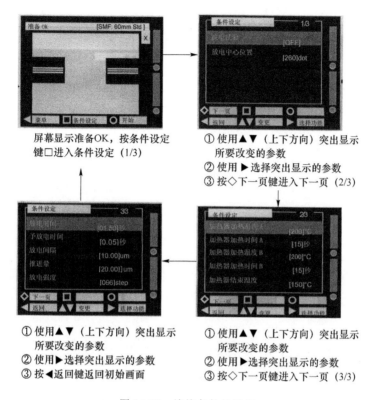

图 13-21　熔接条件的设置

表 13-3　熔接条件的意义

	参数	意义
接续条件	接续时间/s	接续时间指的是电弧放电的持续时间
	预接续时间/s	预放电时间指的是从开始电弧放电到开始推进之间的间隔
	放电间隔/μm	放电间隔指的是接续前左右光纤的端面间隔
	推进量/μm	推进量指熔接期间右光纤推进与左光纤重叠的量
	放电强度(Step 值)	放电强度控制熔接期间光纤所承受的热度
加热条件	加热温度 A/℃	对中心部位加热至此设定的温度
	回热时间 A/s	加热器达到加热温度后,中心部位温度维持的时间
	加热温度 B/℃	两端部位加热至此设定温度
	回热时间 B/s	热缩管达到加热温度,两端部位温度所持续的时间
	结束温度/℃	取出保护管时的结束温度。加热器指示灯闪烁且伴有嘟嘟声

⑤ 光纤涂覆层的剥离/清洁

使用剥线钳剥除光纤涂覆层,涂覆层剥除长度为 30～40 mm。

用浸满高纯度酒精的纱布,自涂覆与裸光纤的交界面开始,朝裸光纤方向,一边按圆周方向旋转,一边清扫涂覆层碎屑。清洁光纤时,如听到"嚓嚓"声,表明裸光纤的表面已经清洁干净了。

⑥ 切割光纤

使用光纤切割刀切割光纤，标准切断长为 10 mm。注意如下事项。

- 不要再用纱布等物品清洁已切割好的光纤。
- 失去涂覆层保护的光纤端面非常易碎、脆弱，避免端面碰触任何物体，尽快将其放置在 TYPE-39 上。
- 光纤的破损面十分锐利，不要用手指触摸。

⑦ 放置光纤

在涂覆层线夹前部放置光纤涂覆交界处，光纤安放完成后，合上涂覆层的夹板。按照同样的方法，切断并安置好另一端的光纤，合上防风盖。

⑧ 正式接续

两端的光纤放置在 TYPE-39 后，检查条件设定正常，按下 ◉ 键，开始熔接接续。熔接完成后，TYPE-39 会观察图像给出推定的接续损耗值，但此值并不准确，应使用 OTDR 测量损耗值。

⑨ 加热补强

打开防风盖，取出熔接好的光纤，拿住接续部位两端光纤，抖动使接续部位处于保护套管的中央位置，如图 13-22 所示。把保护套管放在加热器内，按下加热键 ⊜，开始加热。

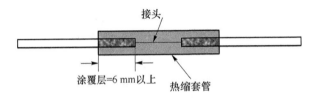

图 13-22 套管的位置

以上介绍了 TYPE-39 光纤熔接机的基本接续操作，关于 TYPE-39 的功能设定和维护等内容，在此不做赘述，使用人员应在使用前仔细阅读熔接机的使用说明书。

2. 接续质量分析

熔接状况的良好与否可通过对熔接过程和熔接后所显示的图像进行分析来判断。对于单模光纤，如果出现下列情况之一，一般可认为接续状况不良：

① 接头处沿径向有一条细白线或十分模糊的细线；
② 纤芯无明显错位而两端包层直径不等；
③ 光纤包层表面有污点；
④ 接头处有气泡。

由以往经验可知，在同一点，若连续进行 3 次接续，实际损耗值仍偏大，而操作和熔接过程又无异常时，要考虑到光纤参数对损耗的影响，即两接续光纤不匹配。

3. 光纤加热器的使用

打开加热器盖、防尘罩及左右压板，轻轻取出熔接后的光纤。先将热缩套管移至裸光纤部位，注意位置要正确，然后把它们一起放入加热器的加热槽中。

按加热键 ⊜，加热器启动，此时指示灯亮。当指示灯灭时，表示加热定时时间到。每次加热时间和加热温度可在菜单中预先设定。从玻璃窗口能观察到热缩套管的加热情况。热缩套管内空气完全排出后则表明加热已经完成。加热完毕后,打开加热器盖,冷却片刻,轻轻取出光纤。注意不要用力揪住热缩套管两端的光纤往外拽,以免拉断光纤。

13.2.4 使用注意事项

① 熔接机在放电过程中,电极间有数千伏高压,此时千万不要触摸电极棒。

② 使用环境中不可有汽油、瓦斯和氟利昂等易燃、易爆气体,以免导致熔接不良或意外事故。

③ 擦拭光纤定位槽和显微镜头时,要使用无水乙醇;棉签的擦拭方向应为单向,禁止双向擦拭。

④ 使用时应避免硬物碰撞或划伤液晶显示屏。在低温下,显示屏的底色有时会较暗或显示红色调,此时用调节亮度调整旋钮也不起作用,但这并非故障,过一会显示器就会恢复正常。

13.2.5 日常维护

① 注意防尘和除尘。裸光纤定位槽、电极和显微镜都必须保持清洁,不操作时防尘罩不应打开。

② 防止受强烈冲击或震动。熔接机需要搬动或运输时,应该轻拿轻放。另外,长距离运输时不要忘记先将其装入携带箱和运输箱中。

③ 储存。长期不用时,一般半年应至少开机一次;高潮湿季节,应经常开机,且机箱内应放入干燥剂,以防止显微镜头霉变。

④ 电极的清洁与更换。用棉签蘸乙醇轻轻擦拭电极尖端,或用 3 mm 宽、50 mm 长的金相砂纸条轻擦电极尖端。注意要保护电极尖端不受损伤。本熔接机电极寿命较长,一般不需要更换。若在特殊情况下,电极损伤必须更换时可电话与厂家联系。

金属护套对地绝缘是电/光缆电气特性的一个重要指标,金属护套对地绝缘的好坏,直接影响电/光缆的防潮、防腐蚀性能及光缆的使用寿命。因此,查找修理电/光缆金属护套对地绝缘不良障碍,是光缆维护工作的重要环节。下面以 LJ-I 型光缆对地绝缘故障测试仪为例,简要介绍其工作原理和使用方法。

13.3.1 基本工作原理

该仪表由信号发生器、接收器、探头、接地棒组成。当将信号发生器产生的 0~250 V、0~500 V、0~1 000 V 直流高压脉冲送入被测光缆,通过绝缘不良点入地时,在入地点形成点电场,该点电场在地表面形成的电场如图 13-23 所示。接收器中的直流放大器通过接地棒取得障碍点前后(沿光缆路由)的电位差。由于障碍点前后的电位差符号相反,当两插棒前后顺序不变,则反映为直流放大器的中值表头将有不同方向摆动。如果与接收音频表头相比较,当脉冲到来时,中值表头与音频表头在障碍点前与越过障碍点将会有同向(反向)变反向(同向)的变化。通过表头指针摆动的方向和变化,即可确定光缆对地绝缘不良的障碍点所在。

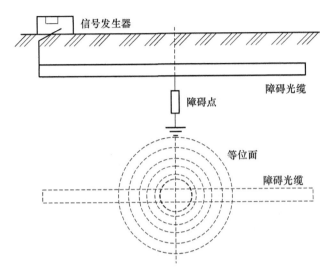

图 13-23　光缆金属对地绝缘障碍所产生的地表面电场分布

根据电场原理,接收器两根插棒距离障碍点越近,在等距离条件下取得的电位差越大,中值表针摆幅也最大。同样,两插棒刚离开障碍点时,中值表头摆幅也最大。如果两插棒中间正好是障碍点,则由于电位差为零,中值表头摆幅也为零。

13.3.2　操作应用

1. 查找光缆金属护套对地绝缘不良点

① 将信号发生器"输出"接于光缆金属护套上。信号发生器接地端沿光缆线路路由反方向接地(距离 25～50 m)。

② 输出电压选择:如对地绝缘为 0～100 kΩ,选用 250 V 挡,接收器"绝缘阻值"用"低阻"位置。对地绝缘为 100 kΩ 以上时,选用 500 V 或 1 000 V 挡,接收器"绝缘阻值"选用"高阻"位置。信号发生器置于"断续"位置,"输出调节"置于最大位置。

③ 打开接收器,插入接收探头和直流接地棒。当探头沿光缆线路路由前进时,接收到断续音频信号,把接地棒的两棒插于信号入地点靠被测光缆线路路由侧地面上(两棒相距 3～5 m),接收器直流表头与音频表头按一定规律摆动。记住此时两表头摆向关系(也可调换两棒前后位置,使之同向摆动),并始终保持两棒间的前后位置。

④ 沿着光缆线路路由,按上述确定的插棒前后关系,将接地棒向前移动。每插一次,观察一次直流表头摆幅和两表头是否还是同向摆动。如前面没有绝缘不良点(或距离较远)时,愈向前走直流摆幅愈小,两表头保持同向。当逐渐接近第一个绝缘不良点时,直流摆幅逐渐加大,两表仍显示同向;当插棒等距离地插在绝缘不良点上方时,直流表头不动或无规则摆动。一旦两插棒均越过第一个绝缘不良点时,两表头处于最大的反向摆动状态。这样

可以找到离信号器最近的第一个障碍点。依此类推可以找到第二个和第三个障碍点。

⑤ 使用注意事项。
- 信号器接地线尽可能沿光缆线路路由反向距离远一些放置,一般应在 25～50 m。
- 插棒间的距离一般为 3～5 m,根据具体情况(土质不同、干湿程度、绝缘电阻大小)灵活掌握。当遇到地表面十分干燥,插棒又插不深时,应考虑在插孔处滴些水。
- 为避免人体对接收器直流部分的影响,插棒插稳之后,手一定要离开,否则直流指针乱打,造成误判。
- 插棒刚插入时,接收器直流表头有一稳定过程(5～8 s),应耐心等待,跨距越大,恢复时间愈长。
- 对于低绝缘点,从指针反应的剧烈程度可以判断。对于高绝缘不良点,为了避免错挖,最好把全程查找完,记下各点位置,先处理在表头反应最强烈的点,以此类推。
- 当两个绝缘不良点相距很近(5 m 以内)时,由于电场相互影响,此时插棒跨度要小点,以免漏点。
- 为了确切掌握对地绝缘情况,可将信号发生器的"断续"输出拨向"连续"侧,检查输出电流大小。一般电流太小时不易发现障碍点,可用介质击穿装置,先击穿后查找。
- 在进行不良点处理时,可采用监测法。即将接收器置于障碍点一侧,从指针摆动情况判断障碍处是否处理彻底。
- 由于大地直流杂散电位的影响,使接收器直流表头一旦未接收到信号发生器信号时而产生左右乱摆,此系正常现象。只有在直流表头与音频表头产生一定关系摆动(同向或反向)时,才有可能是遇到障碍点。
- 当被测光缆很长时,为了提高音频信号,可以将对端接地。

2. 光缆线路路由探测

在光缆线路一端金属护套与地之间接上信号发生器,在其对端通过几千欧姆电阻接地(线路长时可以直接接地)。电压选择在 250 V 挡,放在"连续"位置。背上接收器,插入接收探头,并将探头垂直于地面,在估计的光缆线路路由上左右移动,当接收器的耳机无声和音频表头为零时,探头正下方即为光缆埋深位置。探测原理如图 13-24 所示。

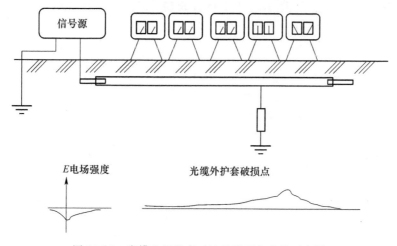

图 13-24 光缆金属护套对地绝缘不良查找示意图

3. 探测光缆埋深

信号发生器和信号接收器连接方法与"探测路由"相同。当光缆线路路由查出之后,将探头转向 45°,如图 13-25 所示。当接收器的耳机无声和音频表头指示为零时,探头与路由垂直长度 d 即为光缆埋深。

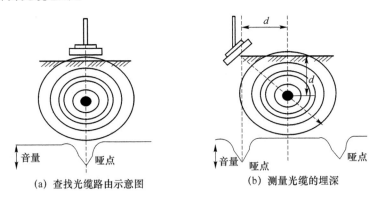

图 13-25 光缆路由探测及埋深测量原理图

通信线路设置地线的主要作用是防雷、防强电,以确保线路和电气设备在使用和维护过程中以及障碍查修期间人身与设备的安全。因此,通信线路应妥善地接地。凡接地设备都有电阻存在,如接地导线、地气棒和大地对于所通过的电流均有阻抗。接地电阻对每一装置应不超过规定值。地阻测试仪可测量电/光缆敷设地的大地电阻系数和电/光缆接地装置的接地电阻。目前部队装备以 ZC-8 地阻测试仪为主,下面以 ZC-8 为例,简要介绍接地体的接地电阻和大地电阻率系数的测量方法。

1. 接地体接地电阻的测量

测试电路连接如图 13-26 所示。ZC-8 的接线端子 E(或 C_2,P_2 端子的短路连接)连接于接地装置的引线上,并应断开被保护设备。另外两个端子 P(或 P_1,电位极)和 C(或 C_1,电流极)分别依次与接地棒 P′ 和辅助接地棒 C′ 相连。接地体及电极间距位置见表 13-4。

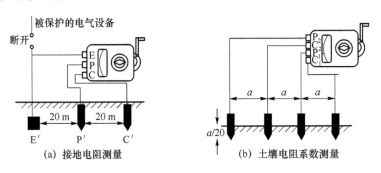

图 13-26 ZC-8 地阻测试仪测量连线示意图

表 13-4　接地体与电极间距

接地体形状		Y/m	Z/m
棒与板	L≤4 m	≥20	≥20
	L>4 m	≥5L	≥40
沿地面成带状或网状	L>4 m	≥5L	≥40

测量步骤如下。

① 接地电阻的测量按图 13-26 连接配置。

② 将被测地线 E 的引线与设备断开。

③ 若被测接地体的埋深小于 2 m,按表 13-4 中小于 4 m 的数据,沿被测地线 E 使电位探针 P 和电流探针 C 依直线彼此相距 20 m 埋设。

④ 连接测试导线:用 5 m 导线连接 E 到 P_2 或 C_2 端子,电位极用 20 m 导线接至 P_1 端子上,电流极用 40 m 导线接至 C_1 端子上。

⑤ 将表放平,检查表针是否指零位,否则应调节到"0"位。

⑥ 以 120 r/min 以上速度,转动发电机摇把,调整"倍率盘旋钮"、"测量盘旋钮"使指针指于中心线上;此时,测量盘指的刻度读数,乘以倍率,即为被测接地体地阻值。

2. 土壤电阻系数的测量

测试连接电路如图 13-26 所示。

具有 4 个端子的接地电阻测量仪可以测量土壤电阻系数。在被测地点直线埋入地下 4 根辅助接地棒,彼此相距 a,棒埋入的深度不应超过 a 距离的 1/20。

打开 P_2、C_2 的连接片,用引线如图 13-25 所示依次连接相应辅助测试棒,测量方法与接地电阻的测量方法相同。所得的土壤电阻系数为:

$$\rho = 2\pi aR$$

式中,R 为接地电阻测量仪表的读数(单位为 Ω);a 为接地棒之间的距离(单位为 m);ρ 为该地区的土壤电阻系数(单位为 Ω·m)。

13-1　OTDR 基本测试原理是什么?是由哪几部分组成的?

13-2　OTDR 上的背向散射电平的产生原因是什么?

13-3　OTDR 上的反射事件可能的原因是什么?

13-4　OTDR 后向散射曲线上 X 轴和 Y 轴分别代表什么意义?

13-5　使用 MW9076 型 OTDR 如何测量光纤两点间的平均损耗?

13-6　使用 MW9076 型 OTDR 如何测量事件点的插入损耗和回波损耗?

13-7　用 OTDR 测试光纤,光纤的尾端常有两种情况,一种情况是存在较高的菲涅尔反射峰,另一种情况则不存在反射峰,试分析原因。

13-8　光纤熔接机的工作原理是怎样的?

13-9　TYPE-39 型光纤熔接机的技术参数有哪些？

13-10　如何使用 TYPE-39 型光纤熔接机进行光纤熔接？

13-11　绝缘测试仪的工作原理是什么？

13-12　如何利用绝缘测试仪查找光缆的埋深和路由？

13-13　地阻测试仪如何测试大地的电阻系数？

13-14　地阻测试仪如何测试接地体的接地电阻？

[1] 刘强,段景汉.通信光缆线路工程与维护.西安:西安电子科技大学出版社,2005.
[2] 张引发,王宏科,邓大鹏,等.光缆线路工程设计、施工与维护.北京:电子工业出版社,2004.
[3] 胡先志,邹林森,刘有信,等.光缆及工程应用.北京:人民邮电出版社,1998.
[4] 张开栋,阚劲松.通信线路施工.北京:人民邮电出版社,2008.
[5] 苑立波.光纤实验技术.哈尔滨:哈尔滨工程大学出版社,2006.
[6] 陈昌海.通信电缆线路.北京:人民邮电出版社,2007.
[7] 张中荃.接入网技术.北京:人民邮电出版社,2004.
[8] 原荣.宽带光接入网.北京:电子工业出版社,2003.
[9] 赵梓森,等.光纤通信工程.北京:人民邮电出版社,1994.
[10] 张锡斌.光缆线路工程.北京:人民邮电出版社,1992.
[11] 胡先志,刘泽恒,等.光纤光缆工程测试.北京:人民邮电出版社,2001.
[12] 马声全.高速光纤通信ITU-T规范与系统设计.北京:北京邮电大学出版社,2002.
[13] 韦乐平.光纤通信的现状与展望.光通信研究,2000(8):1-5
[14] 尹睿宏.光缆线路中继段接续测试的数据分析.铁道通信信号,2002,38(10):22-23.
[15] 程平辉.影响故障点测试和换算精度的原因及对策.光纤与电缆及其应用技术,2003(5):40-43.
[16] 陈涛.光纤复合架空相线的特点及应用.山西电力,2009(1):49-51.
[17] 胡先志,刘泽恒,等.光纤光缆工程测试.北京:人民邮电出版社,2001.
[18] 王海潼.光缆线路的防护及其故障的检测.光纤与电缆及其应用技术,2004(2):38-40.
[19] 徐乃英.光纤光缆国际标准的动态(下).邮电设计技术,2007(2):22-27.
[20] 孔建华.通信管道气吹微管微缆的施工方式.铁路通信信号工程技术,2006,3(6):43-45.
[21] 赵刚,陈宏宇.光缆线路障碍的判断及处理.通信管理与技术,2007(1):47-49.
[22] 唐红炬.城域管道及光缆建设的趋势——浅谈光缆传输微型化.电信工程技术与标准化,2008(3):10-13.
[23] 陈以炳.利用OTDR准确查找光缆线路障碍点.电信工程技术与标准化,2008(5):72-74.
[24] 桑立宏.单模光纤偏振模色散测试的重要性.电信技术,2006(10):67-69.
[25] 张万春,杜鹃.光纤光缆现行标准概览.光纤与电缆及其应用技术,2006(1):8-13.
[26] 郝高麟.直埋电(光)缆线路防雷的方法和标准.光纤与电缆及其应用技术,2006(1):40-43.
[27] 马梁,石卫平,宋健,等.光缆维护工作中的防雷措施.电信工程技术与标准化,2007(1):72-74.
[28] 陈军壮,程平辉.利用光纤熔接点精确计算光缆故障位置.光纤与电缆及其应用技术,2007(1):35-38.
[29] 王秀荣,赵学贞,乔青山,等.光缆敷设、熔接与测试.有线电视技术,2007(14):84-86.
[30] 刘天山.塑料光纤(POF)的发展及其应用.应用光学,2004,25(3):5-8.

[31] 李晓勇.光纤测试步骤.有线电视技术,2005(3):79-80.
[32] 朱斌.室内光缆及其在FTTH中的应用.江苏通信技术,2005,21(2):23-26.
[33] 邱世斌.FTTH中的光纤与光缆及其选择.电信工程技术与标准化,2005(9):72-75.
[34] 汪辉.浅谈OTDR在光缆线路测试中的应用.江西通信科技,2007(4):28-32.
[35] 胡先志.第53届国际线缆会议报道——光纤到户用的新光缆.光纤与电缆及其应用技术,2005(2):10-12.
[36] 叶斌,单振赛.光纤通信测量.北京:人民邮电出版社,1994.
[37] 徐乃英.国内外FTTH用光纤光缆的最新发展——第56届IWCS简介.现代传输,2008(11):57-63.
[38] 吴健.新型多模光纤OM3及DMD测试.低压电器,2008(12):
[39] 钟志宏,文科,王荣.OTDR事件检测和定位算法.解放军理工大学学报,2004(5):22-25.
[40] 梁峰,陈鸣瑞.光缆接续的操作程序和一般要求.有线电视技术,2004(5):69-70.
[41] 陈斌.光缆纵剖接头操作方法及应用.电信技术,2005(12):50-51.
[42] 黄红华.光缆接续盒的选择和使用.中国有线电视,2002(22):39-40.
[43] 张万春.我国通信光缆的技术发展趋势和市场前景.光纤与电缆及其应用技术,1999:213-236.
[44] 邮电部电信总局.长途通信光缆线路维护手册.北京:人民邮电出版社,1995.
[45] 沈立德.光纤机械接续技术的应用.电信技术,2008(10):107-108.
[46] 邮电部设计院.电信工程设计手册.北京:人民邮电出版社,1991.
[47] 杨一荔.光缆施工中的接续技术探讨.通信技术,2009,42(7):20-22.
[48] 赵东升,敬晓宇.光缆线路防鼠的措施和效果.2006中国光电产业高层论坛,2006:53-61.
[49] 王海潼.光缆线路的防护及其故障的检测.光纤与电缆及其应用技术,2004(2):38-40.
[50] 尹建军.用一台光时域反射仪实现光缆接续的双向监测.山西建筑,2004,30(18):122-123.
[51] 张思连.通信电缆线路及常见故障.上海:上海复旦大学出版社,1993.
[52] 王国新.通信光缆线路.北京:人民邮电出版社,1999.
[53] 邮电部教育司.光缆线路.北京:人民邮电出版社,1999.
[54] 胡先志,邹林森,刘有信.光缆及工程应用.北京:人民邮电出版社,1998.
[55] 苏斌,谢玉珍,苏超.光纤通信技术及应用.武汉:湖北科学技术出版社,1996.
[56] 李玲,黄永清.光纤通信基础.北京:国防工业出版社,1999.
[57] 张霞,王芳,牛慧娟,等.新型调制格式在PMD补偿技术中的应用.光通信研究,2009(4):1-2.
[58] 刘强,张旭,段景汉,等.通信光缆接续工程技术的现场处理.电信技术,2002(8):81-82.
[59] 傅珂,李雪松,等.接入网光缆工程施工新技术.光纤与电缆及其应用技术,2009(6):31-35.
[60] 傅珂,张锐,钱渊.FTTH网络光缆及安装趋势.光纤与电缆及其应用技术,2010(02):5-10.
[61] 傅珂,马志强,等.40 Gbit/s,100 Gbit/s以太网标准IEEE 802.3ba标准研究.光通信技术,2009(11):12-15.